智能制造工程师系列

工业机器人集成应用

主　编　赵静静　侯艳霞　庄绩宏

参　编　晁延斌　谭　胜　李秋芳　姜洪有　李　芳

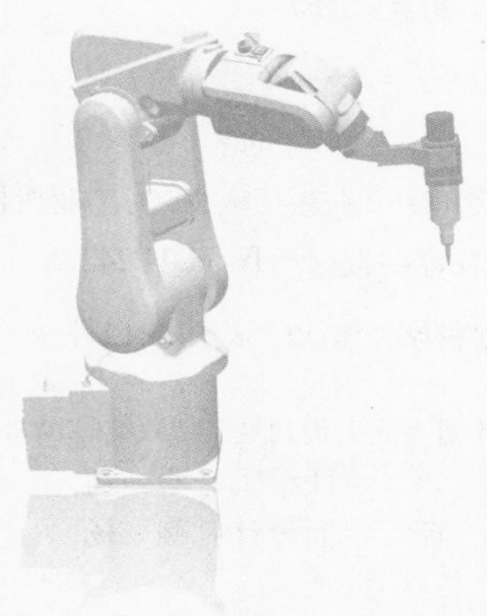

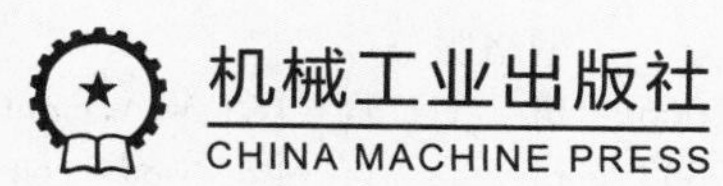

本书根据工业机器人集成应用企业及智能制造领域从业人员的职业素养和技能要求，参考工业机器人集成应用 1+X 证书中的初级、中级和高级的技能标准，面向工业机器人系统集成、操作维护、销售管理等职业岗位（群），重点讲解工业机器人系统集成概述、工业机器人工作站虚拟仿真、工业机器人编程与操作、工业机器人系统维护与维修等内容。

本书以培养工业机器人为核心执行单元的智能装备与自动化生产线领域的复合型技术技能人才为目的，既适合作为高职高专院校的工业机器人技术、机电一体化技术、智能机电技术、电气自动化技术等专业的教材和机电类专业实践选修课的教材，也可作为工业机器人应用领域 1+X 证书培训的参考教材，同时可供从事工业机器人应用开发等工作的工程技术人员参考。

本书配有教学视频（扫描书中二维码直接观看）及电子课件等教学资源，需要配套资源的教师可登录机械工业出版社教育服务网 www.cmpedu.com 免费注册后下载。

图书在版编目（CIP）数据

工业机器人集成应用 / 赵静静，侯艳霞，庄绩宏主编. — 北京：机械工业出版社，2022.11（2024.6重印）
（智能制造工程师系列）
ISBN 978-7-111-71879-6

Ⅰ. ①工… Ⅱ. ①赵… ②侯… ③庄… Ⅲ. ①工业机器人—系统集成技术—高等职业教育—教材 Ⅳ. ①TP242.2

中国版本图书馆CIP数据核字（2022）第196812号

机械工业出版社（北京市百万庄大街22号 邮政编码100037）
策划编辑：罗 莉 责任编辑：罗 莉
责任校对：郑 婕 张 征 封面设计：鞠 杨
责任印制：刘 媛
涿州市般润文化传播有限公司印刷
2024 年 6 月第 1 版第 3 次印刷
184mm × 260mm · 19 印张 · 462 千字
标准书号：ISBN 978-7-111-71879-6
定价：79.00 元

电话服务
客服电话：010-88361066
010-88379833
010-68326294

网络服务
机 工 官 网：www.cmpbook.com
机 工 官 博：weibo.com/cmp1952
金 书 网：www.golden-book.com
机工教育服务网：www.cmpedu.com

PREFACE

前 言

随着以智能制造为代表的新一轮产业革命的迅猛发展，高端智能装备成为制造业升级改造的主要助力。为加速我国制造业的转型升级、提质增效，国务院提出了《中国制造 2025》行动纲领，明确将智能制造作为主攻方向，加速培育我国新的经济增长动力，力争抢占新一轮产业竞争的制高点，而工业机器人无疑是这场变革的关键支撑设备，工业机器人的应用对于助推我国智能制造业转型升级，提高产业核心竞争力至关重要。但与之形成鲜明对比的是，工业机器人相关专业的人才培养却落后于市场发展。在意识到这种情况后，我国高校已开始大力加强相关专业的建设。

工业机器人应用的关键问题在于其系统集成，本书根据工业机器人集成应用企业及智能制造领域从业人员的职业素养和技能要求，参考工业机器人集成应用 1+X 证书中的初级、中级和高级的技能标准，面向工业机器人系统集成、操作维护、销售管理等职业岗位（群），重点讲解工业机器人系统集成概述、工业机器人工作站虚拟仿真、工业机器人编程与操作、工业机器人系统维护与维修等内容，在内容安排上，以任务为驱动，按照任务描述、知识讲解、任务实施、任务评价、任务小结的顺序展开，并将立德树人、思政元素融入其中。

本书还提供丰富的数字化学习资源，对书中各大项目核心知识点均提供了对应的配套学习资源，将难以理解的知识点和技能点以更直观的形式来呈现，可以降低学习难度，提高学习效率。

本书由校企联合开发编写，书中介绍的应用案例均取材于企业生产实践，再整合转化为职业院校教学内容，由北京经济管理职业学院智能机电技术专业赵静静、侯艳霞、庄绩宏担任主编，参加本书编写的还有晁延斌、谭胜、李秋芳、姜洪有、李芳。在教材编写过程中，编者团队参阅了国内外相关资料，在此向原作者表示衷心感谢！

由于工业机器人技术发展迅速，加之编者水平有限，书中难免有错漏之处，恳请广大读者批评指正。

作 者

扫码看视频清单

名称	二维码	名称	二维码
任务 1.1　工业机器人系统集成概述		子任务 3.1.1　机器人电气连接	
任务 1.2　认识工业机器人搬运工作站		子任务 3.1.2　ABB 机器人示教器介绍	
任务 1.3　工作站系统流程分析		子任务 3.1.3　ABB 机器人基本操作	
任务 2.1　工业机器人工作站的基本仿真		子任务 3.2.1　认识任务、程序模块和例行程序	
任务 2.2　工业机器人工作站的模型构建		子任务 3.2.2　定义机器人程序数据	
任务 2.3　工业机器人离线编程及轨迹设计		子任务 3.2.3　工业机器人轨迹程序设计 1	
任务 2.4　工业机器人工作站的动态处理 -1. 用 Smart 组件创建动态输送链		子任务 3.2.3　工业机器人轨迹程序设计 2	
任务 2.4　工业机器人工作站的动态处理 -2. 用 Smart 组件创建动态夹具		子任务 3.2.4　工业机器人搬运程序设计 1	

（续）

名称	二维码	名称	二维码
子任务 3.2.4　工业机器人搬运程序设计 2		子任务 3.3.3　根据标签数据实现工件搬运	
子任务 3.3.1　RFID 技术概述		任务 3.4　视觉系统应用	
子任务 3.3.2　RFID 数据读写		任务 3.5　系统综合运行与调试	

CONTENTS

目 录

项目1 工业机器人系统集成概述

模块导读

工业机器人系统集成是以机器人为核心，多种自动化设备提供辅助功能的自动化系统。该系统的主要功能是实现生产线的自动化生产加工，提高产品质量和生产能力。

工业机器人系统集成可以替代人工进行多种操作，工艺可靠，而且速度提升明显。随着我国经济的快速发展，对制造的速度和质量有了越来越高的要求，同时我国提出了《中国制造2025》智能制造的发展规划，工业机器人系统集成的应用将会呈现井喷的态势。

工业集成的应用广泛，从传统行业到新兴行业都有应用。在汽车制造领域，工业机器人系统集成主要对汽车的车身进行焊接作业，也会进行汽车发动机的装配工作；在仓储管理领域，工业机器人系统集成进行物品的搬运和码垛；在电子领域、工业机器人系统集成用于电子元器件的分拣和堆放等。

知识目标	1. 认识工业机器人系统集成 2. 了解机器人系统集成发展 3. 掌握工业机器人搬运工作站的设计步骤 4. 掌握搬运工作站的工作流程 5. 了解对应工序所需的硬件
能力目标	1. 在对机器人系统集成充分认识的基础上，能够简述工业机器人系统集成的设计步骤 2. 学会搬运工作站三维建模仿真设计步骤 3. 学会搬运工作站的工作流程，画出工序图 4. 学会写出对应工序所需的硬件
素质目标	1. 具有发现问题、分析问题、解决问题的能力 2. 具有高度责任心和良好的团队合作能力 3. 具有良好的职业素养和一定的创新意识 4. 养成“认真负责、精检细修、文明生产、安全生产”的良好职业道德
思政元素	1. 通过课程的学习，结合本专业以及《中国制造2025》和国家的“制造强国战略”，引导学生树立远大理想和爱国主义情怀，树立正确的世界观、人生观、价值观，培养学生的创新意识与创造能力。勇敢地肩负起时代赋予的光荣使命，全面提高学生思想政治素质 2. 引导学生追求卓越、敬业、精益、专注、创新的工匠精神

任务 1.1 机器人系统集成规划

任务目标	1. 通过对机器人系统集成的认识，了解工业机器人系统集成的设计方案 2. 了解机器人系统集成发展
任务内容	在对机器人系统集成充分认识的基础上，简述工业机器人系统集成的设计步骤

1. 认识机器人系统集成

工业机器人系统集成是一种集硬件与软件一体的新型自动化设备。硬件涉及机械部分与电气部分，如机器人本体、可编程序控制器（PLC）、机器人控制器、传感器以及周边设备等。软件则是工业机器人系统集成的“灵魂”，它能够实现机器人末端执行器的运动和动作。工业机器人集成的自动化设备，可以部分替代传动自动化设备。当工厂的产品需要更新换代或变更时，只需重新编写机器人系统的程序，便能快速适应变化，不需要重新调整生产线，大大降低了投资成本。

工业机器人系统集成也可以替代人工进行多种操作，工艺可靠，而且速度提升明显。随着我国经济的快速发展，对制造的速度和质量有了越来越高的要求，同时我国提出了《中国制造 2025》行动纲领，工业机器人系统集成的应用将会呈现井喷的态势。

机器人系统集成的应用广泛，从传统行业到新兴行业都有应用。在汽车制造领域，工业机器人系统集成主要对汽车的车身进行焊接作业，也会进行汽车发动机的装配工作；在仓储管理领域，工业机器人系统集成进行物品的搬运和码垛；在电子领域；工业机器人系统集成用于电子元器件的分拣和堆放等。

工业机器人的应用对社会的发展产生的影响是深远的，它的发展会进一步提高劳动生产力，由机器人代替人完成很多的工作，随着科技的发展，对于机器人的研发及使用却需要更多的人来完成。

2. 机器人系统集成的发展

在工业机器人系统集成中，机器人本体是系统集成的中心，它的性能决定了系统集成的水平。我国的机器人研发起步较晚，与国外的机器人性能水平有较大差距，因此目前的系统集成仍然以国际品牌为核心；但在我国科技工作者的不懈努力下，国产特种机器人研发水平后起之势明显提升。

工业机器人系统集成的主要目的是使机器人实现自动化生产过程，从而提高效率，解放生产力。从产业链的角度看，机器人本体（单元）是机器人产业发展的基础，处于产业链的上游，而工业机器人系统集成商则处于机器人产业链的下游应用端，为终端客户提供应用解决方案，负责工业机器人应用的二次开发和周边自动化配套设备的集成，是工业机器人自动化应用的重要组成部分，工业机器人下游终端产业可以大致分为汽车工业行业和一般工业行业。

一般工业按照应用可分为焊接、机床上下料、物料搬运码垛、打磨、喷涂、装配等。以喷涂应用为例，喷涂作业本身的作业环境恶劣，对喷涂工人技术熟练程度的要求比较高，导致喷涂的从业人员数量少。喷涂机器人以其重复精度高、工作效率高等优点使这一问题得到解决。喷涂机器人在喷涂领域的应用越来越广，从最开始的汽车整车车身制造，应用拓展到汽车仪表、电子电器、搪瓷等领域。

目前，在世界范围内的机器人产业化过程中，有 3 种发展模式，即日本模式、欧洲模式、美国模式。

在日本，机器人制造厂商以开发新型机器人和批量生产优质产品为主要目标，并由其子公司或社会上的工程公司涉及制造各个行业需要的机器人成套系统，完成交钥匙工程。欧洲是机器人制造商，不仅要生产机器人，还要为用户设计开发机器人系统。美国则是采购与成套设计相结合。

我国和美国类似，也是主要集中在机器人系统集成领域，我国机器人市场起点低、潜力大，随着本土技术的不断崛起，我国机器人产业化的模式逐渐从低端化向高端化转变，从纯集成方向向行业分工的方向转变。在国内，基本上不生产普通的工业机器人，企业需要时由工程公司进口，再自行设计并制造配套的外围设备，完成交钥匙工程。在现阶段，随着工业机器人产业的整合，机器人等专用设备和电气元件等的价格逐年下降，国内企业凭借性价比和服务优势逐渐替代进口，市场份额逐步上升。

工业机器人系统集成应用正逐渐由汽车工业向一般工业延伸，一般工业中应用市场的热点和突破点主要集中在 3C 电子（即计算机、通信和消费类电子产品）、金属、食品饮料及其他细分市场。除此之外，系统标准化的程度也将持续提高，这将有利于系统集成企业形成规模。系统集成的标准化不只是机器人本体的标准化，同时也是工艺的标准化。

工业机器人系统集成的未来向智慧工厂或数字化工厂方向发展，智慧工厂是现代工厂信息化发展的一个新阶段。智慧工厂的核心是数字化和信息化，它们将贯穿于生产的各个环节，降低从设计到生产制造之间的不确定性，从而缩短产品设计到生产的转换时间，并且提高产品的可靠性与成功率。

3. 机器人系统集成技术方案

根据工业机器人应用及其系统集成定义，结合文献、资料及案例的分析研究后，可以将确定机器人系统集成技术方案的步骤与方法总结如下：

（1）解读分析工业机器人工作任务

工业机器人的工作任务是整个系统集成设计的核心问题和要求，所有的设计都必须围绕工作任务来完成。它决定了工业机器人本体的选型、工艺辅助软件的选用、末端执行器的选用或设计、外部设备的配合以及外部控制系统的设计。所以，必须准确、清晰地解读分析工业机器人的工作任务，否则将使系统集成设计达不到预期的效果，甚至完全错误。

（2）工业机器人的合理选型

工业机器人是应用系统的核心元件。由于不同品牌工业机器人的技术特点、擅长领域各不相同，所以首先根据工作任务的工艺要求，初步选定工业机器人的品牌；其次根据工作任务、操作对象以及工作环境等因素决定所需工业机器人的负载、最大运动范围、防护等级等性能指标，确定工业机器人的型号；之后再详细考虑如系统先进性、配套工艺软件、I/O 接口、总线通信方式、外部设备配合等问题。在满足工作任务要求的前提下，尽量选用控制系统更先进、I/O 接口更多、有配套工艺软件的工业机器人品牌和型号，有利于使系统具有一定的冗余性和扩充性。同时，成本也是选型时必须考虑的问题。综上所述，最终选定工业机器人的品牌和型号。

（3）末端执行器的合理选用或设计

末端执行器是工业机器人进行工艺加工操作的执行元件，没有末端执行器，工业机器人就仅仅是一台运动定位设备。选用或设计末端执行器的根本依据是工作任务。工业机器人需要进行何种操作，是焊接操作，或是码垛搬运操作，抑或是打磨抛光操作等，是否需要配备变位机、移动滑台等，以及操作需要达到的工艺水平，加工对象的情况，都是需要综合考虑的。只有正确、合理地选用或设计末端执行器，让它们与工业机器人配合起来，才能使工业机器人发挥出其应有的功效，更好地完成加工工艺。

（4）工艺辅助软件的选择和使用

当工业机器人应用涉及复杂工艺操作时，辅助技术人员用工艺辅助软件进行机器人工作路径规划、工艺参数管理和点位示教等操作，一般会与三维建模软件同时使用。功能强大的工艺辅助软件还可以进行如生产数据管理、工艺编制、生产资源管理和工具选择等操作，甚至可以直接输出工业机器人运动程序。工业机器人的品牌不同，其核心控制部件也不同，从而导致了某些工业机器人生产商针对不同加工工艺，能提供配套的工艺软件，提升工艺水准，而另一些则没有相应的工艺软件。综合考虑工作任务和选定的工业机器人品牌，确定是否选用工艺软件，以及选用何种工艺软件。

（5）外部设备的合理选择

机器人本体是系统中动作的执行者，在执行动作时，需要其他的自动化设备提供辅助功能。例如，气动元件实现机器人末端执行机构的开合动作；传动带将物料传送到相应的工位；视觉系统和颜色传感器分别识别工件的形状和颜色。应根据工作任务合理选择所需的外部设备。

（6）外部控制系统的设计和选型

根据前面步骤选定的工业机器人型号、末端执行器、外部设备，综合考虑工作任务后，初步选定外部控制系统的核心控制部件。在一般情况下，都选用可编程序控制器（PLC）作为外围控制系统的核心控制部件，但是在某些特殊的加工工艺中，例如在工艺过程连续、对时间要求非常精确的情况下，需要考虑 PLC 的 I/O 延迟是否会对加工工艺造成不良影响，否则必须选用其他控制元件，如嵌入式系统等。应尽量考虑在工业机器人以及各外部控制设备之间采用工业现场总线的通信方式，以减少安装施工工作量与周期，提高系统可靠性，降低后期维护维修成本。同时，安全问题在外部控制系统中也是非常重要的，在某些情况下甚至需要作为首要考虑的因素。安全问题包括设备安全和人身安全，保护设备安全的元件有防碰撞传感器等，保护人身安全的设备有安全光幕等，都是外部控制系统必须的设备。

（7）系统的电路与通信配置

选定所有硬件之后，还需给系统安装电路，为系统供电并控制部件动作，以及选用合适的通信方式实现部件之间的数据传输。硬件之间的数据传送是通过通信完成的，不同规模的系统集成，使用的通信方式也是不相同的。例如，大规模系统集成的通信一般都需要现场总线的通信协议，如 Profibus、Modbus、Profinet、CANopen、DeviceNet 等，而小型单台工作站的数据通信除了可以使用以上几种通信方式外，还可以使用其他多种通信方式，如西门子的 PPI、MPI，以及 Ethernet 等协议。

（8）系统的安装与调试

前述所有步骤均完成后，就可以进入系统安装、调试阶段。在工业机器人应用系统的安装阶段，需严格遵守施工规范，保证施工质量。调试时应尽量考虑各种使用情况，尽可能提早发现问题并反馈。不论是安装还是调试，安全问题都是重中之重，必须时刻牢记安全操作规程。

综上所述，机器人系统集成的设计步骤可总结为根据客户要求确定设备的功能，设计方案，进行技术设计，包括关键零部件的选型以及设备原理图的设计和绘制，最后加工和试制设备，以及进行系统的编程调试，当设备达到预定功能后进行交付和量产。

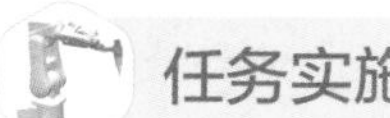

任务实施

操作步骤如下：

操作内容	操作步骤
1. 认识工业机器人系统集成	分析研究文献、资料及案例，认识工业机器人系统集成
2. 了解机器人系统集成的发展	分析研究文献、资料及案例，了解机器人系统集成的发展
3. 机器人系统集成技术方案	（1）分析研究文献、资料及案例
	（2）解读分析工业机器人工作任务
	（3）工业机器人选型
	（4）末端执行器的选用或设计
	（5）外部设备的选择
	（6）外部控制系统的设计和选型
	（7）系统的电路与通信配置
	（8）系统的安装与调试

实施记录如下：

操作内容	操作结果	备注
1. 介绍对工业机器人系统集成的认识		
2. 简介机器人系统集成的发展		
3. 熟悉机器人系统集成技术方案		

任务评价

序号	考核项目	考核内容	分值	评分标准	得分
1	任务完成质量（80分）	了解工业机器人系统集成	20	理解流程 熟练操作	
2		了解工业机器人系统集成的应用发展	20	理解流程 熟练操作	
3		掌握机器人系统集成的设计步骤	40	理解流程 熟练操作	
4	职业素养与操作规范（10分）	团队精神	5		
5		操作规范	5		
6	学习纪律与学习态度（10分）	学习纪律	5		
7		学习态度	5		
总　分					

任务小结

任务 1.2　认识工业机器人搬运工作站

任务描述

任务目标	通过对工业机器人系统集成方案的了解，熟悉工业机器人搬运工作站的设计
任务内容	1. 简述搬运工作站三维建模仿真步骤 2. 通过调研选用一个搬运工作站，掌握搬运工作站的设计

知识讲解

搬运工作站是一种集成化的系统，由机器人完成工件的搬运，即将传送带输送过来的工件搬运到仓库中，给机器人安装不同类型的末端执行器，以完成不同形态和状态的工件搬运。它包括机器人本体、控制器、PLC、机器人末端执行器等，并与控制系统相连接，形成一个完整的、集成化的搬运系统。

本任务设计的搬运工作站的主要功能是依托于一条自动搬运车（Automated Guided Vehicle，AGV）运输系统，完成了原料出库、AGV 运输、机器人搬运物料、检测物料颜色、识别物料形状等、视觉检验、电子标签记录、成品入库等系统。对这些功能的实现形成了一整套的工序，每一个工序都需要一种或多种元件配合实现，因此可以根据需要完成的工序选用相应的硬件，并进行电气电路连接及编程调试，即可设计搬运工作站。在实际工作中，需要先由机械设计工程师对工作站的自动化设备进行设计，可采用三维建模仿真软件进行数字化设计，SolidWorks 是一款基于 Windows 操作系统的三维计算机辅助设计软件，其特点是功能强大、技术创新和易学易用，在目前的 CAD 软件市场上有很高的占有率，本任务就是使用 SolidWorks 软件三维建模的方法进行搬运工作站的仿真设计。

任务实施

操作步骤如下：

操作内容	操作步骤
（1）确定工作台	由于工作站的所有部件都要安装到工作台上，以执行后续的动作，故在工作站设计之初应先确定工作台，见图 1-2-1。 图 1-2-1　工作台
（2）确定工业机器人和末端执行器	工业机器人和末端执行器是工作站的主体，因此在工作台确定完成后，需安装机器人和末端执行器。在本工作站中机器人主要负责搬运的工作，机器人根据 PLC 传送过来的数据，调整夹爪的角度，在运行的环形线体上抓取物体，根据提前设定的物料信息，将物料放至不同的位置，见图 1-2-2。 图 1-2-2　工业机器人

（续）

操作内容	操作步骤
（3）确定工作台上外围货架、码垛机、输送带	原料预先放入立体仓库中，盛放原料托盘底部安装有 RFID 卡片，卡片内提前写入相应的信息（码垛件写入数字 1，装配件写入数字 2），仓库码垛机，按照提前选择好的库位信息，运行到相应库位，将原料取出，放在传送带上，见图 1-2-3。 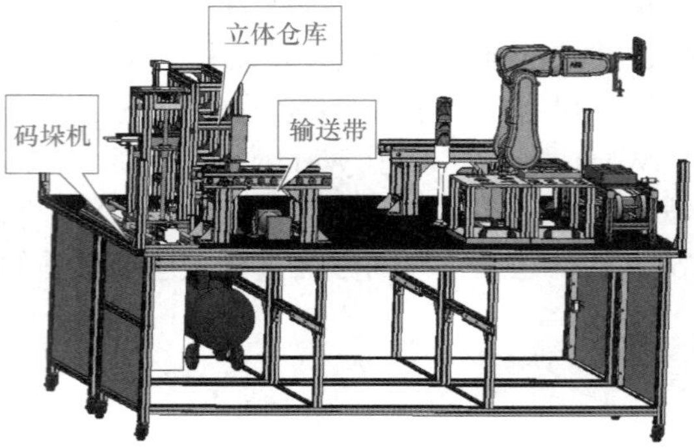 图 1-2-3　工作台上立体仓库、码垛机、输送带
（4）工作台上加 AGV	AGV 是自动搬运车，是指装备有电磁或光学等自动导航装置，能够沿着布置好的导航路线自动运行，能够以多种形式运输、移载、承载物料或装备的无人运输车。本工作站中，AGV 主要运送从传送带上输送过来的原料，AGV 上传感器检测到原料后，AGV 传送带停止运行，接下来 AGV 将工件传送到另一侧传送带，见图 1-2-4。 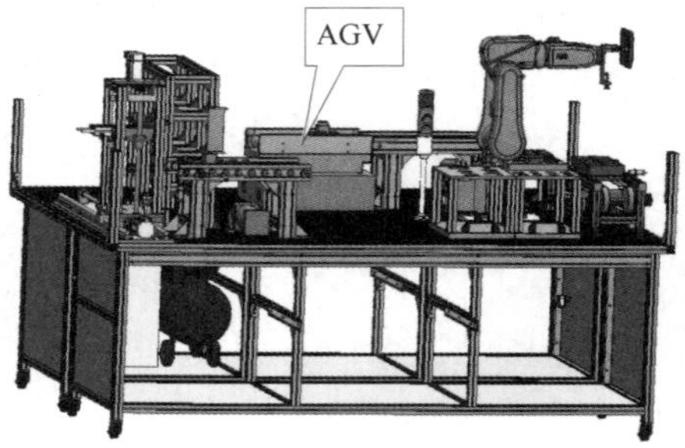 图 1-2-4　工作台上加 AGV
（5）加入视觉系统	视觉系统在工业上的应用越来越广泛，检测尺寸、形状、颜色、角度、数量、识别条码、判断合格与否等都需要机器视觉来完成，机器视觉的功能和检测精度也是越来越高，在本工作站中，机器视觉主要区分工件的形状、工件的相对位置等信息，并将识别出来的参数信息通过以太网通信传送给 PLC，再由 PLC 处理后经触摸屏显示出来指挥机器人动作，见图 1-2-5。 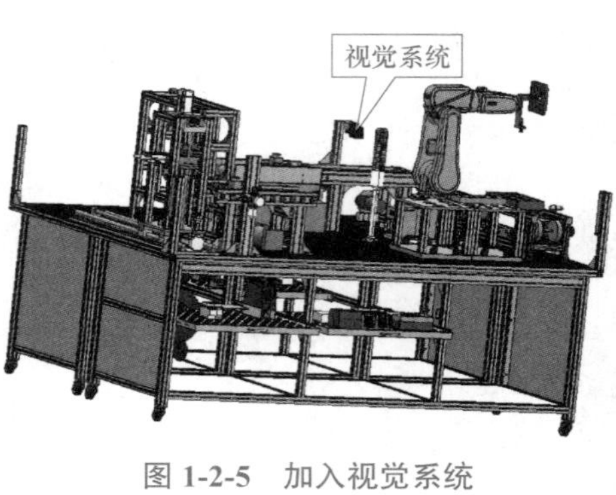 图 1-2-5　加入视觉系统

（续）

操作内容	操作步骤
（6）加入触摸屏	触摸屏作为人机交互界面，与 PLC 直接通信，可控制整套设备的自动起动、停止、复位、急停等动作，还可以通过触摸屏观察设备的运行状态，如料仓的位置、物料的存储状态、视觉的检测结果等，见图 1-2-6。 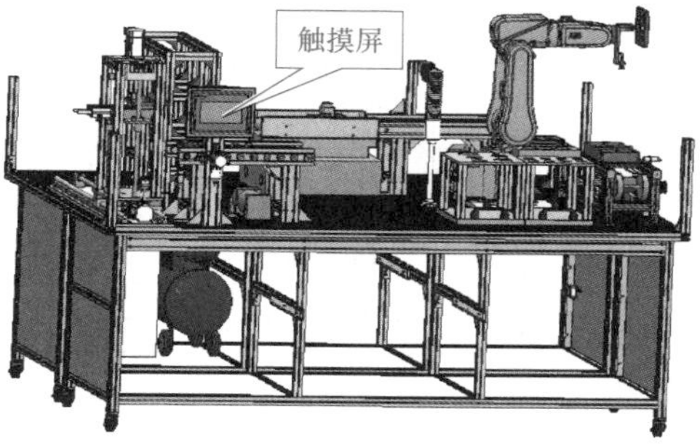 图 1-2-6　加入触摸屏
（7）安装电动机和气动系统及传感器	以上的动作需要在动力元件的控制和传感器的监测下执行，即需要安装电动机和气动系统作为动力元件，以及在需检测位置安装相应的传感器
（8）连接控制电路、PLC 编程，工作站调试	通过以上步骤，完成了工作站硬件的安装，而动作的有序执行还需要连接控制电路，并对 PLC 和机器人进行编程，进而完成工作站的整体设计过程。给系统通电后，将程序传送给 PLC 和机器人，即可调试工作站，见图 1-2-7。 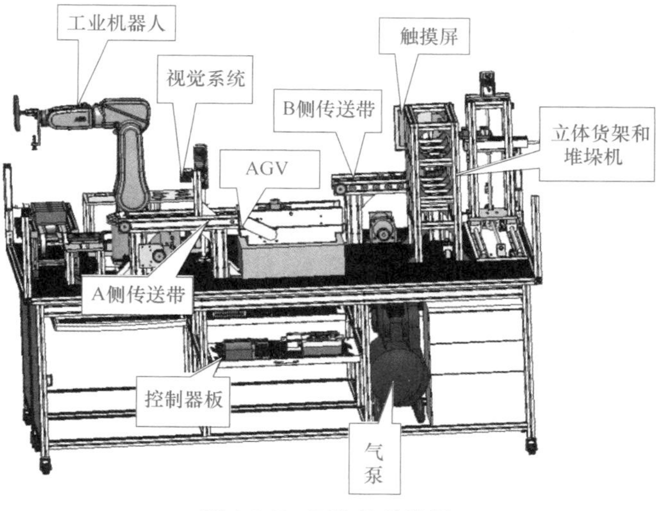 图 1-2-7　工作站总装图

实施记录如下：

操作内容	操作结果	备注
1. 简述搬运工作站三维建模仿真步骤		
2. 通过调研选用一个搬运工作站，掌握搬运工作站的设计		

任务评价

序号	考核项目	考核内容	分值	评分标准	得分
1	任务完成质量（80分）	简述搬运工作站三维建模仿真步骤	30	理解流程 熟练操作	
2		通过调研选用一个搬运工作站，掌握搬运工作站的设计	50	理解流程 熟练操作	
3	职业素养与操作规范（10分）	团队精神	5		
4		操作规范	5		
5	学习纪律与学习态度（10分）	学习纪律	5		
6		学习态度	5		
总　　分					

任务小结

任务 1.3　工业机器人系统集成分析

任务描述

任务目标	1. 掌握搬运工作站的工作流程 2. 了解对应工序所需的硬件
任务内容	1. 简述搬运工作站的工作流程，画出工序图 2. 写出对应工序所需的硬件

知识讲解

本系统依托于一条 AGV 运输系统，完成原料出库、AGV 运输、机器人搬运、视觉检验、电子标签记录、成品入库等系统功能。

工作站

由本项目任务二分析可知工作站的硬件组成见图 1-3-1，而整个系统单元又是由系统控制柜（即 PLC）统一控制，因此还需要设计电气电路、建立信号连接、编写 PLC 程序等。

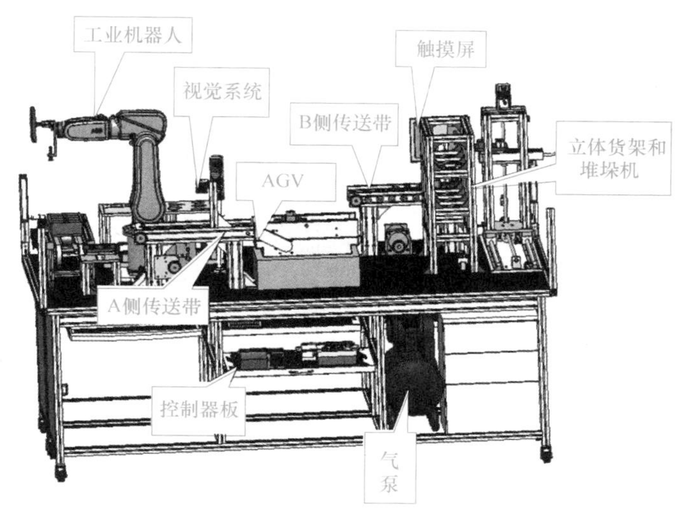

图 1-3-1　搬运工作站总装图

下面进一步分析工作站的工作流程：

1. 码垛件（见图 1-3-2）

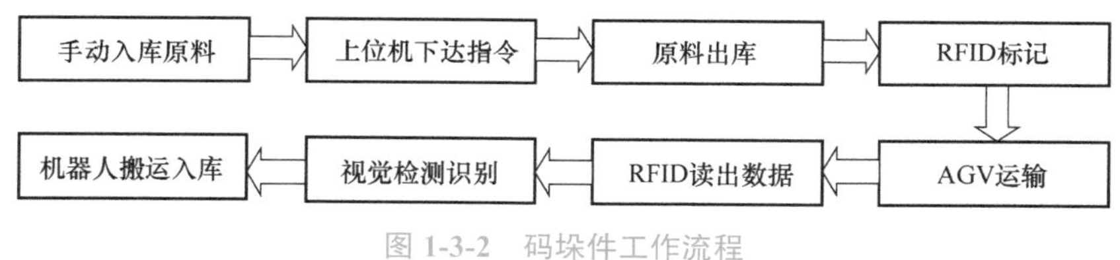

图 1-3-2　码垛件工作流程

2. 装配件（见图 1-3-3）

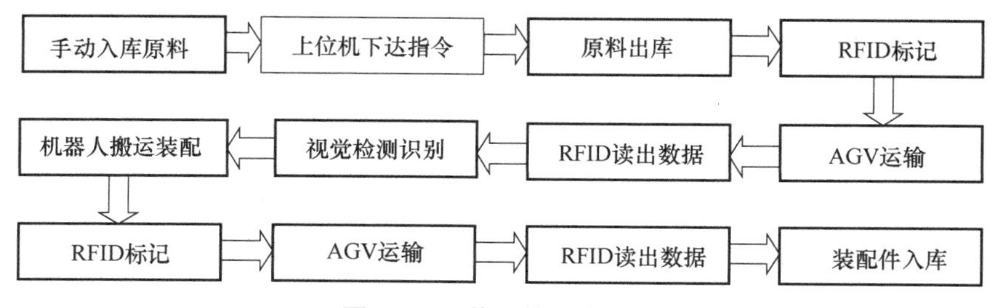

图 1-3-3　装配件工作流程

任务实施

操作步骤如下：

立体仓库初始状态为原料，原料由人工预先放入立体仓库中，盛放原料托盘底部安装有 RFID 卡片，卡片内提前写入相应的信息（码垛件写入数字 1，装配件写入数字 2），设备接收到运行指令后，选择要出库的库位，则仓库码垛电动机起动，按照提前选择好的库位信息，运行到相应库位，将原料取出，放在传送带上，此时呼叫 AGV 运行到 A 侧，AGV 到位后，A 侧传送带和 AGV 传送带起动运行，将原料传送到 AGV 上，AGV 上传感器检测到原料后，AGV 传送带停止运行，同时 AGV 向 B 侧运行，A 侧传送带停止运行。

AGV 走到 B 侧位置后，AGV 将工件传送到 B 侧传送带上，B 侧传送带将工件运送到检测上，B 侧传送带停止运行，RFID 将卡片内信息读出，视觉系统进行拍照，将原料块位置信息传送给 PLC，PLC 将信息进行比对处理。B 侧传送带起动继续运行，将原料托盘传送至传送带尾端。

原料托盘到达传送带尾端触碰到微动开关后，机器人起动抓取动作，机器人根据 PLC 传送过来的原料相对位置信息及料块的属性（码垛还是装配）进行不同的抓取动作。

1）若原料是码垛件，机器人根据料块的相对位置信息，依次吸取六方形料块、三角形料块、圆形料块和方形料块，将料块依次放入料盒内。若是第一次放码垛件，则放入上面四个料盒，若是第二次放码垛件，则放入下面四个料盒。

注意：料箱的位置有两个，一个 A 位置，一个 B 位置，见图 1-3-4 料箱的位置应在机器人动作之前在触摸屏上选择好。

2）若原料是装配件，则机器人根据料块的相对位置信息，先取底座，见图 1-3-5，将底座放入预定好的工位上，然后机器人再吸取装配件盖，将装配件盖盖到底座上，机器人第六轴旋转一定角度，将盖子拧上，拧上盖子后，机器人起动将装配好的工件吸取。

图 1-3-4　料箱位置

图 1-3-5　底座工位图

实施记录如下：

操作内容	操作结果	备注
1. 简述搬运工作站的工作流程，画出工序图		
2. 写出对应工序所需的硬件		

任务评价

序号	考核项目	考核内容	分值	评分标准	得分
1	任务完成质量（80 分）	简述搬运工作站的工作流程，画出工序图	40	理解流程 熟练操作	
2		写出对应工序所需的硬件	40	理解流程 熟练操作	
3	职业素养与操作规范（10 分）	团队精神	5		
4		操作规范	5		
5	学习纪律与学习态度（10 分）	学习纪律	5		
6		学习态度	5		
总　分					

任务小结

项目2 工业机器人工作站虚拟仿真

模块导读

工业机器人虚拟仿真技术是指通过计算机对实际的机器人系统进行模拟的技术。利用计算机图形学技术，建立起机器人及其工作环境的模型，利用机器人语言及相关算法，通过对图形的控制和操作在离线的情况下进行轨迹规划。

虚拟仿真技术具有传统的在线示教技术无法比拟的优势，例如，可减少停机时间，可提前验证作业程序，可进行复杂的轨迹规划等。通过虚拟仿真，可以在制造单机或多台机器人组成的生产线之前模拟出实物，缩短生产工期，避免不必要的返工。

现代计算机软硬件技术、计算机图形技术高速发展以及数字仿真技术的广泛应用，为工业机器人离线编程虚拟仿真技术的实际应用提供了有利条件。同时，现代生产的高效率、柔性化需求也促使了工业机器人离线编程软件产品的产生。

当前，主流品牌的工业机器人制造企业均提供了各自品牌机器人专用的离线编程软件。例如，FANUC 机器人所使用的 RobotGuide 软件，ABB 机器人所使用的 RobotStudio 软件，KUKA 机器人所使用的 KUKA.Sim pro 软件等。

本模块以 ABB 工业机器人为对象，使用仿真软件 RobotStudio 进行基本操作与工作站虚拟仿真。

知识目标	1. 了解工业机器人虚拟仿真技术 2. 熟悉离线编程软件的操作界面 3. 掌握工业机器人工作站的基本布局方法 4. 掌握创建和编辑工业机器人运行轨迹程序的方法 5. 掌握测量工具的使用方法 6. 掌握机器人目标点调整的方法 7. 掌握机器人轴配置参数调整的方法 8. 了解 Smart 组件 9. 掌握 Smart 组件工作站逻辑设定的方法

能力目标	1. 学会安装和激活工业机器人离线编程软件 2. 学会创建工业机器人系统 3. 学会手动操纵机器人 4. 学会建立工业机器人工件坐标 5. 学会仿真运行工业机器人程序 6. 学会使用 RobotStudio 进行基本的建模 7. 学会创建机械装置 8. 学会创建工件的机器人轨迹曲线 9. 学会自动生成工件的机器人轨迹曲线路径 10. 学会使用 Smart 组件创建动态输送链 11. 学会使用 Smart 组件创建动态夹具
素质目标	1. 具有发现问题、分析问题、解决问题的能力 2. 具有高度责任心和良好的团队合作能力 3. 具有良好的职业素养和一定的创新意识 4. 养成“认真负责、精检细修、文明生产、安全生产”的良好职业道德
思政元素	1. 引导学生热爱祖国，有理想、有抱负、有振兴中华的使命感和责任感 2. 引导学生追求卓越、敬业、精益、专注、创新的工匠精神

任务 2.1　工业机器人工作站的基本仿真

任务目标	1. 掌握工业机器人工作站的基本布局方法 2. 学会创建工业机器人系统 3. 学会手动操纵机器人 4. 学会建立工业机器人工件坐标 5. 掌握创建和编辑工业机器人运行轨迹程序的方法 6. 掌握仿真运行工业机器人程序的方法
任务内容	1. 布局工业机器人基本工作站 2. 建立工业机器人系统 3. 工业机器人的手动操纵 4. 创建工业机器人工件坐标 5. 创建工业机器人的运动轨迹程序 6. 仿真运行工业机器人轨迹程序

知识讲解

1. 布局工业机器人基本工作站

一个基本工作站至少要包含工业机器人以及工作对象两个组成部分。

2. 建立工业机器人系统

完成布局以后，要为工业机器人加载系统，建立虚拟控制器，否则不能完成后续仿真操作。

3. 工业机器人的手动操纵

手动操纵是将机器人手动运动到目标位置。手动操纵有三种模式：手动关节、手动线性和手动重定位。

4. 建立工业机器人工件坐标

机器人坐标系主要有大地坐标系、工具坐标系和工件坐标系等。大地坐标系是固定在空间上的标准直角坐标系；工具坐标系主要用于进行机器人 TCP（工具中心点）的标定；工件坐标系主要用于对机器人加工对象的标定。

5. 创建工业机器人的运动轨迹程序

生产过程中，机器人工作站一般采用自动运行模式，但需要设计与开发运动轨迹程序。在 RobotStudio 中，运动轨迹也是通过 RAPID 程序指令控制的，与真实的机器人一样。

6. 仿真运行工业机器人轨迹程序

在 RobotStudio 中，为保证虚拟控制器中的数据与真实机器人工作站数据一致，需要将虚拟控制器与工作站数据进行同步。

操作步骤如下：

1. 布局工业机器人基本工作站

（1）创建空工作站

在“文件”功能选项卡中，选择“新建”，选择“空工作站解决方案”，设定工作站名称，选定工作站保存位置，单击“创建”，创建一个新的空工作站，见图 2-1-1。

图 2-1-1　创建空工作站

（续）

（2）导入机器人模型

1）选择机器人型号：在“基本”功能选项卡中，打开“ABB 模型库”，选择“IRB 120”，见图 2-1-2。

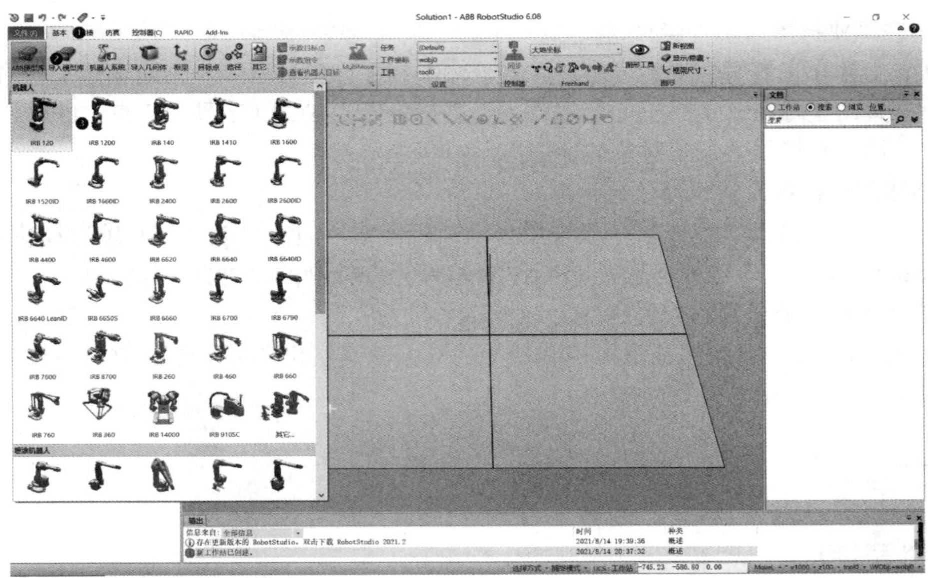

图 2-1-2　选择机器人型号

2）选择机器人版本：选择工业机器人的版本，单击“确定”按钮，见图 2-1-3。

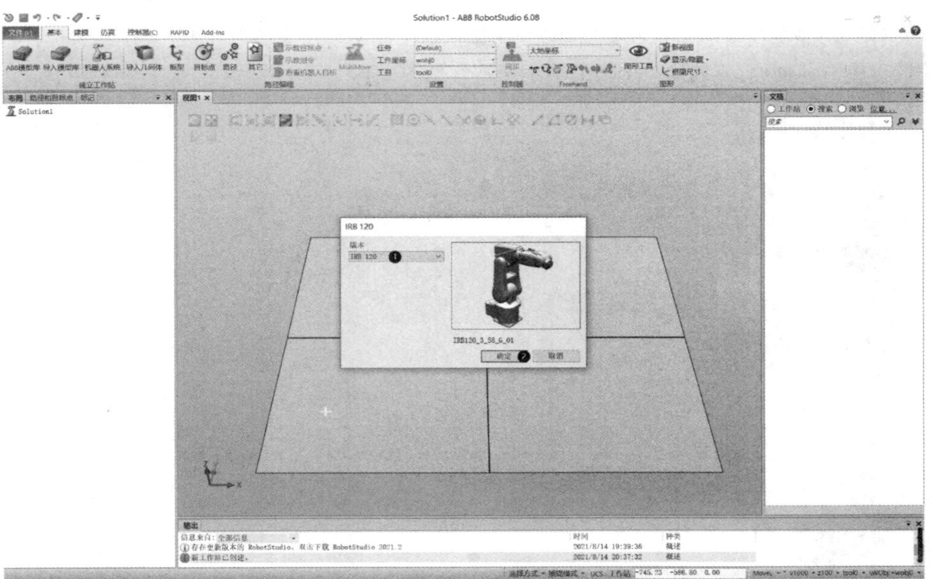

图 2-1-3　选择机器人版本

3）使用鼠标和键盘按键组合，可以调整工作站视觉效果。
视图平移 Ctrl+ 鼠标左键；视图缩放鼠标滚轮；视角切换 Ctrl+Shift+ 鼠标左键。

（续）

（3）加载机器人工具
1）导入工具：在“基本”功能选项卡中，打开“导入模型库”—“设备”，选择“myTool”，见图 2-1-4。 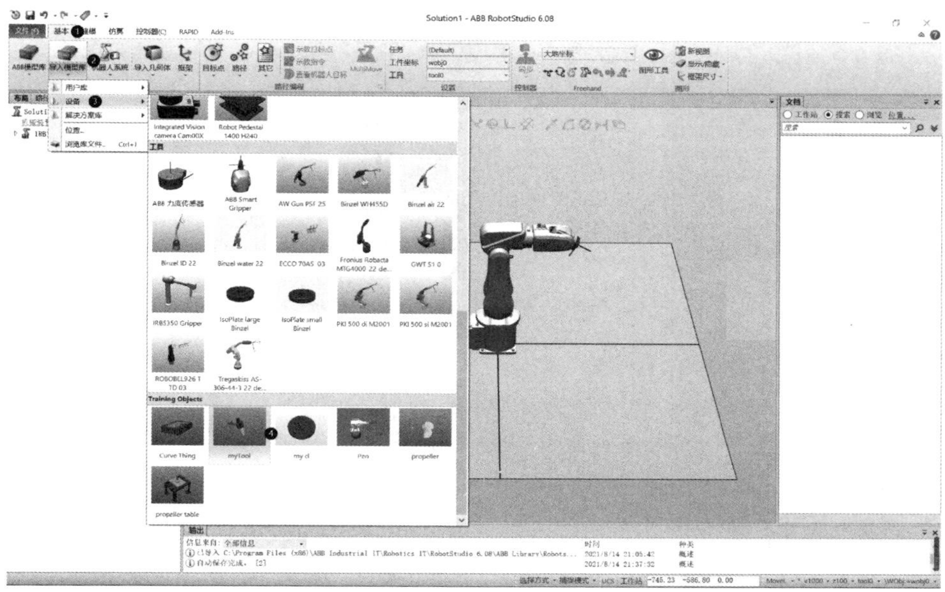 图 2-1-4　导入工具 2）在“MyTool”上按住鼠标左键，拖到“IRB120_3_58__01”后，松开鼠标左键，见图 2-1-5。 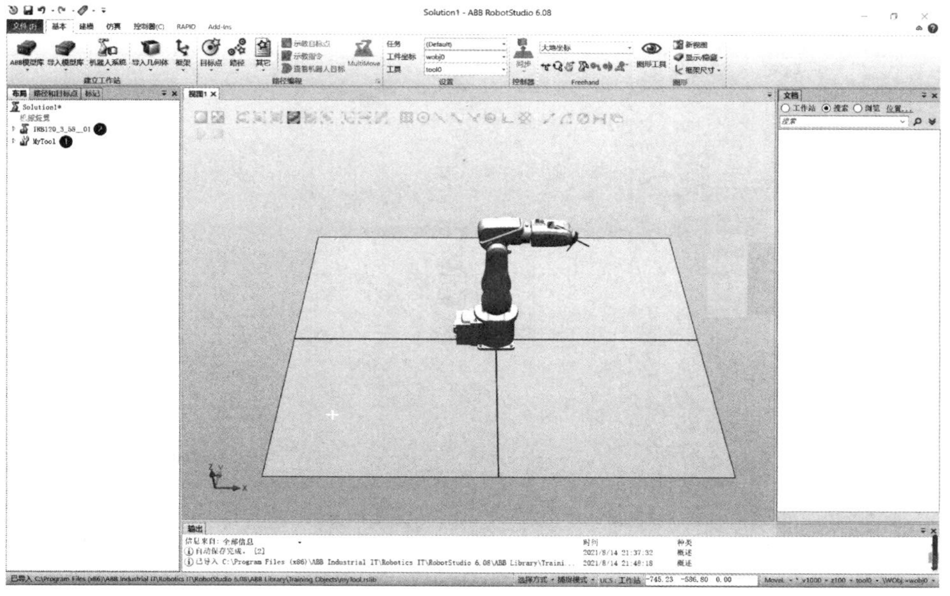 图 2-1-5　加载工具到机器人本体

（续）

3）提示“是否希望更新 MyTool 的位置”，单击“是”。

此时工具焊枪 MyTool 已安装在机器人法兰盘上面，如果需要将工具从机器人法兰盘上拆除，可以右键单击“MyTool”，选择“拆除”，见图 2-1-6。

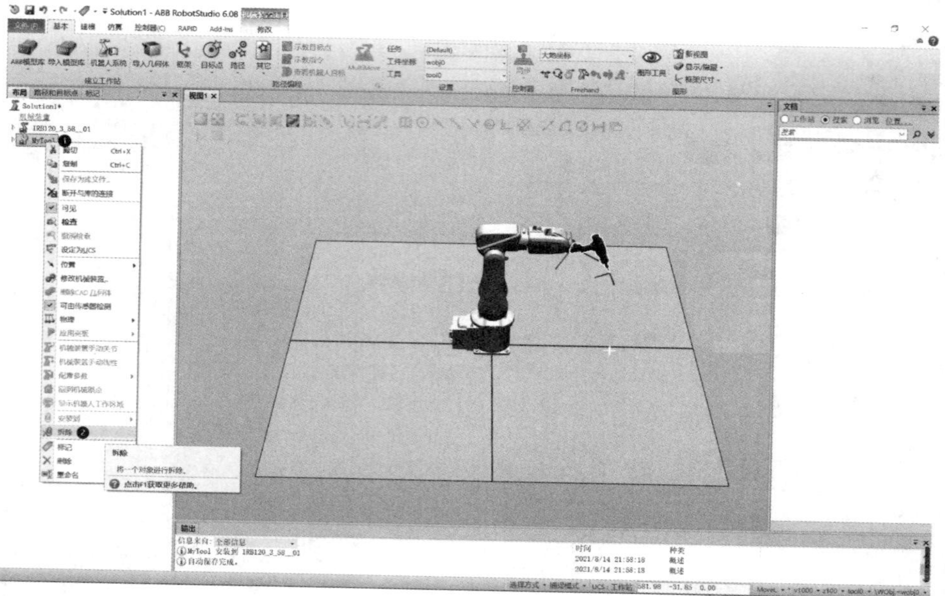

图 2-1-6　拆除工具

（4）摆放工作对象

1）浏览库文件：在“基本”功能选项卡中，打开“导入模型库”—“浏览库文件”，见图 2-1-7。

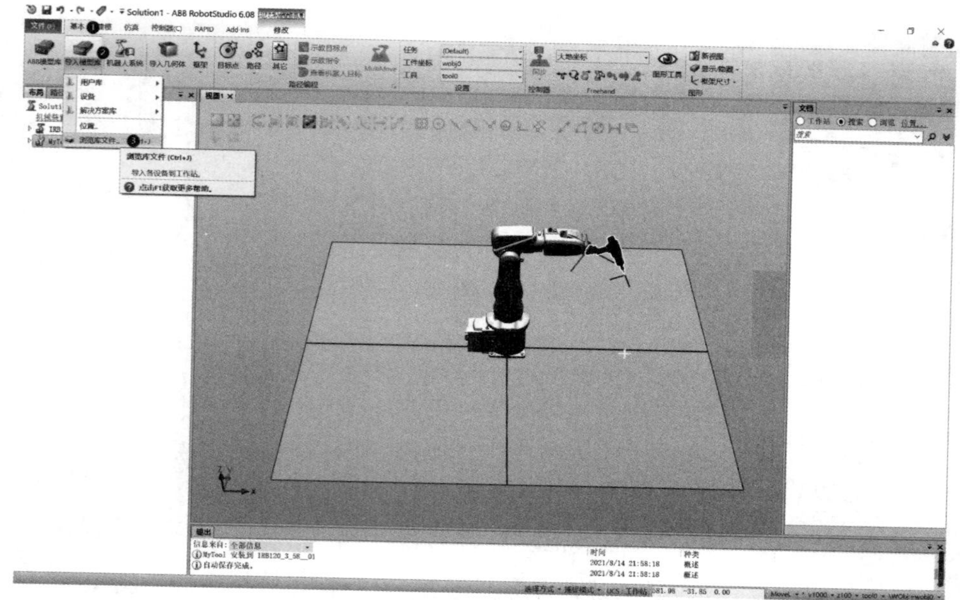

图 2-1-7　浏览库文件

（续）

2）在弹出的窗口中，找到训练台所在文件夹的位置，单击“训练台”，单击“打开”，见图 2-1-8。

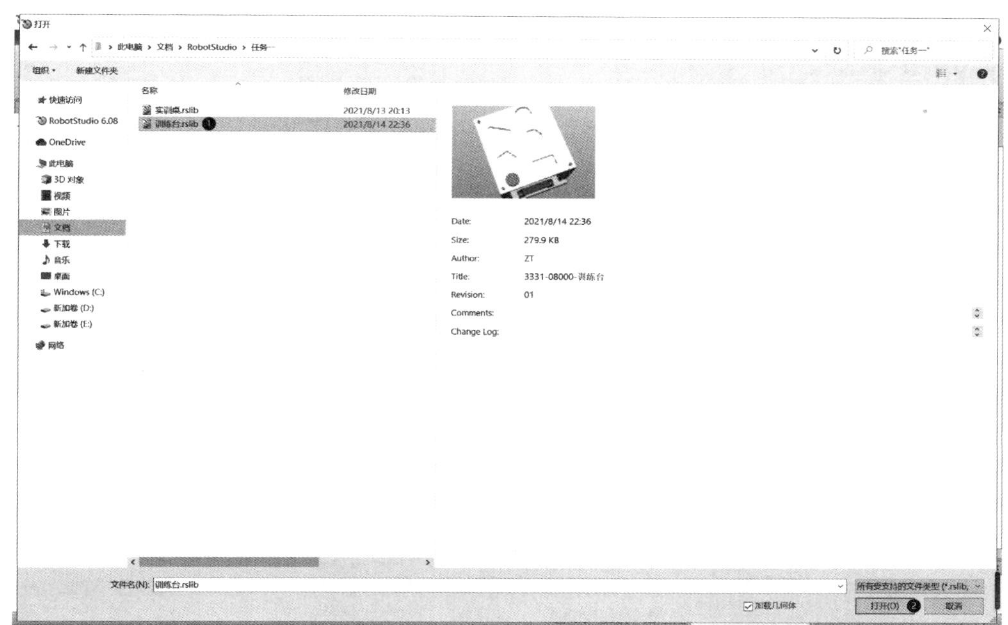

图 2-1-8　选择工作对象训练台

3）右键单击“IRB120_3_58__01”，选择“显示机器人工作区域”，见图 2-1-9。

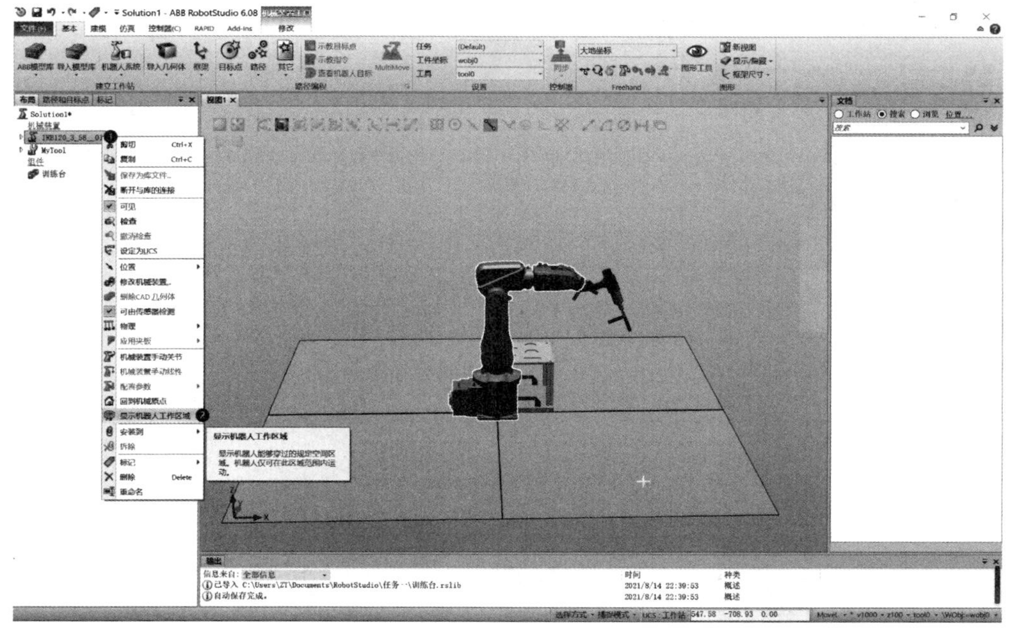

图 2-1-9　显示机器人工作区域

（续）

4）选择“当前工具”，白色弧形区域表示机器人可以到达的工作范围，工作对象应摆放至机器人的最佳工作范围内，见图 2-1-10。

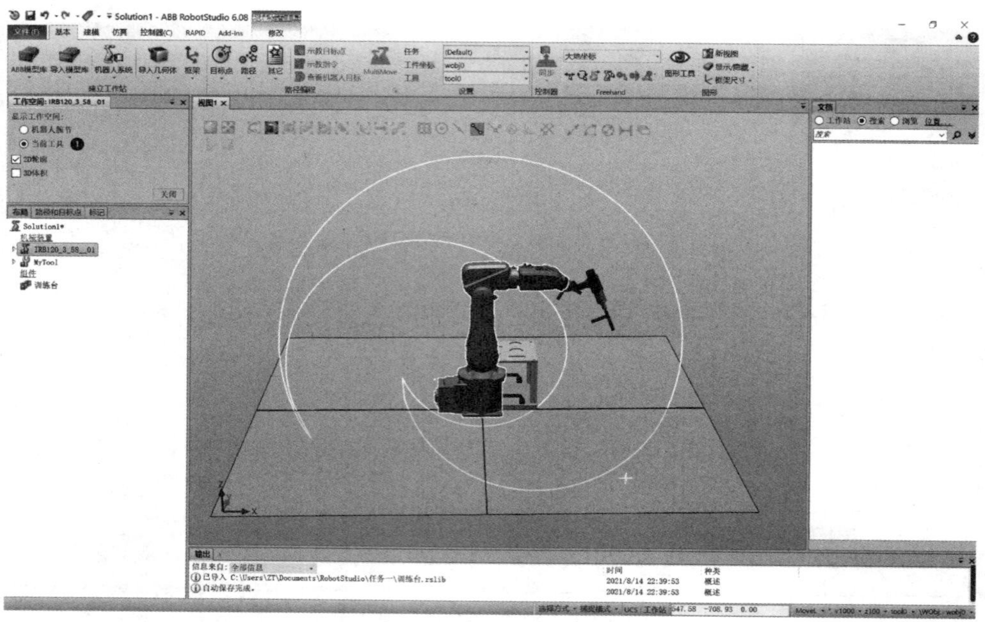

图 2-1-10　工作区域展示

5）在“Freehand”工具栏中，选定“大地坐标”，单击“移动”按钮，选中“训练台”，拖动相应的箭头到达图中所示的位置，见图 2-1-11。

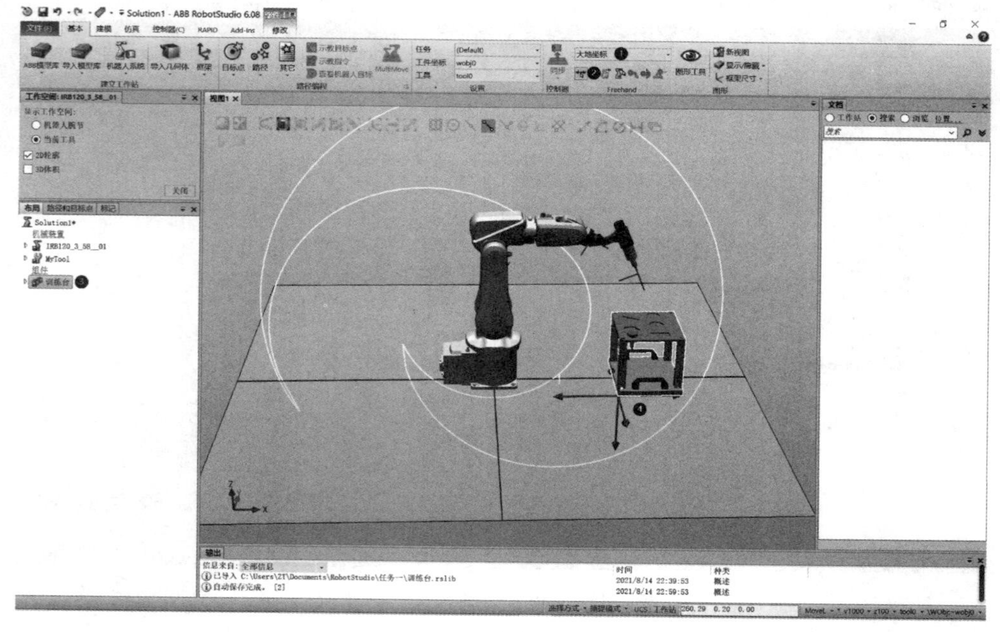

图 2-1-11　移动工作对象

2. 建立工业机器人系统

1）在“基本”功能选项卡中，打开“机器人系统”—“从布局…”，见图 2-1-12。

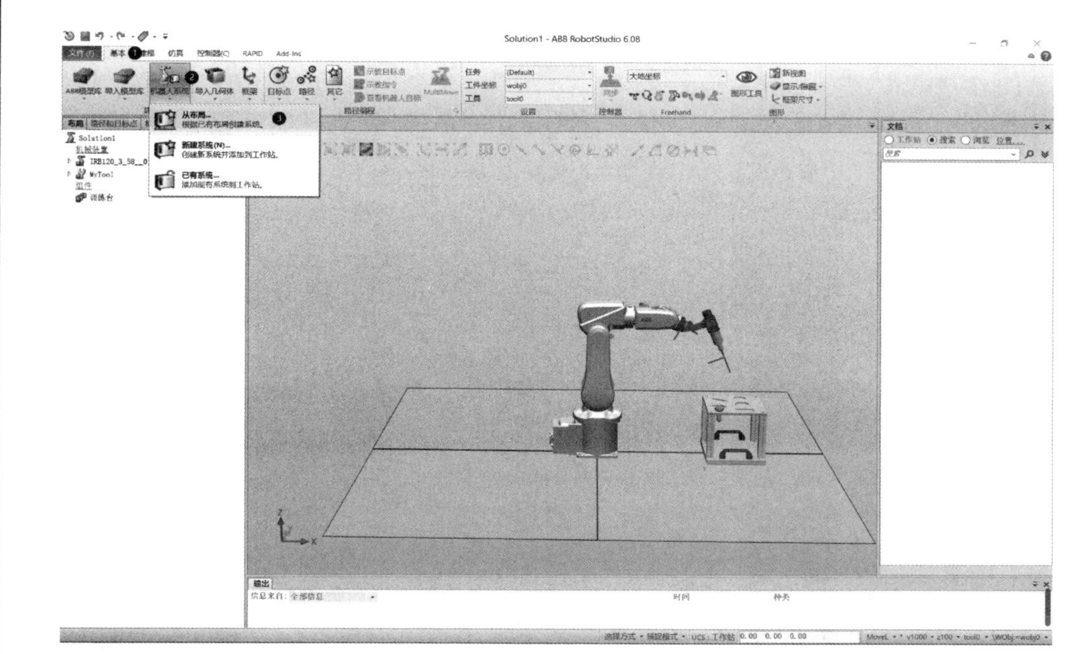

图 2-1-12　创建机器人系统

2）设定系统的名称和保存地址，单击“完成”。待右下角出现“控制器状态”并显示为绿色，表示机器人系统创建成功，见图 2-1-13。

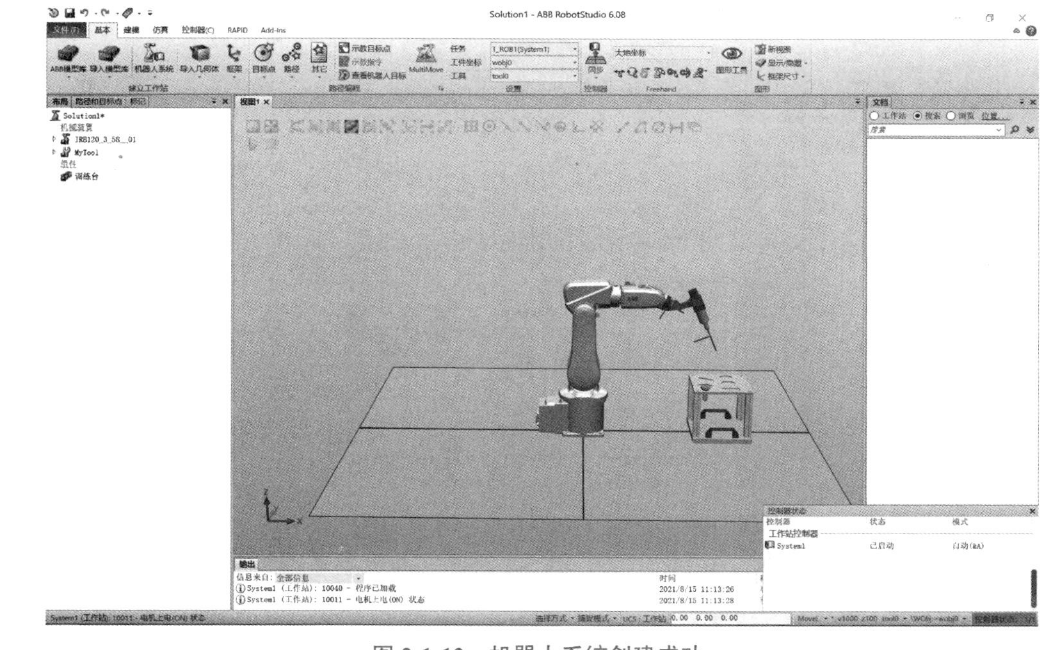

图 2-1-13　机器人系统创建成功

3. 工业机器人的手动操纵

（1）直接拖动

1）手动关节：选定“Freehand”工具栏中的“手动关节”，用鼠标左键拖动相应的关节轴进行运动，见图 2-1-14。

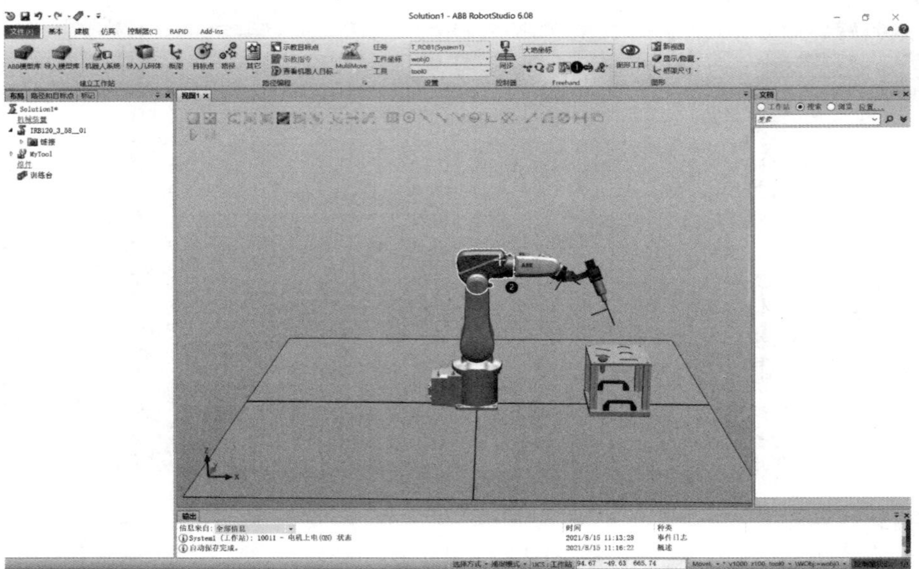

图 2-1-14　手动关节

2）手动线性：将“设置”工具栏中的“工具”选项修改为“MyTool”，选定“Freehand”工具栏中的“手动线性”，选中机器人，用鼠标左键拖动相应的箭头进行线性运动，见图 2-1-15。

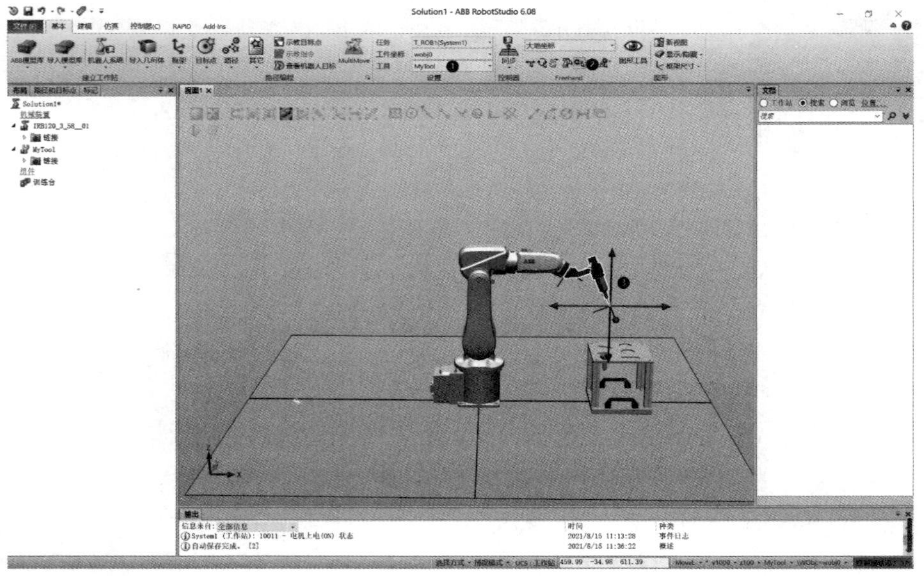

图 2-1-15　手动线性

（续）

3）手动重定位：选定“Freehand”工具栏中的“手动重定位”，选中机器人，用鼠标左键拖动箭头进行重定位运动，见图 2-1-16。

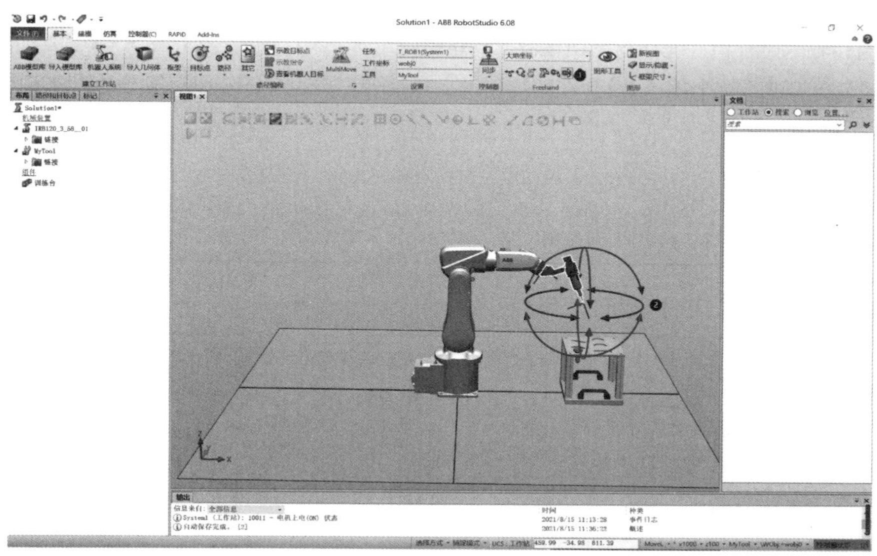

图 2-1-16　手动重定位

（2）机械装置手动关节

1）将“设置”工具栏中的“工具”选项修改为“MyTool”，右键单击“IRB120_3_58__01”，选择“机械装置手动关节”，见图 2-1-17。

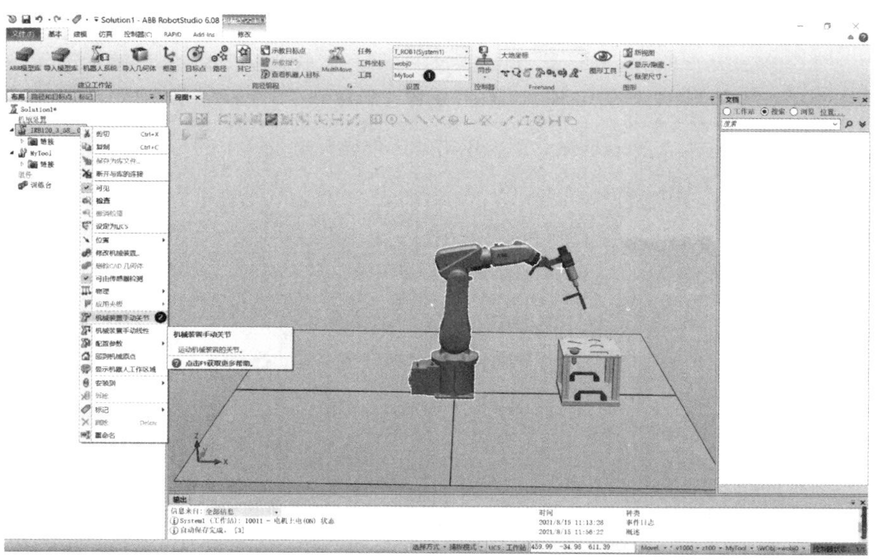

图 2-1-17　机械装置手动关节

2）拖动中间的滑块，可以进行相应关节轴运动；单击箭头，可以点动关节轴运动；还可以设定关节轴点动运行的距离。

（续）

（3）机械装置手动线性
1）将“设置”工具栏中的“工具”选项修改为“MyTool”，右键单击“IRB120_3_58_01”，选择“机械装置手动线性”。 2）可直接输入坐标值并按回车键使机器人到达指定位置，X、Y、Z 表示沿 X、Y、Z 轴方向精确线性运动，RX、RY、RZ 表示绕 X、Y、Z 轴精确重定位运动；单击箭头，可以点动运动；还可以设定点动运行的距离。
（4）回到机械原点
右键单击“IRB120_3_58_01”，选择“回到机械原点”，可使机器人姿态恢复到初始状态。 注意：初始状态 5 轴不为 0°，而是 30°。

4. 创建工业机器人工件坐标

1）在“基本”功能选项卡中，打开“其它”—“创建工件坐标”，见图 2-1-18。

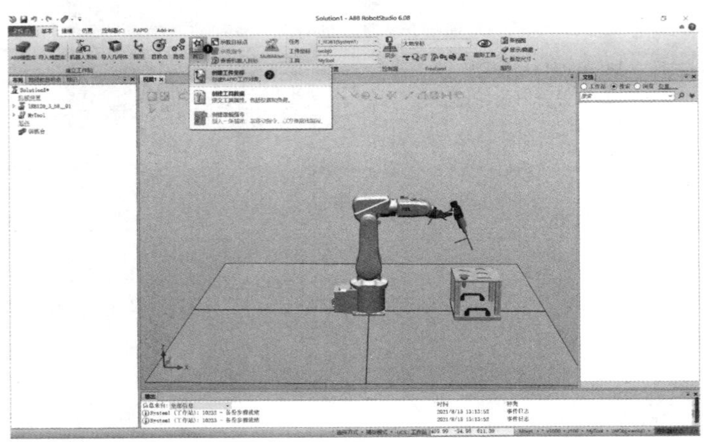

图 2-1-18　创建工件坐标

2）设定工件坐标名称为“Workobject_1”，单击“工件坐标框架”下的“取点创建框架”，单击右边出现的下拉箭头，见图 2-1-19。

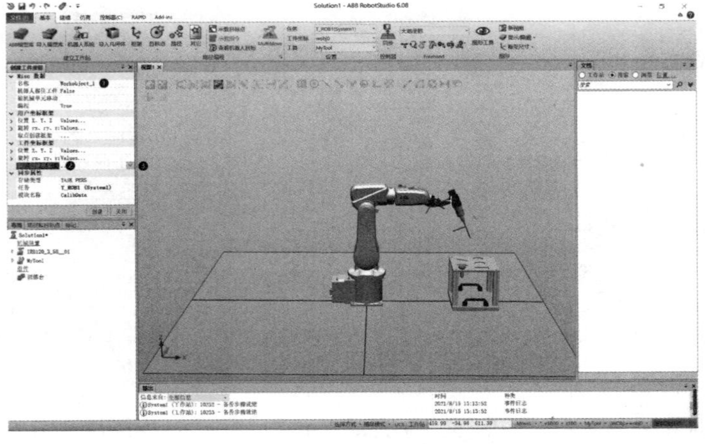

图 2-1-19　取点创建框架

（续）

3）选中“三点”，选中捕捉工具“选择表面”和“捕捉末端”，单击“X 轴上的第一个点”的第一个输入框，输入框中出现光标，见图 2-1-20。

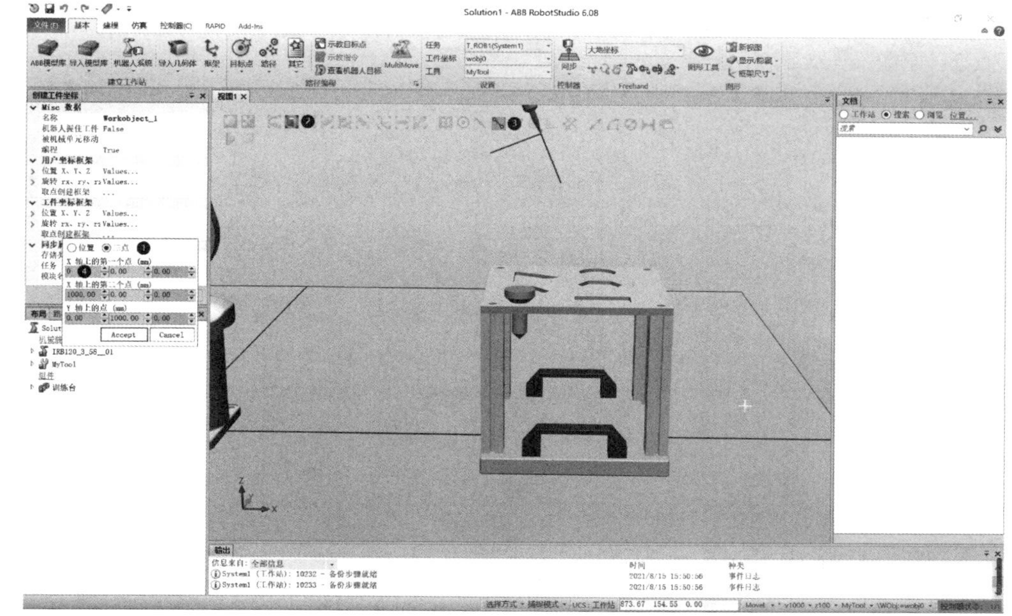

图 2-1-20　三点法

4）单击 1 号角点，单击 2 号角点，单击 3 号角点，确认已生成坐标数据后，单击“Accept”，见图 2-1-21。

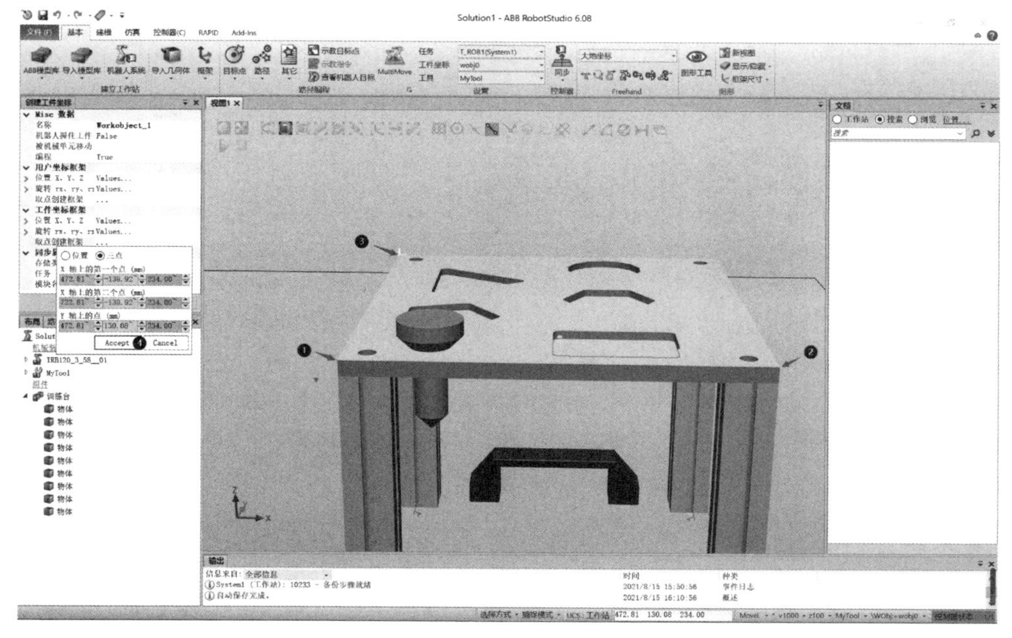

图 2-1-21　设置坐标参数

（续）

5）单击“创建”，则工件坐标 Workobject_1 创建成功，见图 2-1-22。

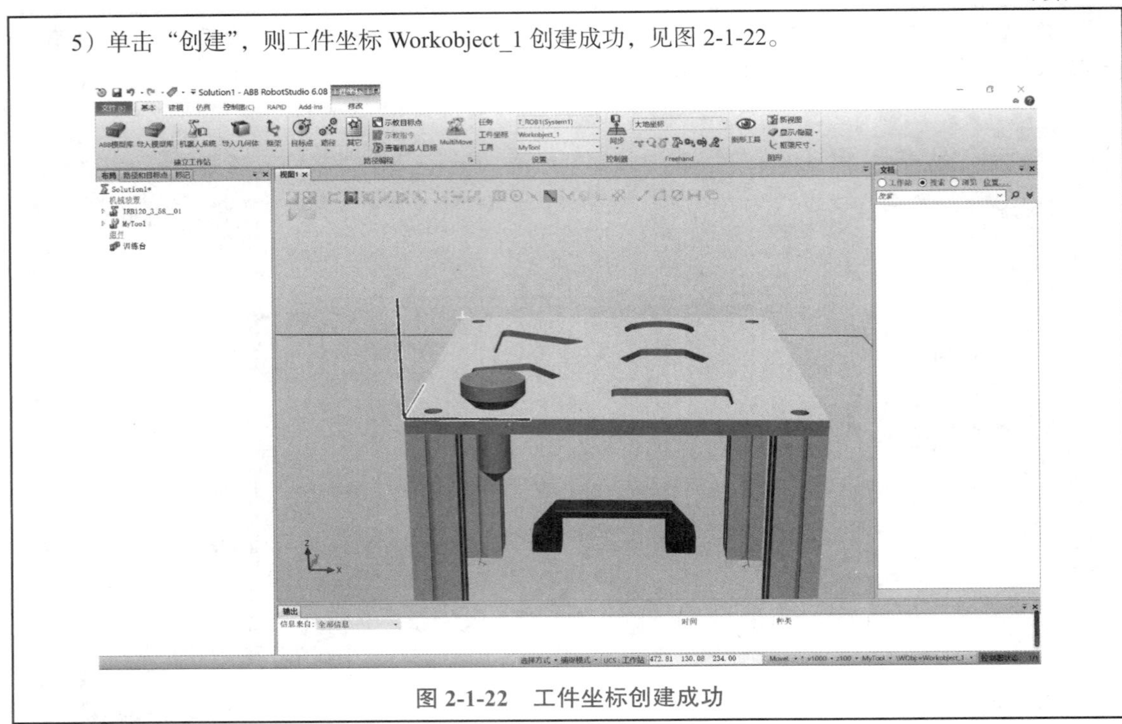

图 2-1-22　工件坐标创建成功

5. 创建工业机器人的运动轨迹程序

1）规划运动轨迹：安装在机器人法兰盘上的工具 MyTool 在工件坐标 Workobject_1 中沿着工作对象的边沿行走一圈，见图 2-1-23。

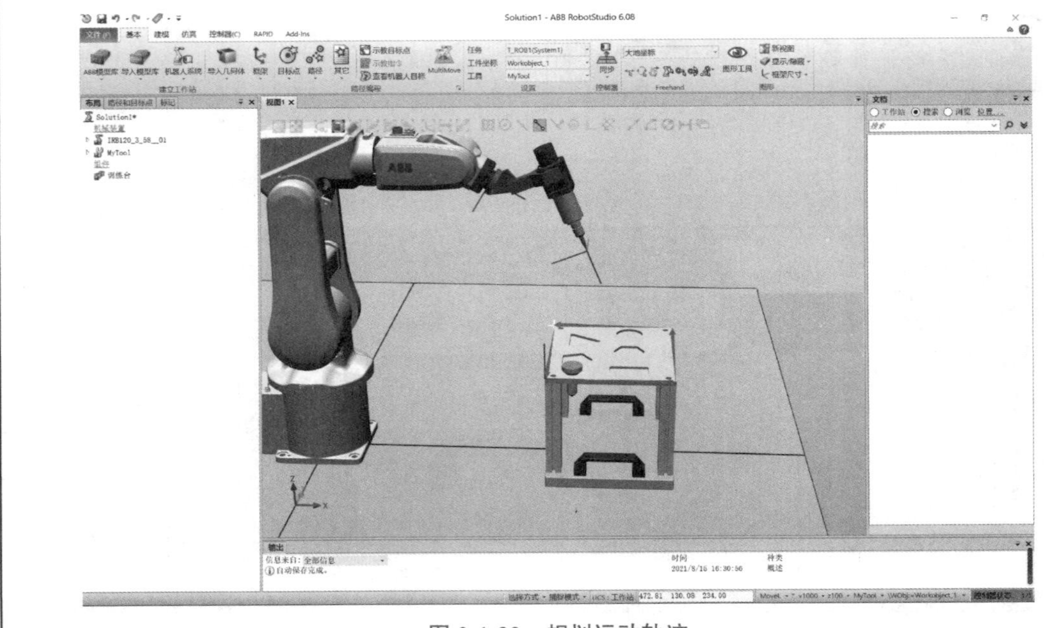

图 2-1-23　规划运动轨迹

（续）

2）在“基本”功能选项卡中，打开“路径”—“空路径”，生成空路径“Path_10”，见图 2-1-24。

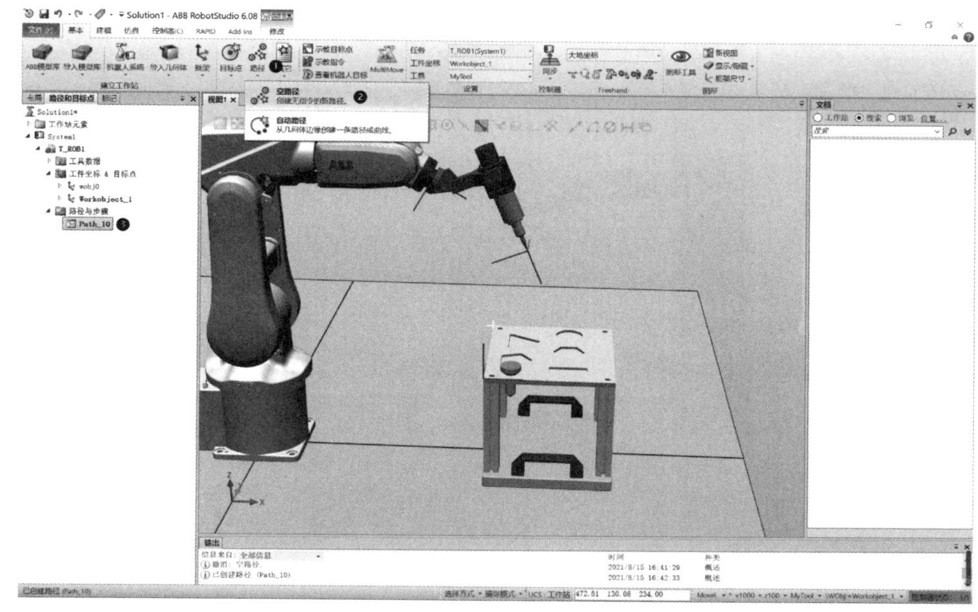

图 2-1-24　生成空路径

3）将“设置”工具栏中的“工件坐标”选项修改为“Workobject_1”，“工具”选项修改为“MyTool”，并设定右下角运动指令及参数，将其修改为“MoveJ v200 fine MyTool\Wobj:= Workobject_1”，见图 2-1-25。

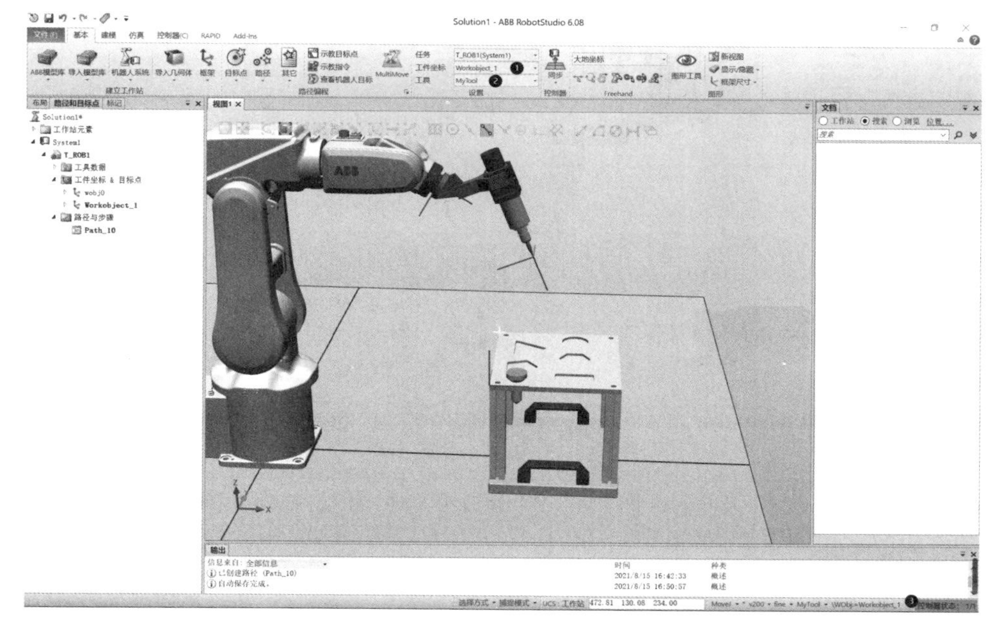

图 2-1-25　设置运动指令及参数

（续）

4）选定“Freehand”工具栏中的“手动关节”，将机器人拖动到合适的位置，作为轨迹起始点，单击“示教指令”，“Path_10”下将显示新创建的运动轨迹指令，见图 2-1-26。 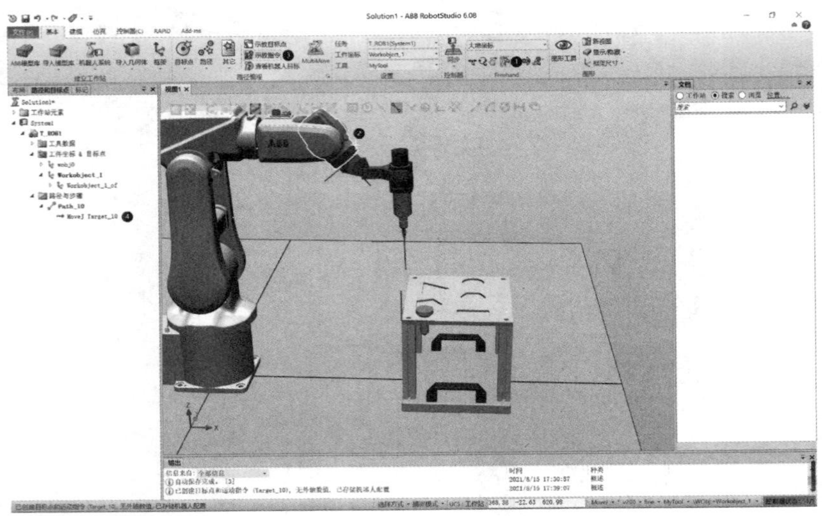 图 2-1-26 轨迹起始点示教
5）选定“Freehand”工具栏中的“手动线性”，拖动机器人，使工具对准规划运动轨迹的第一个角点，单击“示教指令”，见图 2-1-27。 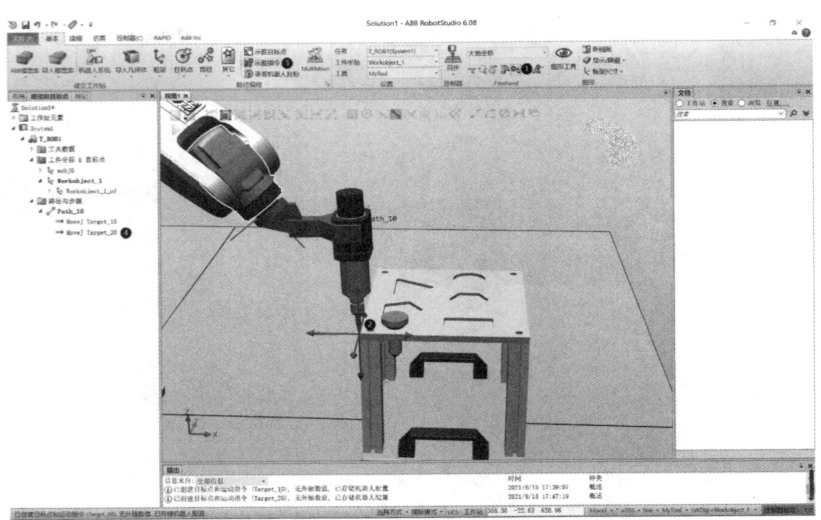 图 2-1-27 第一个角点示教
6）设定右下角运动指令及参数，将“MoveJ”修改为“MoveL”，拖动机器人，使工具对准规划运动轨迹的第二个角点，单击“示教指令”。
7）拖动机器人，使工具对准规划运动轨迹的第三个角点，单击“示教指令”；拖动机器人，使工具对准规划运动轨迹的第四个角点，单击“示教指令”；拖动机器人，使工具对准规划运动轨迹的第一个角点，单击“示教指令”，完成沿工作对象边沿行走一圈。

（续）

8）拖动蓝色箭头使机器人离开工作对象到合适的位置，单击“示教指令”，见图 2-1-28。

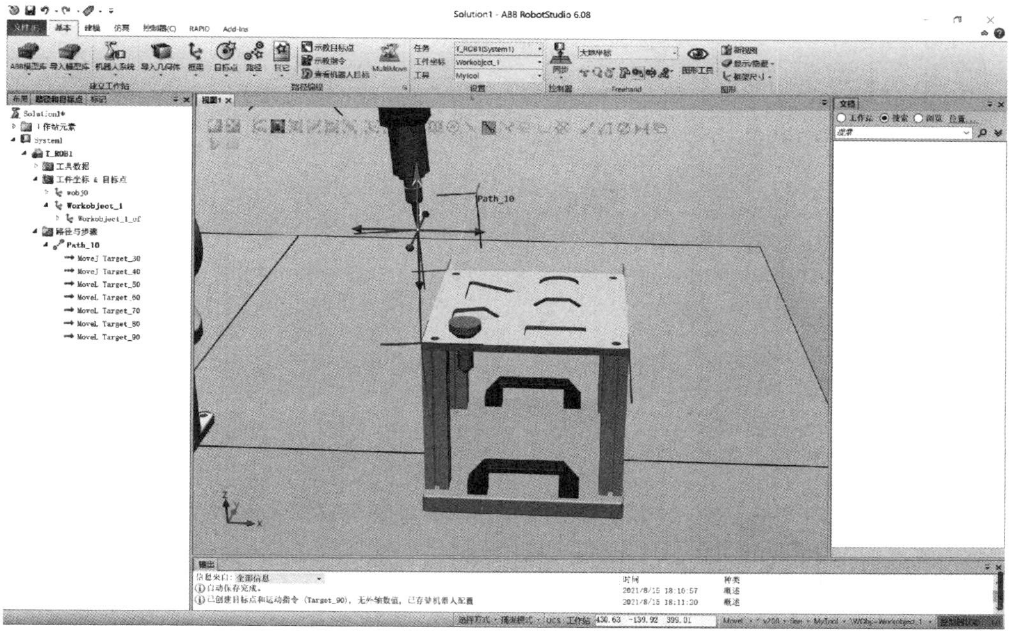

图 2-1-28　轨迹终点示教

9）右键单击“Path_10”，单击“自动配置”，选择“所有移动指令”，进行关节轴的自动配置，见图 2-1-29。

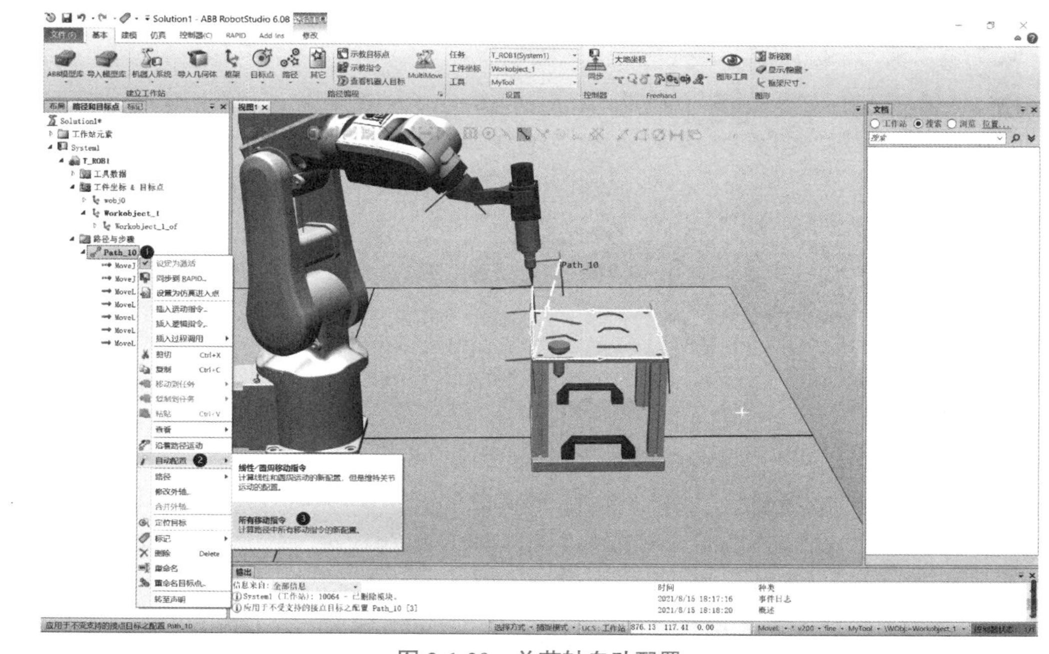

图 2-1-29　关节轴自动配置

（续）

10）右键单击“Path_10”，单击“沿着路径运动”，检查机器人是否沿着规划运动轨迹正常运行，见图 2-1-30。

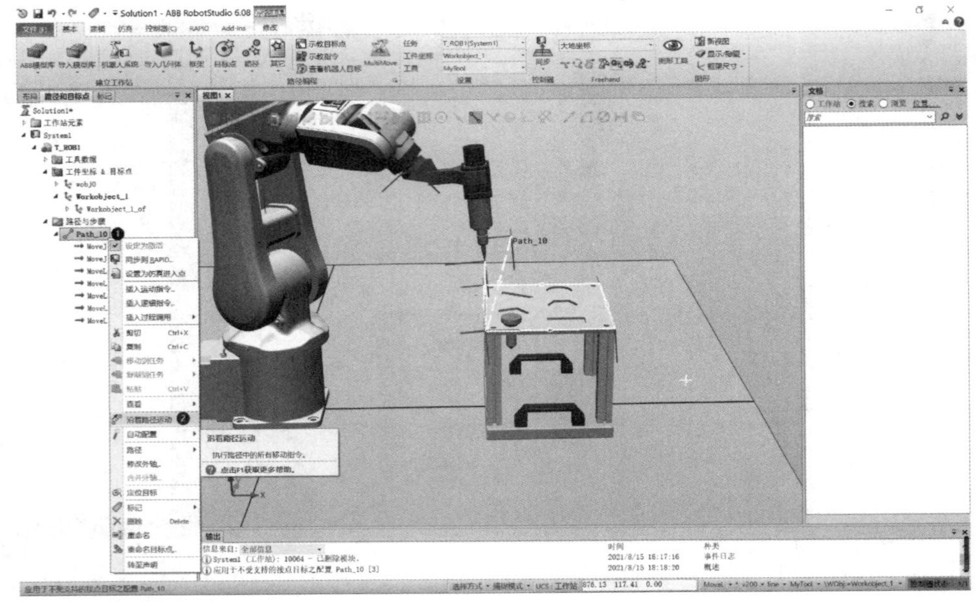

图 2-1-30　检查机器人运动轨迹

6. 仿真运行工业机器人轨迹程序

1）在“基本”功能选项卡中，打开“同步”—“同步到 RAPID...”，见图 2-1-31。

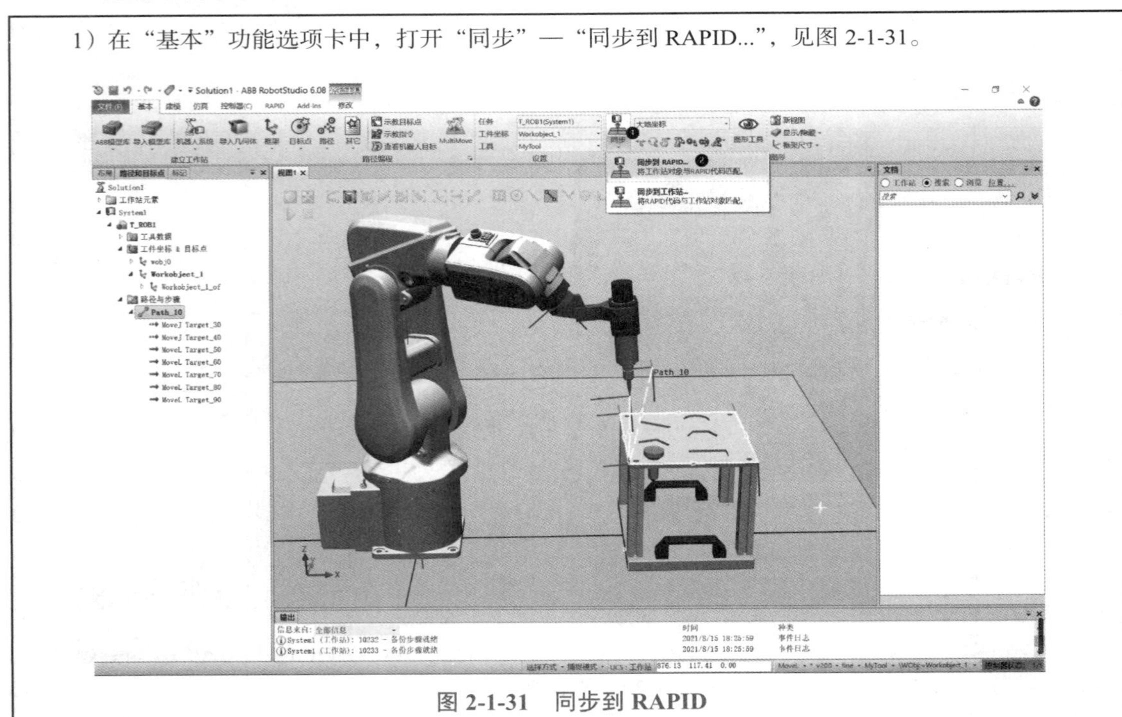

图 2-1-31　同步到 RAPID

（续）

2）将需要同步的项目打勾，单击“确定”，见图 2-1-32。

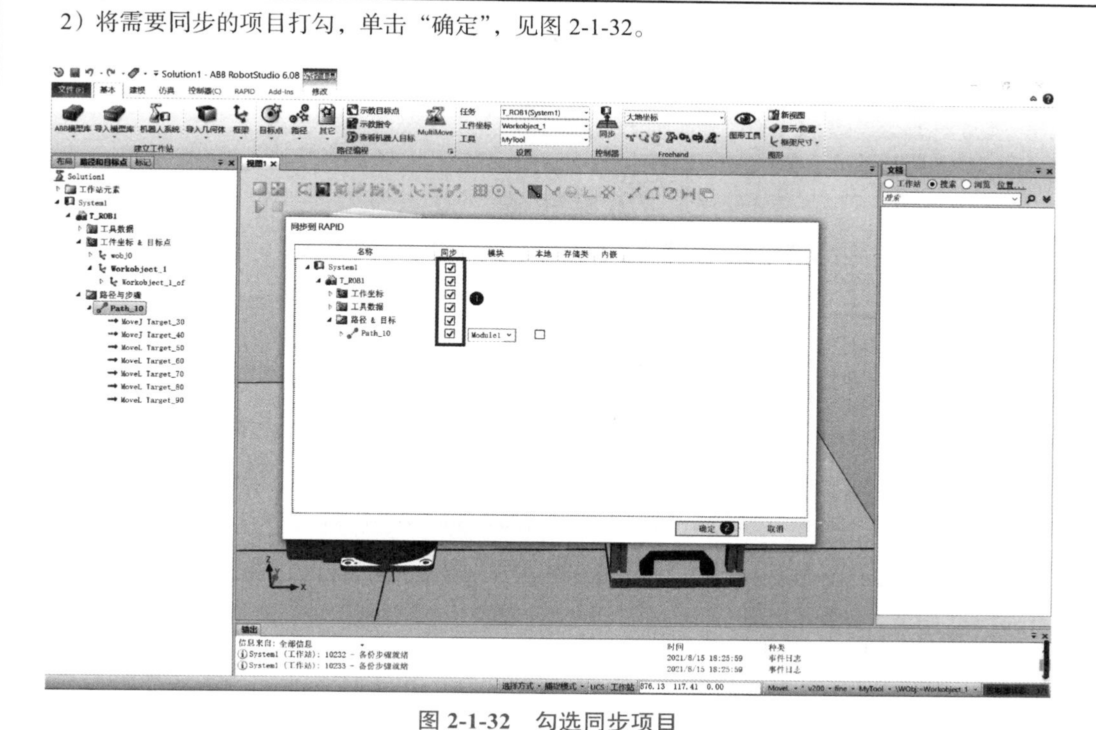

图 2-1-32　勾选同步项目

3）选中“仿真”功能选项卡，单击“仿真设定”，单击“T_ROB1”，进入点选择“Path_10”，见图 2-1-33。

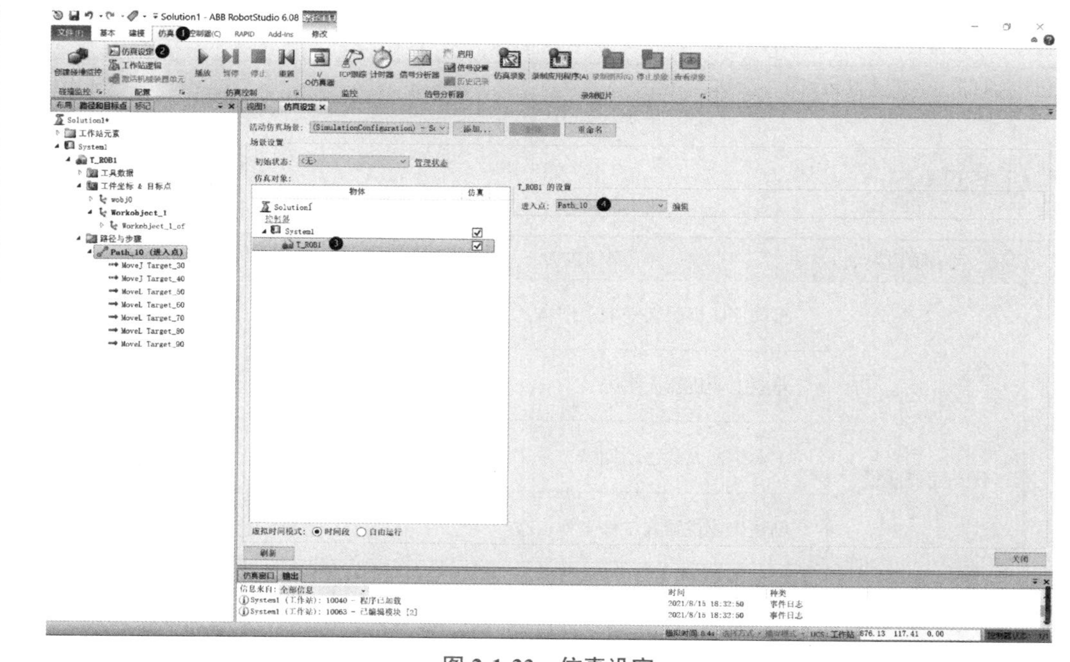

图 2-1-33　仿真设定

（续）

4）在“仿真”功能选项卡中，单击“播放”，此时机器人按规划运动轨迹运动，见图 2-1-34。

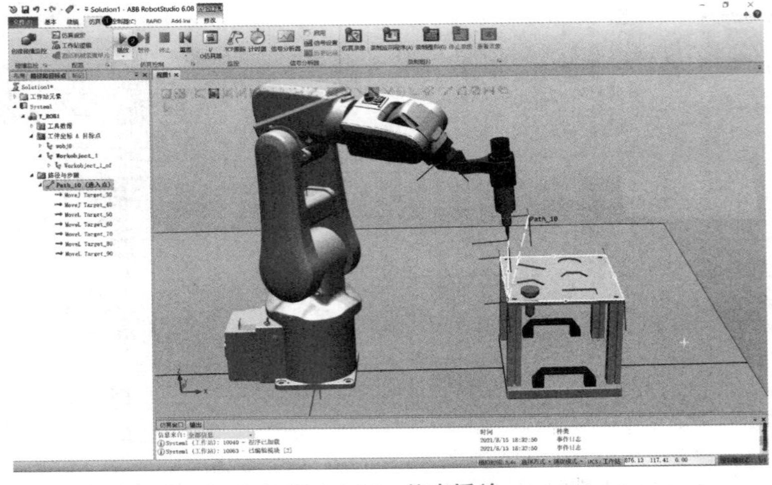

图 2-1-34　仿真播放

实施记录如下：

操作内容	操作结果	备注
1. 布局工业机器人基本工作站		
2. 建立工业机器人系统		
3. 工业机器人的手动操纵		
4. 创建工业机器人工件坐标		
5. 创建工业机器人的运动轨迹程序		
6. 仿真运行工业机器人轨迹程序		

任务评价

序号	考核项目	考核内容	分值	评分标准	得分
1	任务完成质量（80 分）	布局工业机器人基本工作站	15	理解流程 熟练操作	
		建立工业机器人系统	10	理解流程 熟练操作	
		工业机器人的手动操纵	10	理解流程 熟练操作	
		创建工业机器人工件坐标	15	理解流程 熟练操作	
		创建工业机器人的运动轨迹程序	20	理解流程 熟练操作	
		仿真运行工业机器人轨迹程序	10	理解流程 熟练操作	

（续）

序号	考核项目	考核内容	分值	评分标准	得分
2	职业素养与操作规范（10 分）	团队精神	5		
		操作规范	5		
3	学习纪律与学习态度（10 分）	学习纪律	5		
		学习态度	5		
总　分					

任务小结

____

____

____

____

____

任务 2.2　工业机器人工作站的模型构建

任务描述

任务目标	1. 学会使用 RobotStudio 进行基本建模 2. 掌握测量工具的使用方法 3. 掌握创建机械装置的方法
任务内容	1. 建模功能的使用 2. 测量工具的使用 3. 创建机械装置

知识讲解

1. 建模功能的使用

当使用 RobotStudio 对机器人仿真验证时，如果对周边模型要求较低，可以用简单的、等同于实际大小的基本模型进行代替，从而节约仿真验证的时间。

如果需要精细的 3D 模型，可以通过第三方建模软件进行建模，并通过 *.sat 格式导入到 RobotStudio 中完成建模布局的工作。

2. 测量工具的使用

主要用于对建立或导入的模型进行测量，验证模型的精度。要灵活选用各种捕捉工具进行正确测量，掌握测量技巧。

3. 创建机械装置

在工作站中，可以通过创建机械装置为机器人的周边模型制作动态效果。

任务实施

操作步骤如下：

1. 建模功能的使用

1）创建空工作站：在“文件”功能选项卡中，选择“新建”，选择“空工作站解决方案”，设定工作站名称，选定工作站保存位置，单击“创建”，创建一个新的空工作站。

2）在“建模”功能选项卡中，打开“创建”组中“固体”菜单，选择“矩形体”，见图 2-2-1。

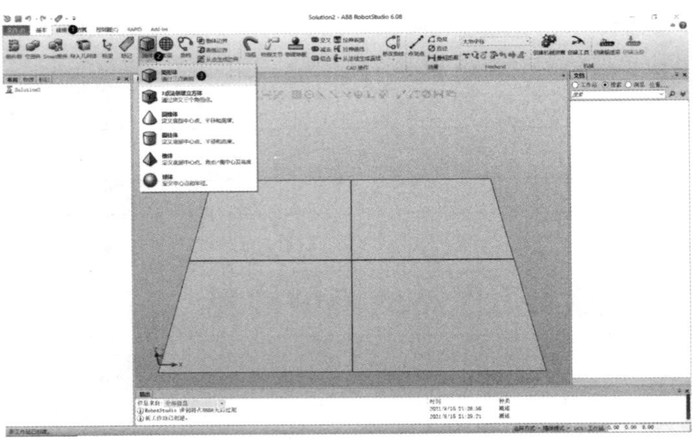

图 2-2-1　创建矩形体

3）输入矩形体的参数，长度 330mm，宽度 330mm，高度 200mm，单击“创建”，见图 2-2-2。

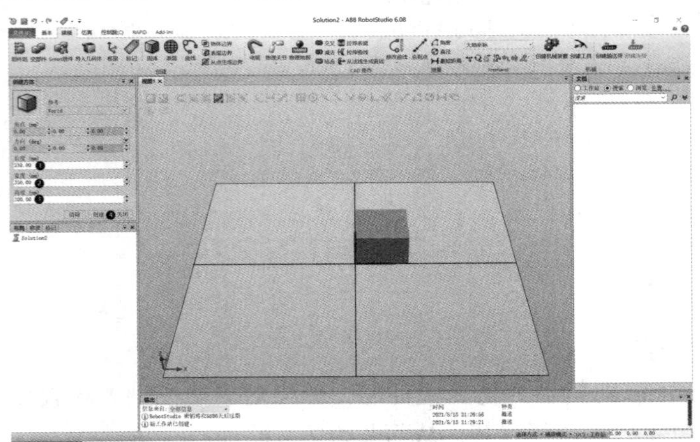

图 2-2-2　参数输入

4）按上述方法依次创建一个圆柱体、一个圆锥体、一个锥体和一个球体。

2. 测量工具的使用

1）测量垛板的长度：单击“点到点”；选中捕捉工具“选择表面”和“捕捉末端”；分别单击要测量长度的两个端点；显示测量长度，见图 2-2-3。

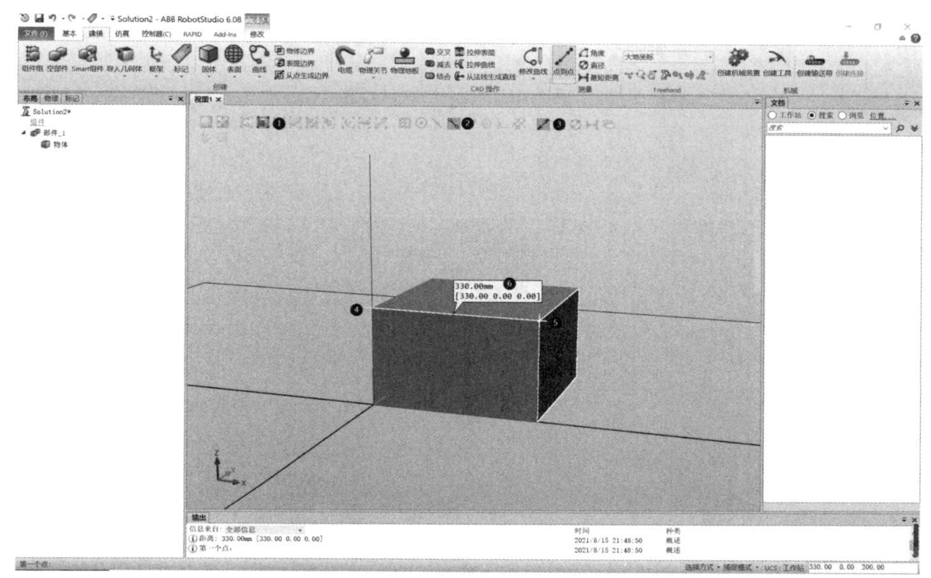

图 2-2-3　测量垛板长度

2）测量锥体的角度：单击“角度”；选中捕捉工具“选择表面”和“捕捉末端”；分别单击要测量角度的角点和两条边上的两点；顶角处显示测量角度，见图 2-2-4。

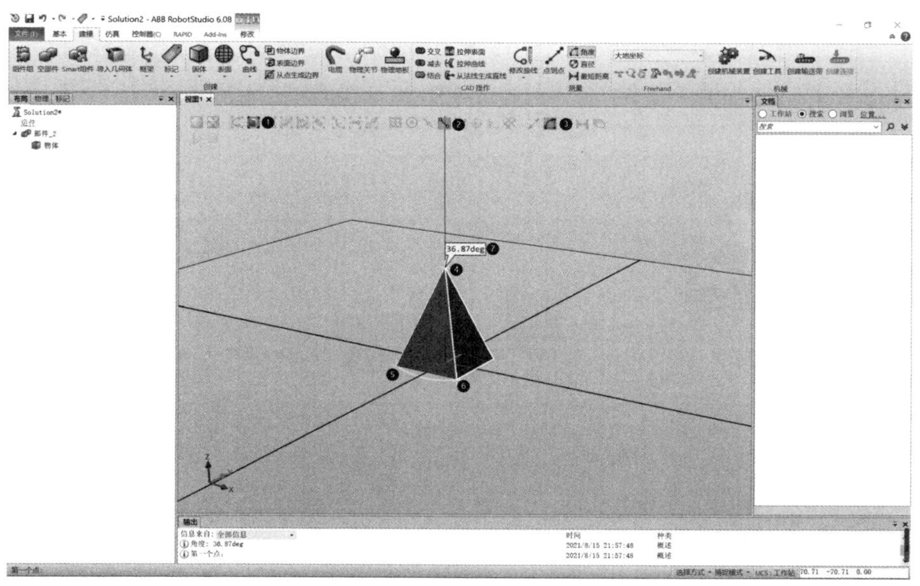

图 2-2-4　测量锥体角度

（续）

3）测量圆柱体的直径：单击“直径”；选中捕捉工具“选择表面”和“捕捉边缘”；分别单击要测量直径的圆柱体端面边缘上的三个点；圆柱体端面上显示测量直径，见图 2-2-5。

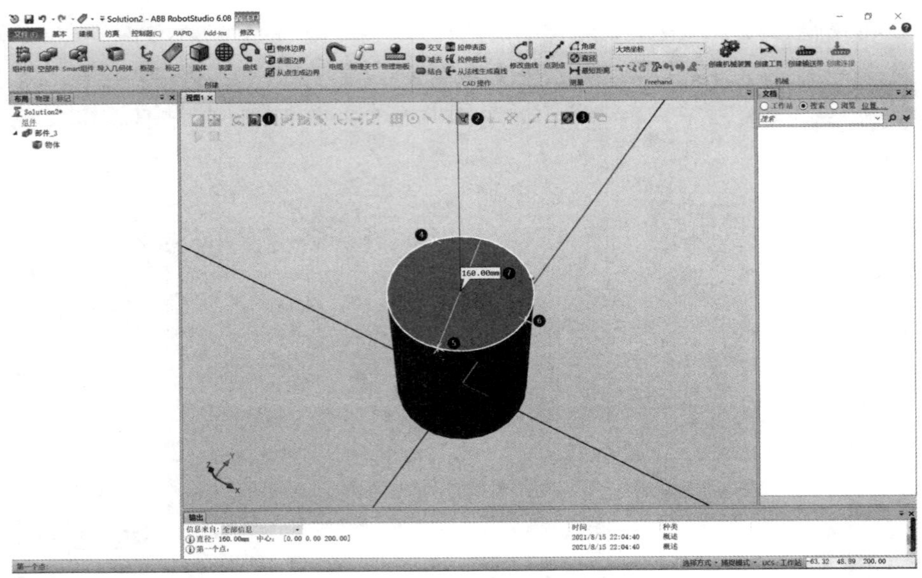

图 2-2-5　测量圆柱体直径

4）测量两个物体间的最短距离：单击“最短距离”；选中捕捉工具“选择物体”和“捕捉边缘”；分别单击要测量距离的两个物体；两个物体之间显示最短距离，见图 2-2-6。

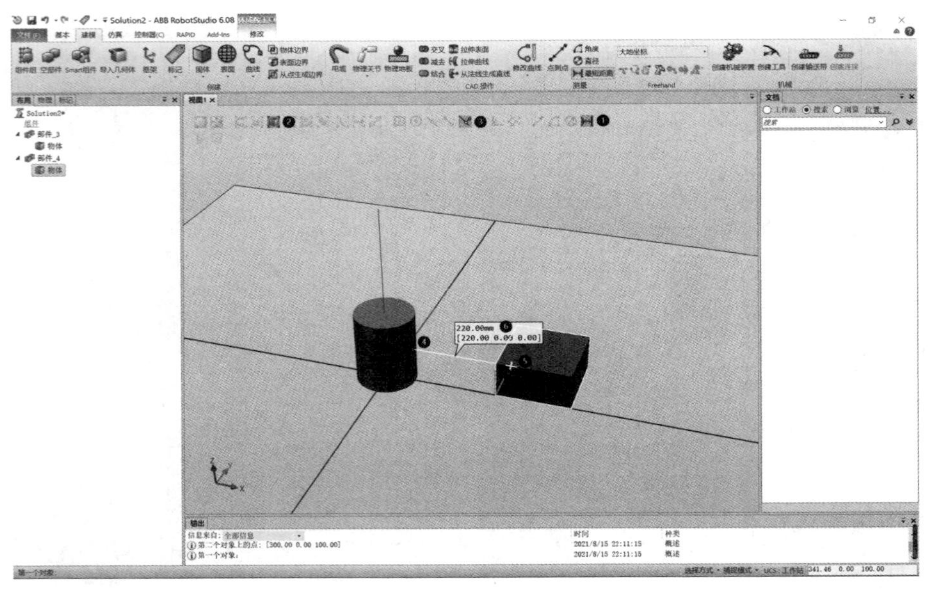

图 2-2-6　测量最短距离

3. 创建机械装置（一个能够滑动的滑台装置）

1）创建空工作站：在“文件”功能选项卡中，选择“新建”，选择“空工作站解决方案”，设定工作站名称，选定工作站保存位置，单击“创建”，创建一个新的空工作站。

2）创建滑轨：在“建模”功能选项卡中，打开“创建”组中“固体”菜单，选择“矩形体”，输入滑轨的参数，长度 1000mm，宽度 100mm，高度 100mm，单击“创建”，见图 2-2-7。

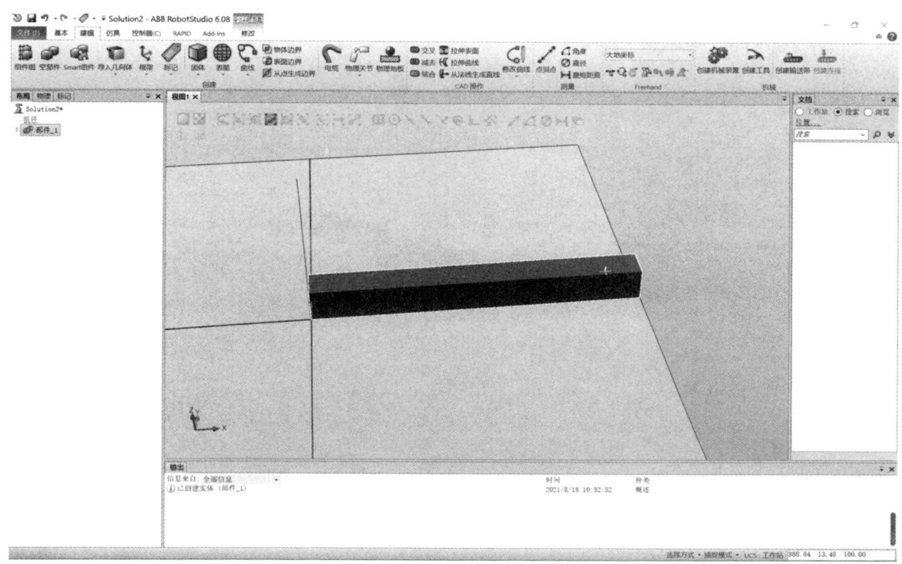

图 2-2-7　创建滑轨

3）修改滑轨颜色：右键单击滑轨，选择“修改”—“设定颜色”，选择黄色后，单击“确定”，见图 2-2-8。

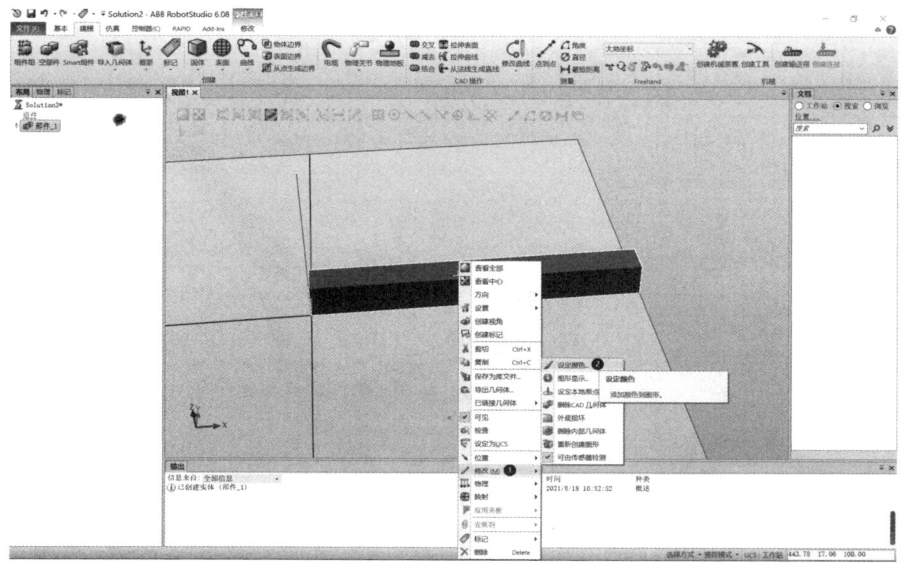

图 2-2-8　修改滑轨颜色

（续）

4）创建滑块：

① 创建部件_2：在“建模”功能选项卡中，打开“创建”组中“固体”菜单，选择“矩形体”，输入参数，角点（0mm，-50mm，50mm），长度100mm，宽度200mm，高度100mm，单击“创建”，见图2-2-9。

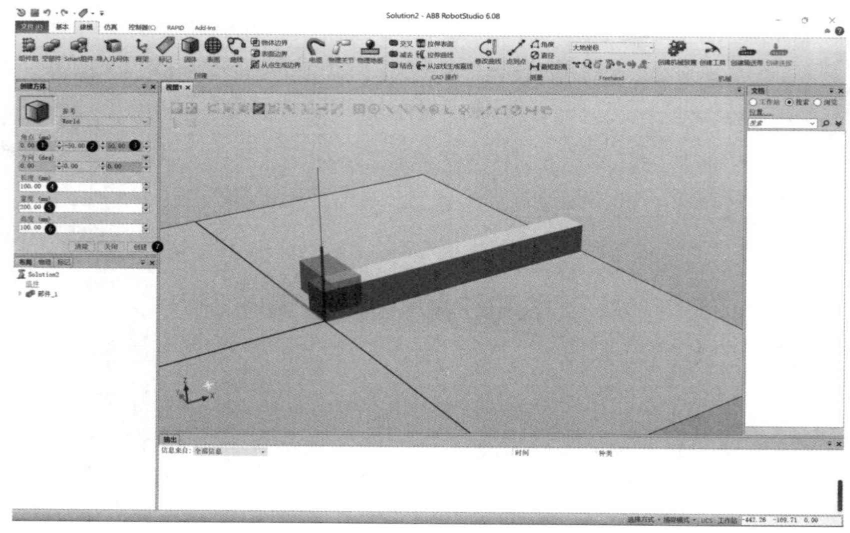

图 2-2-9　创建部件_2

② 创建部件_3：在“建模”功能选项卡中，打开“创建”组中“固体”菜单，选择“矩形体”，输入参数，角点（0mm，0mm，50mm），长度100mm，宽度100mm，高度50mm，单击“创建”。

③ 生成部件_4：在“建模”功能选项卡中，单击“减去”，单击“部件_2”左侧箭头，单击下面出现的“物体”，单击“部件_3”左侧箭头，单击下面出现的“物体”，单击“创建”，生成部件_4，即为滑块，见图2-2-10。

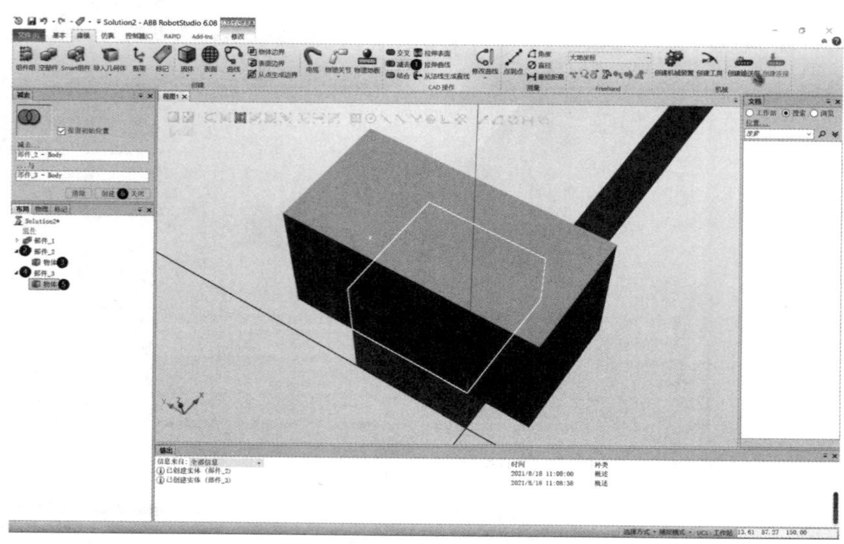

图 2-2-10　生成部件_4

（续）

④ 删除部件 _2 和部件 _3：右键单击“部件 _2”，单击“删除”；右键单击“部件 _3”，单击“删除”。

⑤ 重命名：右键单击“部件 _1”，单击“重命名”，修改为“滑轨”；右键单击“部件 _4”，单击“重命名”，修改为“滑块”，见图 2-2-11。

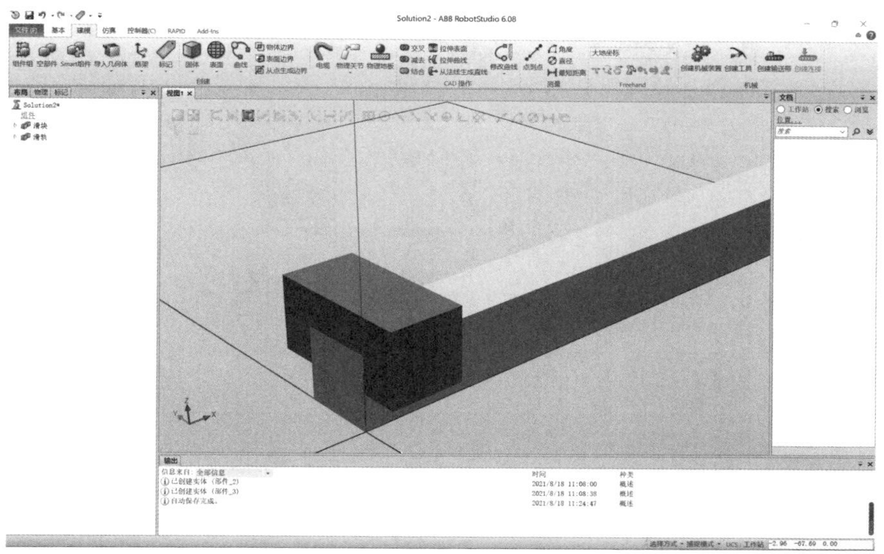

图 2-2-11　滑块创建成功

5）在“建模”功能选项卡中，打开“创建机械装置”，将“机械装置模型名称”修改为“滑台装置”，“机械装置类型”选择“设备”，见图 2-2-12。

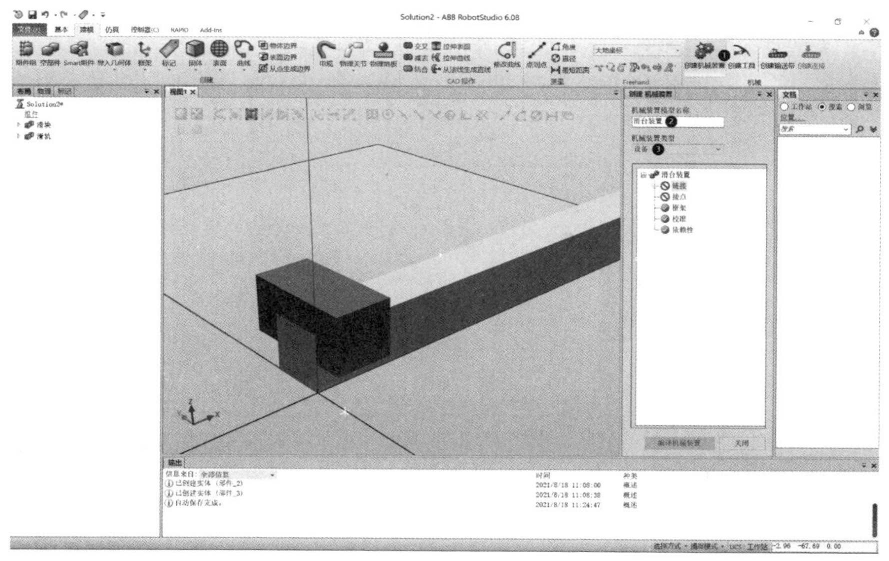

图 2-2-12　创建机械装置

（续）

6）双击“链接”，“所选部件”选择“滑轨”，勾选“设置为BaseLink”，单击“绿色箭头添加部件按钮”，所添加部件出现在右侧后，单击“应用”，见图2-2-13。

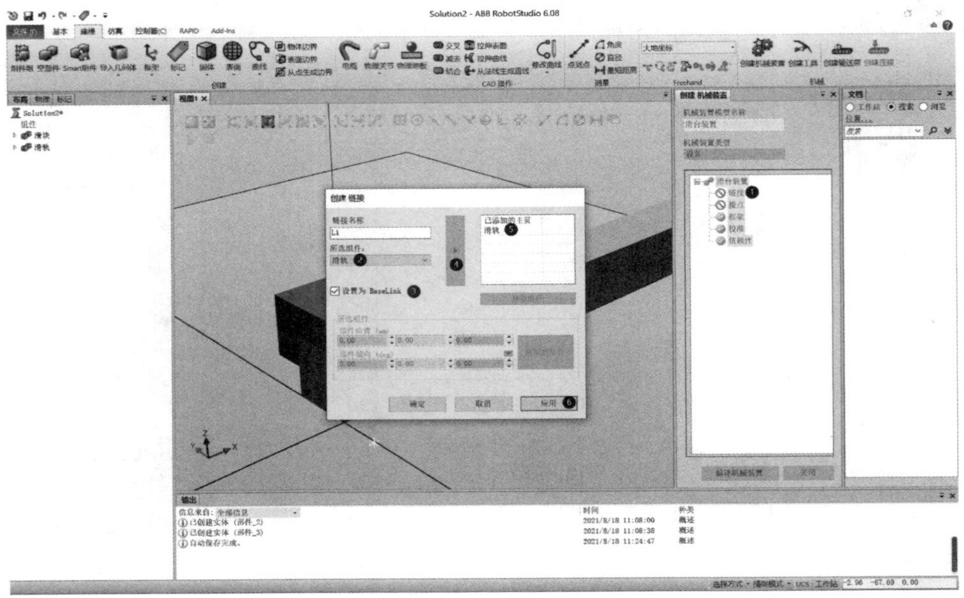

图 2-2-13 添加滑轨链接

7）修改“链接名称”为“L2”，“所选部件”选择“滑块”，单击“绿色箭头添加部件按钮”，所添加部件出现在右侧后，单击“确定”，见图2-2-14。

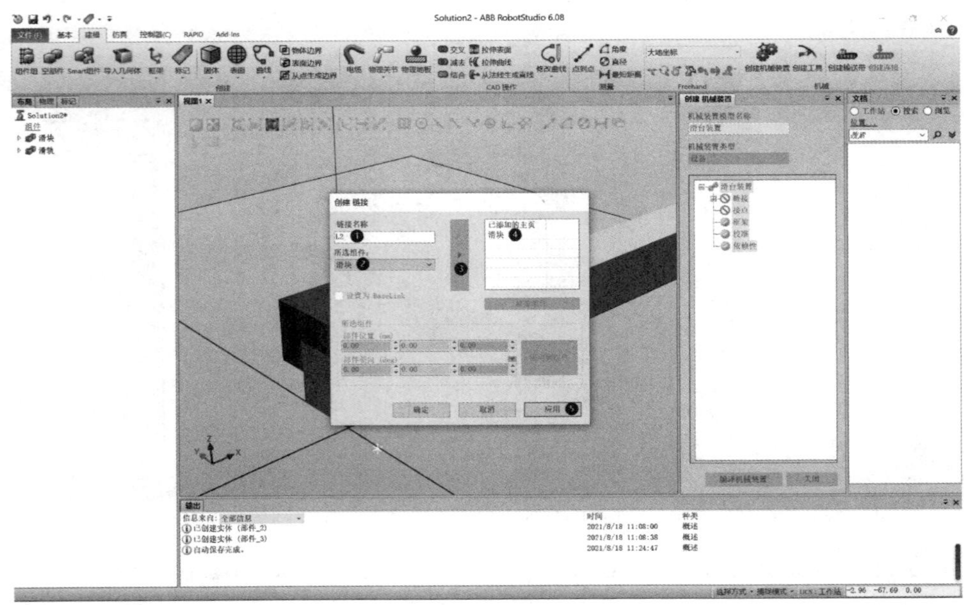

图 2-2-14 添加滑块链接

（续）

8）创建接点：双击“接点”，“关节类型”选择为“往复的”，选中捕捉工具“选择表面”和“捕捉末端”，单击“关节轴”下“第一个位置”的第一个输入框，输入框中出现光标，单击滑轨的1号角点，单击滑轨的2号角点，确认已生成坐标数据后，修改“关节限值”下的“最小限值”为“0mm”，“最大限值”为“900mm”，单击“确定”，见图2-2-15。

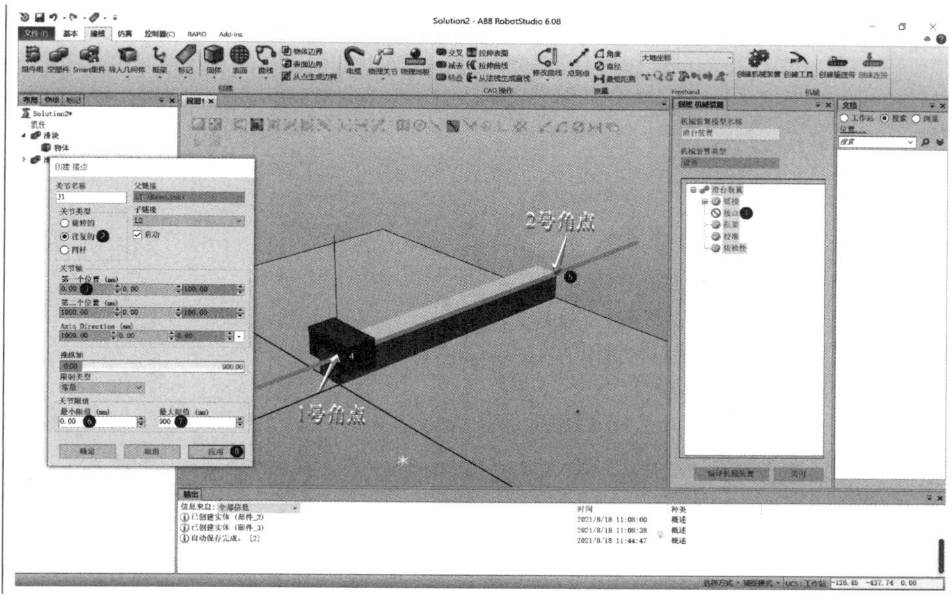

图 2-2-15　创建接点

9）单击“编译机械装置”，单击“创建机械装置”标签右侧的向下箭头，选择“浮动”，见图2-2-16。

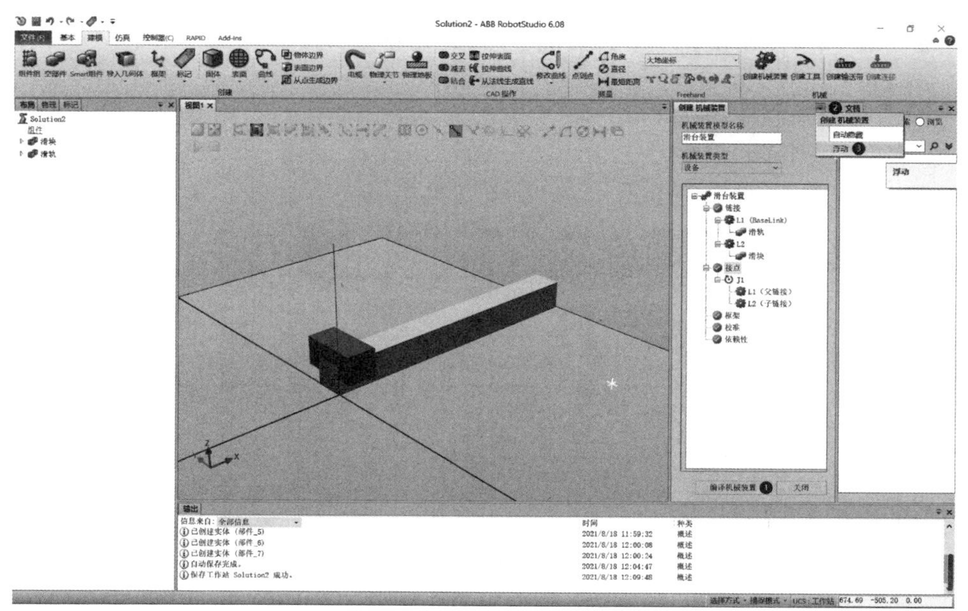

图 2-2-16　编译机械装置

（续）

10）将“创建机械装置”对话框放大后，在“姿态”下单击“添加”，“姿态名称”修改为“最远端”，“关节值”下滑块拖至900处，单击“确定”，见图2-2-17。

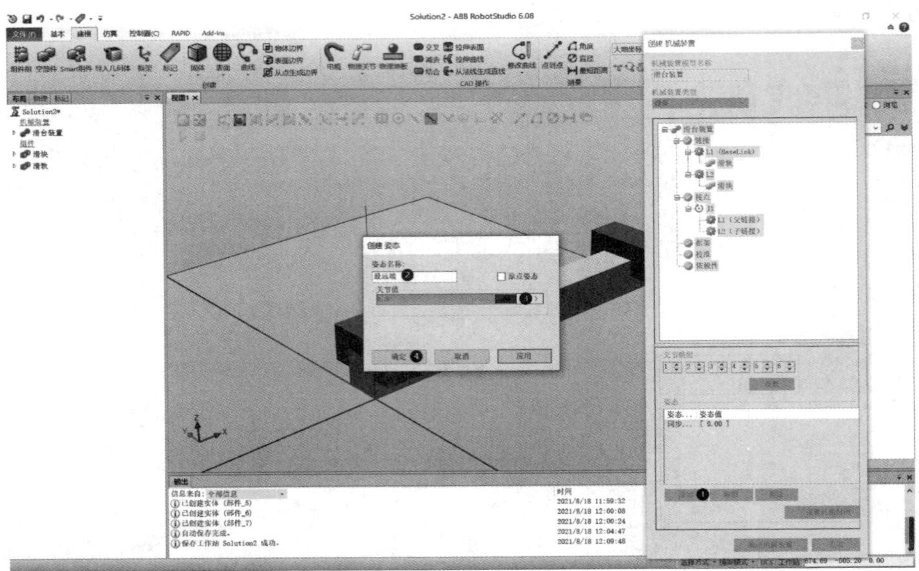

图 2-2-17　创建姿态

11）单击“设置转换时间”，将滑块在两个位置之间运动的时间修改为5s，单击“确定”，见图2-2-18。

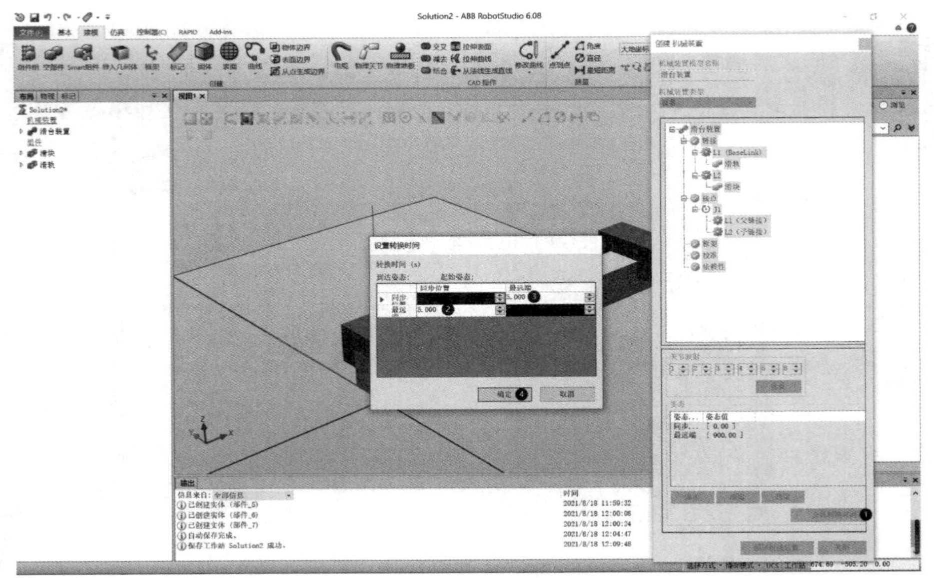

图 2-2-18　设置转换时间

（续）

12）滑台装置已创建完成，在“建模”功能选项卡中，选中“手动关节”后，就可以用鼠标拖动滑块在滑轨上运动了。
13）右键单击“滑台装置”，单击“保存为库文件”，以便以后在其他工作站中调用，见图 2-2-19。 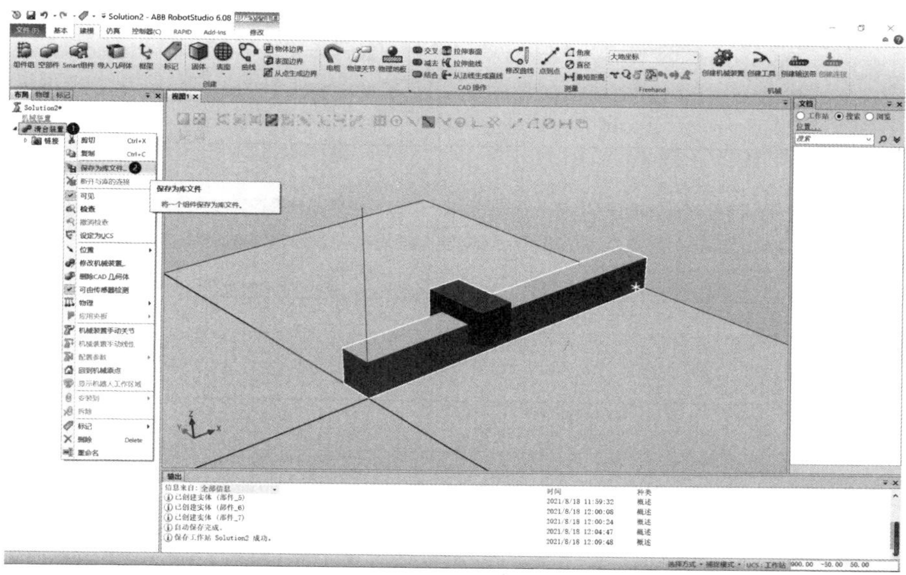 图 2-2-19　保存为库文件
14）在“基本”功能选项卡中，打开“导入模型库”，选择“浏览库文件”可以加载已保存为库文件的机械装置。

实施记录如下：

操作内容	操作结果	备注
1. 建模功能的使用		
2. 测量工具的使用		
3. 创建机械装置		

任务评价

序号	考核项目	考核内容	分值	评分标准	得分
1	任务完成质量（80 分）	建模功能的使用	20	理解流程 熟练操作	
		测量工具的使用	30	理解流程 熟练操作	
		创建机械装置	30	理解流程 熟练操作	

（续）

序号	考核项目	考核内容	分值	评分标准	得分
2	职业素养与操作规范（10分）	团队精神	5		
		操作规范	5		
3	学习纪律与学习态度（10分）	学习纪律	5		
		学习态度	5		
总　分					

任务小结

____

____

____

____

____

任务 2.3　工业机器人离线编程及轨迹设计

任务描述

任务目标	1. 学会创建工件的机器人轨迹曲线 2. 学会自动生成工件的机器人轨迹曲线路径 3. 掌握机器人目标点调整的方法 4. 掌握机器人轴配置参数调整的方法 5. 学会完善离线轨迹程序并仿真运行
任务内容	1. 创建工业机器人离线轨迹路径 2. 工业机器人运动姿态调整 3. 完善程序并仿真运行

知识讲解

1. 创建工业机器人离线轨迹路径

在工业机器人进行切割、涂胶、焊接时，运动轨迹通常是一些不规则的曲线。可以采用扫描点法生成机器人的运动轨迹，即根据工艺精度要求去示教相应数量的目标点，但这种方法费时、费力且不容易保证轨迹精度。

如果采用图形化编程方法，将三维模型的曲线特征自动转换成机器人的运动轨迹，即根据三维模型的曲线特征，利用 RobotStudio 自动路径功能自动生成机器人的运动轨迹路径，这种方法更快速、更方便，而且容易保证轨迹精度。

2. 工业机器人运动姿态调整

机器人运动轨迹自动生成后，可能会出现有部分目标点姿态机器人无法到达，所以机器人还不能直接按照这条路径运行，需要适当修改机器人工具在此类目标点位置时的姿态。同时，可能还需要调整轴配置参数，使机器人多关节轴配合，顺利到达各个目标点。

3. 完善程序并仿真运行

轨迹完成后，需要完善程序，添加轨迹起始接近点、轨迹结束离开点以及安全位置 HOME 点。

任务实施

操作步骤如下：

1. 创建工业机器人离线轨迹路径

1）解压工作站：双击工作站打包文件，进入解包向导，单击“下一个”；选定工作站保存位置，单击“下一个”；根据解包向导提示信息单击“下一个”，单击“完成”，等待工作站解包；待解包完成后，单击“关闭”退出解包向导，该激光切割工作站，见图 2-3-1。

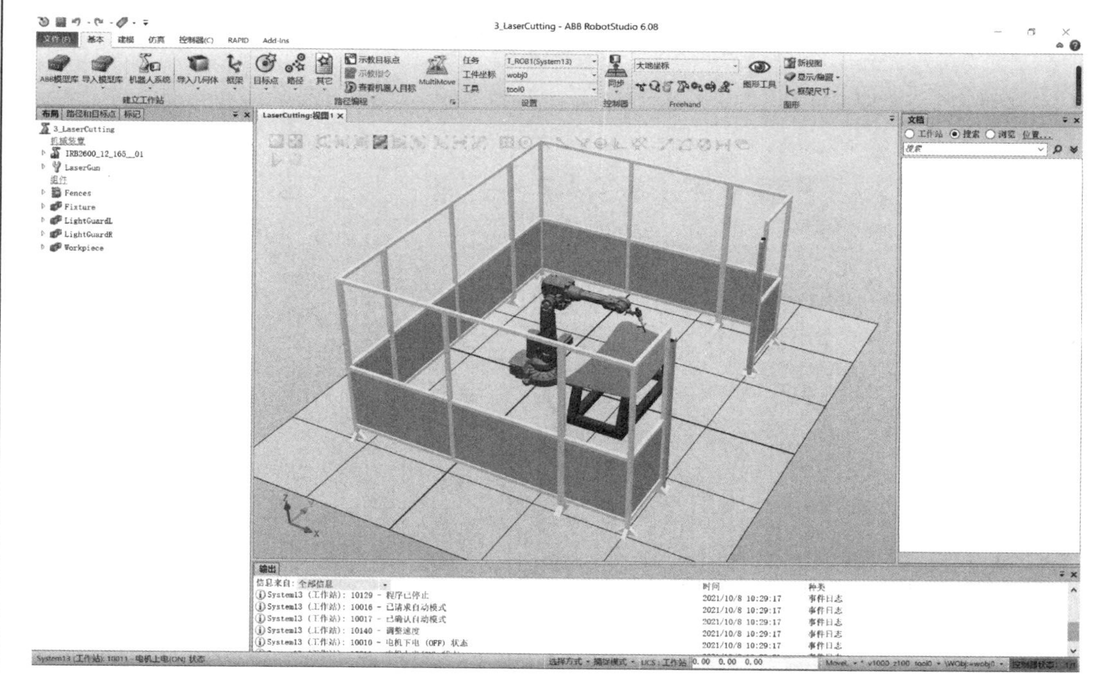

图 2-3-1　激光切割工作站

注意：激光切割机器人需要沿着工件的外边缘进行切割，其运行轨迹为不规则曲线，可根据现有工件的三维模型直接生成机器人运行轨迹，进而完成整个轨迹调试并模拟仿真运行。

（续）

2）生成工件表面边界曲线：

① 在“建模”功能选项卡中，单击“表面边界”，选中捕捉工具“选择表面”，单击“选择表面”下的第一个输入框，输入框中出现光标，见图 2-3-2。

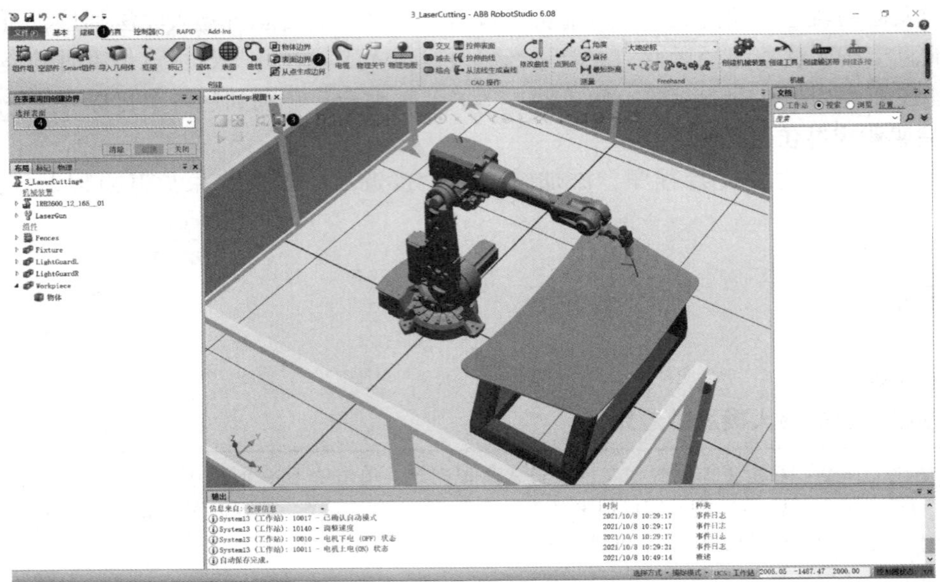

图 2-3-2　创建工件表面边界

② 选择工件上表面，待输入框中出现表面信息，单击“创建”，见图 2-3-3。

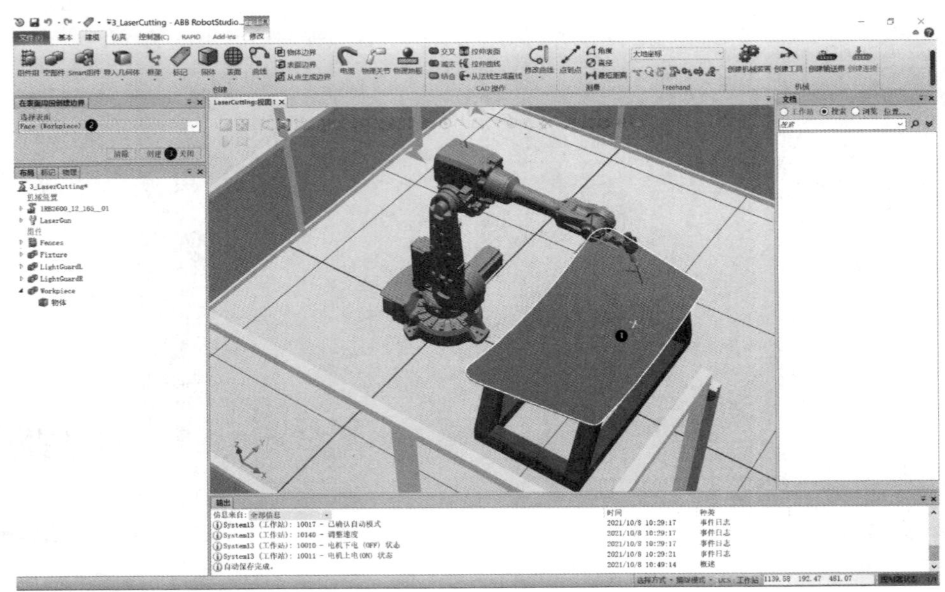

图 2-3-3　生成工件表面边界曲线

注意：新创建的“部件 _1”即为工件表面边界曲线。

（续）

3）生成激光切割路径。

根据生成的工件表面边界曲线可自动生成机器人的运行轨迹。在轨迹应用过程中，通常需要创建用户坐标系以方便进行编程及路径修改。用户坐标系的创建一般以加工工件的固定装置的特征点为基准

在实际应用中，固定装置上面一般设有定位销，用于保证加工工件与固定装置间的相对位置精度，建议以定位销为基准来创建用户坐标系，这样更容易保证其定位精度

① 创建用户坐标系。在“基本”功能选项卡中，打开“其它”—“创建工件坐标”，设定工件坐标名称为“WobjFixture”，单击“用户坐标框架”下的“取点创建框架”，单击右边出现的下拉箭头，选中“三点”，选中捕捉工具“选择表面”和“捕捉末端”，单击“X 轴上的第一个点”的第一个输入框，输入框中出现光标，单击①号角点，单击②号角点，单击③号角点，见图 2-3-4。

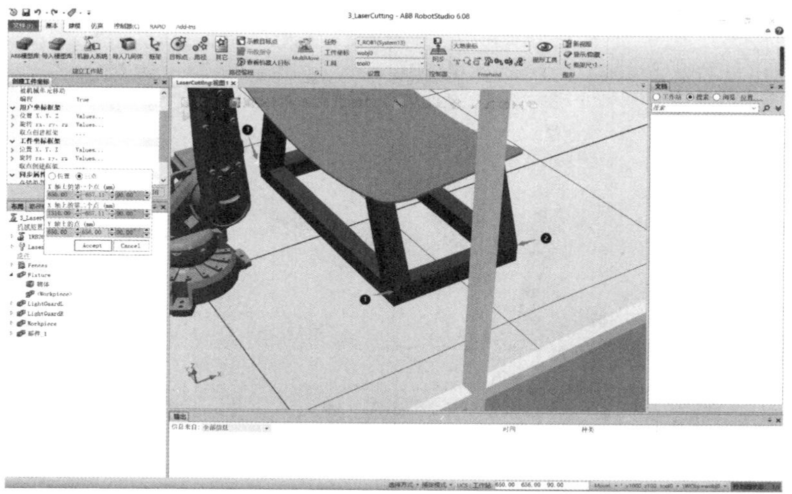

图 2-3-4　取点创建框架

确认已生成坐标数据后，单击“Accept”，单击“创建”，则用户坐标系 WobjFixture 创建成功，见图 2-3-5。

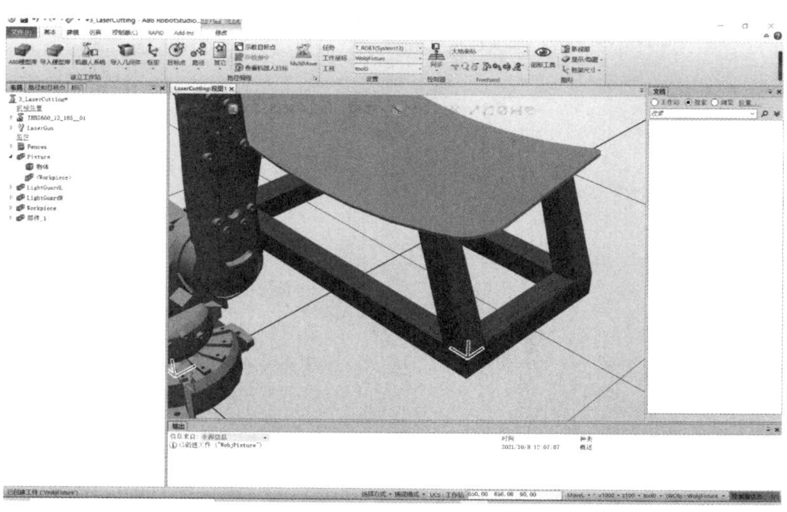

图 2-3-5　用户坐标系创建成功

（续）

② 设置运动指令及参数。将“设置”工具栏中的“工件坐标”选项修改为“WobjFixture”，“工具”选项修改为“MyTool”，并设定右下角运动指令及参数，将其修改为“MoveJ v200 fine MyTool\Wobj: = WobjFixture”，见图 2-3-6。

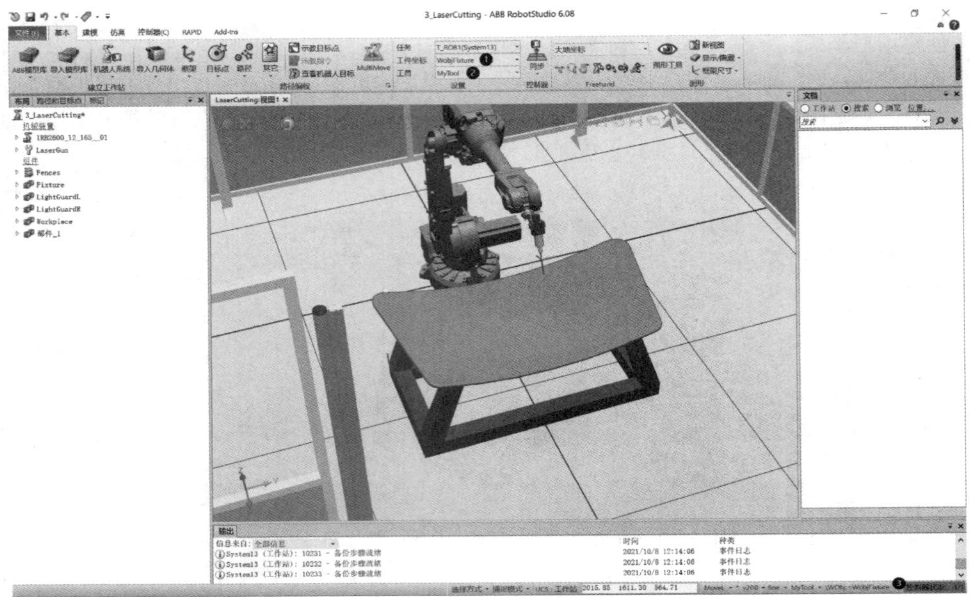

图 2-3-6　设置运动指令及参数

③ 生成自动路径。在“基本”功能选项卡中，打开“路径”—“自动路径”，见图 2-3-7。

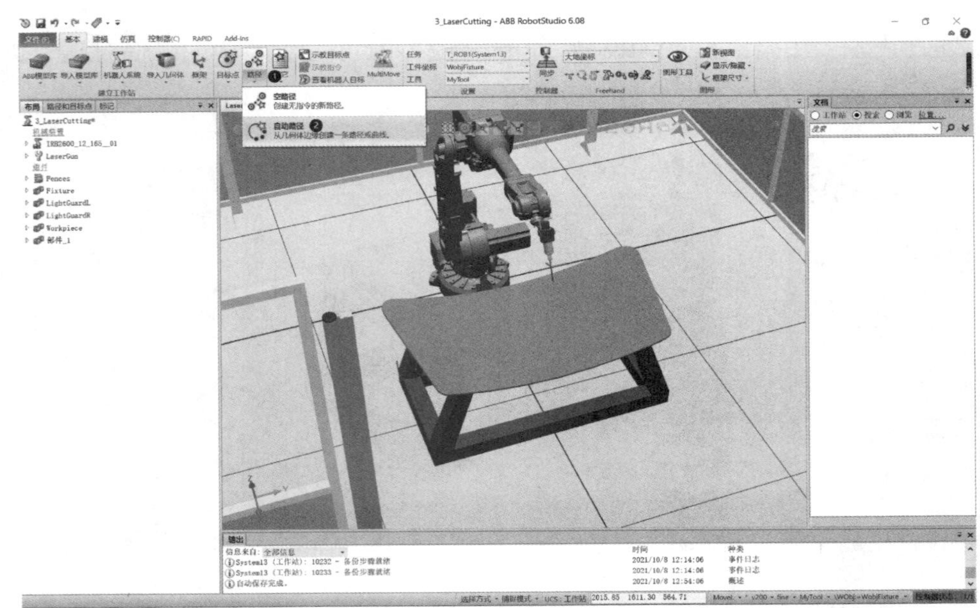

图 2-3-7　创建自动路径

（续）

选中捕捉工具“选择曲线”，捕捉之前所生成的工件表面边界曲线，见图 2-3-8。

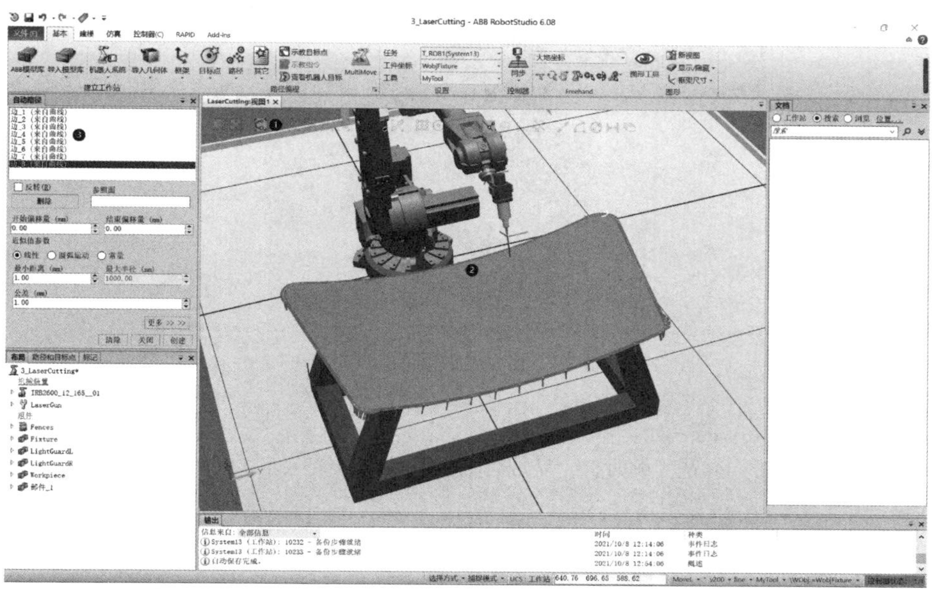

图 2-3-8　捕捉工件表面边界曲线

选中捕捉工具“选择表面”，单击“参照面”下输入框，捕捉工件上表面，“近似值参数”类型选择“圆弧运动”，单击“创建”，见图 2-3-9。

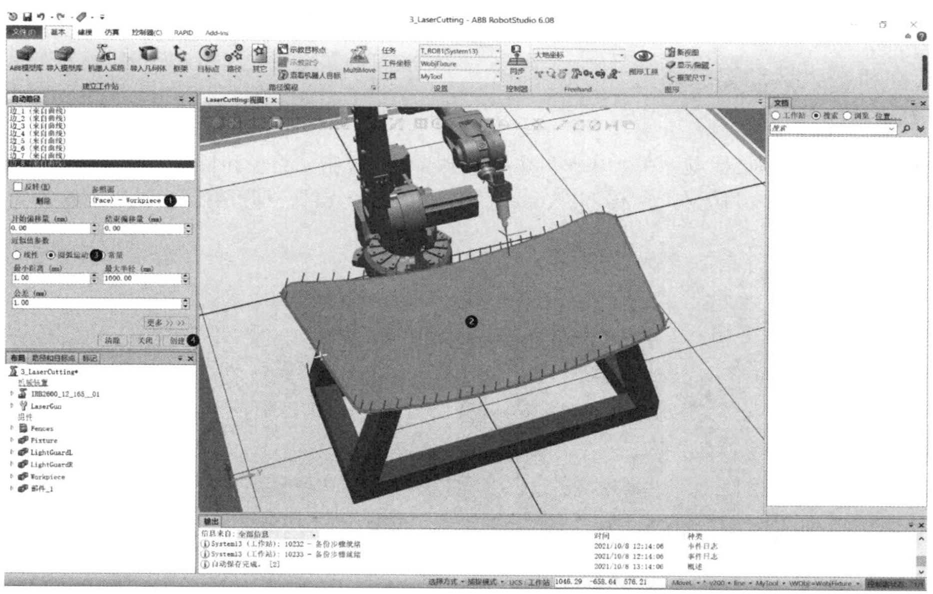

图 2-3-9　捕捉参照面及设定近似值参数

此时，自动生成了路径“Path_10”，见图 2-3-10。

（续）

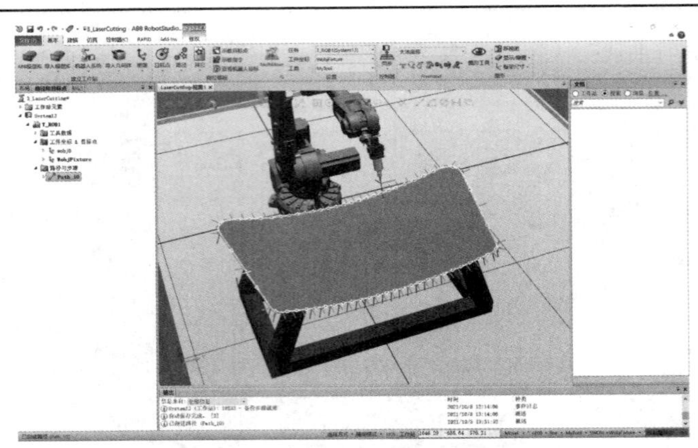

图 2-3-10　自动生成路径 Path_10

注意：

1）自动路径标签中各选项说明：

反转——轨迹运行方向默认为顺时针，反转后则为逆时针；参照面——生成的目标点 Z 轴方向与参照面垂直。

2）近似值参数类型（根据不同的曲线特征来选择）：

线性——全部生成线性指令，圆弧处分段线性处理；

圆弧运动——在圆弧特征处生成圆弧指令，在线性特征处生成线性指令；

常量——生成具有恒定间隔距离的点。

通常情况下选择“圆弧运动”，这样在处理曲线时，线性部分执行线性运动，圆弧部分执行圆弧运动，不规则曲线部分则执行分段式的线性运动；而“线性”和“常量”则全部按照选定的模式对曲线进行处理，使用不当则会产生大量的多余点位或者路径精度不满足工艺要求。

2. 工业机器人运动姿态调整

1）机器人目标点调整：

① 查看自动生成的目标点。在“基本”功能选项卡中，单击“路径和目标点”选项卡，依次展开“T_ROB1”、“工件坐标 & 目标点”、“WobjFixture”、“WobjFixture_of”，即可看到自动生成的各个目标点，见图 2-3-11。

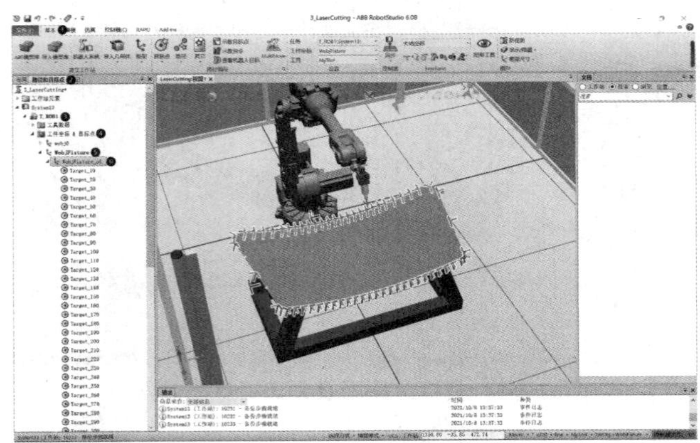

图 2-3-11　查看自动生成的目标点

（续）

② 查看目标点处工具姿态：右键单击目标点“Target_10”，选择“查看目标处工具”，勾选工具名称“LaserGun”，则在目标点 Target_10 处显示工具，见图 2-3-12。

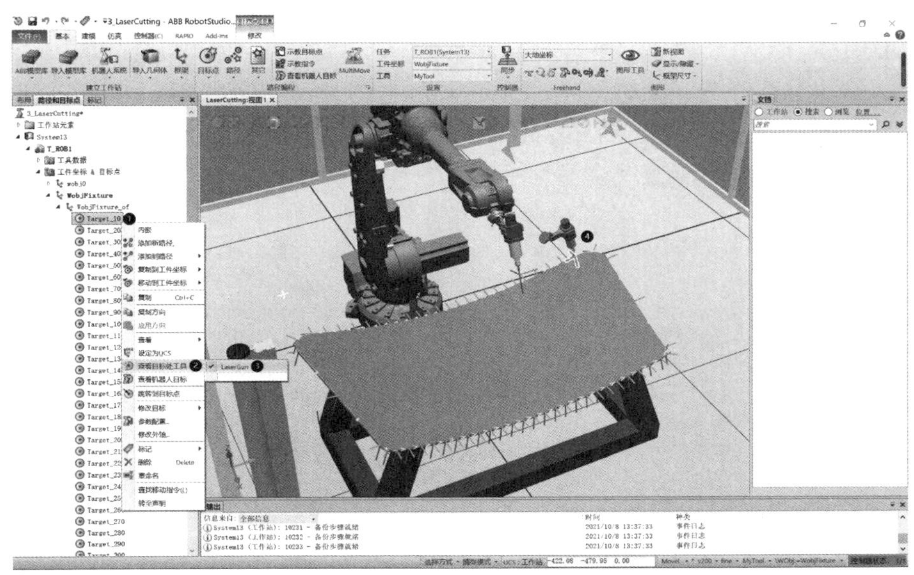

图 2-3-12　查看目标点处工具姿态

③ 改变目标点 Target_10 处工具姿态：若以该工具姿态，机器人难以到达目标点 Target_10，应改变目标点 Target_10 处的工具姿态，使机器人顺利到达。通过观察可发现，只需将该目标点绕着其本身的 Z 轴旋转 90° 即可。

右键单击目标点“Target_10”，选择“修改目标”，单击“旋转”，勾选“Z”，输入“90°”，单击“应用”，见图 2-3-13。

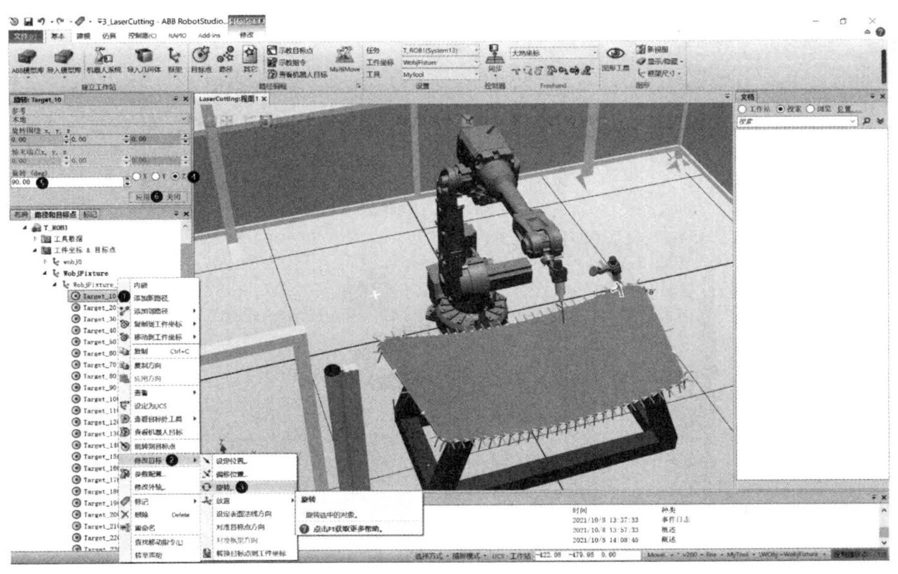

图 2-3-13　改变目标点 Target_10 处工具姿态

（续）

此时，Target_10 处工具姿态已修改完成，见图 2-3-14。

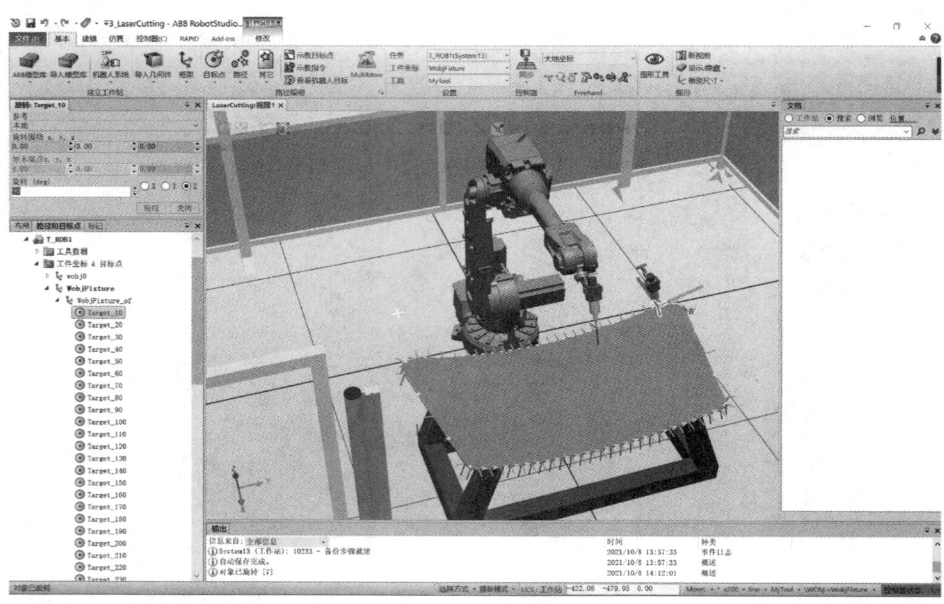

图 2-3-14　Target_10 处工具姿态已修改完成

④ 批量处理其他目标点处工具姿态：通过 Target_10 处的调整结果可知，只需调整各目标点的 X 轴方向即可。

选中除 Target_10 外剩余的所有目标点，单击鼠标右键，选择“修改目标”，单击“对准目标点方向”，见图 2-3-15。

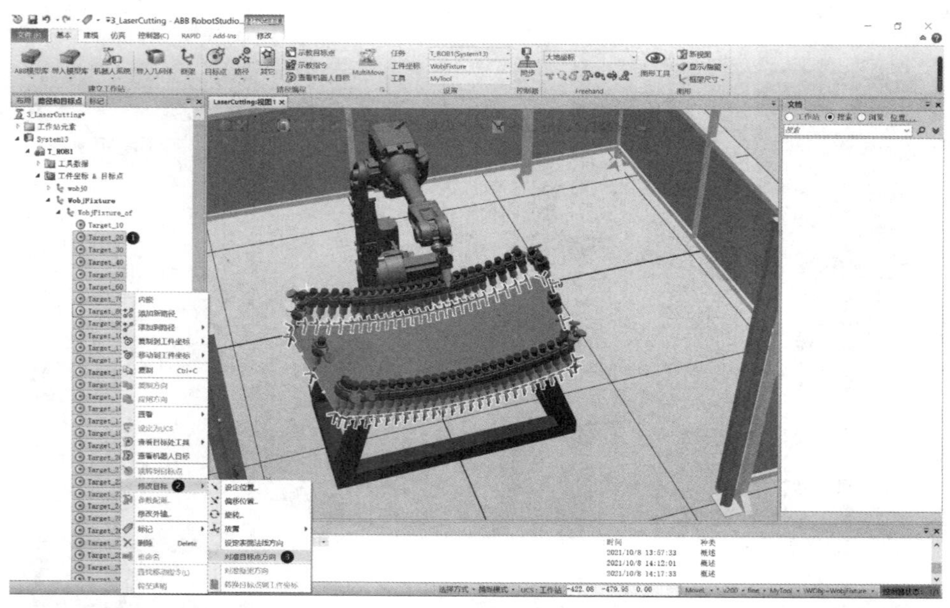

图 2-3-15　批量处理其他目标点处工具姿态

（续）

"参考"选择"Target_10"，"对准轴"选择"X"，"锁定轴"选择"Z"，单击"应用"，见图 2-3-16。

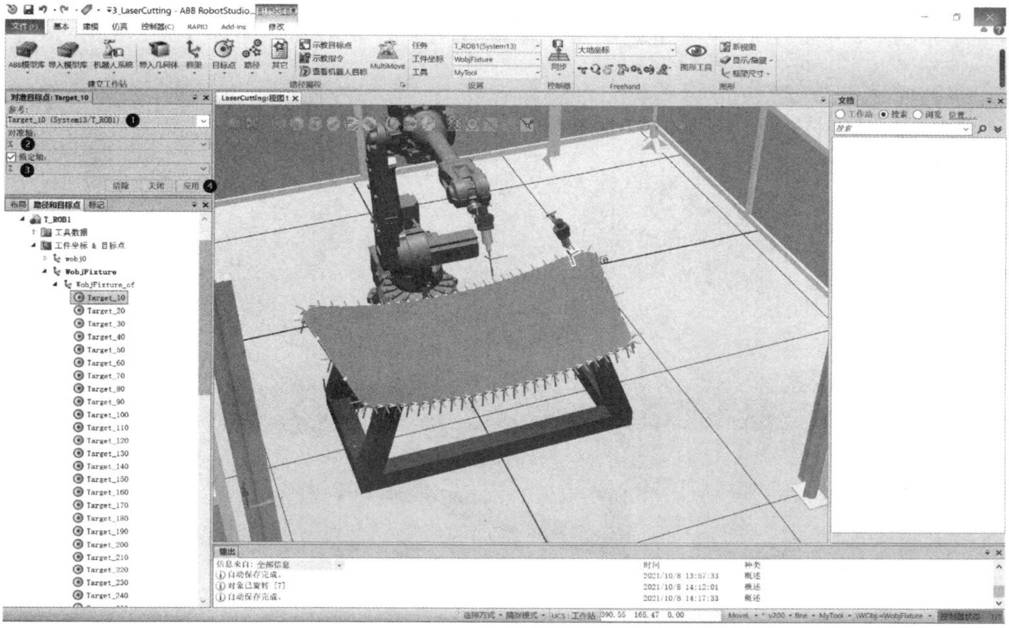

图 2-3-16　对准目标点参数设置

此时，剩余所有目标点的 X 轴方向都对准了已调整好工具姿态的目标点 Target_10 的 X 轴方向。选中所有目标点即可查看到所有目标点的工具姿态已调整完成，见图 2-3-17。

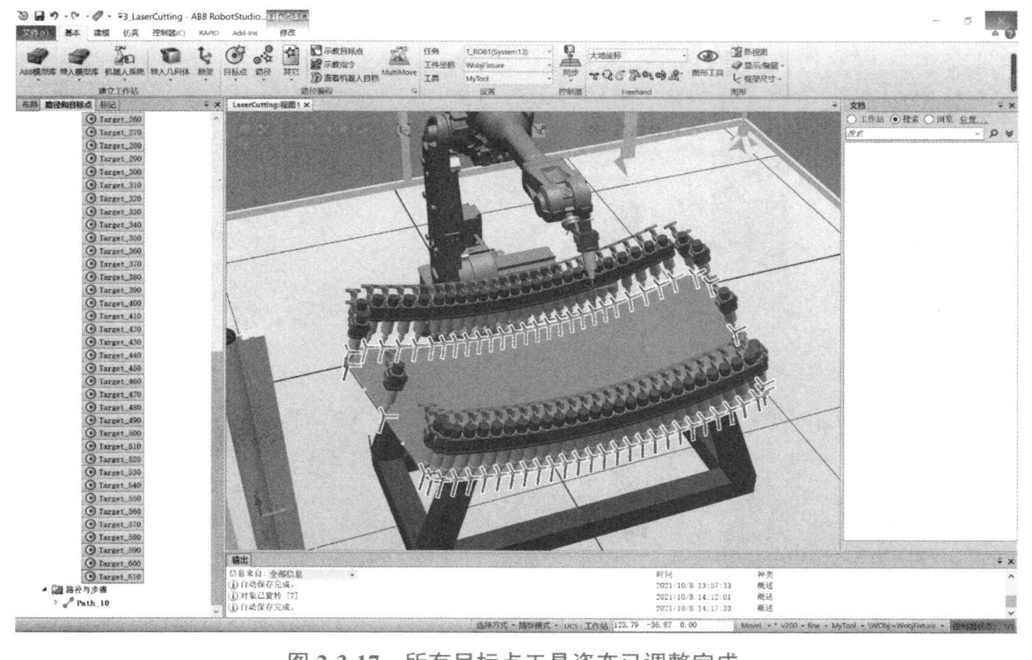

图 2-3-17　所有目标点工具姿态已调整完成

（续）

2）轴配置参数调整：

① 机器人到达目标点，可能存在多种关节轴组合情况，即多种轴配置参数，右键单击“Path_10”，选择“自动配置”，单击“所有移动指令”，可以为所有目标点自动调整轴配置参数，见图 2-3-18。

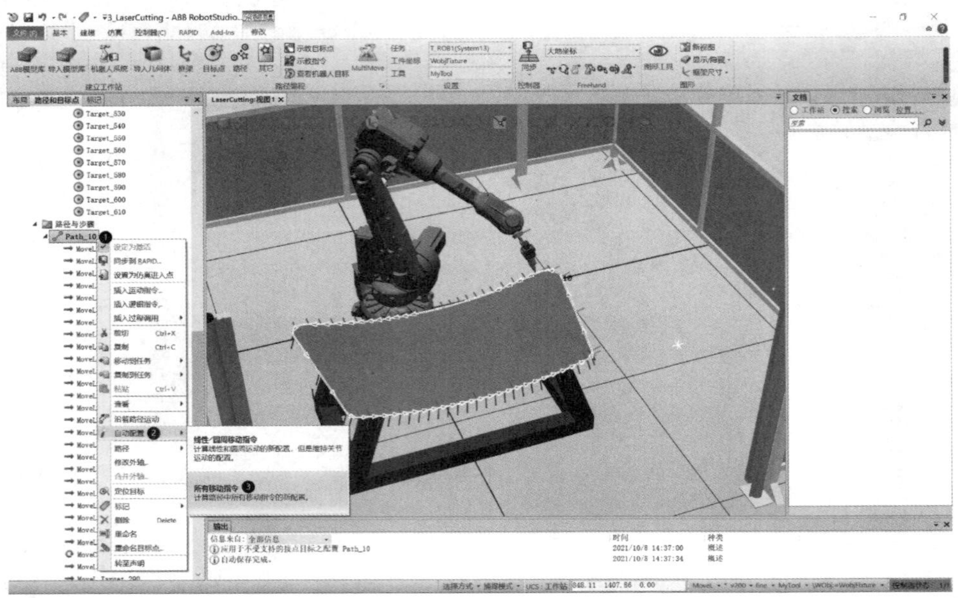

图 2-3-18　为所有目标点自动调整轴配置参数

② 右键单击“Path_10”，选择“沿着路径运动”，使机器人按照运动指令运行，观察机器人运动，见图 2-3-19。

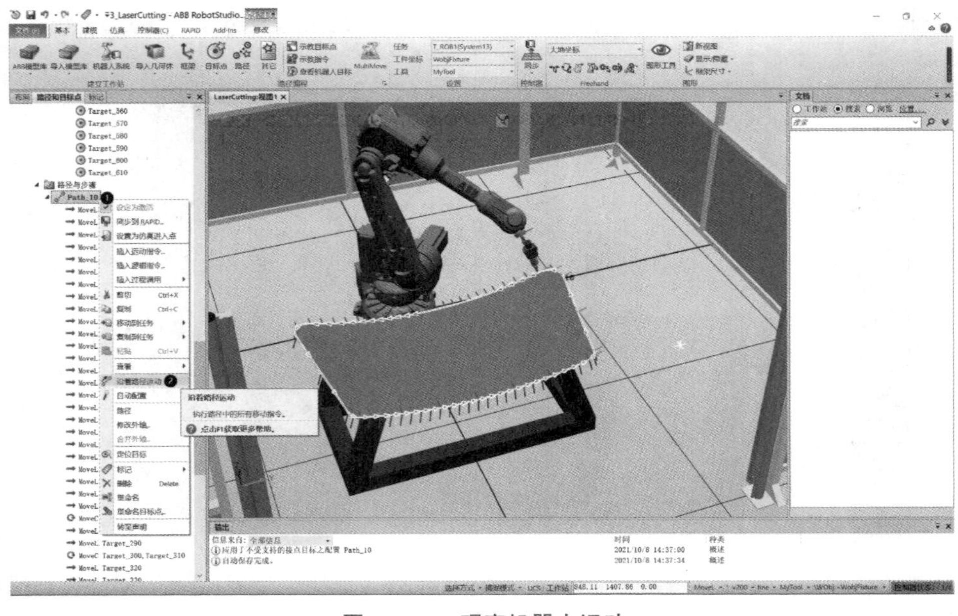

图 2-3-19　观察机器人运动

3. 完善程序并仿真运行

1）添加轨迹起始接近点 A：轨迹起始接近点 A 可位于第一个目标点 Target_10 的 Z 轴负方向 100mm 处。

① 复制 Target_10 生成新目标点 A。右键单击“Target_10”，选择“复制”，右键单击“WobjFixture_of”，选择“粘贴”，生成新目标点“Target_10_2”；右键单击“Target_10_2”，选择“重命名”，将新目标点命名为 A，见图 2-3-20。

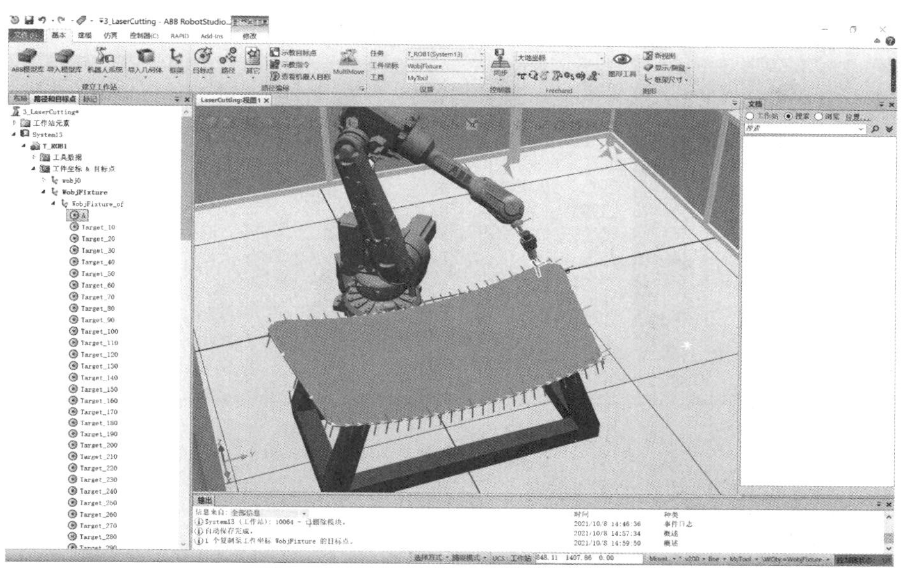

图 2-3-20　复制 Target_10 生成新目标点 A

② 调整新目标点 A 的位置。右键单击目标点“A”，选择“修改目标”，单击“偏移位置”，Z 轴偏移输入框中输入“-100”，单击“应用”，见图 2-3-21。

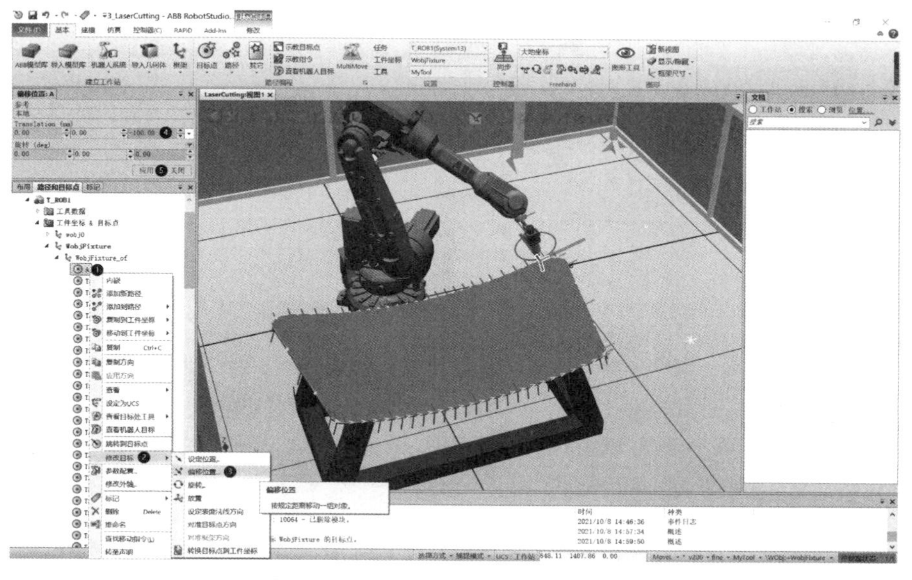

图 2-3-21　调整新目标点 A 的位置

（续）

③ 将目标点 A 添加到路径第一行。右键单击目标点“A”，选择“添加到路径”，选择“Path_10”，单击“第一”，见图 2-3-22。

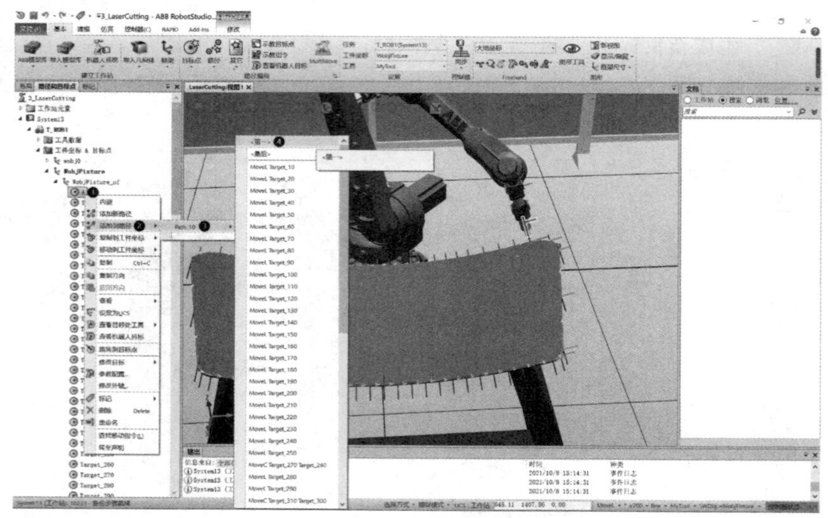

图 2-3-22 将目标点 A 添加到路径第一行

④ 至此，轨迹起始接近点 A 已添加完成。

2）添加轨迹结束离开点 Z：轨迹结束离开点 Z 可位于最后一个目标点 Target_610 的 Z 轴负方向 100mm 处。参考上述步骤，复制最后一个目标点 Target_610，做偏移调整后，添加到路径最后一行。

3）添加安全位置点 HOME：可直接将机器人的机械原点位置设为 HOME 点。

① 回到机械原点。在“布局”选项卡中，右键单击“IRB2600_12_165__01”，选择“回到机械原点”。

② 示教目标点 HOME。安全位置点一般在 Wobj0 坐标系中创建，“工件坐标”选为“wobj0”，单击“示教目标点”，右键单击新生成的目标点，选择“重命名”，将新目标点命名为 HOME，见图 2-3-23。

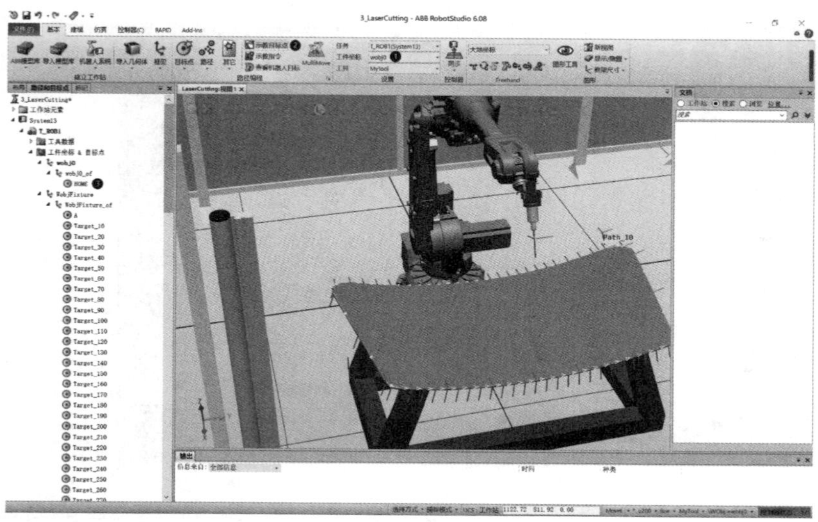

图 2-3-23 示教目标点 HOME

（续）

③ 将 HOME 点分别添加到路径第一行和最后一行，使运动起始点和运动结束点都在安全位置 HOME 点。右键单击目标点“HOME”，选择“添加到路径”，选择“Path_10”，分别单击“第一”和最后。
4）轴配置参数调整：再次进行自动调整轴配置参数，右键单击“Path_10”，选择“沿着路径运动”，使机器人按照运动指令运行，观察机器人运动。
5）仿真运行： ① 在“基本”功能选项卡中，打开“同步”—“同步到 RAPID...”，将需要同步的项目打勾，单击“确定”。 ② 选中“仿真”功能选项卡，单击“仿真设定”，单击“T_ROB1”，进入点选择“Path_10”。 ③ 在“仿真”功能选项卡中，单击“播放”，此时机器人按运动轨迹运动。

实施记录如下：

操作内容	操作结果	备注
1. 创建工业机器人离线轨迹路径		
2. 工业机器人运动姿态调整		
3. 完善程序并仿真运行		

任务评价

序号	考核项目	考核内容	分值	评分标准	得分
1	任务完成质量（80 分）	创建工业机器人离线轨迹路径	30	理解流程 熟练操作	
		工业机器人运动姿态调整	30	理解流程 熟练操作	
		完善程序并仿真运行	20	理解流程 熟练操作	
2	职业素养与操作规范（10 分）	团队精神	5		
		操作规范	5		
3	学习纪律与学习态度（10 分）	学习纪律	5		
		学习态度	5		
总　分					

任务小结

___

___

___

___

___

任务 2.4　工业机器人工作站的动态处理

任务描述

任务目标	1. 了解 Smart 组件 2. 学会使用 Smart 组件创建动态输送链 3. 学会使用 Smart 组件创建动态夹具 4. 了解 Smart 子组件
任务内容	1. 用 Smart 组件创建动态输送链 2. 用 Smart 组件创建动态夹具

知识讲解

1. 用 Smart 组件创建动态输送链

在 RobotStudio 中创建码垛的仿真工作站，输送链的动态效果对整个工作站起到关键的作用。RobotStudio 中提供了一系列的 Smart 组件，它是一种使工装模型实现动画效果的高效工具。

Smart 组件输送链动态效果包含：输送链前端自动生成产品、产品随着输送链向前运动、产品到达输送链末端后停止运动、产品被移走后输送链前端再次生成产品……不断循环。

2. 用 Smart 组件创建动态夹具

在包含输送链的码垛仿真工作站中，机器人夹具的动态效果对整个工作站来说也是重要环节。可以设计一个具有 Smart 组件动态属性的真空吸盘来进行产品的拾取和释放，实现码垛功能。

Smart 组件夹具动态效果包含：在输送链末端拾取产品、在放置位置释放产品、自动置位复位真空反馈信号。

3. 工作站的逻辑设定

设定 Smart 组件与机器人端的信号通信，将 Smart 组件的输入 / 输出信号与机器人端的输入 / 输出信号做信号关联。使 Smart 组件的输出信号作为机器人端的输入信号，机器人端的输出信号作为 Smart 组件的输入信号，此时可将 Smart 组件当作一个与机器人进行 I/O 通信的 PLC。具体方法见任务 2.5。

任务实施

操作步骤如下：

1. 用 Smart 组件创建动态输送链

1）解压工作站：双击工作站打包文件，进入解包向导，单击“下一个”；选定工作站保存位置，单击“下一个”；根据解包向导提示信息单击“下一个”，单击“完成”，等待工作站解包；待解包完成后，单击“关闭”退出解包向导，该输送链工作站见图 2-4-1。

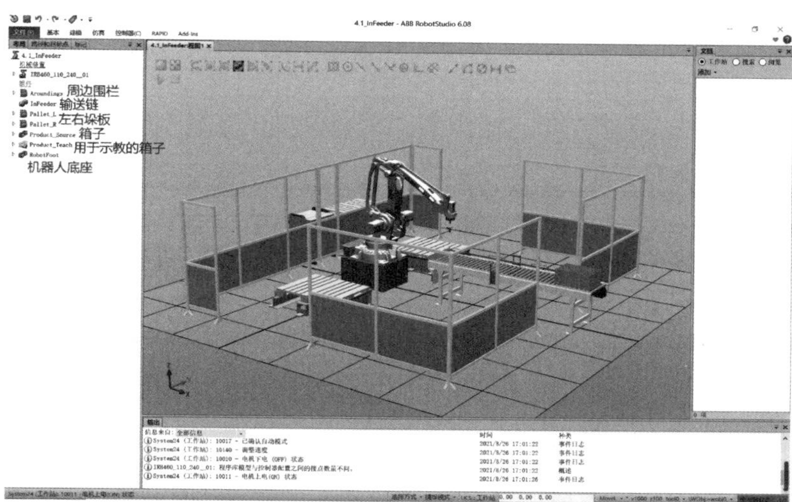

图 2-4-1　输送链工作站

2）新建 Smart 组件：

① 在“建模”功能选项卡中，单击“Smart 组件”，此时创建了一个 Smart 组件 SmartComponent_1，见图 2-4-2。

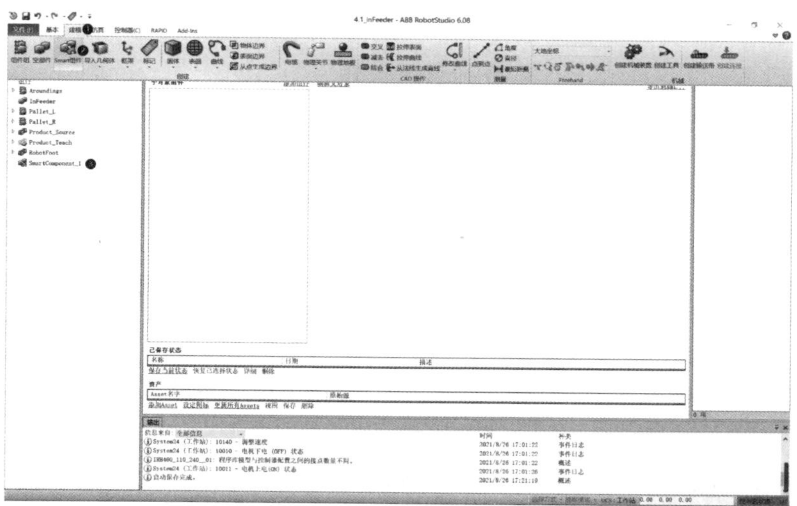

图 2-4-2　创建 Smart 组件

（续）

② 右键单击“SmartComponent_1”，选择“重命名”，将其重命名为 SC_InFeeder，见图 2-4-3。

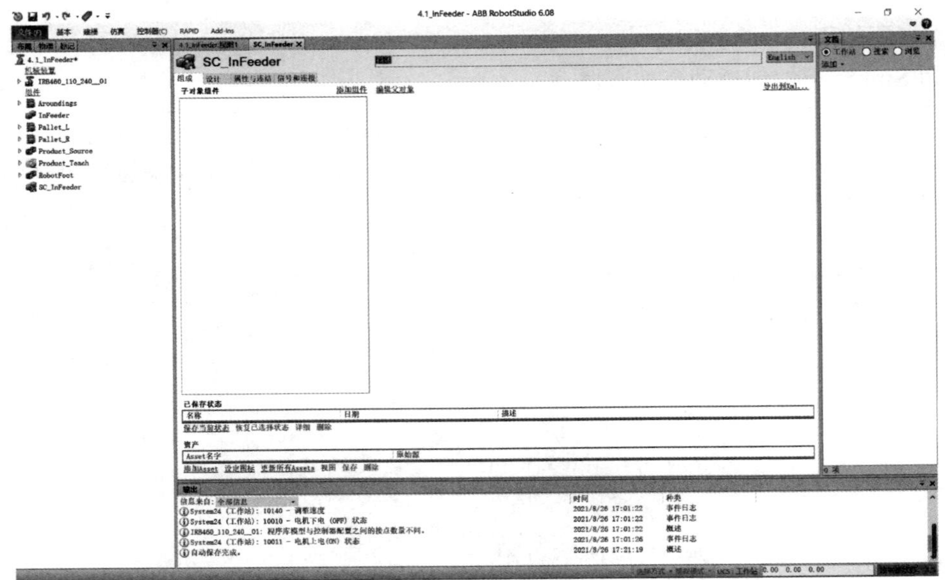

图 2-4-3　重命名 Smart 组件

3）设定输送链的产品源（Source）

① 添加子组件 Source。单击“添加组件”，选择“动作”列表下的“Source”，见图 2-4-4。

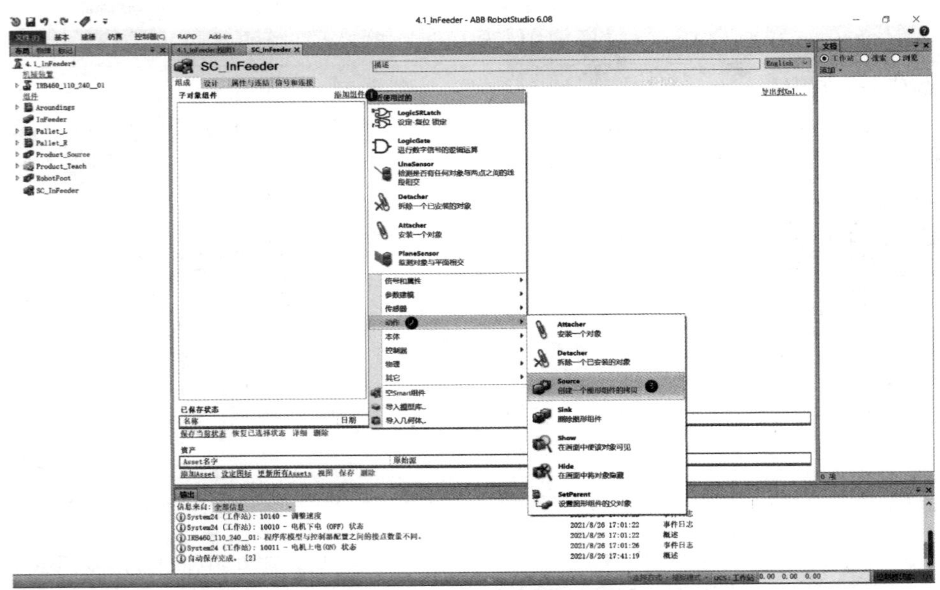

图 2-4-4　添加子组件 Source

注意：子组件 Source 用于设定产品源，每当触发一次 Source 执行，都会自动生成一个产品源的复制品。

（续）

② Source 属性设置。单击“Source”下的右侧箭头，选择列表中的“Product_Source”选项，单击“应用”，见图 2-4-5。

图 2-4-5　Source 属性设置

注意：该操作将箱子设置为产品源，每次触发后都会产生一个箱子的复制品。

4）设定输送链的运动属性：

① 单击“添加组件”，选择“其它”列表下的“Queue”，见图 2-4-6。

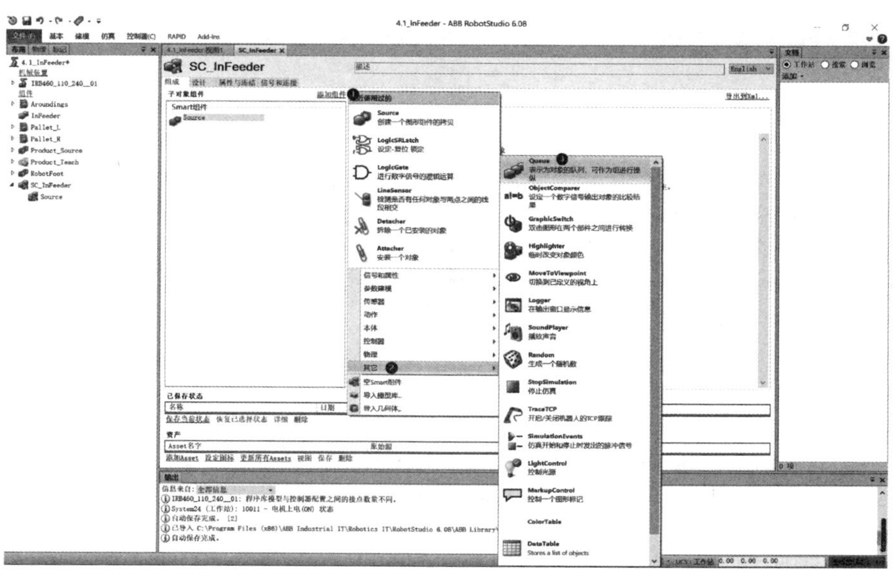

图 2-4-6　添加子组件 Queue

注意：子组件 Queue 可以将同类型物体作队列处理，此处可暂时不设置其属性。

（续）

② 单击“添加组件”，选择“本体”列表下的“LinearMover”，添加线性运动子组件，见图 2-4-7。

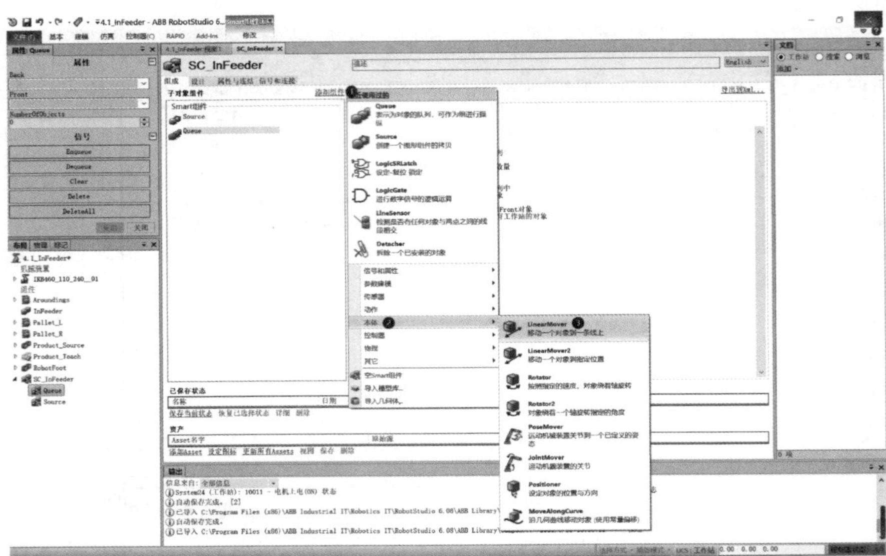

图 2-4-7 添加子组件 LinearMover

③ “Object”选为“Queue（SC_InFeeder）”，“Direction”下坐标值设置为“-1000，0，0”，“Speed”设置为“300”，单击“Execute”将其设置为“1”，单击“应用”，见图 2-4-8。

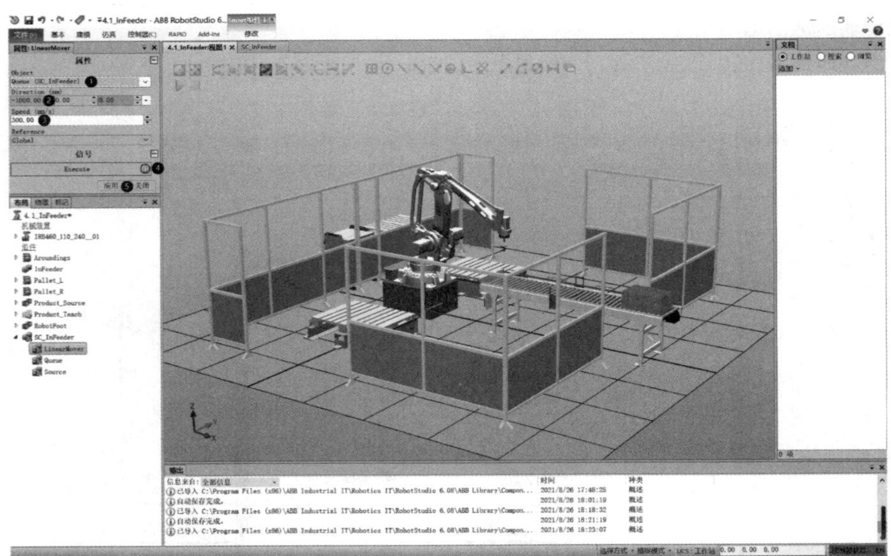

图 2-4-8 LinearMover 属性设置

注意：子组件 LinearMover 的运动属性包括运动物体、运动方向、运动速度、参考坐标系等，它会按 Speed 属性指定的速度，沿 Direction 属性中指定的方向，移动 Object 属性中的参考对象。此处将之前设定的 Queue 作为运动物体，运动方向为大地坐标的 X 轴负方向，速度为 300mm/s，Execute 设置为 1 表示该运动处于一直执行的状态。

（续）

5）设定输送链限位传感器：

① 单击“添加组件”，选择“传感器”列表下的“PlaneSensor”，添加面传感器子组件，见图 2-4-9。

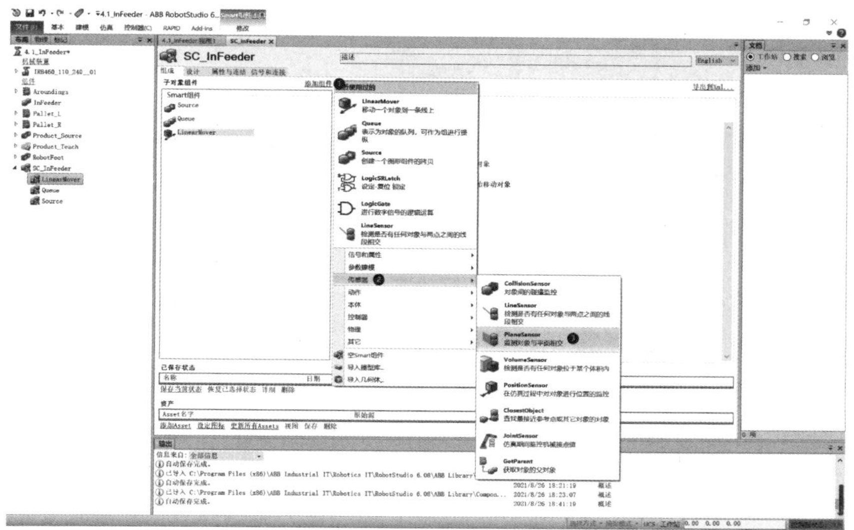

图 2-4-9　添加子组件 PlaneSensor

② 选中捕捉工具“选择表面”和“捕捉末端”，单击“Origin”下的第一个输入框，输入框中出现光标，单击输送链末端挡板处的 A 点，作为原点，确认已生成坐标数据后，设置延伸轴，将“Axis1”的 Z 轴设置为“95”，“Axis2”的 Y 轴设置为“680”，单击“应用”，见图 2-4-10。

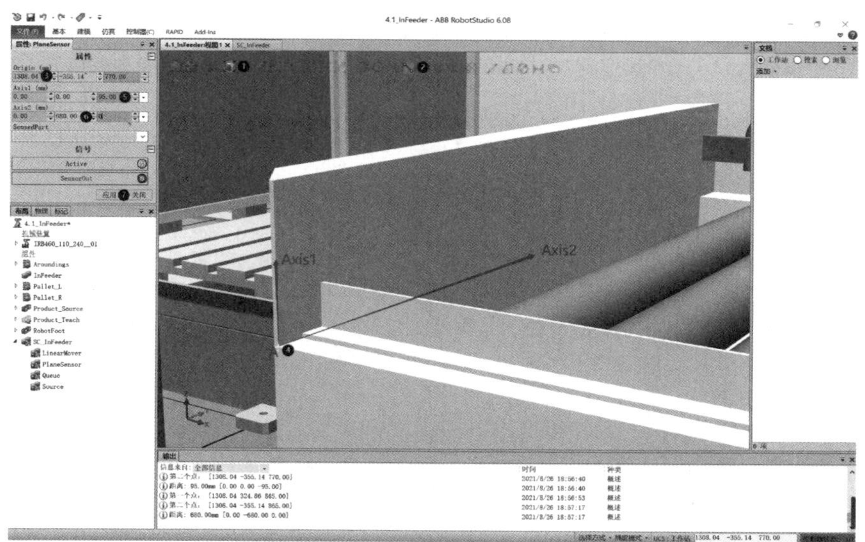

图 2-4-10　PlaneSensor 属性设置

注意：在输送链末端的挡板处设置面传感器，首先捕捉 A 点作为面的原点，然后设定基于原点 A 的两个延伸轴的方向和长度（参考大地坐标系），由此构成一个平面。此平面作为面传感器来检测与平面相交的对象，若产品到位则自动输出一个信号，用于逻辑控制。

（续）

③ 取消输送链“可由传感器检测”。右键单击“InFeeder”，选择“修改”，单击“可由传感器检测”，取消勾选，见图 2-4-11。

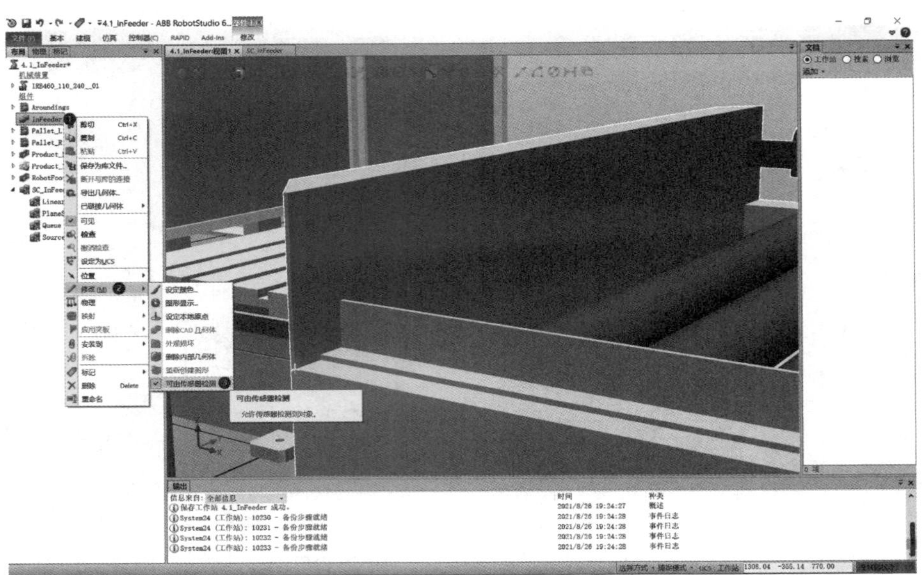

图 2-4-11 取消输送链“可由传感器检测”

注意：虚拟传感器一次只能检测一个物体，为了保证面传感器正确检测出运动到输送链末端挡板处的产品，应将所有与该传感器接触的周边设备都设置为“不可由传感器检测”。

6）将 InFeeder 拖放至 Smart 组件中：为了方便处理输送链，将 InFeeder 也放到 Smart 组件中，用鼠标左键点住“InFeeder”，一直将其拖到“SC_InFeeder”处再松开鼠标左键，见图 2-4-12。

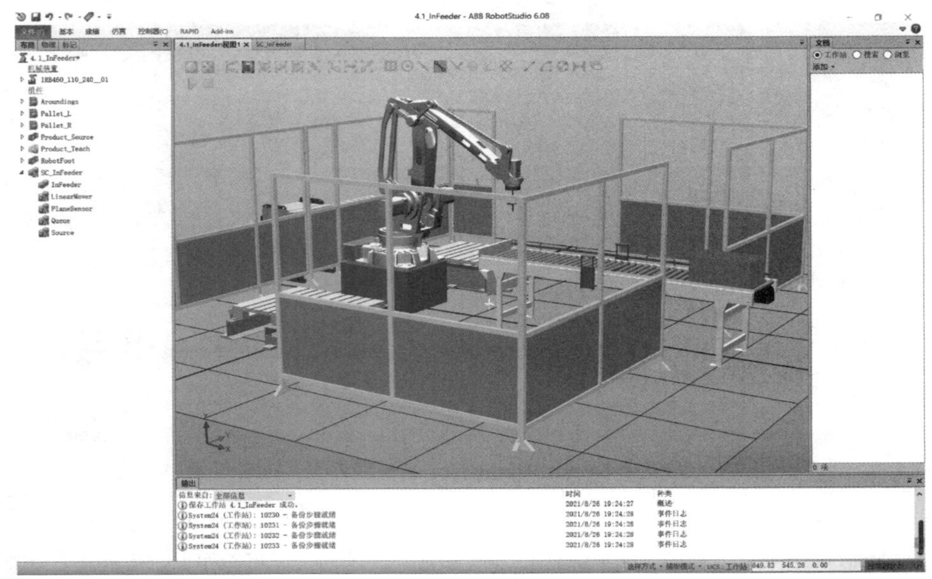

图 2-4-12 将 InFeeder 拖放至 Smart 组件中

（续）

7）添加逻辑非门：

① 单击“添加组件”，选择“信号与属性”列表下的“LogicGate”，见图 2-4-13。

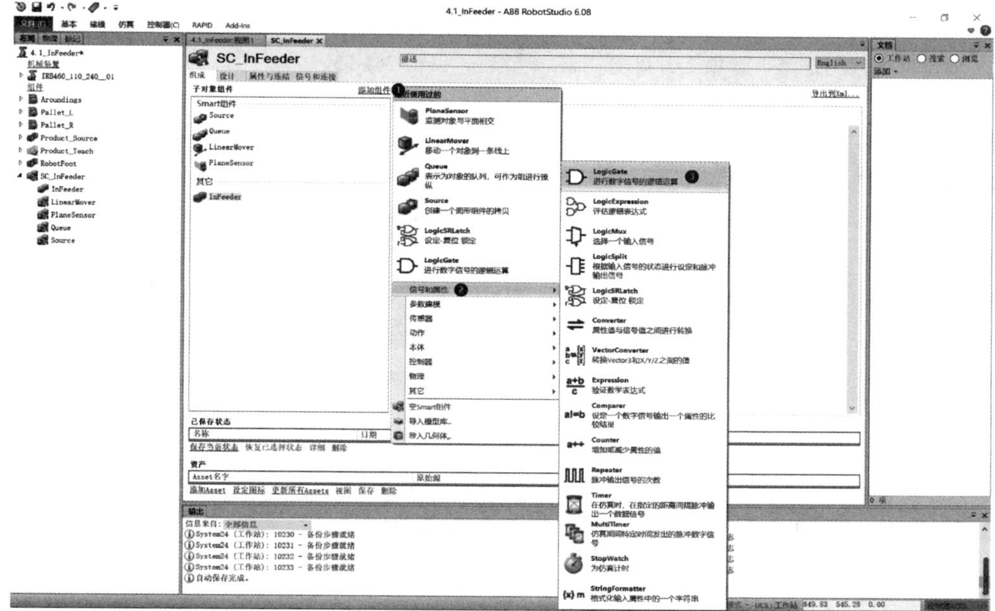

图 2-4-13　添加子组件 LogicGate

② 将“Operator”修改为“NOT”，单击“应用”，见图 2-4-14。

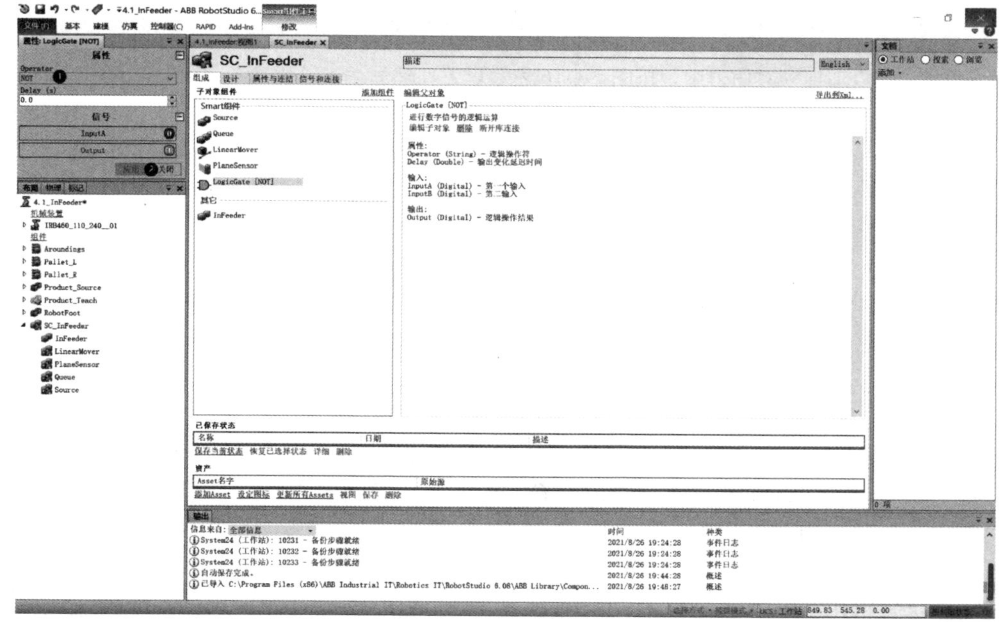

图 2-4-14　LogicGate 属性设置

（续）

8）创建属性连结：

① 属性连结是指各 Smart 子组件的某项属性之间的连结。当两项属性建立属性连结后，其中某项属性发生变化时，另一项属性也会随着一起变化。属性连结是在 Smart 组件窗口中的“属性与连结”选项卡中设定的。

② 单击“属性与连结”选项卡，单击“添加连结”，见图 2-4-15。

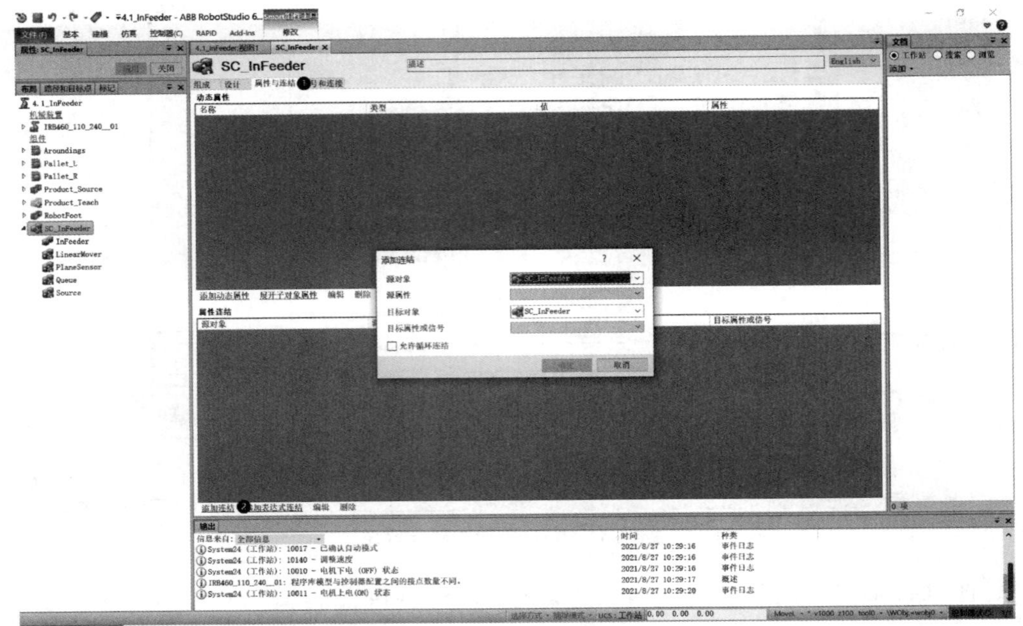

图 2-4-15　创建属性连结

③ 在弹出的添加连结对话框中，按图 2-4-16 内容设置，然后单击“确定”。

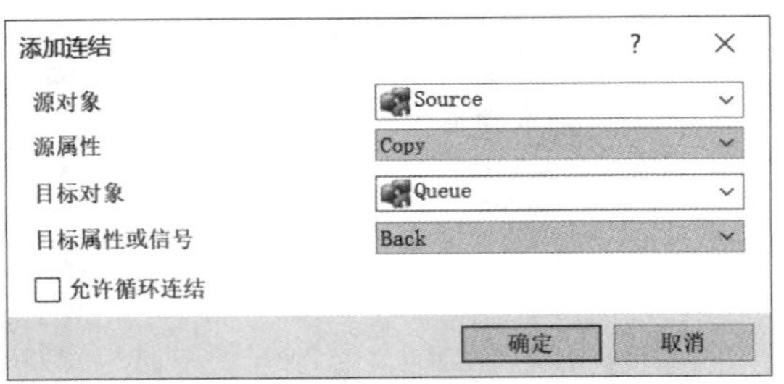

图 2-4-16　属性连结参数设置

注意：Source 的 Copy 指产品源的复制品，Queue 的 Back 指下一个将要加入队列的物体。通过属性连结，可实现产品源产生一个复制品，执行加入队列动作后，该复制品将随着队列进行线性运动。

9）创建信号和连接：

① I/O 信号指在本工作站中自行创建的数字信号，用于与各个 Smart 子组件进行信号交互。I/O 连接指设定创建的 I/O 信号与 Smart 子组件信号的连接关系，及各 Smart 子组件之间的信号连接关系。信号和连接是在 Smart 组件窗口中的“信号和连接”选项卡中设定的。

（续）

② 首先，添加一个数字输入信号 diStart，用于启动 Smart 输送链：单击“信号和连接”选项卡，单击“添加 I/O Signals”，见图 2-4-17。

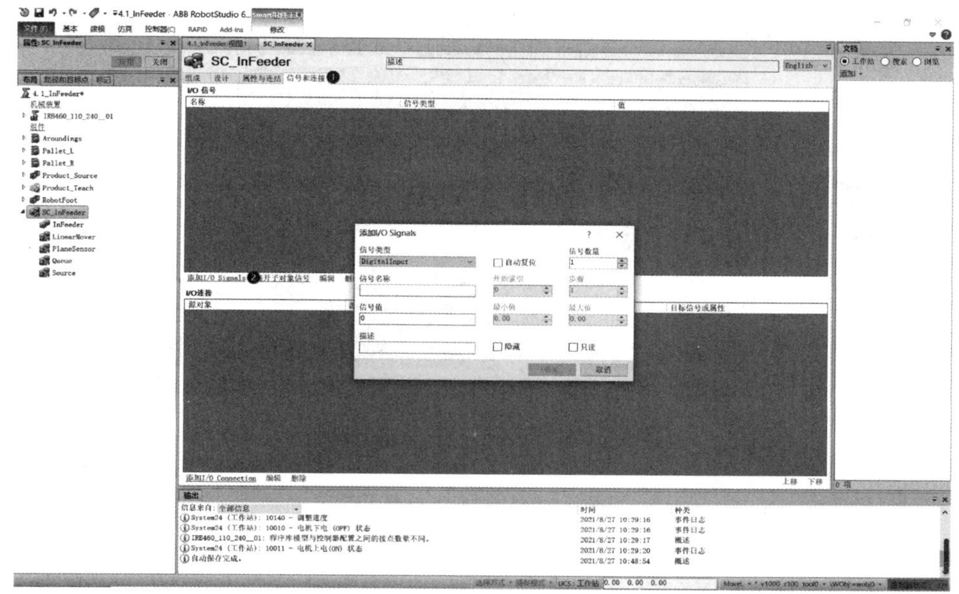

图 2-4-17　添加数字输入信号 diStart

在弹出的添加 I/O Signals 对话框中，按图 2-4-18 内容设置，然后单击“确定”。

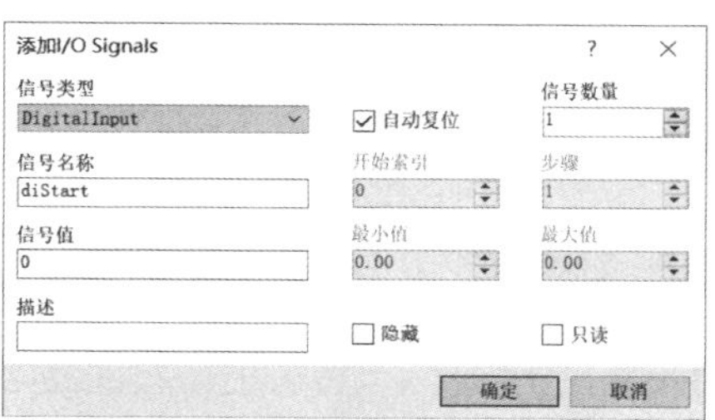

图 2-4-18　diStart 参数设置

③ 接下来，添加一个数字输出信号 doBoxInPos，用于输出产品到位信号。单击“信号和连接”选项卡，单击“添加 I/O Signals”，在弹出的添加 I/O Signals 对话框中，按图 2-4-19 内容设置，然后单击“确定”。

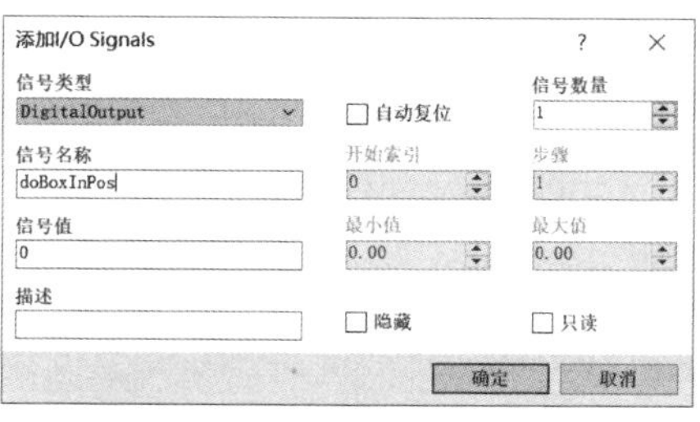

图 2-4-19　doBoxInPos 参数设置

（续）

④ 建立 I/O 连接：单击“添加 I/O Connection”，见图 2-4-20。

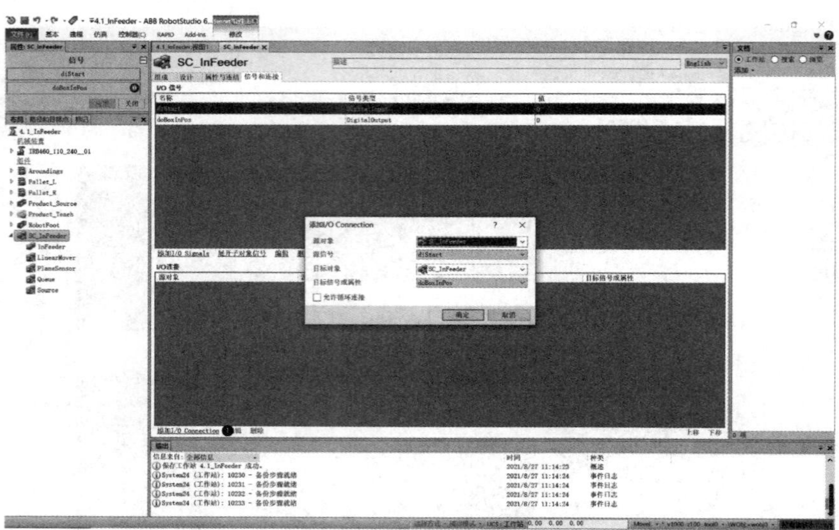

图 2-4-20　建立 I/O 连接

在弹出的添加 I/O Connection 对话框中，依次建立如下几个 I/O 连接：

① 用创建的数字输入信号 diStart 去触发 Source 子组件执行动作，则产品源会自动产生一个复制品，见图 2-4-21。

② 产品源产生的复制品完成信号触发 Queue 的加入队列动作，则产生的复制品自动加入队列，见图 2-4-22。

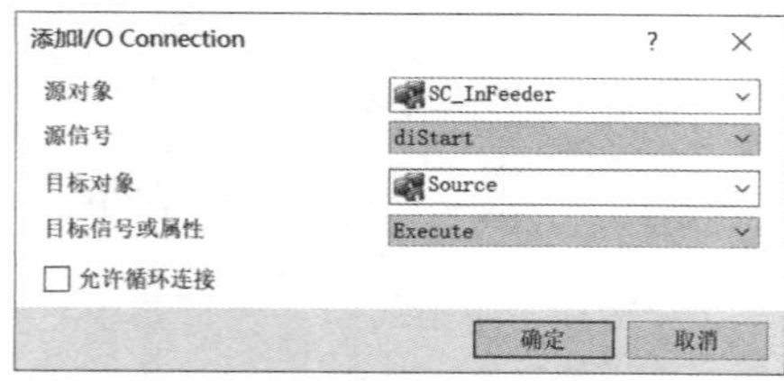

图 2-4-21　启动产品源复制

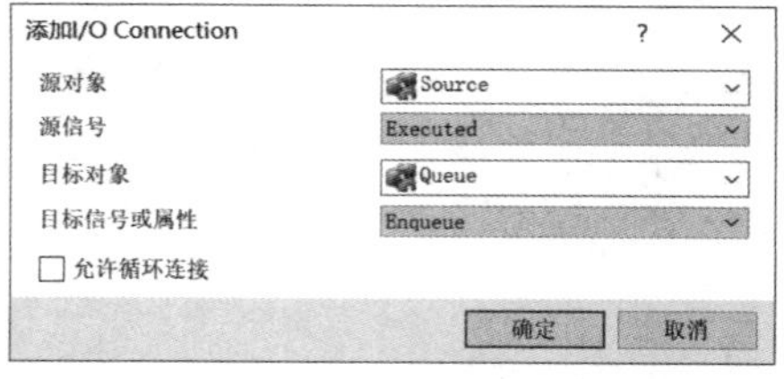

图 2-4-22　复制品自动加入队列

③ 当产品运动到输送链末端，与传感器发生接触时，将数字输出信号 doBoxInPos 置 1，表示产品已到位，见图 2-4-23。

④ 同时，传感器将其本身的输出信号 SensorOut 置 1，利用此信号触发 Queue 的退出队列动作，则队列中的复制品自动退出队列，见图 2-4-24。

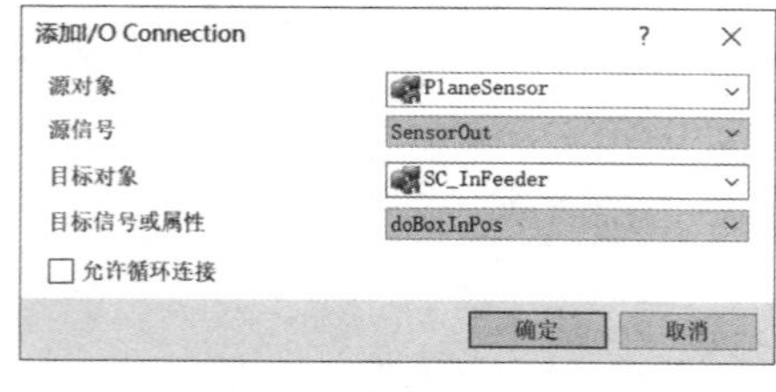

图 2-4-23　输出信号设置

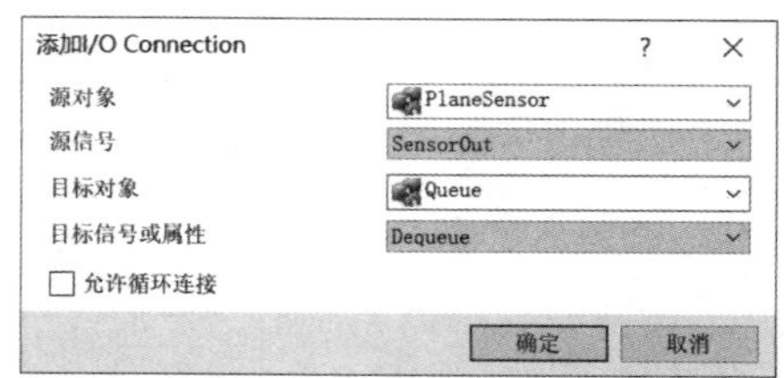

图 2-4-24　复制品自动退出队列

（续）

⑤ 将传感器本身的输出信号 SensorOut 与逻辑非门进行连接，则非门的输出信号变化和传感器输出信号变化正好相反，见图 2-4-25。

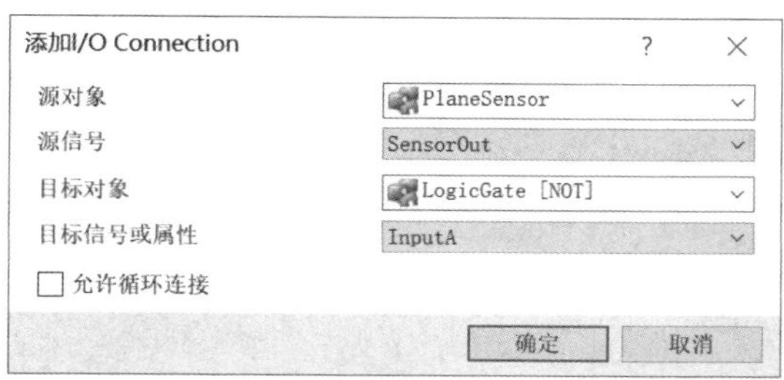

图 2-4-25　输出信号与逻辑非门连接

⑥ 利用非门的输出信号去触发 Source 子组件的执行，即传感器输出信号 SensorOut 由 1 变为 0 时，产品源会自动产生下一个复制品，见图 2-4-26。

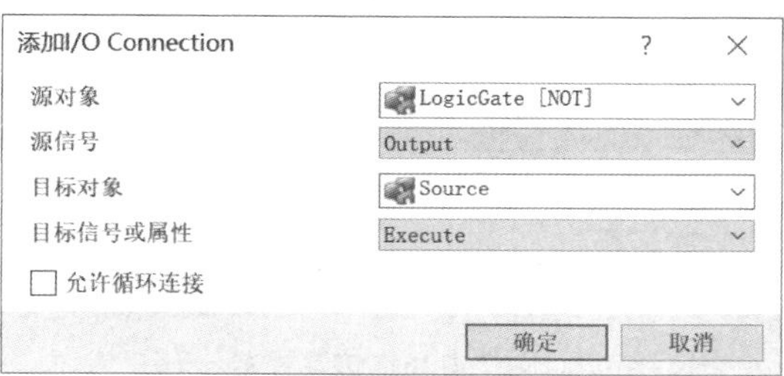

图 2-4-26　非门输出触发产品源复制

⑦ 至此，I/O 连接设置已完成，见图 2-4-27。

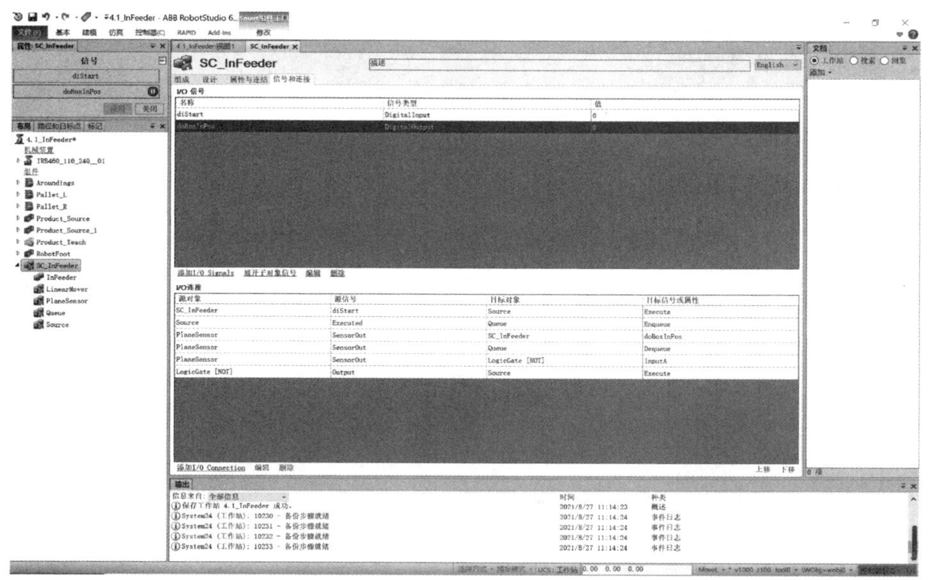

图 2-4-27　I/O 连接设置完成界面

（续）

10）仿真运行：

① 在“仿真”功能选项卡中，单击“I/O 仿真器”，在右侧“选择系统：”下拉列表中，选择“SC_InFeeder”，单击“播放”，见图 2-4-28。

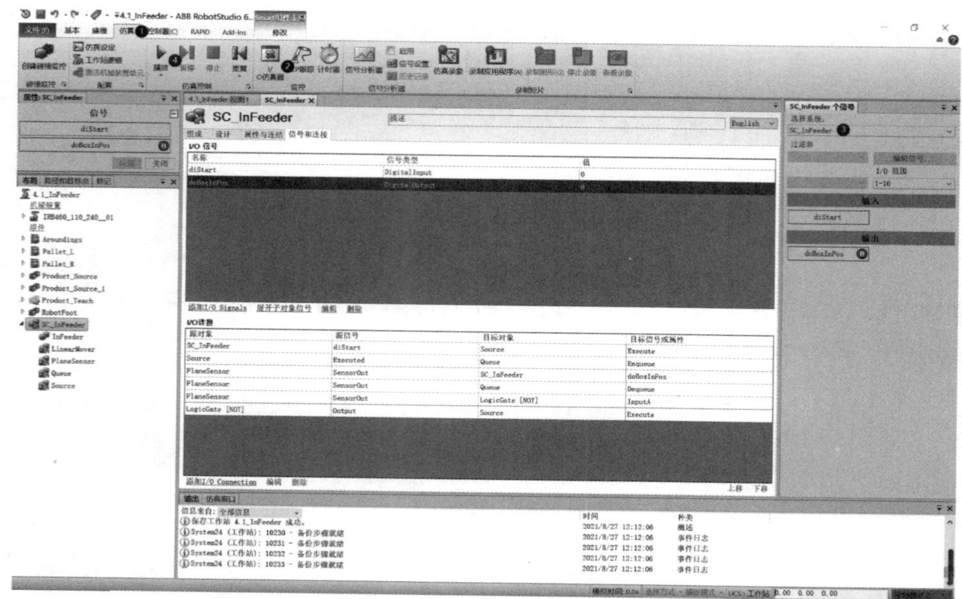

图 2-4-28　仿真播放

② 当产品复制品运行到输送链末端，与传感器发生接触后停止运行，同时将数字输出信号 doBoxInPos 置 1，见图 2-4-29。

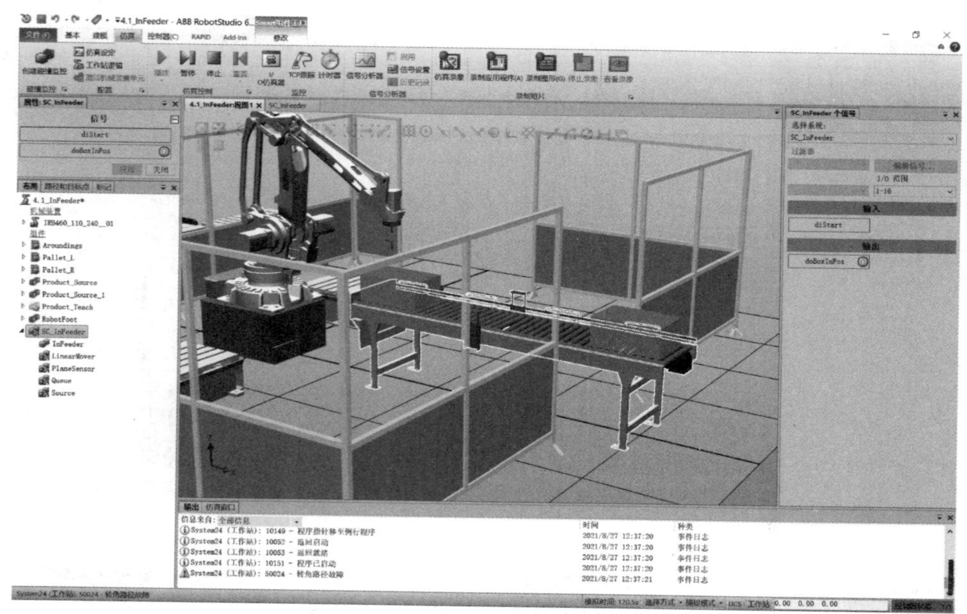

图 2-4-29　复制品运行到输送链末端停止运行

（续）

③ 利用 FreeHand 中的“移动”将复制品移开，则输送链前端会再次产生一个复制品，进入下一个循环，见图 2-4-30。

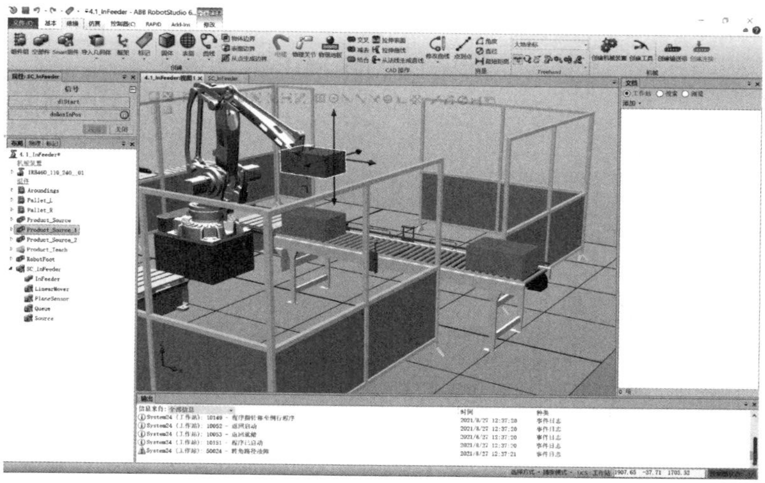

图 2-4-30　复制品移开后循环继续

2. 用 Smart 组件创建动态夹具

1）解压工作站：

① 双击工作站打包文件，进入解包向导，单击“下一个”。

② 选定工作站保存位置，单击“下一个”。

③ 根据解包向导提示信息单击“下一个”，单击“完成”，等待工作站解包。

④ 待解包完成后，单击“关闭”退出解包向导。

2）新建 Smart 组件：

① 在“建模”功能选项卡中，单击“Smart 组件”，此时创建了一个 Smart 组件 SmartComponent_1。

② 右键单击“SmartComponent_1”，选择“重命名”，将其重命名为 SC_Gripper，见图 2-4-31。

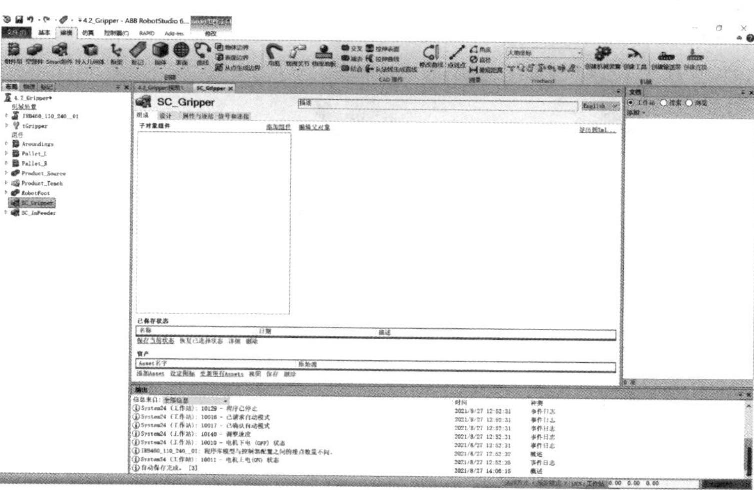

图 2-4-31　创建 Smart 组件 SC_Gripper

（续）

3）设定夹具属性：

① 拆除夹具：右键单击“tGripper”，单击“拆除”，见图 2-4-32。

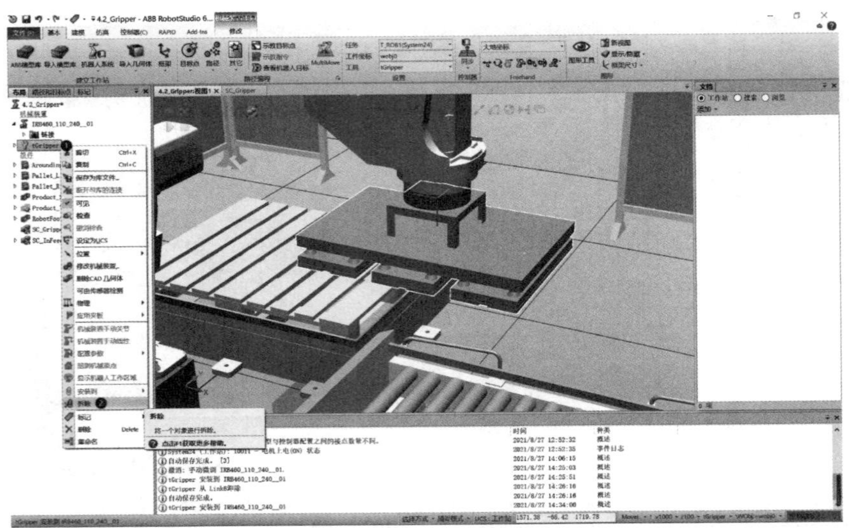

图 2-4-32 拆除夹具

在弹出的对话框中，单击“否”，不恢复夹具原来的位置，见图 2-4-33。

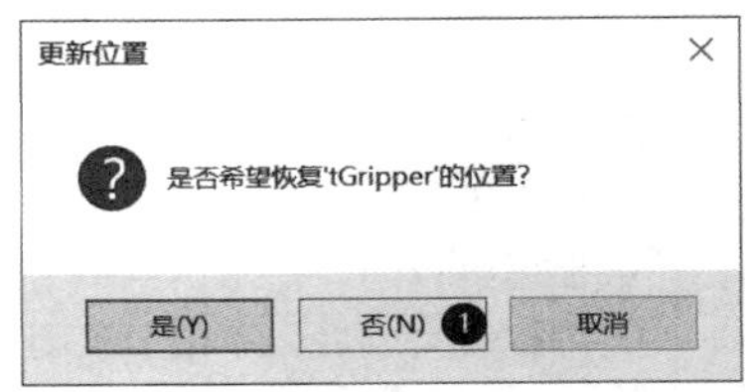

图 2-4-33 不恢复夹具位置

② 将 tGripper 拖放至 Smart 组件中：用鼠标左键点住“tGripper”，一直将其拖到“SC_Gripper”处再松开鼠标左键，见图 2-4-34。

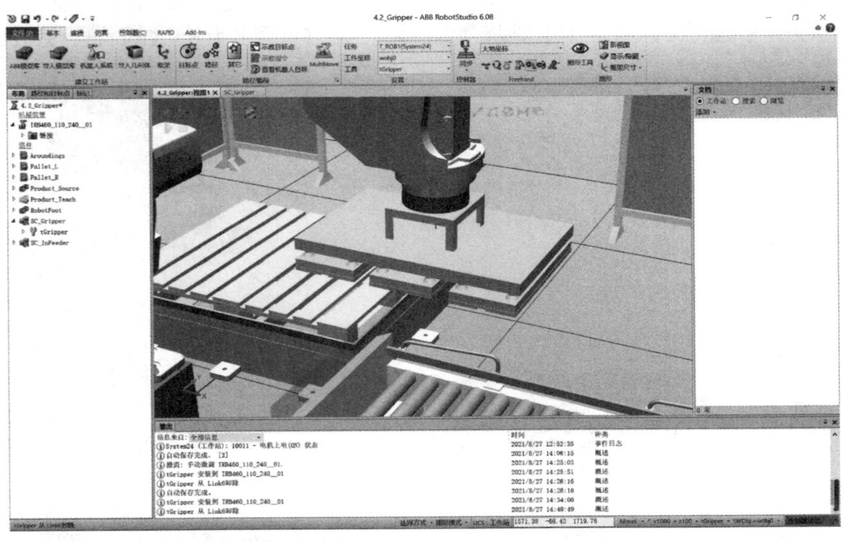

图 2-4-34 将 tGripper 拖放至 Smart 组件中

（续）

③ 在 Smart 组件编辑窗口的“组成”选项卡中，右键单击“tGripper”，勾选“设定为 Role”，见图 2-4-35。

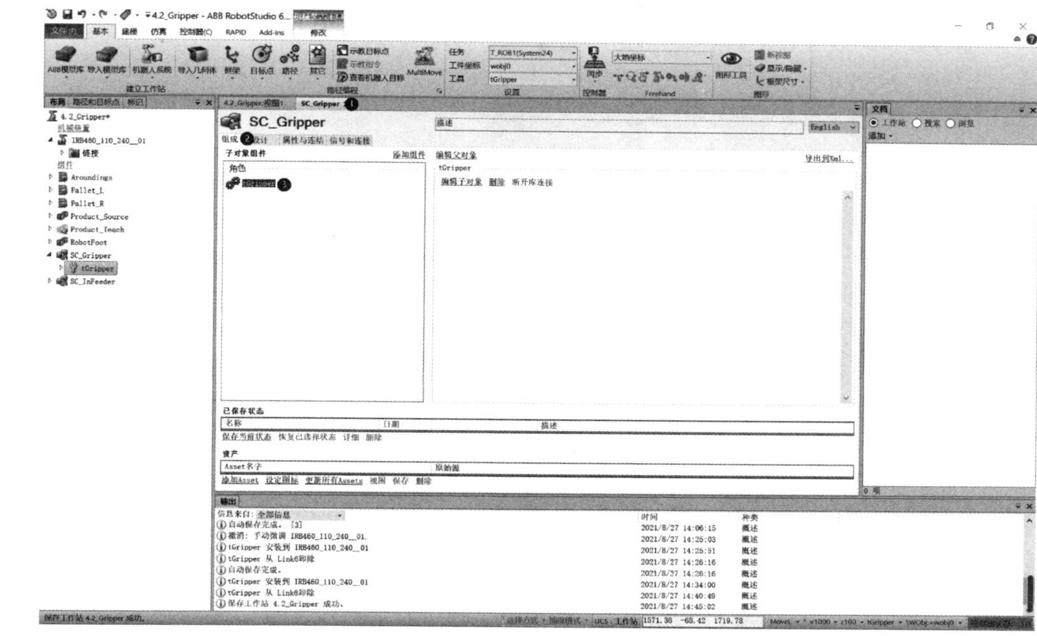

图 2-4-35　设定夹具为 Role

注意：设定为 Role 可以让 Smart 组件获得夹具的全部属性。在本任务中，夹具包含一个工具坐标系，将其设定为 Role，即让 SC_Gripper 继承了工具坐标系属性，可以将 Smart 组件 SC_Gripper 完全当做机器人的工具来处理。

④ 安装工具 SC_Gripper：在“SC_Gripper”上按住鼠标左键，拖到“IRB460_110_240__01”后，松开鼠标左键，将 Smart 工具安装到机器人末端。

⑤ 提示“是否希望更新‘SC_Gripper’的位置”，单击“否”，不更新 SC_Gripper 的位置，见图 2-4-36。

⑥ 提示“已经存在名为 tGripper 的工具数据，是否希望将其替换”，单击“是”，替换掉原来的工具数据，见图 2-4-37。

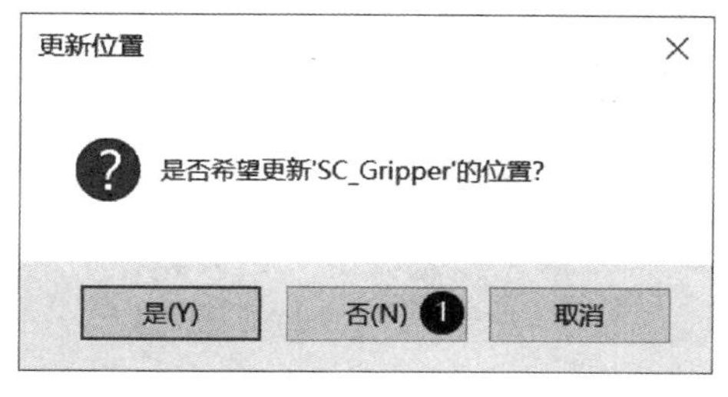

图 2-4-36　不更新 SC_Gripper 的位置

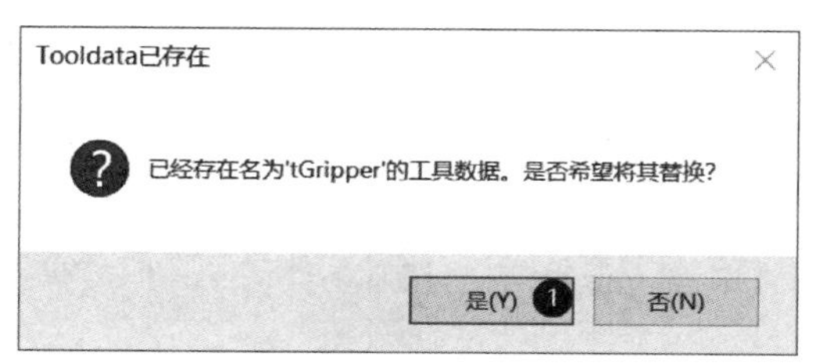

图 2-4-37　替换原来的工具数据

（续）

4）设定检测传感器：

① 单击“添加组件”，选择“传感器”列表下的“LineSensor”，添加线传感器子组件，见图 2-4-38；

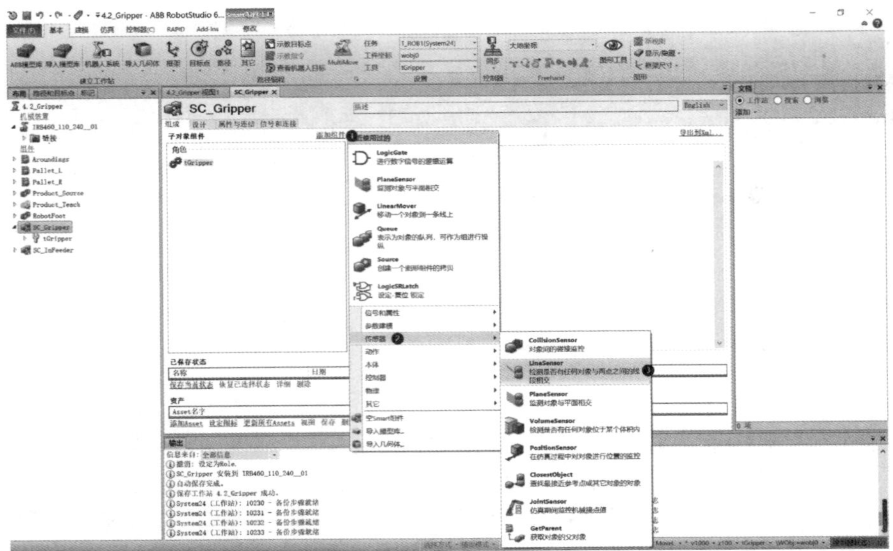

图 2-4-38　添加子组件 LineSensor

② 设定线传感器的起点 Start 和终点 End：选中捕捉工具“选择表面”和“捕捉中心”，单击“Start”下的第一个输入框，则输入框中出现光标，单击吸盘表面的中心点，作为 Start 点，确认已生成坐标数据后，根据起点 Start 坐标设置终点 End 坐标，将“End”的 Z 轴设置为比“Start”小 100mm，则传感器长度为 100mm；“Radius”用于设定线传感器的半径，为便于观察，设置为“3”；单击“Active”将其设置为 0，暂时关闭传感器检测；单击“应用”，见图 2-4-39。

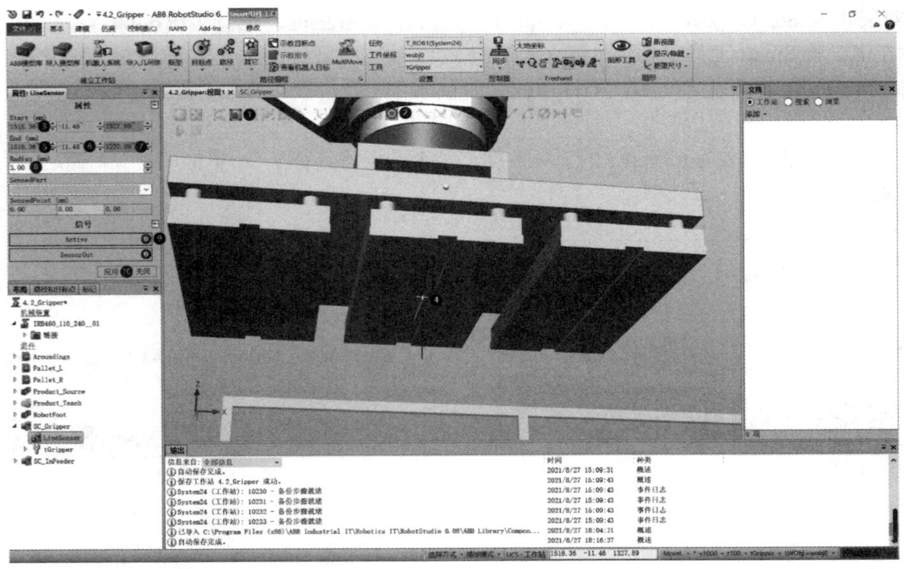

图 2-4-39　LineSensor 属性设置

（续）

③ 取消工具“可由传感器检测”：生成的线传感器见图 2-4-40，右键单击“tGripper”，单击“可由传感器检测”，取消勾选。

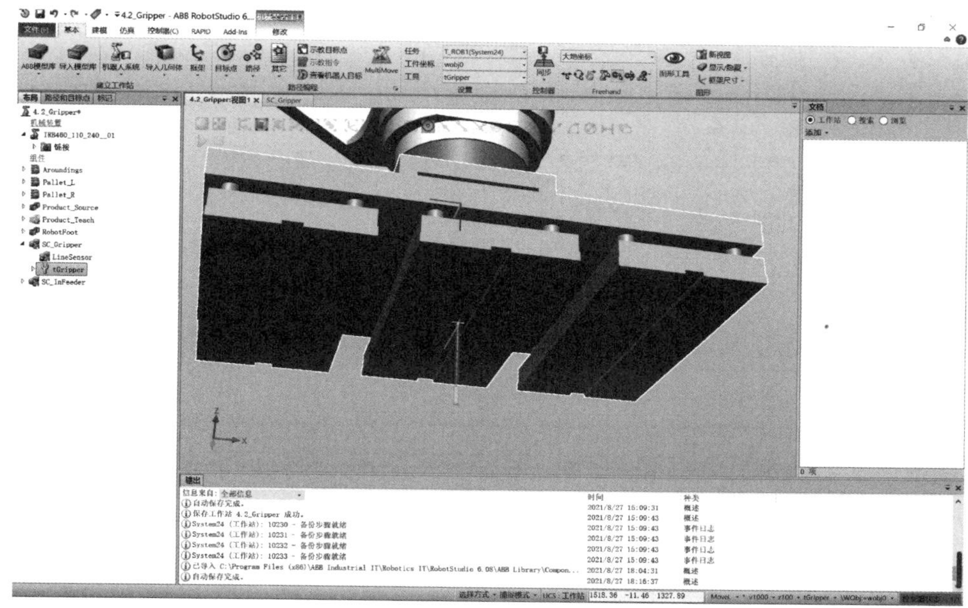

图 2-4-40　取消工具“可由传感器检测”

5）设定拾取释放动作：

① 使用子组件 Attacher 来实现拾取动作效果：单击“添加组件”，选择“动作”列表下的“Attacher”，见图 2-4-41。

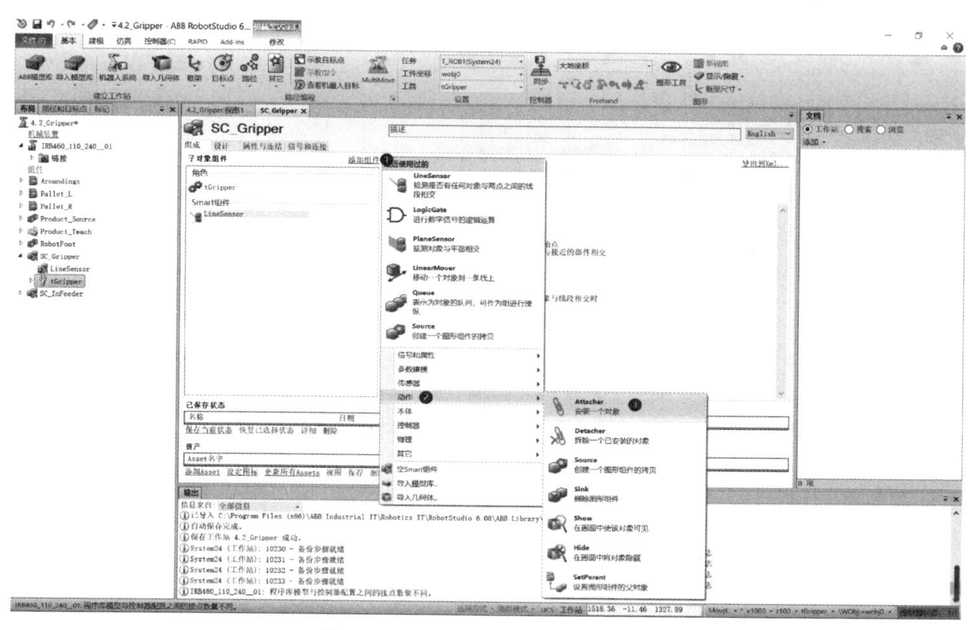

图 2-4-41　添加子组件 Attacher

（续）

② 在“Parent”下选择 Smart 工具“SC_Gripper”，作为要安装的父对象；而要安装的子对象不是特定的一个物体，所以“Child”下为空，暂不设定要安装的子对象，单击“应用”，见图 2-4-42。

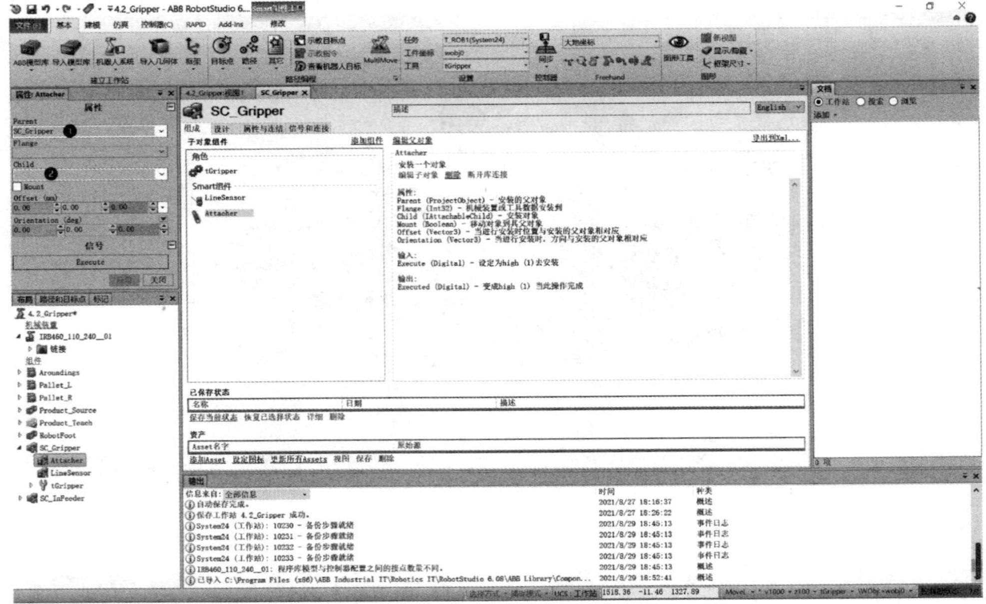

图 2-4-42 Attacher 属性设置

③ 使用子组件 Detacher 来实现释放动作效果：单击“添加组件”，选择“动作”列表下的“Detacher”，见图 2-4-43。

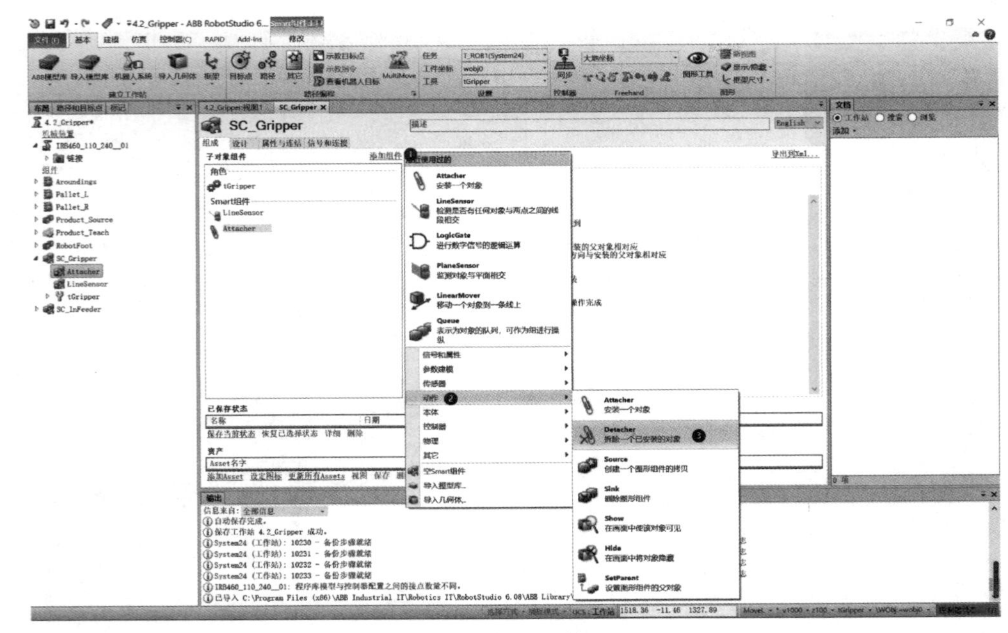

图 2-4-43 添加子组件 Detacher

（续）

④ 由于要释放拆除的子对象不是特定的一个物体，所以“Child”下为空，暂不设定要释放拆除的子对象；确认“KeepPosition”已勾选，即释放后，子对象保持当前的空间位置；单击“应用”，见图 2-4-44。

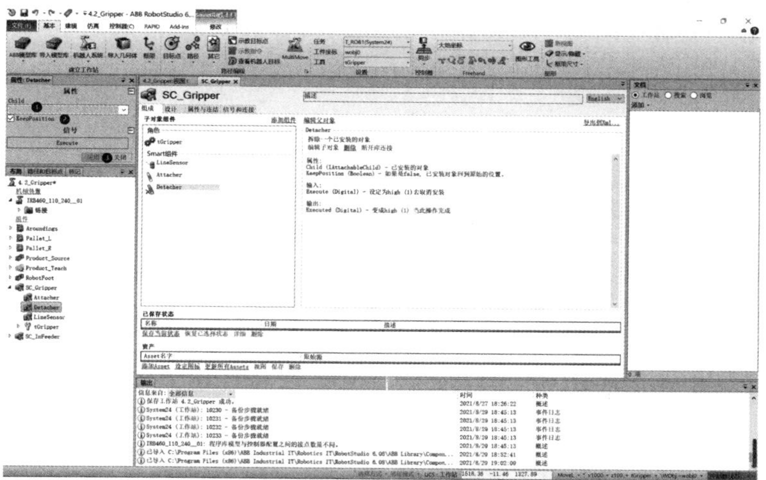

图 2-4-44　Detacher 属性设置

注意：拾取动作 Attacher 和释放动作 Detacher 中关于子对象 Child 暂时都未设定，是因为在本任务中我们要拾取和释放的产品并不是同一个物体，而且产品源生成的各个复制品，所以无法直接指定子对象，接下来我们会在属性连结中来设定该项属性的关联。

6）添加信号和属性相关子组件：

① 添加逻辑非门：单击“添加组件”，选择“信号与属性”列表下的“LogicGate”，将“Operator”修改为“NOT”，单击“应用”。

② 添加信号置位 / 复位子组件 LogicSRLatch：单击“添加组件”，选择“信号与属性”列表下的“LogicSRLatch”，见图 2-4-45。

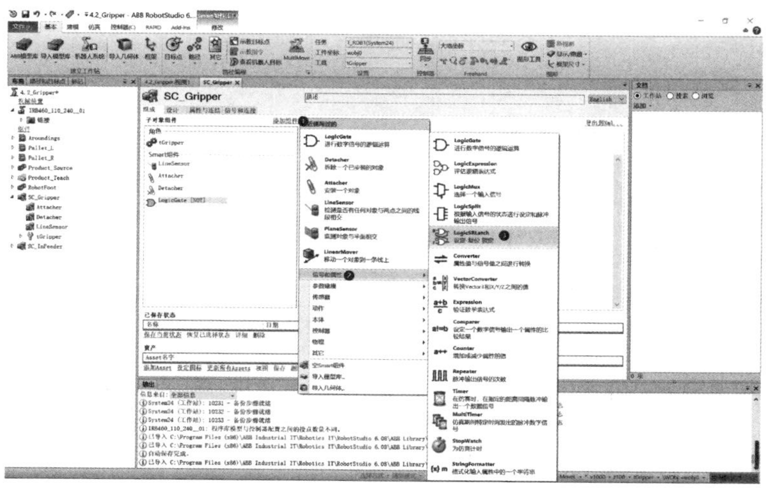

图 2-4-45　添加子组件 LogicSRLatch

注意：子组件 LogicSRLatch 用于置位、复位信号，并且自带锁定功能。在本任务中用于置位、复位真空吸盘反馈信号。

（续）

7）创建属性连结：

① 单击“属性与连结”选项卡，单击“添加连结”。

② 在弹出的添加连结对话框中，按图 2-4-46 和图 2-4-47 内容设置，即设定线传感器检测到的物体作为拾取的子对象，设定拾取的子对象作为释放的子对象，然后单击“确定”。

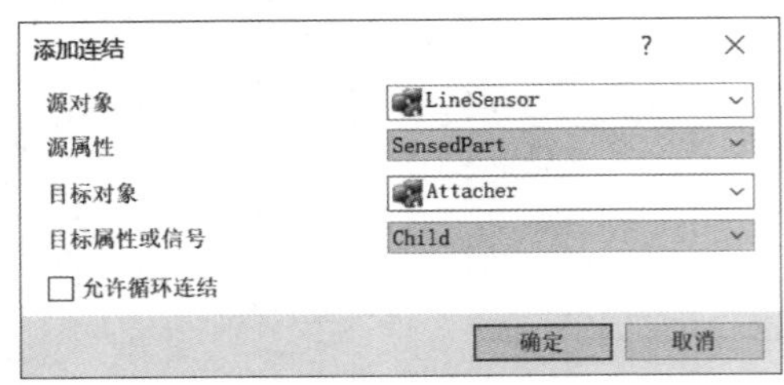

图 2-4-46 设定线传感器检测到的物体作为拾取的子对象

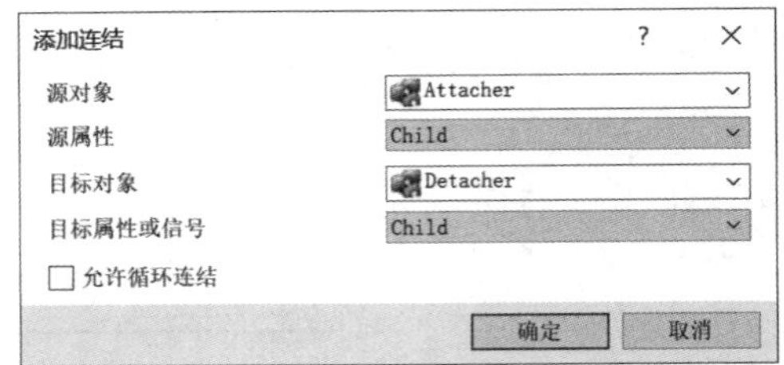

图 2-4-47 设定拾取的子对象作为释放的子对象

注意：当机器人的工具运动到产品的拾取位置时，若线传感器 LineSensor 检测到产品，则将产品作为要拾取的对象；待拾取产品之后，拾取的产品作为释放对象，机器人工具运动到放置位置执行释放动作。

8）创建信号和连接：

① 首先，添加一个数字输入信号 diGripper，用于控制工具拾取、释放动作，置 1 为打开真空拾取，置 0 为关闭真空释放：单击“信号和连接”选项卡，单击“添加 I/O Signals”；在弹出的添加 I/O Signals 对话框中，按图 2-4-48 内容设置，然后单击“确定”。

② 接下来，添加一个数字输出信号 doVacuumOK，用于输出真空反馈信号，置 1 为真空已建立，置 0 为真空已消失：单击“信号和连接”选项卡，单击“添加 I/O Signals”，在弹出的添加 I/O Signals 对话框中，按图 2-4-49 内容设置，然后单击“确定”。

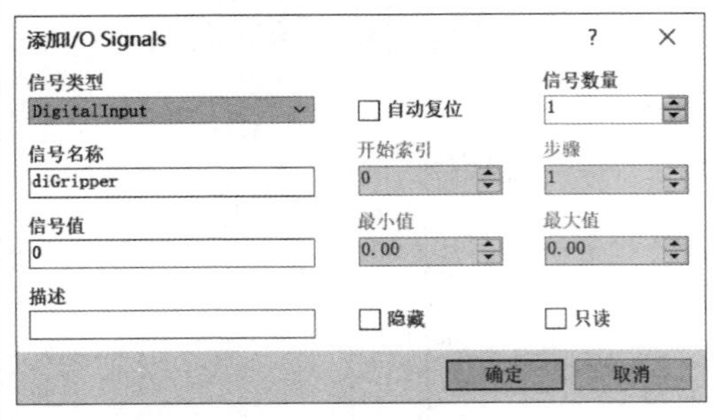

图 2-4-48 添加数字输入信号 diGripper

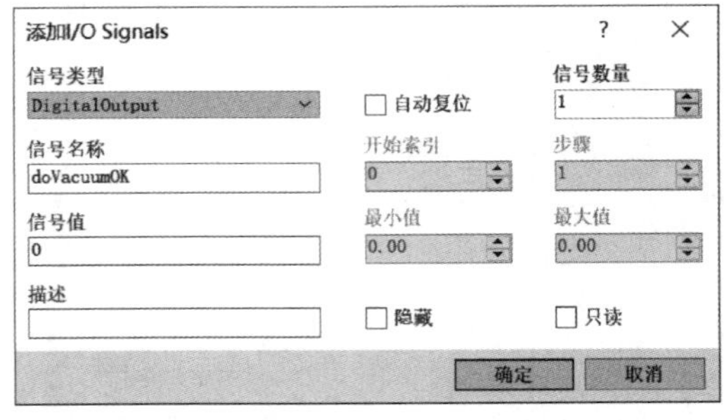

图 2-4-49 添加数字输出信号 doVacuumOK

③ 建立 I/O 连接：单击“添加 I/O Connection”，在弹出的添加 I/O Connection 对话框中，依次建立如下几个 I/O 连接：

a）开启数字输入信号即真空动作信号 diGripper 去触发传感器开始执行检测，见图 2-4-50。

b）传感器检测到物体之后触发拾取动作执行，见图 2-4-51。

（续）

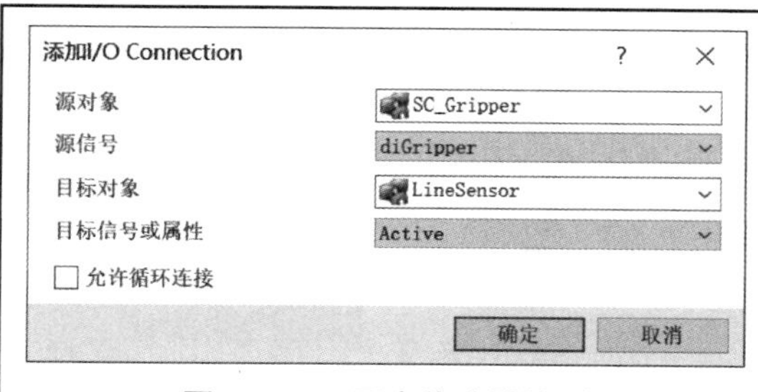

图 2-4-50　开启传感器检测

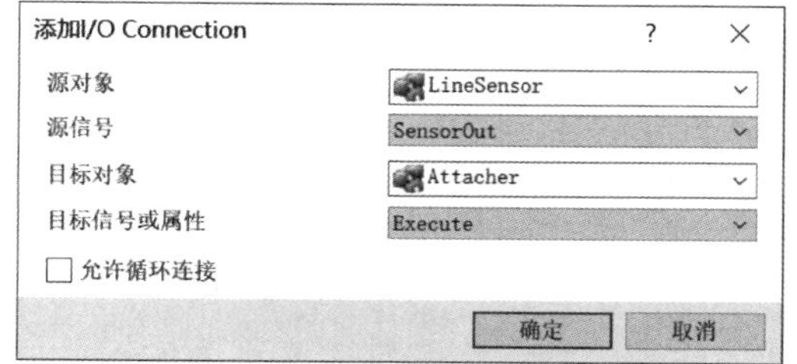

图 2-4-51　传感器触发拾取动作执行

c）将开启真空动作信号 diGripper 与逻辑非门进行连接，则非门的输出信号变化和 diGripper 信号变化正好相反，见图 2-4-52。

d）利用非门的输出信号去触发释放动作执行，即关闭真空后触发释放动作执行，见图 2-4-53。

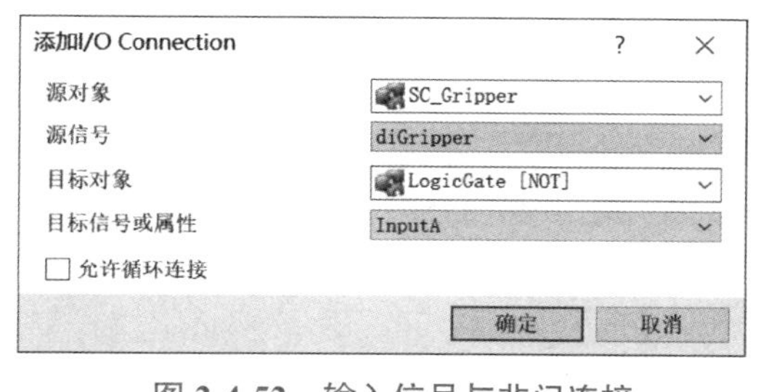

图 2-4-52　输入信号与非门连接

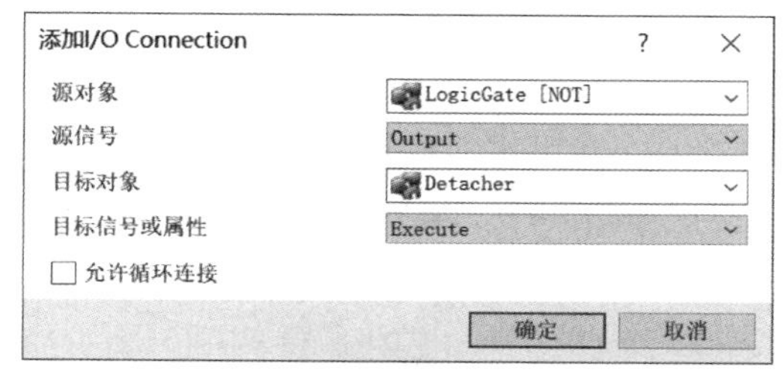

图 2-4-53　非门输出触发释放动作执行

e）拾取动作完成后触发置位 / 复位子组件执行置位动作，见图 2-4-54。

f）释放动作完成后触发置位 / 复位子组件执行复位动作，见图 2-4-55。

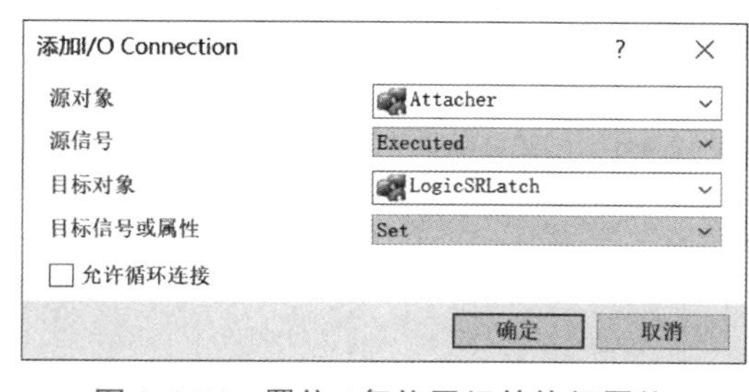

图 2-4-54　置位 / 复位子组件执行置位

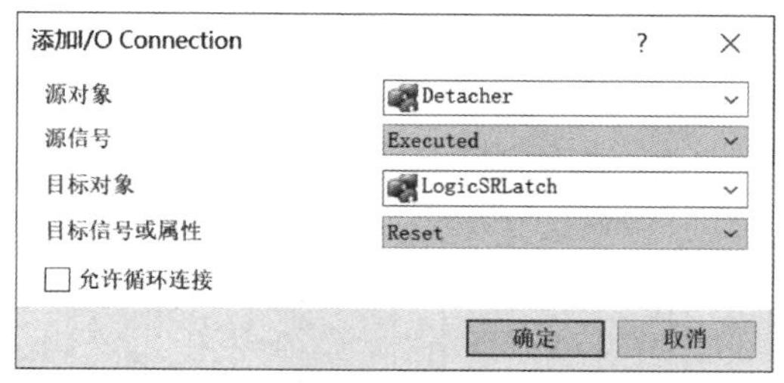

图 2-4-55　置位 / 复位子组件执行复位

g）置位 / 复位组件的动作触发数字输出信号 doVacuumOK 即真空反馈信号置位 / 复位动作，见图 2-4-56。

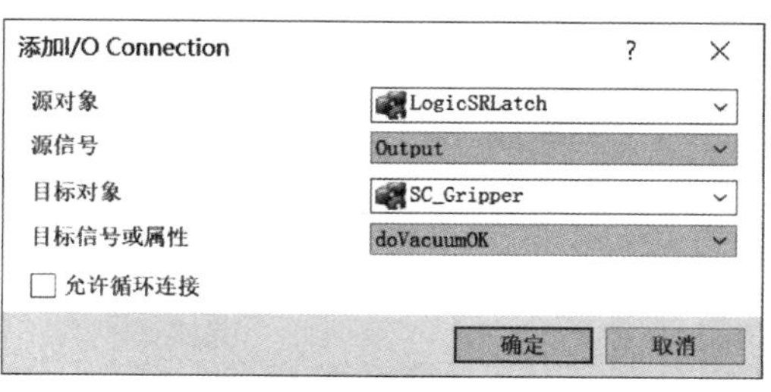

图 2-4-56　触发真空反馈信号动作

（续）

实现的最终效果是当拾取动作完成后将 doVacuumOK 置 1，当释放动作完成后将 doVacuumOK 置 0

h）至此，I/O 连接设置已完成，见图 2-4-57。

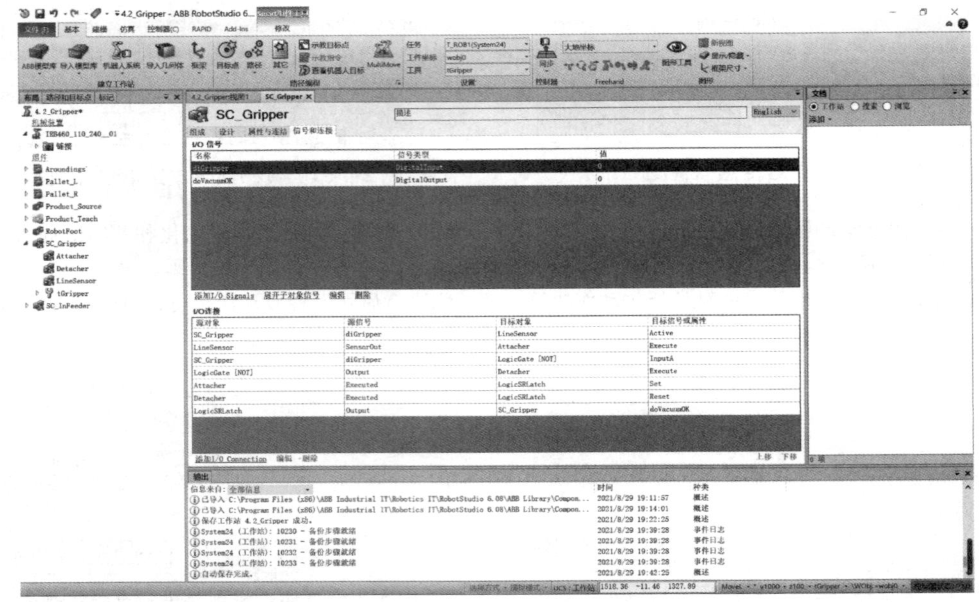

图 2-4-57　I/O 连接设置完成界面

9）仿真运行：

① 在动态输送链末端已预置了一个专门用于演示的产品 Product_Teach，右键单击“Product_Teach”，勾选“可见”；选择“修改”，单击勾选“可由传感器检测”，见图 2-4-58。

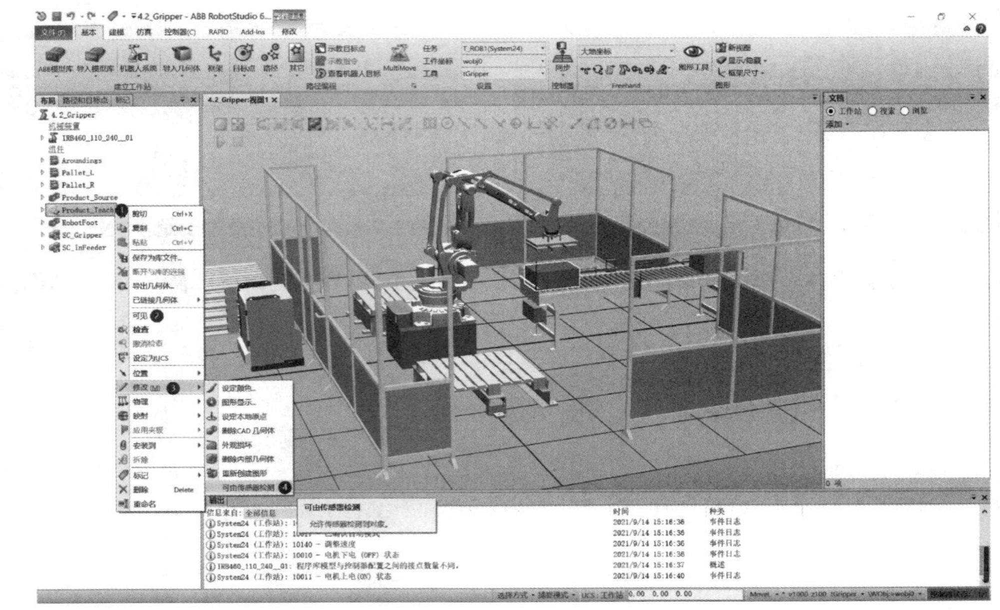

图 2-4-58　设置演示产品

（续）

② 在“基本”功能选项卡中，选定“Freehand”工具栏中的“手动线性”，选中机器人末端的法兰盘，用鼠标左键拖动相应的坐标轴箭头进行线性运动，将夹具拖动至产品工件拾取位置，见图 2-4-59。

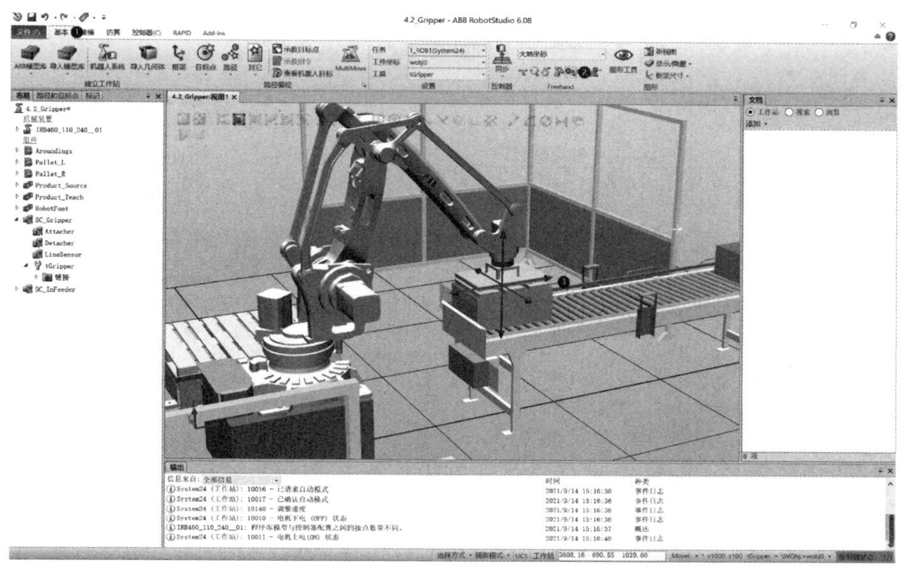

图 2-4-59　拖动夹具至拾取位置

③ 在“仿真”功能选项卡中，单击“I/O 仿真器”，在右侧“选择系统：”下拉列表中，选择“SC_Gripper”，单击输入信号下的“diGripper”，将开启真空动作信号 diGripper 置 1，此时夹具已将产品拾取，同时输出真空反馈信号 doVacuumOK 自动置 1，再次拖动机器人末端坐标轴箭头进行线性运动，见图 2-4-60。

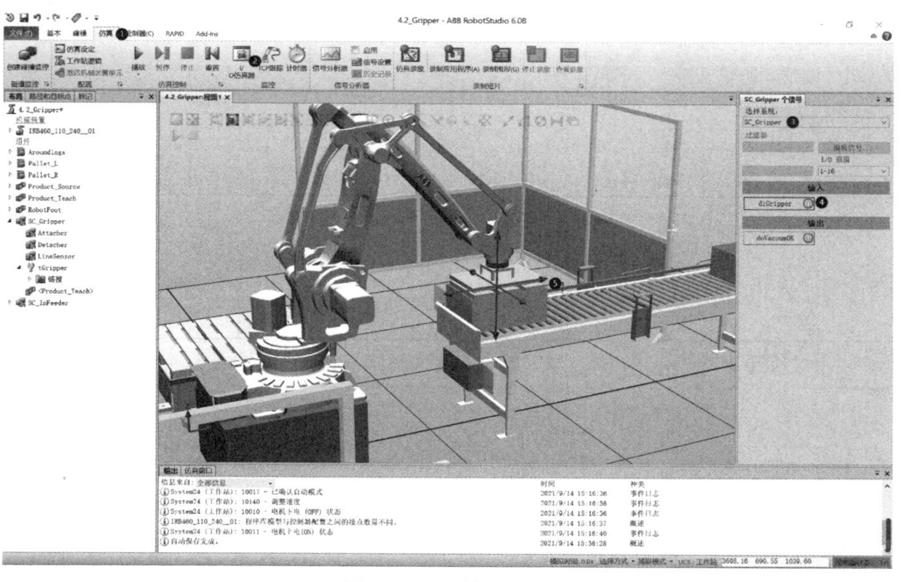

图 2-4-60　拾取设置

（续）

④ 将夹具和产品拖动至释放位置后，单击“diGripper”将其置 0，使夹具释放产品，同时 doVacuumOK 自动置 0，再次拖动机器人末端坐标轴箭头进行线性运动，使夹具离开产品位置，见图 2-4-61。

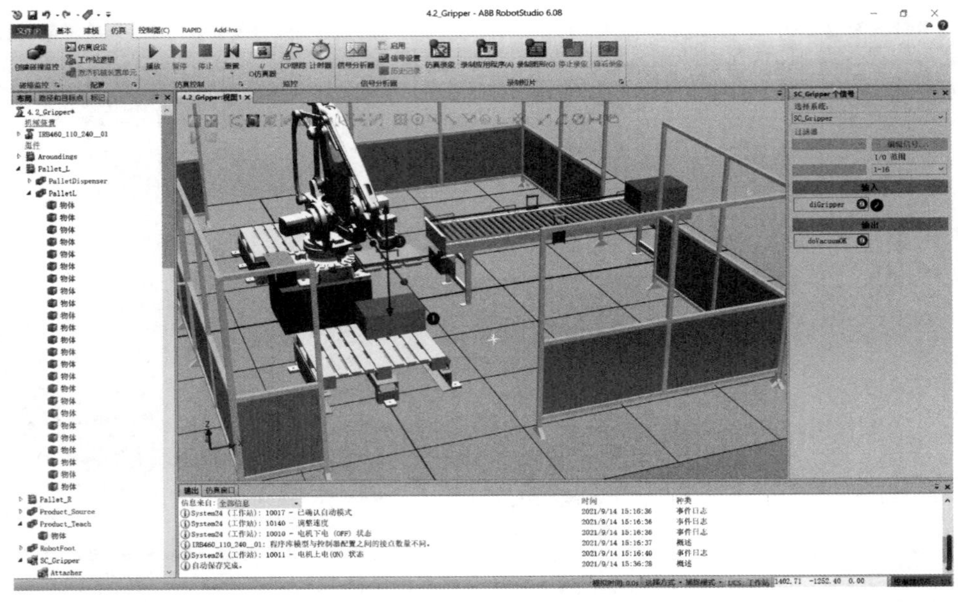

图 2-4-61　释放产品

实施记录如下：

操作内容	操作结果	备注
1. 用 Smart 组件创建动态输送链		
2. 用 Smart 组件创建动态夹具		

任务评价

序号	考核项目	考核内容	分值	评分标准	得分
1	任务完成质量（80 分）	用 Smart 组件创建动态输送链	40	理解流程 熟练操作	
		用 Smart 组件创建动态夹具	40	理解流程 熟练操作	
2	职业素养与操作规范（10 分）	团队精神	5		
		操作规范	5		

（续）

序号	考核项目	考核内容	分值	评分标准	得分
3	学习纪律与学习态度（10 分）	学习纪律	5		
		学习态度	5		
总　分					

任务小结

____

____

____

____

____

任务 2.5　典型工业机器人——码垛机器人

任务描述

任务目标	1. 了解工业机器人在码垛领域的应用 2. 掌握 Smart 组件工作站逻辑设定的方法 3. 利用 IRB 460 对箱子进行码垛
任务内容	1. 码垛机器人工作站布局 2. 用 Smart 组件创建动态输送链 3. 用 Smart 组件创建动态夹具 4. 工作站逻辑设定 5. 码垛工件路径的设定 6. 码垛机器人的仿真与运行

知识讲解

本任务以瓶装矿泉水生产线机器人码垛工作站为例，利用 IRB 460 对生产线上的矿泉水箱进行码垛。本任务需要按步骤建立工作站、导入模型并布局、通过 Smart 组件创建动态输送链和动态夹具、新建 I/O 信号并进行工作站逻辑设定、设置码垛路径，最终完成机器人码垛的全部过程。

任务实施

操作步骤如下：

操作内容	操作步骤
（1）码垛机器人工作站布局	1）创建一个新的空工作站。
	2）导入围栏模型，使得机器人可以在相对封闭的环境下运行。
	3）导入几何体——码垛机器人工作台。
	4）导入机器人模型 IRB 460，并放置放在工作台上。
	5）导入夹具模型，并安装在机器人法兰盘上。
	6）导入设备模型——输送链 guide（600），并设定位置，使其刚好位于机器人的正前方。
	7）导入几何体——箱子，并放置在输送链的起点。
	8）同时导入垛板基座模型和垛板模型，并放置在机器人右侧，用来码垛。
	9）为机器人加载系统，建立虚拟控制器，使其具有电气特性；待右下角出现“控制器状态”并显示为绿色，表示机器人系统创建成功。
（2）用 Smart 组件创建动态输送链	1）新建 Smart 组件，并将其重命名为 SC_InFeeder。
	2）设定输送链的产品源，添加子组件 Source，将箱子设置为产品源，每次触发后都会产生一个箱子的复制品。
	3）设定输送链的运动属性： ① 添加子组件 Queue，将同类型物体作队列处理，暂时不设置其属性。 ② 添加线性运动子组件 LinearMover，将之前设定的 Queue 作为运动物体，运动方向为大地坐标的 X 轴负方向，速度为 300mm/s，Execute 设置为 1，表示该运动处于一直执行的状态。
	4）设定输送链限位传感器： ① 添加面传感器子组件 PlaneSensor，在输送链末端的挡板处设置面传感器，首先捕捉 A 点作为面的原点，然后设定基于原点 A 的两个延伸轴的方向和长度（参考大地坐标系），由此构成一个平面。此平面作为面传感器来检测产品是否到位，若产品到位则自动输出一个信号，用于逻辑控制。 ② 由于虚拟传感器一次只能检测一个物体，为了保证面传感器正确检测出运动到输送链末端挡板处的产品，应将所有与该传感器接触的周边设备都设置为“不可由传感器检测”。
	5）将 InFeeder 拖放至 Smart 组件中，方便处理输送链。
	6）添加逻辑非门 LogicGate，将“Operator”修改为“NOT”。
	7）创建属性连接，实现产品源产生一个复制品，执行加入队列动作后，该复制品自动加入队列中并随着队列进行线性运动。

（续）

操作内容	操作步骤
（2）用 Smart 组件创建动态输送链	8）创建信号和连接： ① 首先，添加一个数字输入信号 diStart，用于启动 Smart 输送链。 ② 接下来，添加一个数字输出信号 doBoxInPos，用于输出产品到位信号。 ③ 依次建立如下几个 I/O 连接： a）用创建的数字输入信号 diStart 去触发 Source 子组件执行动作，则产品源会自动产生一个复制品。 b）产品源产生的复制品完成信号触发 Queue 的加入队列动作，则产生的复制品自动加入队列。 c）当产品运动到输送链末端，与传感器发生接触时，将数字输出信号 doBoxInPos 置 1，表示产品已到位。 d）同时，传感器将其本身的输出信号 SensorOut 置 1，利用此信号触发 Queue 的退出队列动作，则队列中的复制品自动退出队列。 e）将传感器本身的输出信号 SensorOut 与逻辑非门进行连接，则非门的输出信号变化和传感器输出信号变化正好相反。 f）利用非门的输出信号去触发 Source 子组件的执行，即传感器输出信号 SensorOut 由 1 变为 0 时，产品源会自动产生下一个复制品。
	9）至此，用 Smart 组件创建动态输送链的操作已完成。
（3）用 Smart 组件创建动态夹具	1）新建 Smart 组件，将其重命名为 SC_Gripper。
	2）设定夹具属性： ① 将夹具 tGripper 从机器人末端拆除，并且不恢复夹具原来的位置，以便对独立后的夹具进行处理。 ② 将 tGripper 拖放至 Smart 组件中。 在 Smart 组件编辑窗口中，右键单击“tGripper”，勾选“设定为 Role”，使得 Smart 组件获得夹具的全部属性，可以将 Smart 组件 SC_Gripper 完全当作机器人的工具来处理。 ③ 将 Smart 工具 SC_Gripper 安装到机器人末端，不更新 SC_Gripper 的位置，并替换掉原来的工具数据。
	3）设定检测传感器： ① 添加线传感器子组件 LineSensor。 ② 设定线传感器的起点 Start 为吸盘表面的中心点，终点 End 的 Z 轴设置为比 Start 小 100mm，则传感器长度为 100mm；为便于观察，设定线传感器的半径为 3；将 Active 设置为 0，暂时关闭传感器检测。 ③ 将工具 tGripper 设置为不可由传感器检测。
	4）设定拾取释放动作： ① 添加子组件 Attacher 来实现拾取动作效果，选择 Smart 工具 SC_Gripper 作为要安装的父对象；而要安装的子对象不是特定的一个物体，所以暂不设定要安装的子对象。 ② 添加子组件 Detacher 来实现释放动作效果，由于要释放拆除的子对象不是特定的一个物体，所以暂不设定要释放拆除的子对象；同时确认 KeepPosition 已勾选，即释放后，子对象保持当前的空间位置。

（续）

<table>
<tr><th>操作内容</th><th>操作步骤</th></tr>
<tr><td rowspan="4">（3）用 Smart 组件创建动态夹具</td><td>5）添加信号和属性相关子组件：
① 添加逻辑非门 LogicGate，将“Operator”修改为“NOT”。
② 添加信号置位 / 复位子组件 LogicSRLatch 用于置位、复位信号，并且自带锁定功能。在本任务中用于置位、复位真空吸盘反馈信号。</td></tr>
<tr><td>6）创建属性连结，设定线传感器检测到的物体作为拾取动作的子对象，设定拾取动作的子对象作为释放动作的子对象，即当机器人的工具运动到产品的拾取位置时，若线传感器 LineSensor 检测到产品，则将产品作为要拾取的对象；待拾取产品之后，拾取的产品作为释放对象，机器人工具运动到放置位置执行释放动作。</td></tr>
<tr><td>7）创建信号和连接：
① 首先，添加一个数字输入信号 diGripper，用于控制工具拾取、释放动作，置 1 为打开真空拾取，置 0 为关闭真空释放。
② 接下来，添加一个数字输出信号 doPickupOK，用于输出真空反馈信号，置 1 为真空已建立，置 0 为真空已消失。
③ 依次建立如下几个 I/O 连接：
a）开启数字输入信号即真空动作信号 diGripper 去触发传感器开始执行检测。
b）传感器检测到物体之后触发拾取动作执行。
c）将开启真空动作信号 diGripper 与逻辑非门进行连接，则非门的输出信号变化和 diGripper 信号变化正好相反。
d）利用非门的输出信号去触发释放动作执行，即关闭真空后触发释放动作执行。
e）拾取动作完成后触发置位 / 复位子组件执行置位动作。
f）释放动作完成后触发置位 / 复位子组件执行复位动作。
g）置位 / 复位组件的动作触发数字输出信号 doPickupOK 即真空反馈信号置位 / 复位动作，实现的最终效果是当拾取动作完成后将 doPickupOK 置 1，当释放动作完成后将 doPickupOK 置 0。</td></tr>
<tr><td>8）至此，用 Smart 组件创建动态夹具的操作已完成。</td></tr>
<tr><td>（4）工作站逻辑设定</td><td>1）在控制器选项卡中，新建 4 个 I/O 信号，见表 2-5-1。

表 2-5-1　新建 4 个 I/O 信号
<table>
<tr><th>序号</th><th>信号名称</th><th>信号类型</th><th>信号连接的设备</th><th>设备映射</th></tr>
<tr><td>1</td><td>di_BoxInPos</td><td>DigitalInput</td><td>DN_Internal_Device</td><td>1</td></tr>
<tr><td>2</td><td>di_PickupOK</td><td>DigitalInput</td><td>DN_Internal_Device</td><td>2</td></tr>
<tr><td>3</td><td>do_InFeeder</td><td>DigitalOutput</td><td>DN_Internal_Device</td><td>1</td></tr>
<tr><td>4</td><td>do_Gripper</td><td>DigitalOutput</td><td>DN_Internal_Device</td><td>2</td></tr>
</table></td></tr>
</table>

（续）

<table>
<tr><th>操作内容</th><th>操作步骤</th></tr>
<tr><td>（4）工作站逻辑设定</td><td>2）在仿真选项卡中，设定工作站逻辑见表 2-5-2。

表 2-5-2　设定工作站逻辑
<table>
<tr><th>序号</th><th>源对象</th><th>源信号</th><th>目标对象</th><th>目标信号或属性</th></tr>
<tr><td>1</td><td>Stacking</td><td>do_InFeeder</td><td>SC_InFeeder</td><td>diStart</td></tr>
<tr><td>2</td><td>SC_InFeeder</td><td>doBoxInPos</td><td>Stacking</td><td>di_BoxInPos</td></tr>
<tr><td>3</td><td>Stacking</td><td>do_Gripper</td><td>SC_Gripper</td><td>diGripper</td></tr>
<tr><td>4</td><td>SC_Gripper</td><td>doPickupOK</td><td>Stacking</td><td>di_PickupOK</td></tr>
</table></td></tr>
<tr><td rowspan="5">（5）码垛工件路径的设定</td><td>1）添加辅助模型 Product_Teach、Source 和 Source2，并把无关模型设为不可见。</td></tr>
<tr><td>2）创建起始路径：新建一个空路径 Start，给 diStart 一个脉冲信号，使输送链组件 SC_InFeeder 开始执行。</td></tr>
<tr><td>3）创建第一层第一个工件的路径：
① 新建一个空路径 Path_10，用于搬运第一个工件。
② 将运动参数的指令模板设为 MoveJ，单击基本功能选项卡中的示教指令，单击是，生成路径 MoveJ_Target_10。
③ 右击选择添加逻辑指令 WaitDI di_BoxInPos 1，该指令的作用是当输送链上的工件到位后，触发机器人继续执行路径。
④ 选择机器人手动线性，工具选择 tGripper，选择捕捉中心，手动拖动机器人捕捉 Produce_Teach 的底面中心点，单击示教指令，生成 MoveJ Target_20。
⑤ 右击选择插入逻辑指令 WaitTime 1。
⑥ 插入逻辑指令 Set do_Gripper，该指令用于启动夹具拾取动作。
⑦ 插入逻辑指令 WaitTime 1。
⑧ 插入逻辑指令 WaitDI di_PickupOK 1，该指令的作用是当夹具拾取箱体后，触发机器人继续执行路径。
⑨ 复制 MoveJ Target_10，粘贴到逻辑指令下方。
⑩ 通过手动关节运动将机器人的一轴设为 90°，四轴设为 0°，然后拖动机器人捕捉垛板第一层第一个工件的底面中心点，单击示教指令，生成 MoveJ Target_30。
⑪ 向上拖动机器人到一定高度，单击示教指令，生成 MoveJ Target_40。
⑫ 在路径中交换 MoveJ Target_30 和 MoveJ Target_40 的顺序。
⑬ 插入逻辑指令 WaitTime 1。
⑭ 插入逻辑指令 Reset do_Gripper，该指令的作用是释放箱体。
⑮ 插入逻辑指令 waitTime 1。
⑯ 复制 MoveJ Target_40。
⑰ 这样第一个工件的路径就创建好了。</td></tr>
<tr><td>4）创建第一层其他 4 个工件的路径：第一层 5 个工件 5 条路径的逻辑指令是完全相同的，不同的只是 MoveJ Target 30 和 MoveJ Target40 两个目标点位置，所以在建立其他四条路径时只需要在 Path_10 的基础上改变这两个目标点位置就可以了。</td></tr>
<tr><td>5）创建第二层工件的路径：第二层路径的设定也遵循第一层的原则，要注意的是码垛垛型为常见的“3+2”，即横着放 3 个产品，竖着放 2 个产品，第二层位置交错。</td></tr>
</table>

（续）

操作内容	操作步骤
（6）码垛机器人的仿真与运行	1）同步到 RAPID...：在“基本”功能选项卡中，打开“同步”—“同步到 RAPID...”，将需要同步的项目打勾，单击“确定”。
	2）仿真顺序设定： ① 选中“仿真”功能选项卡，单击“仿真设定”，单击“T_ROB1”，进入点选择“Start”。 ② 在 Start 路径中按工件码垛顺序插入过程调用。
	3）在“仿真”功能选项卡中，单击“播放”，此时机器人按规划运动轨迹运动。

实施记录如下：

操作内容	操作结果	备注
1. 码垛机器人工作站布局		
2. 用 Smart 组件创建动态输送链		
3. 用 Smart 组件创建动态夹具		
4. 工作站逻辑设定		
5. 码垛工件路径的设定		
6. 码垛机器人的仿真与运行		

任务评价

表 2-5-3 任务评价表

序号	考核项目	考核内容	分值	评分标准	得分
1	任务完成质量（80 分）	码垛机器人工作站布局	10	理解流程 熟练操作	
		用 Smart 组件创建动态输送链	15	理解流程 熟练操作	
		用 Smart 组件创建动态夹具	15	理解流程 熟练操作	
		工作站逻辑设定	15	理解流程 熟练操作	
		码垛工件路径的设定	15	理解流程 熟练操作	
		码垛机器人的仿真与运行	10	理解流程 熟练操作	
2	职业素养与操作规范（10 分）	团队精神	5		
		操作规范	5		

（续）

序号	考核项目	考核内容	分值	评分标准	得分
3	学习纪律与学习态度（10 分）	学习纪律	5		
		学习态度	5		
总　分					

任务小结

项目 3 工业机器人编程与操作

模块导读

本项目依据“1+X 职业技能等级证书‘工业机器人集成应用’”内容要求，培养学生遵守安全规范，能对工业机器人进行参数设定，具有基本程序操作能力，能对工业机器人及其外部设备 PLC、RFID、机器视觉进行连接和控制。

知识目标	1. 了解工业机器人手动操作过程 2. 了解工业机器人程序设计过程、会设置程序数据 3. 了解常用 RAPID 指令 4. 了解输入输出板的配置、输入输出信号的设置 5. 了解 RFID 及参数采集的 PLC 程序设计过程 6. 了解视觉相机的配置过程 7. 了解工业机器人、PLC、RFID 及机器视觉的通信
能力目标	1. 能进行工业机器人程序设计 2. 能进行 PLC 的组态设置 3. 能进行工业机器人、PLC、RFID 及机器视觉的通信
素质目标	1. 具有发现问题、分析问题、解决问题的能力 2. 具有高度责任心和良好的团队合作能力 3. 具有良好的职业素养和一定的创新意识 4. 养成“认真负责、精检细修、文明生产、安全生产”的良好职业道德
思政元素	1. 引导学生热爱祖国，有理想、有抱负、有振兴中华的使命感和责任感 2. 引导学生追求卓越、敬业、精益、专注、创新的工匠精神

任务 3.1　工业机器人操作基础

任务描述

将工业机器人安装到工作台，连接相应电缆，在示教器中进行手动操作。

任务目标	1. 能连接机器人的电缆 2. 会操作示教器 3. 能查看常用信息及日志 4. 会进行数据的备份与恢复 5. 能手动操作机器人 6. 能进行转数计数器更新
任务内容	1. 机器人电气连接 2. ABB 机器人示教器介绍 3. ABB 机器人基本操作

子任务 3.1.1　机器人电气连接

1）机器人到达现场后，根据箭头所指方向，将箱体向上抬起放置到一边，与包装底座进行分离，见图 3-1-1。	 图 3-1-1　拆除机器人包装
2）包括 4 个主要物品：机器人本体、示教器、线缆配件及控制柜，见图 3-1-2。	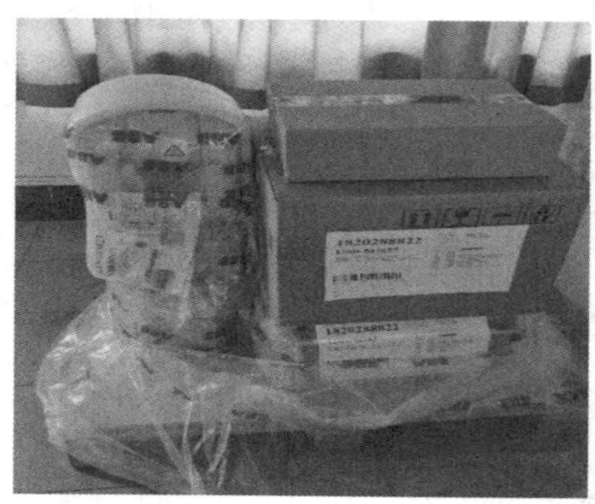 图 3-1-2　机器人的 4 个主要物品
3）将控制柜从底座上安放到机器人工作台下面去，见图 3-1-3。	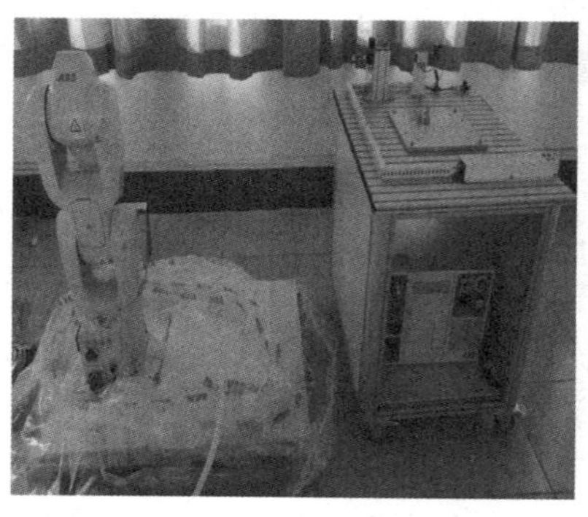 图 3-1-3　安装机器人控制柜

（续）

4）将机器人安装到机器人工作台上，并且紧固机器人本体底盘上的 4 颗螺栓。然后，将固定机器人姿态的支架拆卸，见图 3-1-4。	 图 3-1-4　机器人安装到工作台
5）机器人本体与控制柜之间需要连接3条电缆：动力电缆、SMB电缆、示教器电缆，见图 3-1-5。	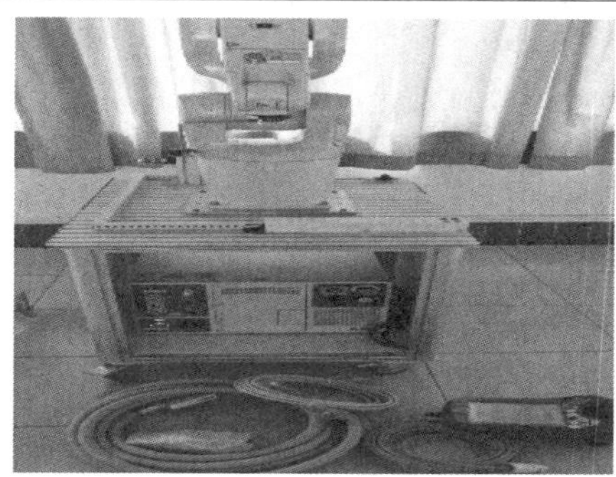 图 3-1-5　动力电缆、SMB 电缆和示教器电缆
6）将动力电缆标注为 XP1 的插头接入控制柜，见图 3-1-6。	 图 3-1-6　将动力电缆 XP1 接入控制柜
7）将动力电缆标为 R1.MP 的插头接入机器人本体底座的插头上，见图 3-1-7。	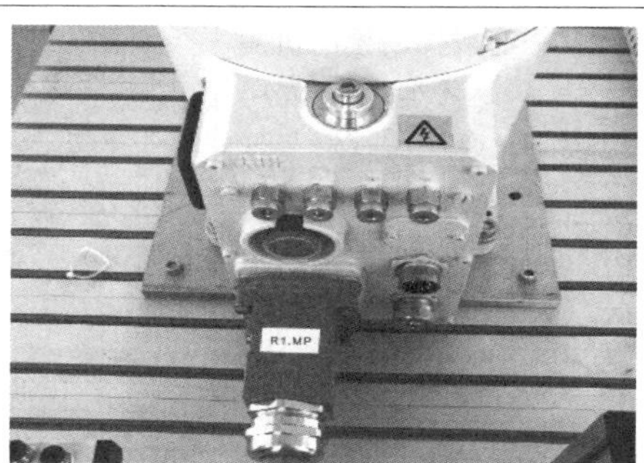 图 3-1-7　将动力电缆 R1.MP 接入机器人本体底座

（续）

<table>
<tr><td>8）将编码器SMB电缆（直头）接头插入到控制柜XS2端口，见图3-1-8。</td><td>
图3-1-8　将编码器SMB电缆（直头）插入控制柜XS2端口</td></tr>
<tr><td>9）将SMB电缆（弯头）接头插入到机器人本体底座SMB端口，见图3-1-9。</td><td>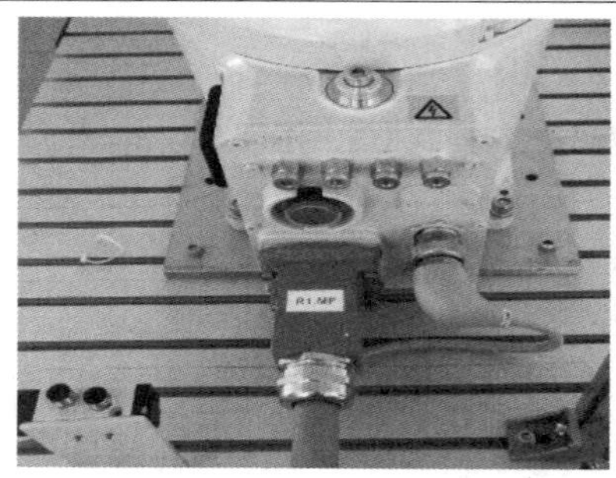
图3-1-9　将SMB电缆（弯头）插入机器人本体底座SMB端口</td></tr>
<tr><td>10）将示教器电缆（红色）的接头插入到控制柜XS4端口，见图3-1-10。</td><td>

图3-1-10　将示教器电缆（红色）插入控制柜XS4端口</td></tr>
<tr><td>11）使用机器人共需要4条缆线，见图3-1-11，分别为动力电缆——连接控制柜与机器人本体；
SMB电缆——连接控制柜与机器人本体；
示教器电缆——连接示教器与控制柜；
电源线——连接控制柜与外部电源。</td><td>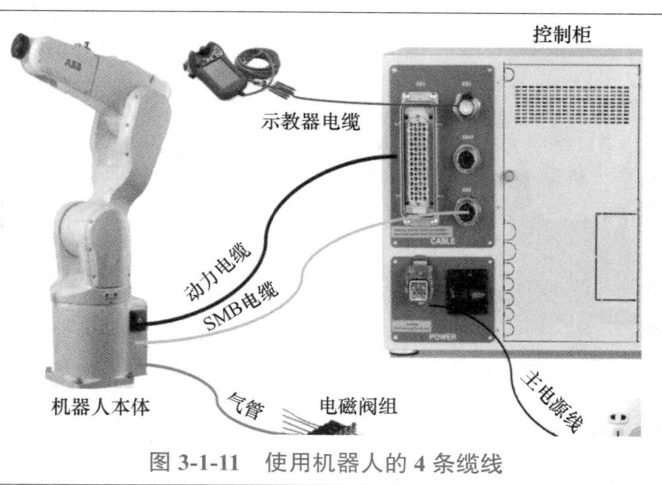

图3-1-11　使用机器人的4条缆线</td></tr>
</table>

（续）

12）主电源接通之后，接通控制柜电源，就可以操作控制柜上的按钮和示教器了，见图 3-1-12 和图 3-1-13。	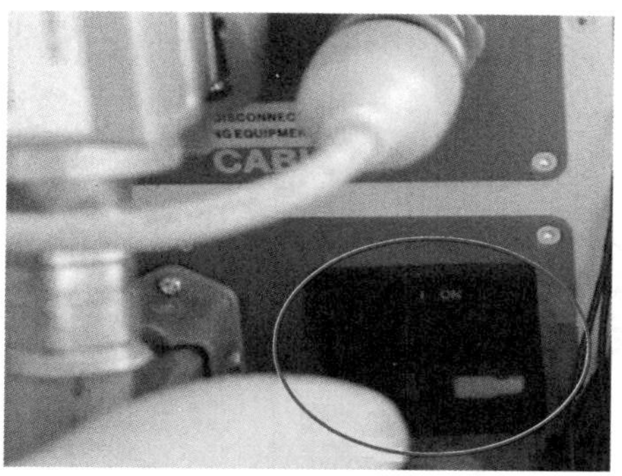 图 3-1-12　控制柜电源断开 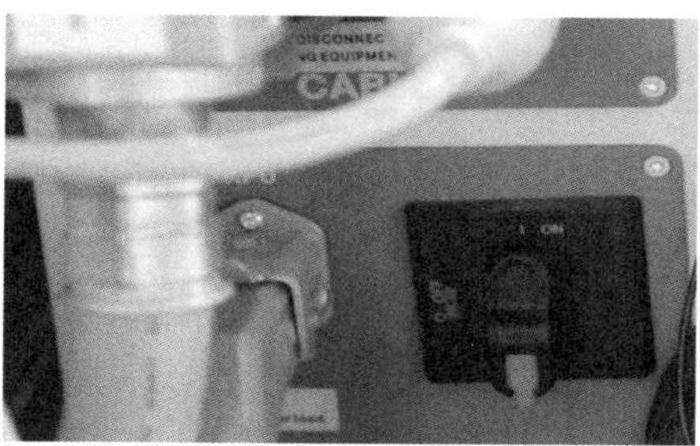 图 3-1-13　控制柜电源接通
13）控制柜上的按钮，见图 3-1-14。	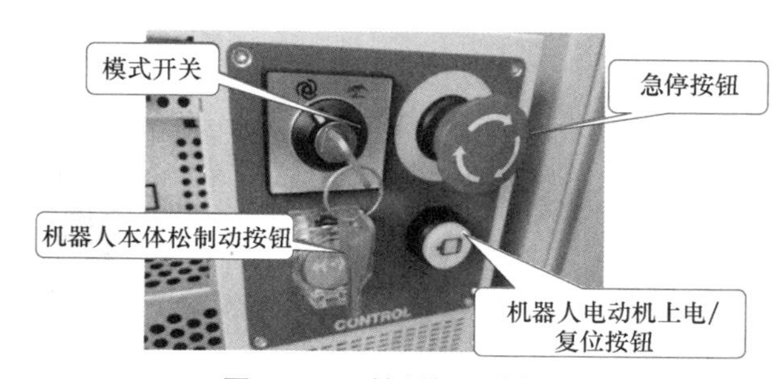 图 3-1-14　控制柜上的按钮

子任务 3.1.2　ABB 机器人示教器介绍

机器人示教器是一种手持式操作装置，配备有高灵敏度的电子元器件，用于操作机器人和编写程序，见图 3-1-15a，图 3-1-15b 为虚拟示教器，是在仿真软件 RobotStudio 中使用的，它以现场编程所用的示教器为模型，使用方法与现场示教器基本相同。

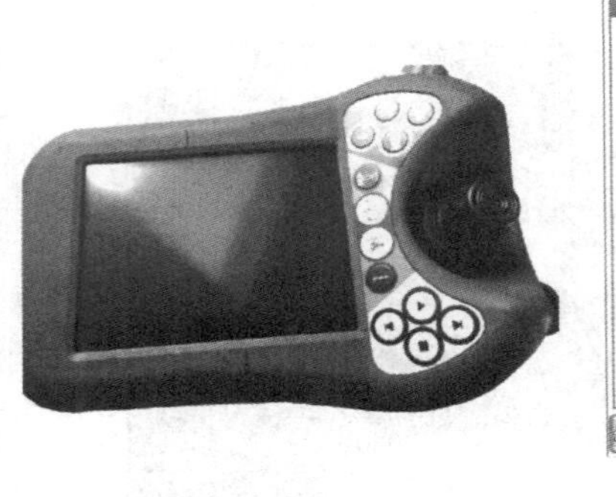

a)

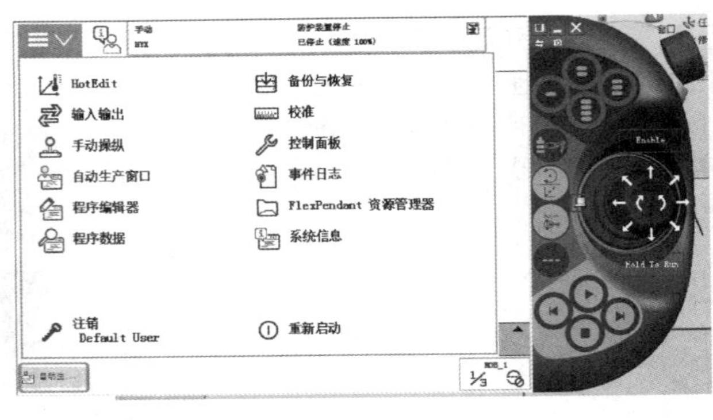

b)

图 3-1-15　示教器和虚拟示教器

1. 示教器介绍

<table>
<tr>
<td>1）使能按钮位于示教器手动操作摇杆的右侧，见图 3-1-16。机器人工作时，使能按钮必须在正确的档位，保证机器人各个关节电动机上电。</td>
<td>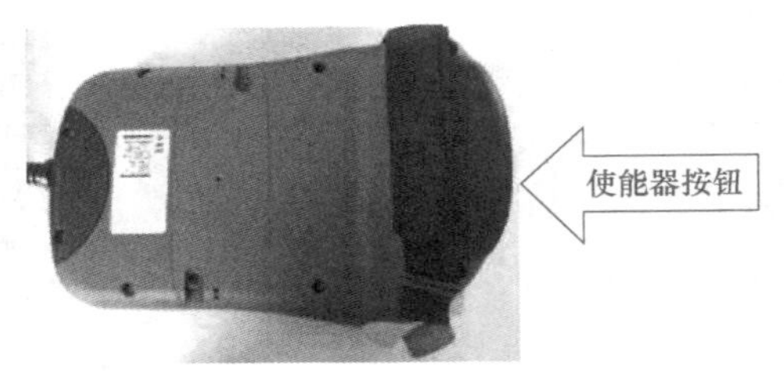

图 3-1-16　使能按钮</td>
</tr>
<tr>
<td>2）操作者应用左手 4 个手指进行操作，见图 3-1-17，按住使能按钮。使能按钮分两档，在手动状态下，第一档按下去，机器人将处于电动机开启状态，见图 3-1-18。第二档按下去，机器人处于防护装置停止状态。</td>
<td>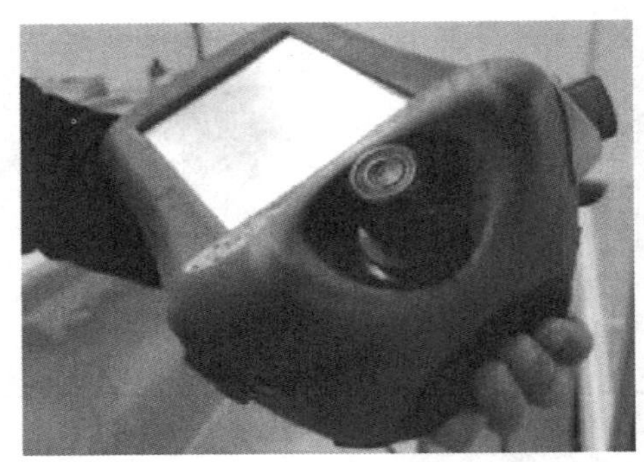
图 3-1-17　手持示教器方式
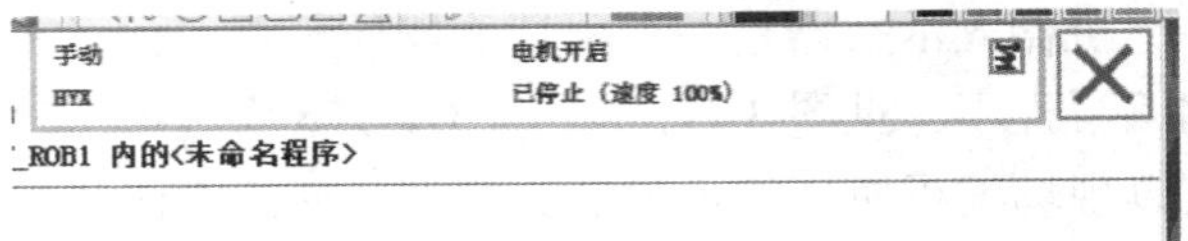

图 3-1-18　电动机开启状态</td>
</tr>
</table>

（续）

3）示教器布局见图 3-1-19，A—链接电缆；B—触摸屏；C—急停开关；D—手动操纵摇杆；E—USB 端口；F—使能器按钮；G—触摸屏用笔；H—示教器复位按钮。	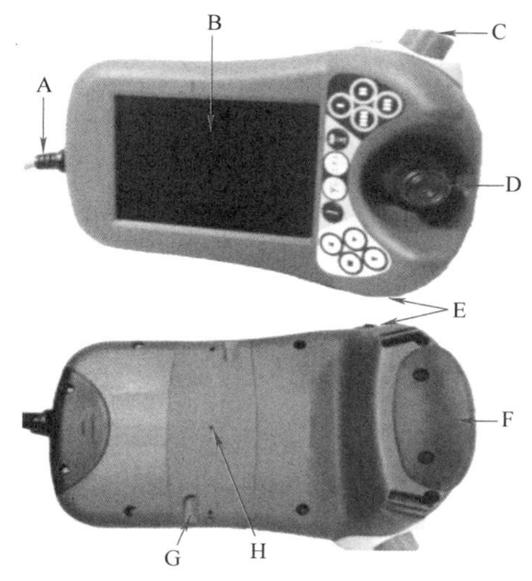 图 3-1-19　示教器布局
4）硬按钮见图 3-1-20，A~D—预设按键；E—选择机械单元；F—切换运动模式，重定向或线性；G—切换运动模式，轴 1~3 或轴 4~6；H—切换增量；J—步退按钮，可使程序后退至上一条指令；K—启动按钮，开始执行程序；L—步进按钮，可使程序前进至下一条指令；M—停止按钮，停止程序执行。	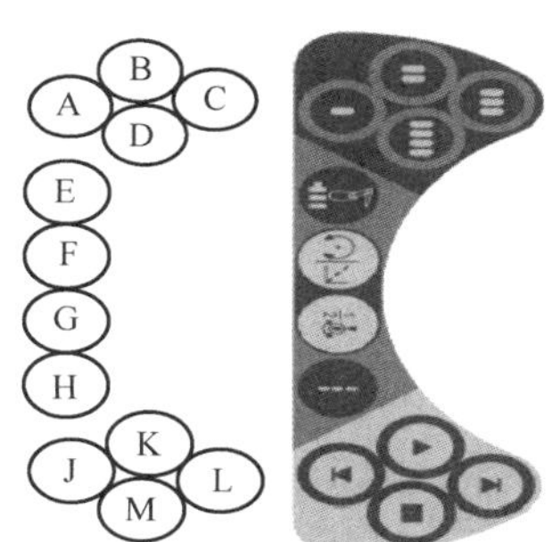 图 3-1-20　硬按钮
5）手动操作界面见图 3-1-21，A—手动操纵设置窗口；B—机器人位置显示窗口；C—操纵杆方向提示窗口。	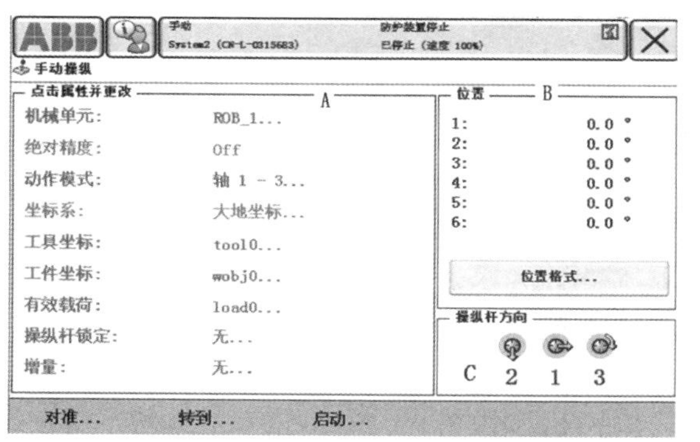 图 3-1-21　手动操作界面

2. 示教器语言及时间设置

示教器出厂时，默认的显示语言是英语，为了方便操作，下面介绍把显示语言设定为中文的操作步骤。

1）单击左上角主菜单按钮。

2）选择“Control Panel”，见图 3-1-22。

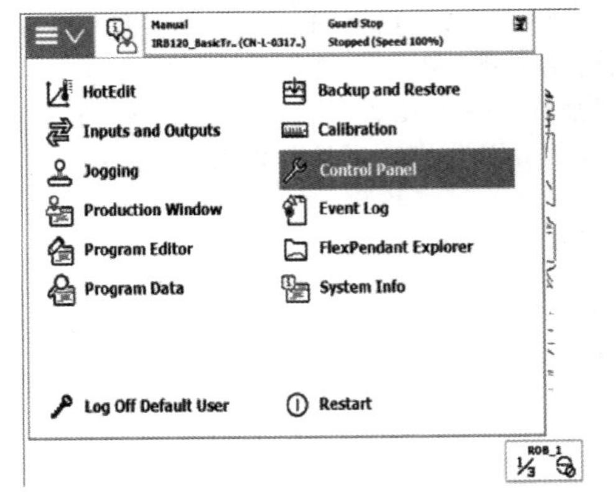

图 3-1-22　单击左上角主菜单按钮，选择“Control Panel”

3）选择“Language”，见图 3-1-23。

4）选择“Chinese”。

5）单击“OK”。

6）单击“Yes”后，系统重启。

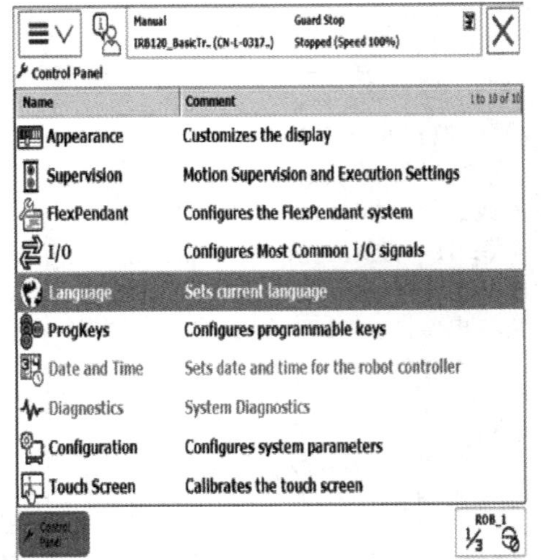

图 3-1-23　选择“Language”

7）重启后，单击左上角按钮就能看到菜单已切换成中文界面，见图 3-1-24。

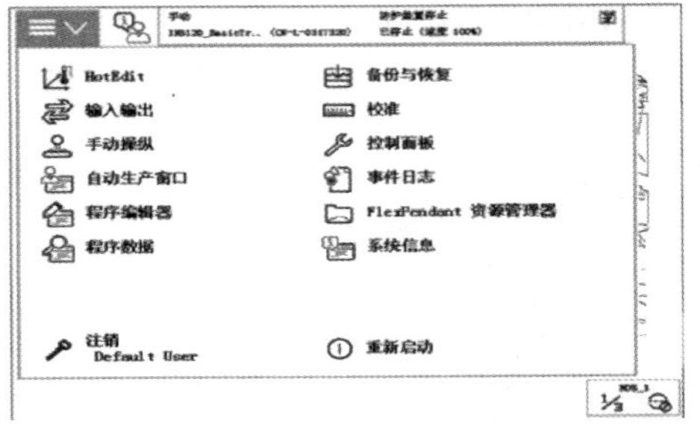

图 3-1-24　菜单已切换成中文界面

（续）

设定机器人系统的时间如下：

8）单击左上角主菜单按钮，见图 3-1-25。

9）选择“控制面板”

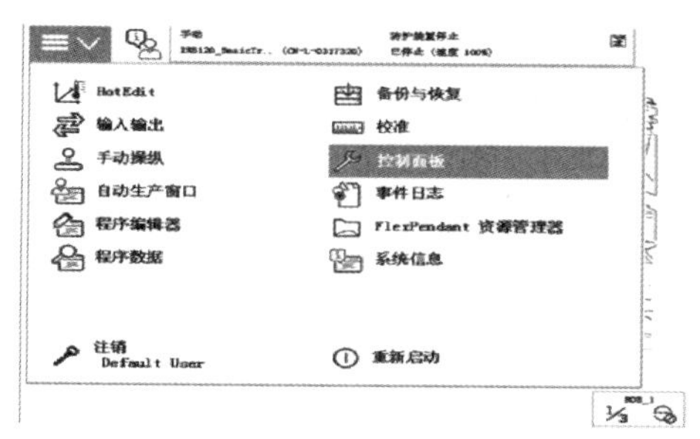

图 3-1-25　单击左上角主菜单按钮，选择“控制面板”

10）选择“日期和时间”，见图 3-1-26。

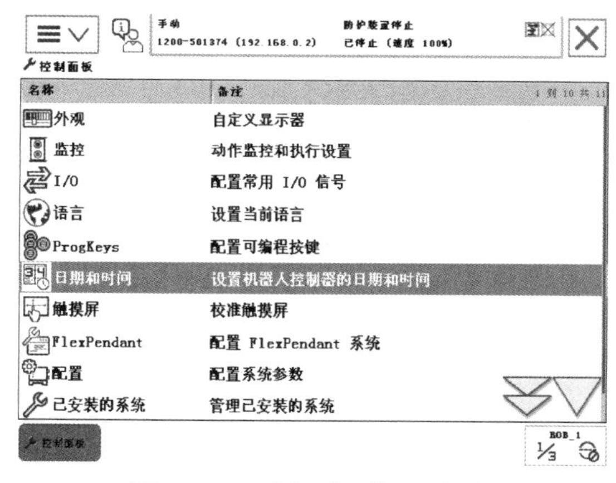

图 3-1-26　选择“日期和时间”

11）在此画面就能对日期和时间进行设定。日期和时间修改完成后，单击“确定”，见图 3-1-27。

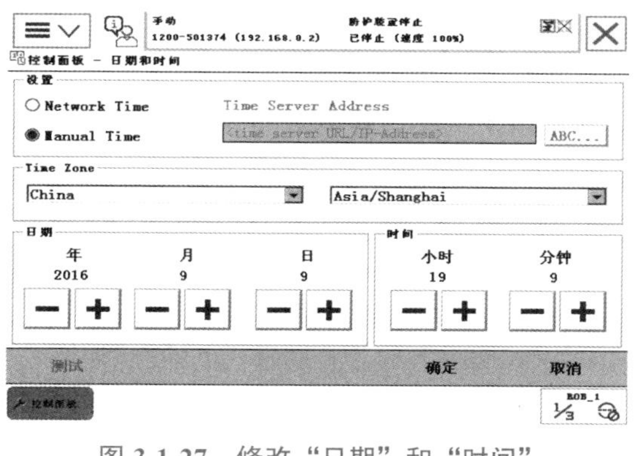

图 3-1-27　修改“日期”和“时间”

3. 示教器事件日志查看

可以通过示教器画面上的状态栏进行 ABB 机器人常用信息及事件日志的查看。

1）示教器主页面，见图 3-1-28。

A—机器人的状态（手动、全速手动和自动）。

B—机器人的系统信息。

C—机器人的电机状态。

D—机器人的程序运行状态。

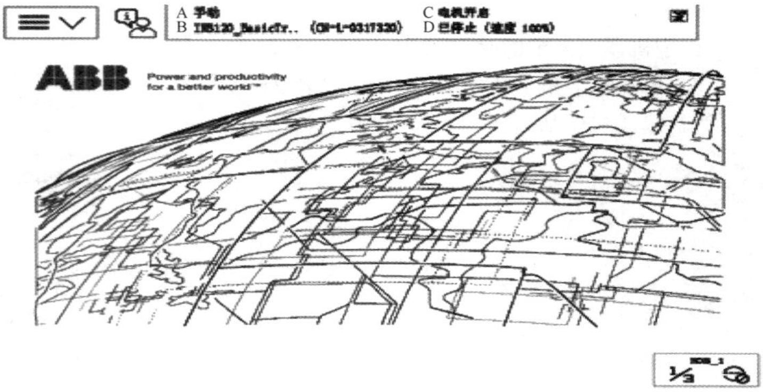

图 3-1-28　示教器主页面

2）单击“事件日志”，见图 3-1-29。

图 3-1-29　点击“事件日志”

3）查看机器人的事件日志，见图 3-1-30。

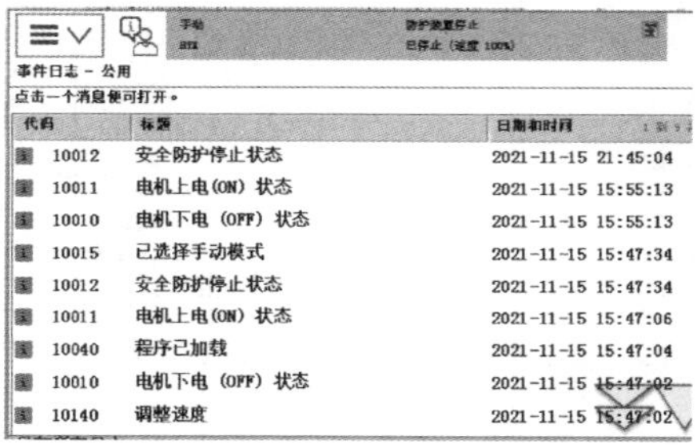

图 3-1-30　查看机器人的事件日志

4. ABB 机器人数据的备份与恢复

定期对 ABB 机器人的数据进行备份，是保证 ABB 机器人正常工作的良好习惯。

ABB 机器人数据备份的对象是所有正在系统内存运行的 RAPID 程序和系统参数。当机器人系统出现错乱或者重新安装新系统以后，可以通过备份快速地把机器人恢复到备份时的状态。

备份与恢复步骤：

1）单击左上角主菜单按钮，见图 3-1-31。

2）选择“备份与恢复”。

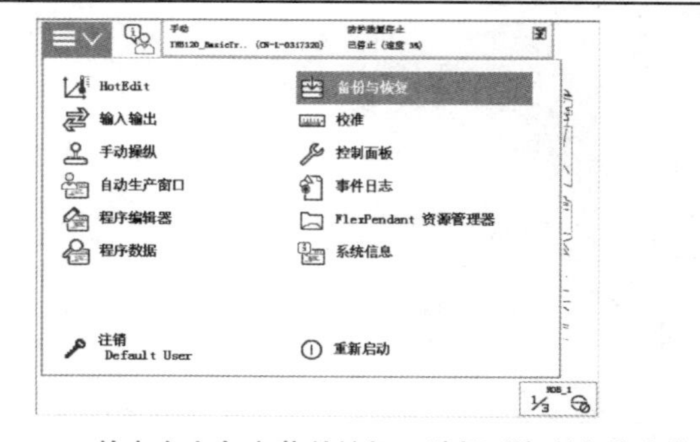

图 3-1-31　单击左上角主菜单按钮，选择“备份与恢复”

（续）

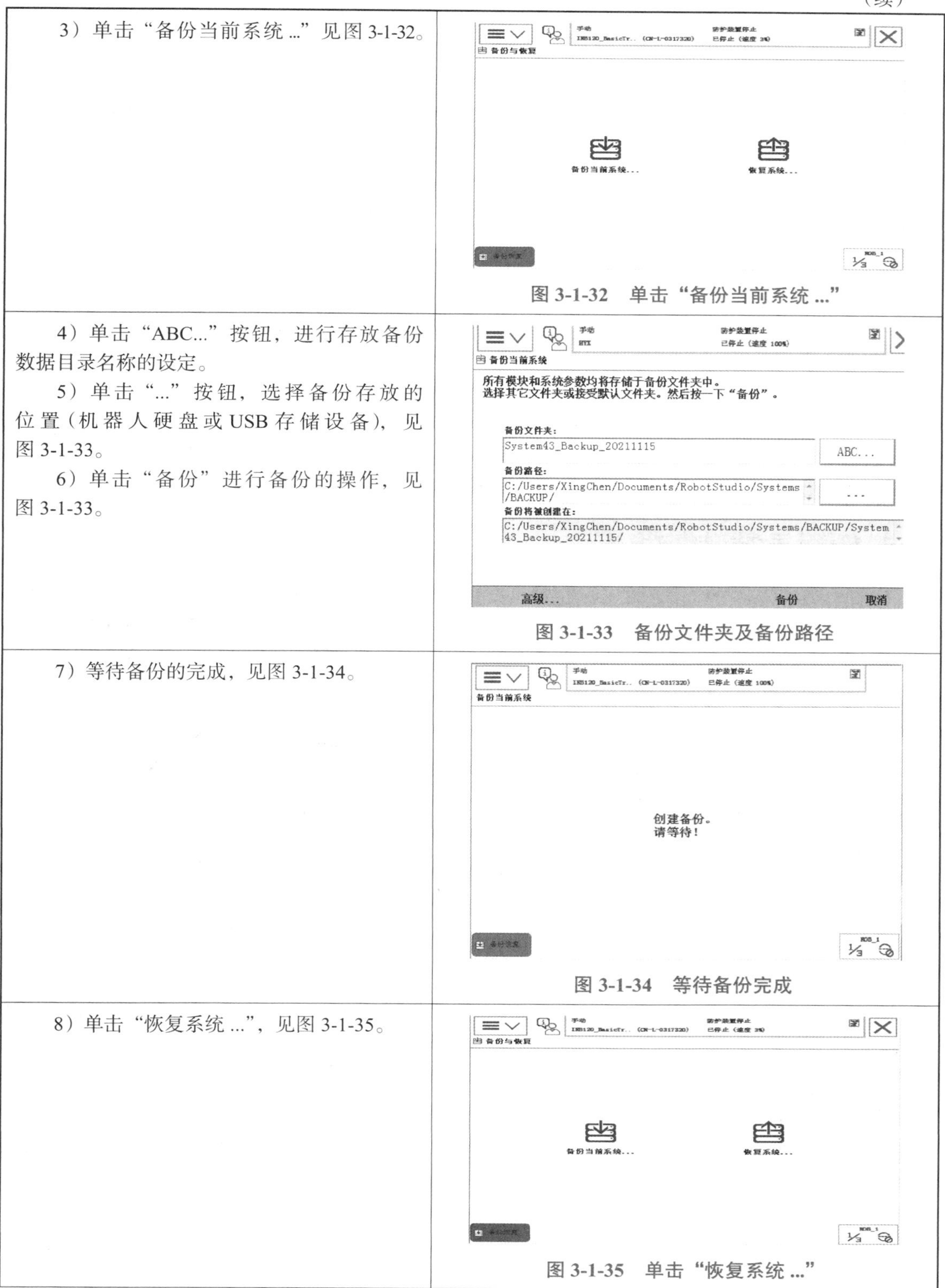

3）单击“备份当前系统 ...”见图 3-1-32。	图 3-1-32　单击“备份当前系统 ...”
4）单击“ABC...”按钮，进行存放备份数据目录名称的设定。 5）单击“...”按钮，选择备份存放的位置（机器人硬盘或 USB 存储设备），见图 3-1-33。 6）单击“备份”进行备份的操作，见图 3-1-33。	图 3-1-33　备份文件夹及备份路径
7）等待备份的完成，见图 3-1-34。	图 3-1-34　等待备份完成
8）单击“恢复系统 ...”，见图 3-1-35。	图 3-1-35　单击“恢复系统 ...”

（续）

9）单击“...”，选择备份存放的目录，见图 3-1-36。 10）单击“恢复”，见图 3-1-36。	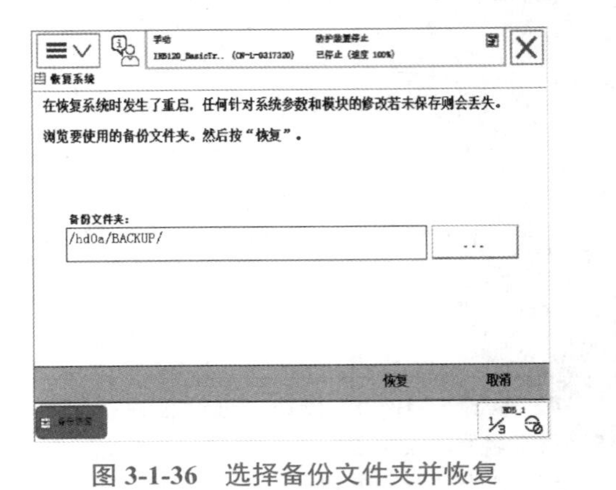 图 3-1-36　选择备份文件夹并恢复

子任务 3.1.3　ABB 机器人基本操作

1. 机器人手动操作模式介绍

工业机器人共有 6 个轴，各个轴的运动方向见图 3-1-37。

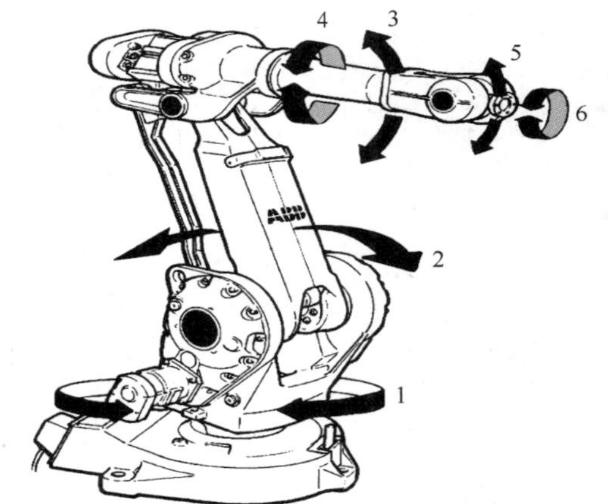

图 3-1-37　机器人各个轴的运动方向

机器人有 3 种操作模式：

单轴运动模式——一次只能移动一根机器人轴；线性运动模式—机器人将沿着 X、Y、Z 方向移动；重定位运动模式—机器人将沿着工具中心点，姿态不断发生变化。

1）单轴运动模式即为单独控制某一个关节轴运动，机器人末端轨迹难以预测，一般只用于移动某个关节轴至指定位置、校准机器人关节原点等场合。

2）线性运动模式即控制机器人 TCP 沿着指定的参考坐标系的坐标轴方向进行移动，在运动过程中工具的姿态不变，常用于空间范围内移动机器人 TCP 位置，图 3-1-38 机器人线性移动轨迹。

3）重定位运动模式即一些特定情况下我们需要重新定位工具方向，使其与工件保持特定的角度，以便获得最佳效果。例如在焊接、切割、铣削等应用。当将工具中心点微调至特定位置后，在大多数情况下需要重新定位工具方向，定位完成后，将继续以线性动作进行微动控制，以完成路径和所需操作。机器人重定位运动见图 3-1-39。

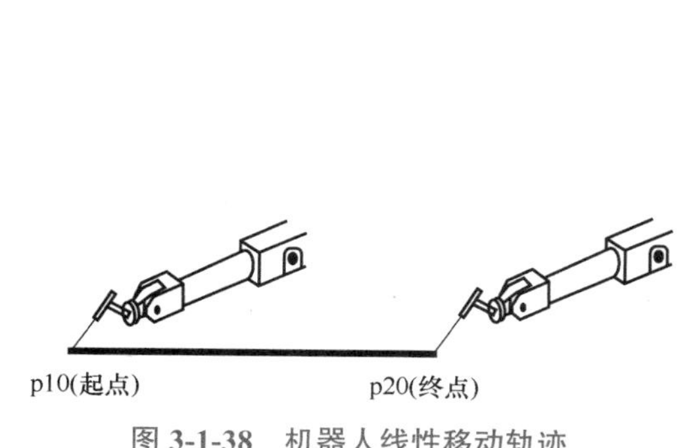

图 3-1-38　机器人线性移动轨迹

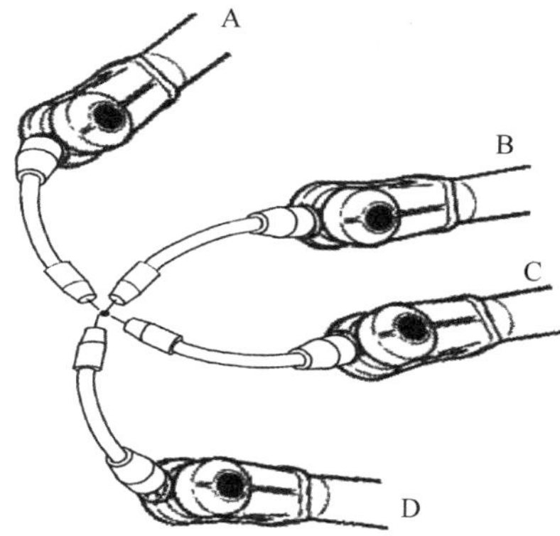

A
B
C
D

图 3-1-39　机器人重定位运动

2. 机器人单轴运动的手动操作模式

1）在状态栏中，确认机器人的状态已切换为“手动”。

2）单击左上角主菜单按钮，见图 3-1-40。

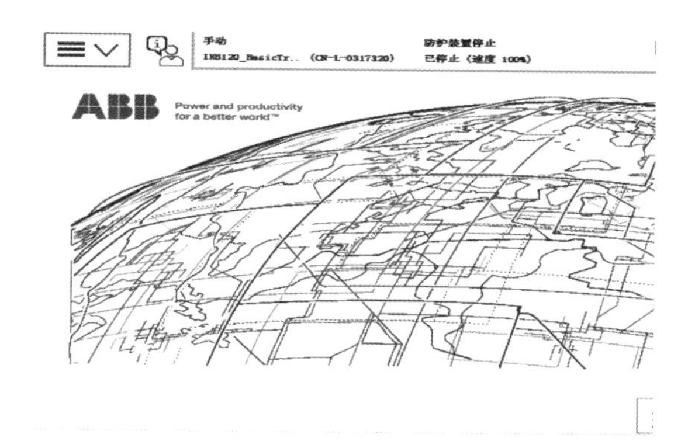

图 3-1-40　确认机器人状态已切换为“手动”

3）选择“手动操纵”，见图 3-1-41。

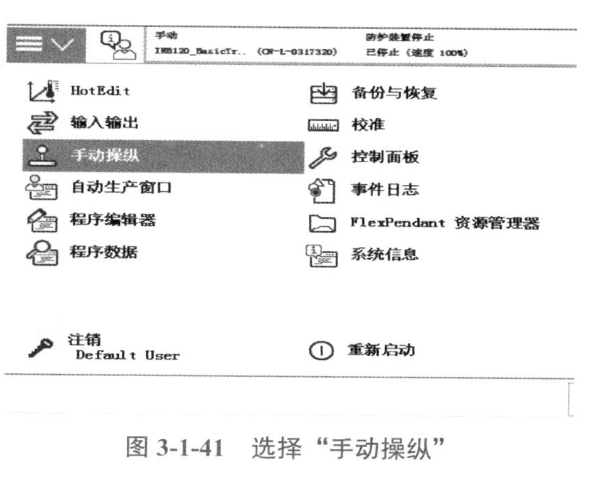

图 3-1-41　选择“手动操纵”

（续）

<table>
<tr>
<td>4）单击“动作模式”，见图 3-1-42。</td>
<td>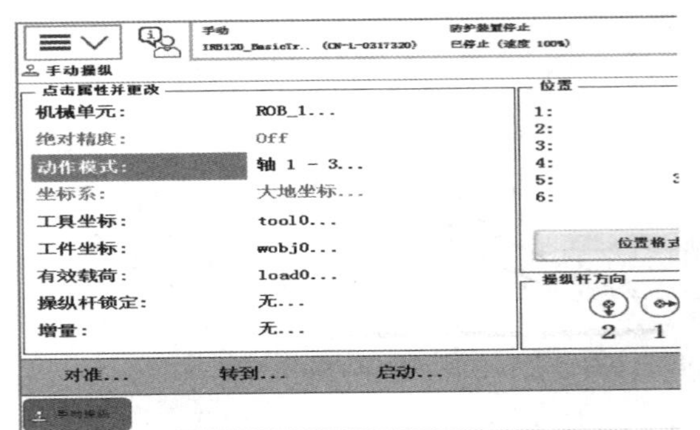

图 3-1-42　单击“动作模式”</td>
</tr>
<tr>
<td>5）选中“轴 1-3”，然后单击“确定”，见图 3-1-43。</td>
<td>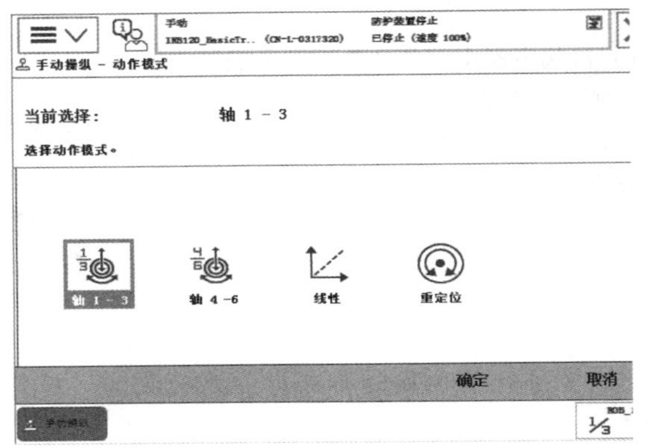

图 3-1-43　选中“轴 1-3”，然后单击“确定”</td>
</tr>
<tr>
<td>6）用左手按下使能按钮，进入“电机开启”状态，见图 3-1-44。</td>
<td>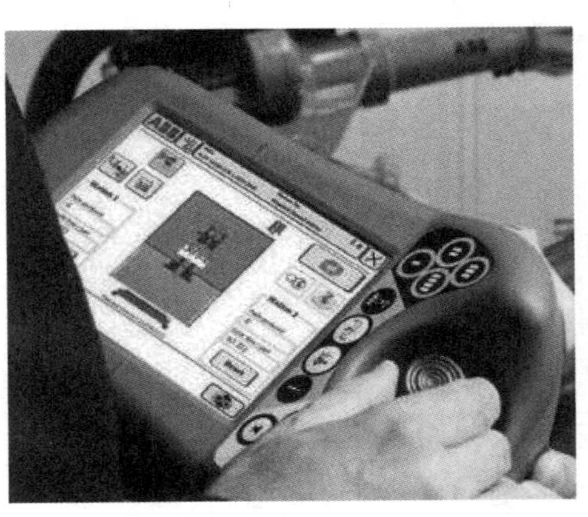
图 3-1-44　按下使能按钮，进入“电机开启”状态</td>
</tr>
</table>

（续）

<table>
<tr><td>7）在状态栏中，确认“电机开启”状态，见图 3-1-45。
8）显示“轴 1-3”的操纵杆方向。箭头代表正方向，见图 3-1-45。</td><td>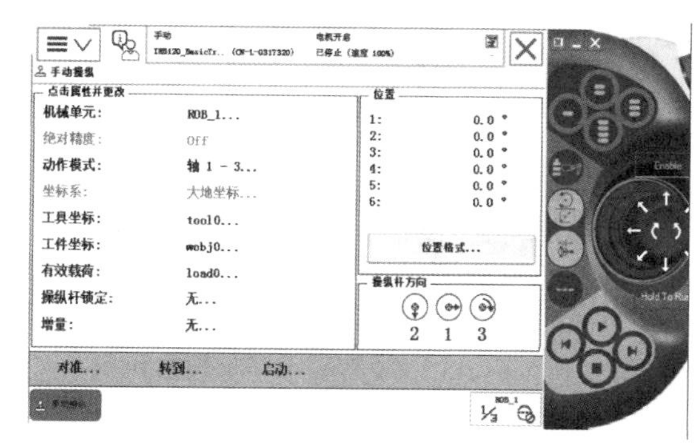

图 3-1-45　确认“电机开启”，显示“轴 1-3”操纵杆方向</td></tr>
<tr><td>9）拨动摇杆，使 1-3 轴的角度为 0°，回机械原点，见图 3-1-46。</td><td>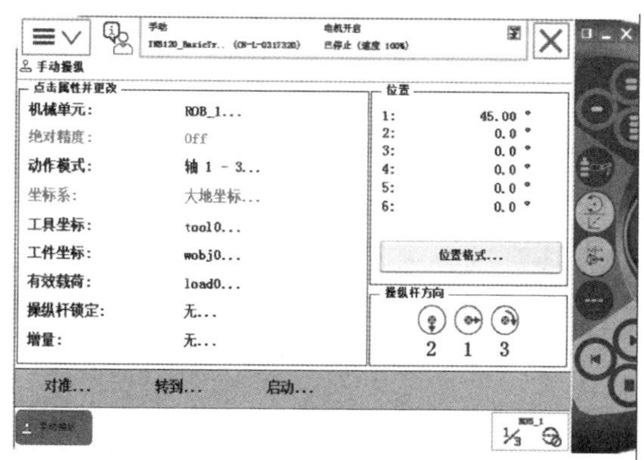

图 3-1-46　拨动摇杆，使 1-3 轴的角度为 0°</td></tr>
<tr><td>10）选中“轴 4-6”，然后单击“确定”，见图 3-1-47。
11）拨动摇杆，使 4-6 轴的角度为 0°，回机械原点。</td><td>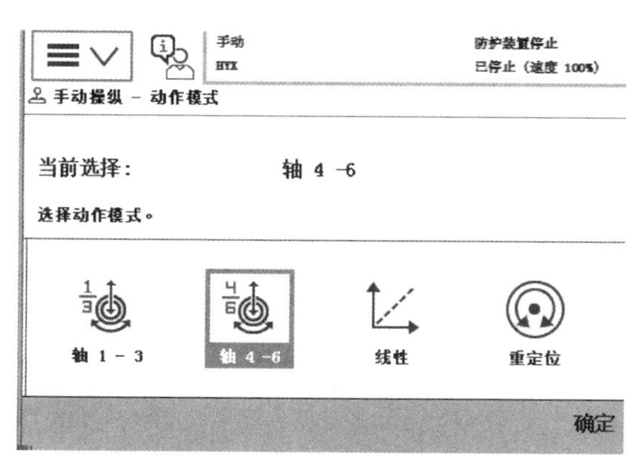

图 3-1-47　选中“轴 4-6”，拨动摇杆，使 4-6 轴的角度为 0°</td></tr>
</table>

（续）

12）做一做 ① 使各个轴显示角度为 0.0°，见图 3-1-48； ② 1 轴移动 20°，2 轴移动 30°； ③ 3 轴移动 35°，4 轴移动 20°； ④ 5 轴移动 20°，6 轴移动 90°。	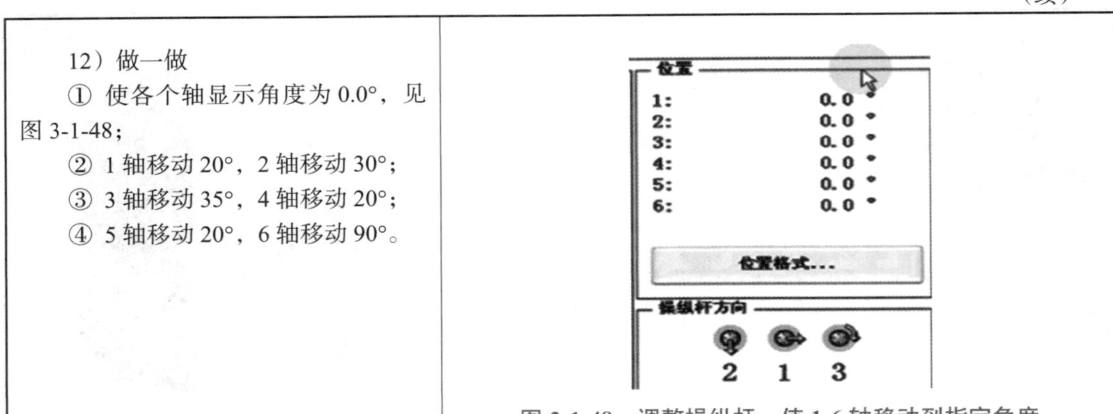 图 3-1-48　调整操纵杆，使 1-6 轴移动到指定角度

3. 线性运动的手动操纵

机器人的线性运动是指安装在机器人第六轴法兰盘上工具的 TCP 在空间中做线性运动。

1）选择“手动操纵”，见图 3-1-49。	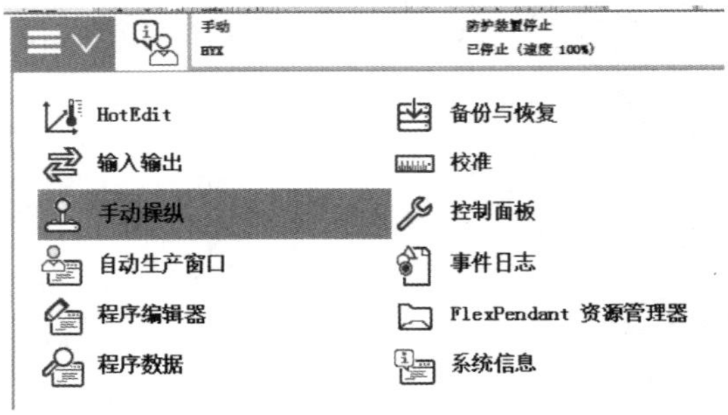 图 3-1-49　选择“手动操纵”
2）单击“动作模式”，见图 3-1-50。	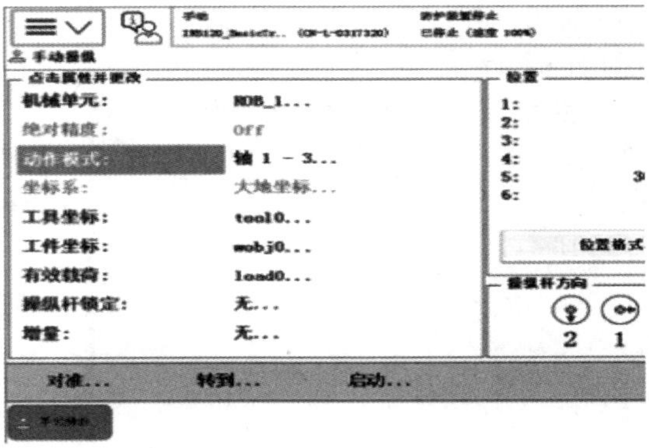 图 3-1-50　选择“动作模式”

（续）

<table>
<tr>
<td>3）选择“线性”，然后单击“确定”，见图 3-1-51。</td>
<td>
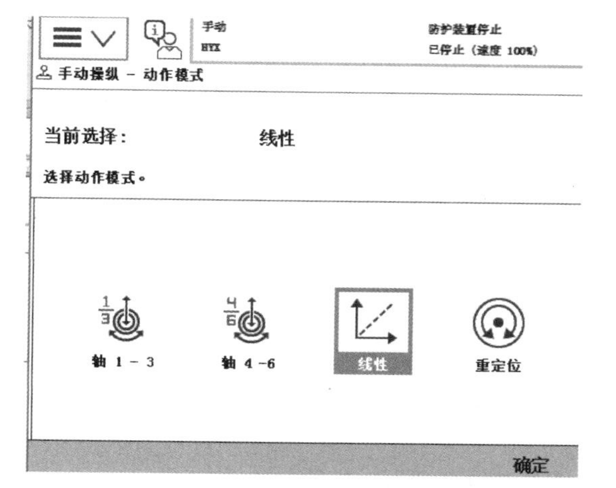

图 3-1-51　选择“线性”，单击“确定”
</td>
</tr>
<tr>
<td>4）用左手按下使能按钮，进入“电机开启”状态，见图 3-1-52。</td>
<td>
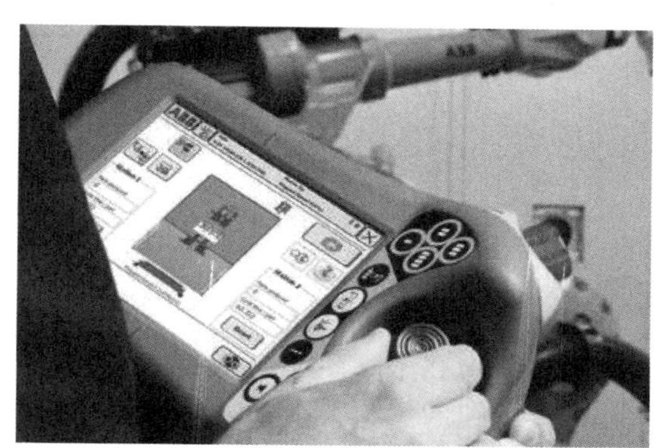
图 3-1-52　按下使能按钮，进入“电机开启”
</td>
</tr>
<tr>
<td>5）在状态中，确认“电机开启”状态，见图 3-1-53。
6）显示轴 X、Y、Z 的操纵杆方向，箭头代表正方向，见图 3-1-53。</td>
<td>
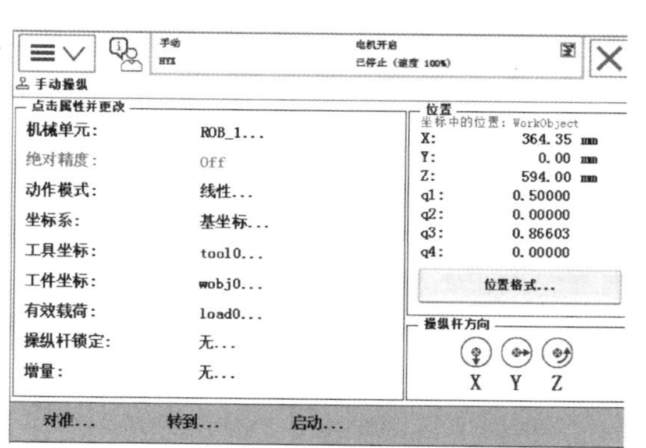

图 3-1-53　确认“电机开启”显示轴 X、Y、Z 的操纵杆方向
</td>
</tr>
</table>

（续）

7）操作示教器上的操纵杆，工具的TCP点在空间中作线性运动，见图3-1-54。

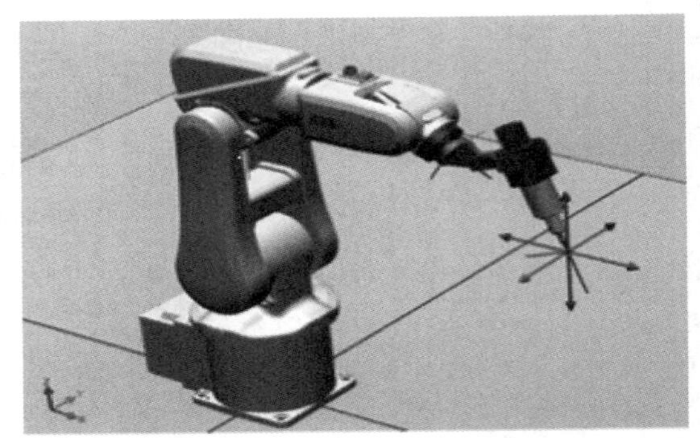

图 3-1-54　TCP 点在空间作线性运动

8）若增速较快时，可选择增量模式进行设置，操纵摇杆方向与机器人移动方向对应关系见表3-1-1。

表 3-1-1　摇杆操作方向与机器人移动方向

摇杆操作方向	机器人移动方向
操作方向为操作者前后方向	沿 X 轴运动
操作方向为操作者的左右方向	沿 Y 轴运动
操作方向为操纵杆正反旋转方向	沿 Z 轴运动
操作方向为操纵杆倾斜方向	与摇杆倾斜方向相应的倾斜移动

9）做一做：

① 沿 X 轴移动 25mm，Y 轴移动 15mm；

② 沿 X 轴移动 30mm，Z 轴移动 20mm。

4. 重定位运动的手动操纵

机器人的重定位运动是指机器人第六轴法兰盘上的工具TCP点在空间中绕着坐标轴旋转的运动，也可以理解为机器人绕着工具TCP点做姿态调整的运动。

1）选择“手动操纵”，见图3-1-55。

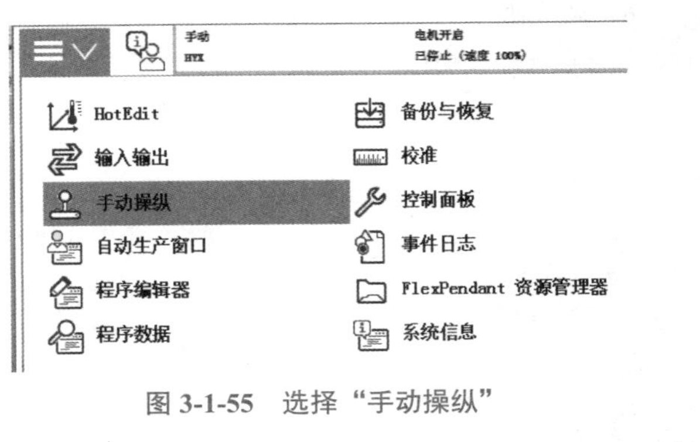

图 3-1-55　选择“手动操纵”

（续）

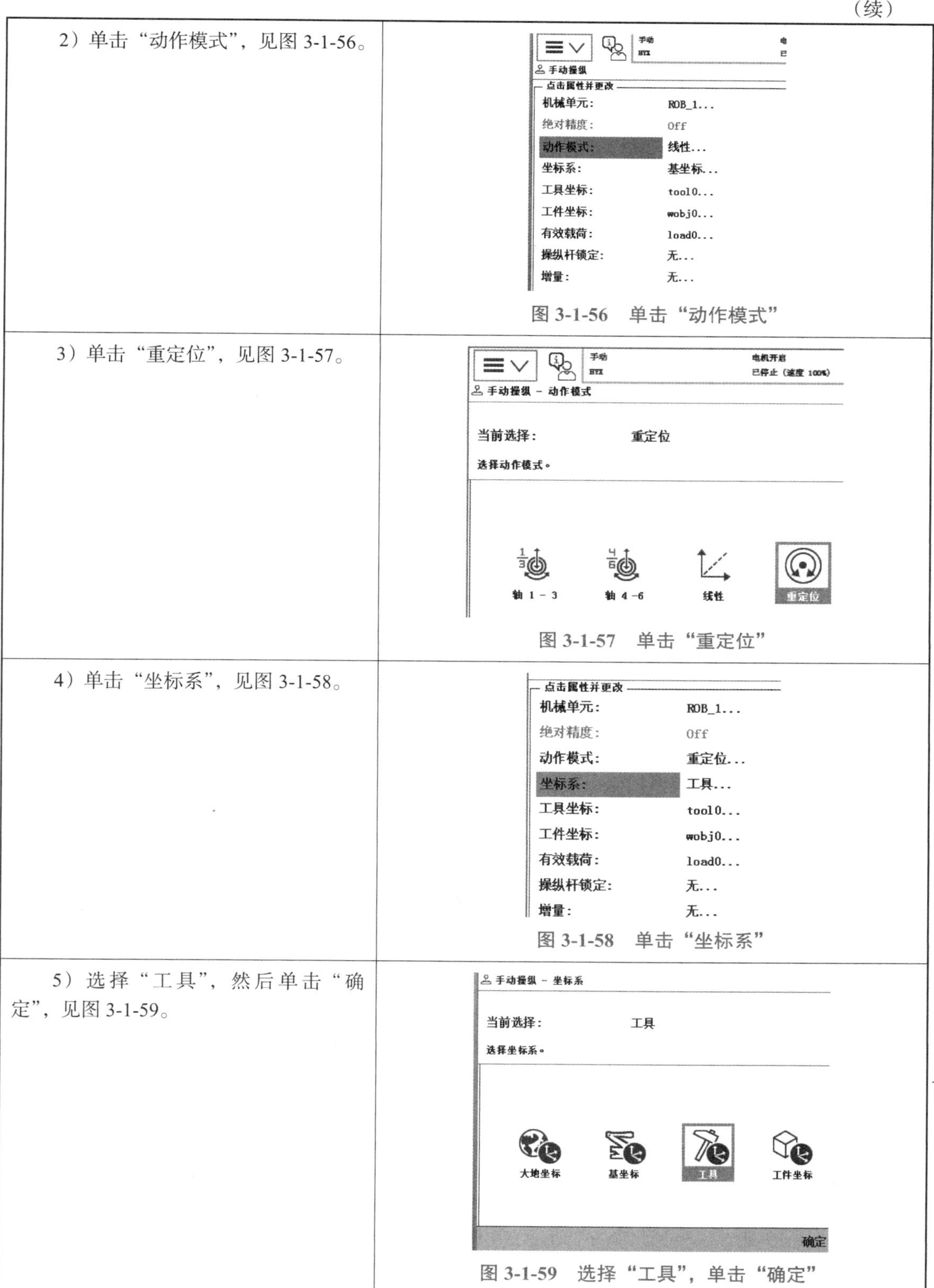

2）单击“动作模式”，见图 3-1-56。	图 3-1-56　单击“动作模式”
3）单击“重定位”，见图 3-1-57。	图 3-1-57　单击“重定位”
4）单击“坐标系”，见图 3-1-58。	图 3-1-58　单击“坐标系”
5）选择“工具”，然后单击“确定”，见图 3-1-59。	图 3-1-59　选择“工具”，单击“确定”

（续）

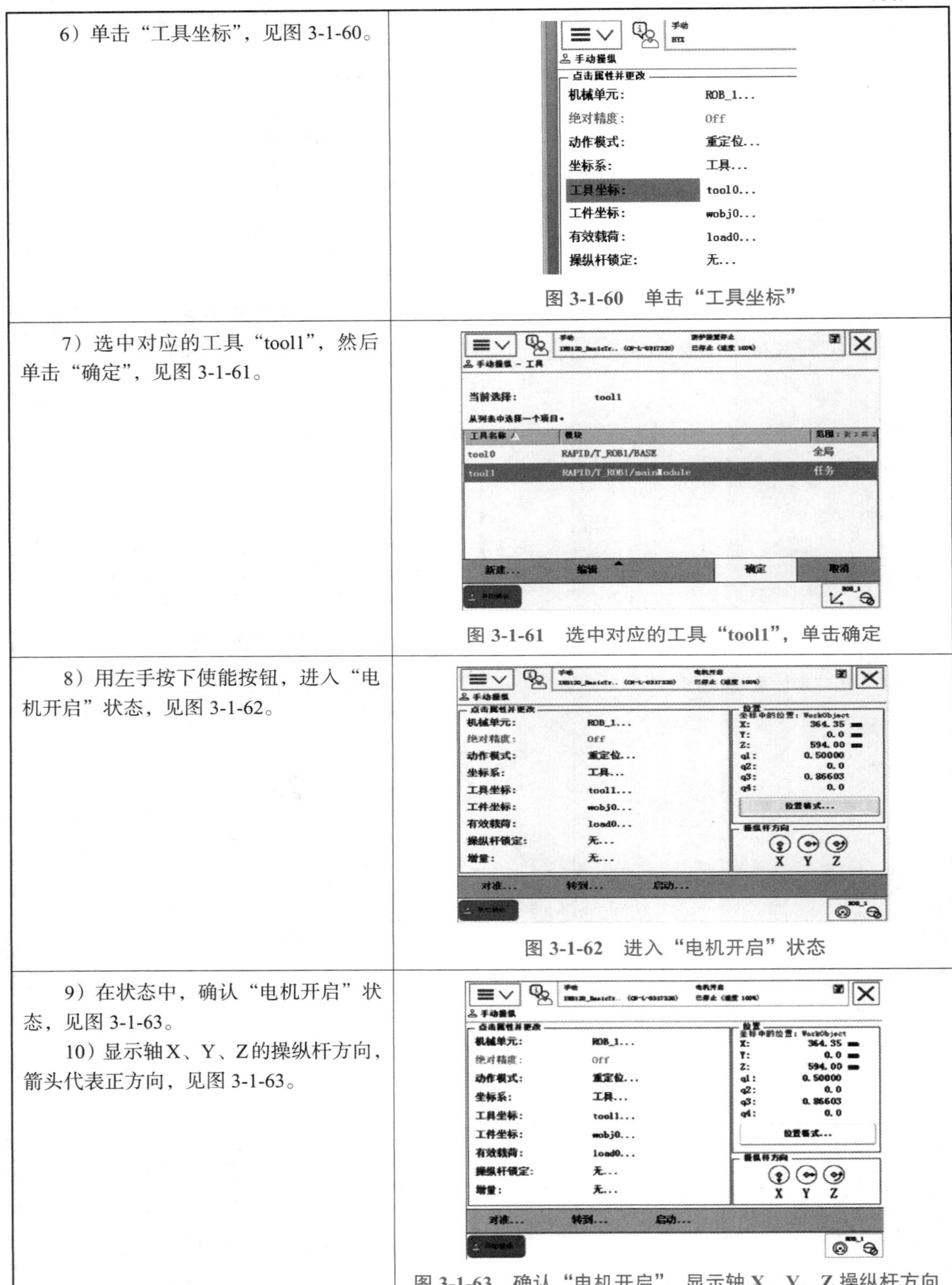

6）单击“工具坐标”，见图 3-1-60。	图 3-1-60　单击“工具坐标”
7）选中对应的工具“tool1”，然后单击“确定”，见图 3-1-61。	图 3-1-61　选中对应的工具“tool1”，单击确定
8）用左手按下使能按钮，进入“电机开启”状态，见图 3-1-62。	图 3-1-62　进入“电机开启”状态
9）在状态中，确认“电机开启”状态，见图 3-1-63。 10）显示轴X、Y、Z的操纵杆方向，箭头代表正方向，见图 3-1-63。	图 3-1-63　确认“电机开启”，显示轴 X、Y、Z 操纵杆方向

（续）

11）操作示教器上的操纵杆，机器人绕着工具 TCP 点做姿态调整的运动，见图 3-1-64。	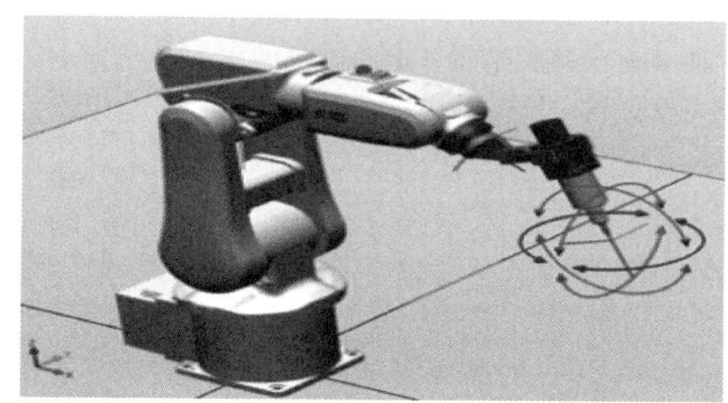 图 3-1-64　操作示教器上的操纵杆，机器人绕 TCP 点做姿态调整运动

5. 转数计数器更新

ABB 机器人 6 个关节轴每个轴都有一个机械原点的位置。

在以下的情况，需要对机械原点的位置进行转数计数器更新操作：

1）更换伺服电机转数计数器电池后。

2）当转数计数器发生故障，修复后。

3）转数计数器与测量板之间断开过以后。

4）断电后，机器人关节轴发生了位移。

5）当系统报警提示“10036 转数计数器未更新”时。

注意：使用手动操纵让机器人各关节轴运动到机械原点刻度位置的顺序是：4—5—6—1—2—3。

1）机器人 6 个关节轴的机械原点刻度位置示意见图 3-1-65。	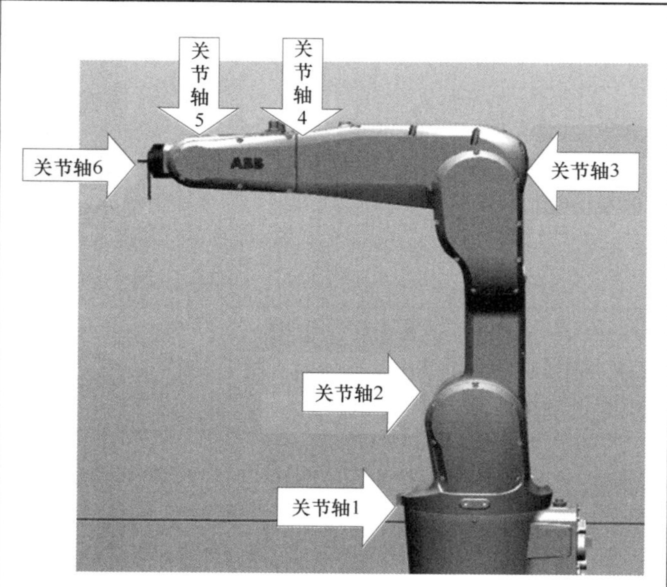 图 3-1-65　6 个关节轴的机械原点刻度位置

（续）

2）在手动操纵菜单中，动作模式选择“轴 4-6”，将关节轴 4 运动到机械原点的刻度位置，见图 3-1-66。	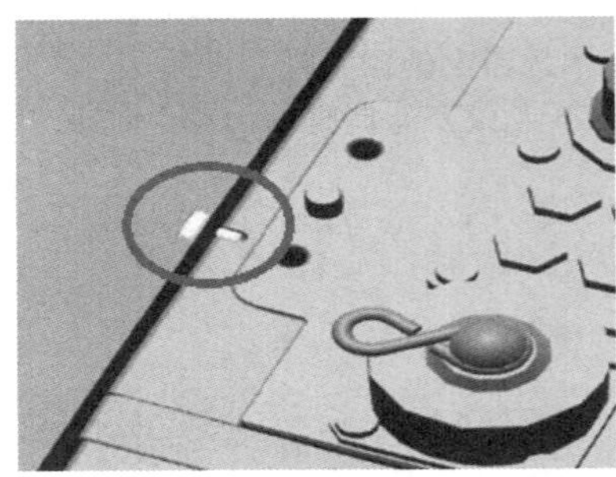 图 3-1-66　将关节轴 4 运动到机械原点的刻度位置
3）在手动操纵菜单中，动作模式选择“轴 4-6”，将关节轴 5 运动到机械原点的刻度位置，见图 3-1-67。	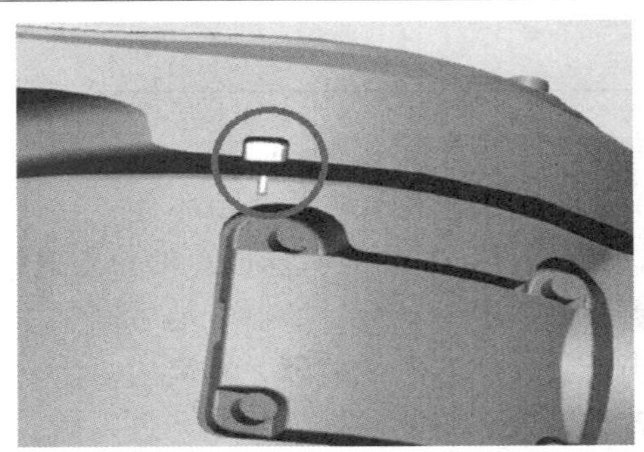 图 3-1-67　将关节轴 5 运动到机械原点的刻度位置
4）在手动操纵菜单中，动作模式选择“轴 4-6”，将关节轴 6 运动到机械原点的刻度位置，见图 3-1-68。	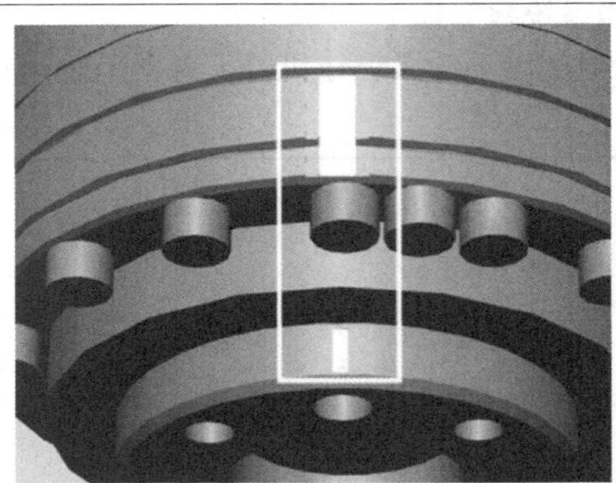 图 3-1-68　将关节轴 6 运动到机械原点的刻度位置
5）在手动操纵菜单中，动作模式选择“轴 4-6”，将关节轴 1 运动到机械原点的刻度位置，见图 3-1-69。	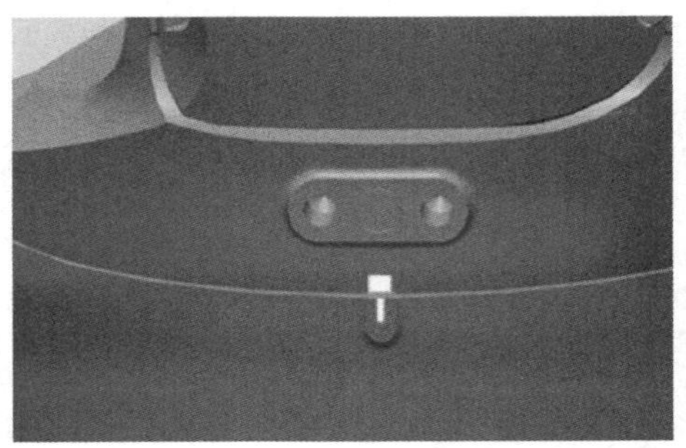 图 3-1-69　将关节轴 1 运动到机械原点的刻度位置

（续）

步骤	图示
6）在手动操纵菜单中，动作模式选择“轴 4-6”，将关节轴 2 运动到机械原点的刻度位置，见图 3-1-70。	 图 3-1-70　将关节轴 2 运动到机械原点的刻度位置
7）在手动操纵菜单中，动作模式选择“轴 4-6”，将关节轴 3 运动到机械原点的刻度位置，见图 3-1-71。	 图 3-1-71　将关节轴 3 运动到机械原点的刻度位置
8）单击左上角主菜单，见图 3-1-72。 9）选择“校准”，见图 3-1-72。	手动　HYX　电机开启　已停止（速度 100%） HotEdit　备份与恢复 输入输出　校准 手动操纵　控制面板 自动生产窗口　事件日志 程序编辑器　FlexPendant 资 程序数据　系统信息 图 3-1-72　单击左上角菜单，选择“校准”
10）单击“ROB_1”，见图 3-1-73。	选择需要校准的机械单元。 机械单元　状态 ROB_1　校准 图 3-1-73　单击“ROB_1”

（续）

11）选择“校准参数”，见图 3-1-74。

12）选择“编辑电机校准偏移”，见图 3-1-74。

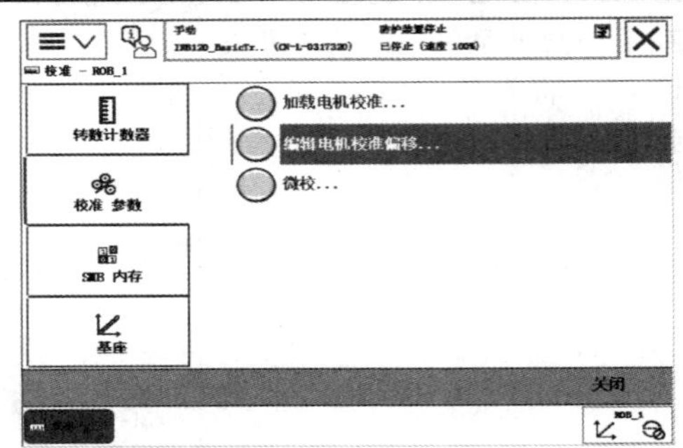

图 3-1-74　选择“校准参数”，选择“编辑电机校准偏移”

13）将机器人本体上电机校准偏移记录下来，见图 3-1-75。

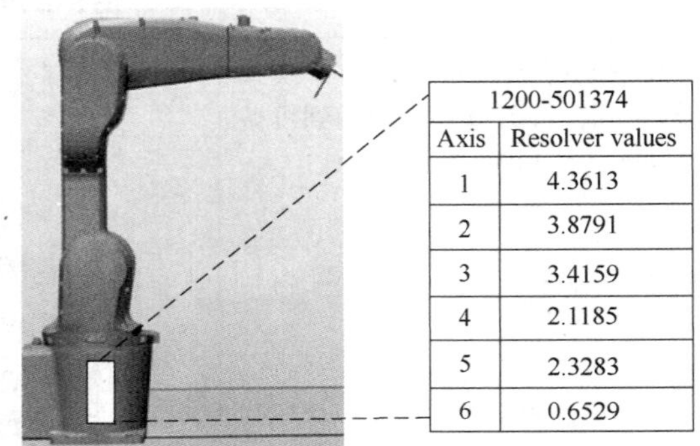

1200-501374	
Axis	Resolver values
1	4.3613
2	3.8791
3	3.4159
4	2.1185
5	2.3283
6	0.6529

图 3-1-75　将机器人本体上电机校准偏移记录下来

14）单击“是”，见图 3-1-76。

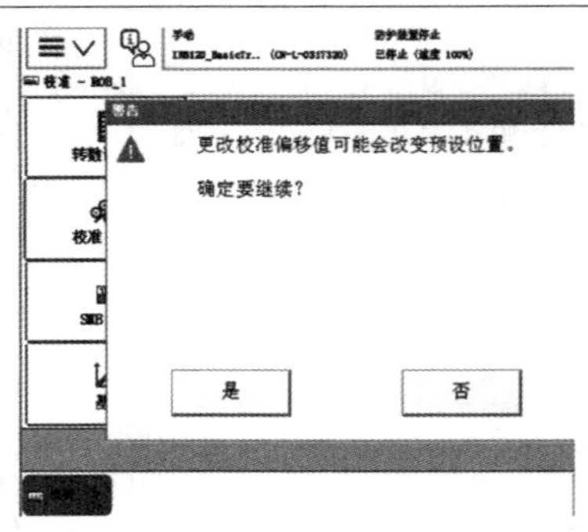

图 3-1-76　单击“是”

15）输入刚才从机器人本体记录的电机校准偏移数据，然后单击“确定”，见图 3-1-77。

注意：如果示教器中显示的数值与机器人本体上的标签数值一致，则无需修改，直接单击“取消”退出，跳到第 19 步。

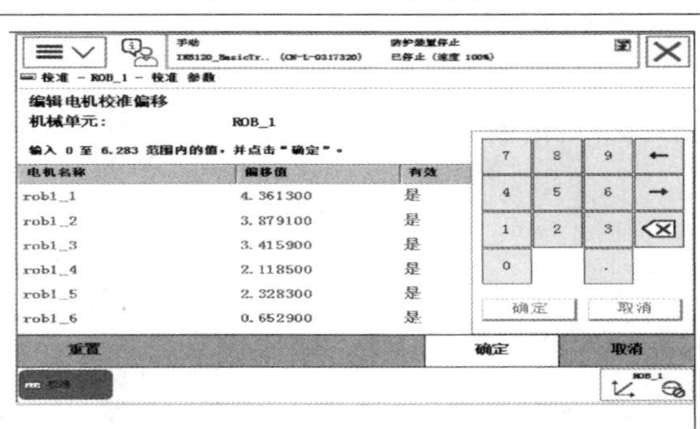

图 3-1-77　输入刚才从机器人本体记录的电机校准偏移数据

（续）

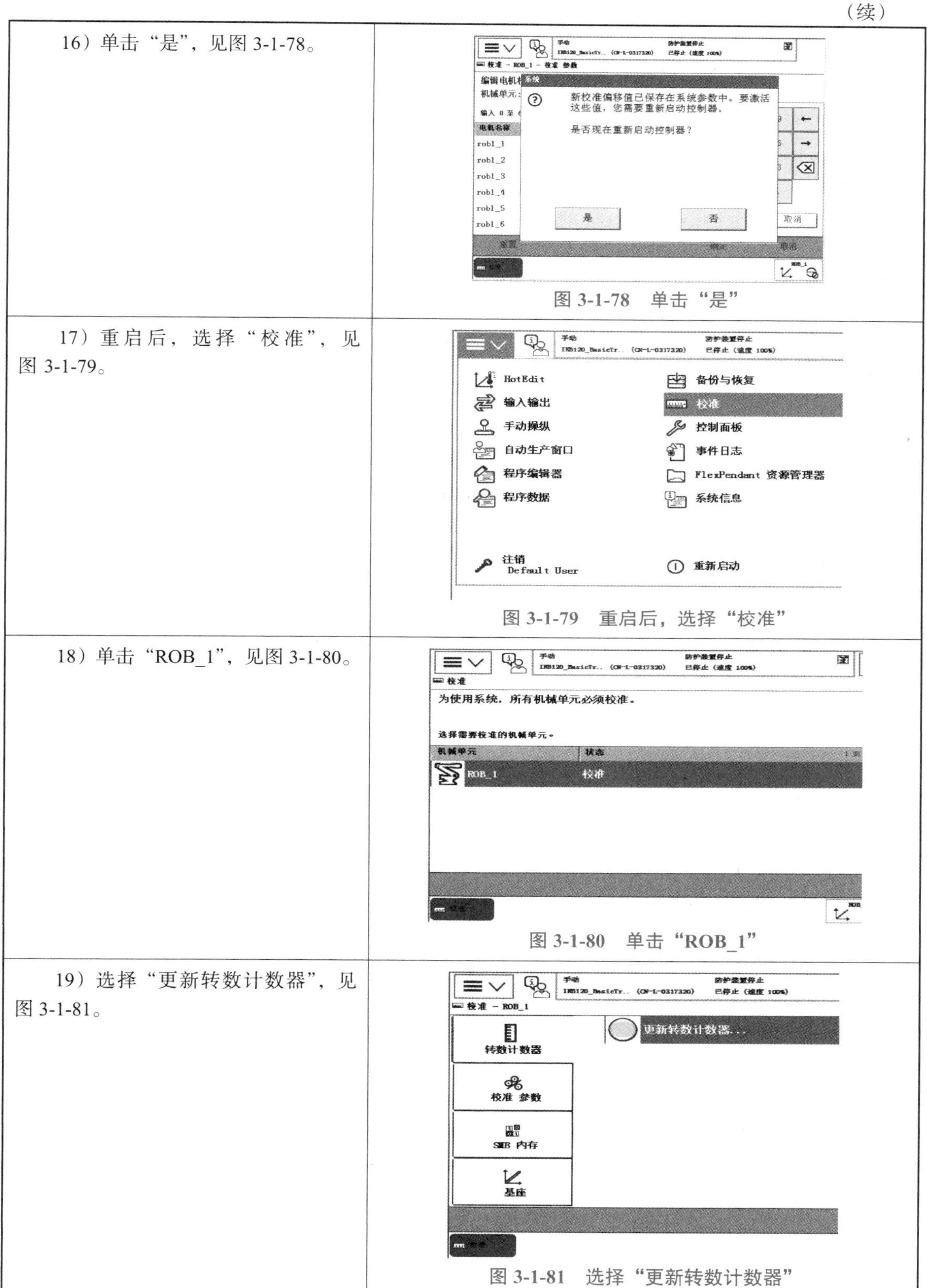

16）单击“是”，见图 3-1-78。	图 3-1-78　单击“是”
17）重启后，选择“校准”，见图 3-1-79。	图 3-1-79　重启后，选择“校准”
18）单击“ROB_1”，见图 3-1-80。	图 3-1-80　单击“ROB_1”
19）选择“更新转数计数器”，见图 3-1-81。	图 3-1-81　选择“更新转数计数器”

（续）

<table>
<tr>
<td>20）单击“是”，见图 3-1-82。</td>
<td>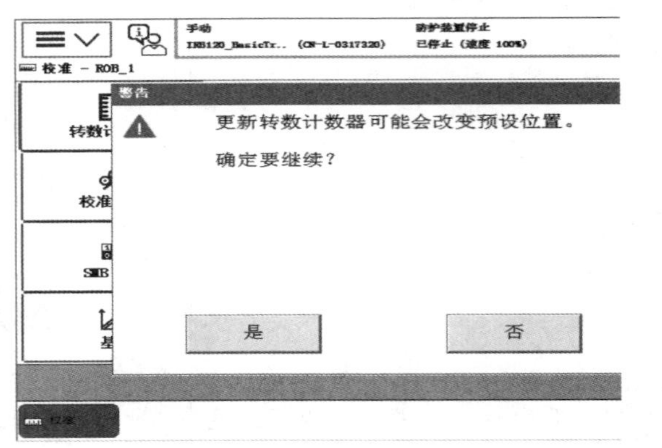

图 3-1-82　单击“是”</td>
</tr>
<tr>
<td>21）单击“确定”，见图 3-1-83。</td>
<td>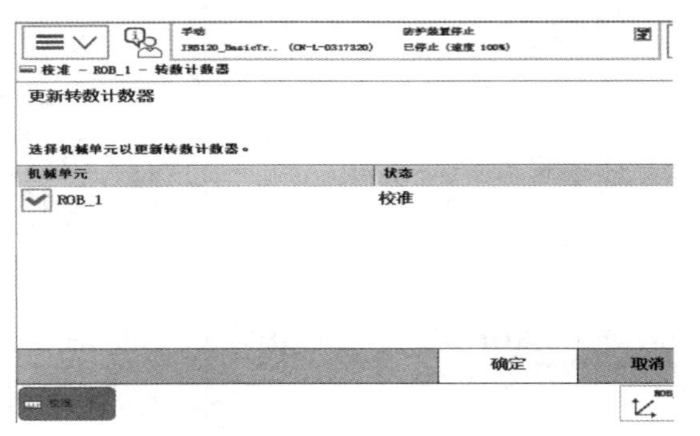

图 3-1-83　单击“确定”</td>
</tr>
<tr>
<td>22）单击“全选”，然后单击“更新”，见图 3-1-84。

注意：如果机器人由于安装位置的关系，无法 6 个轴同时到达机械原点刻度位置，则可以逐一对关节轴进行转数计数器更新。</td>
<td>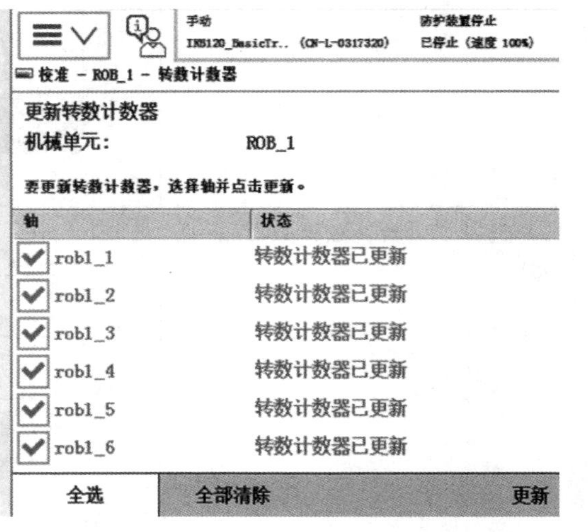

图 3-1-84　单击“全选”，然后单击“更新”</td>
</tr>
</table>

（续）

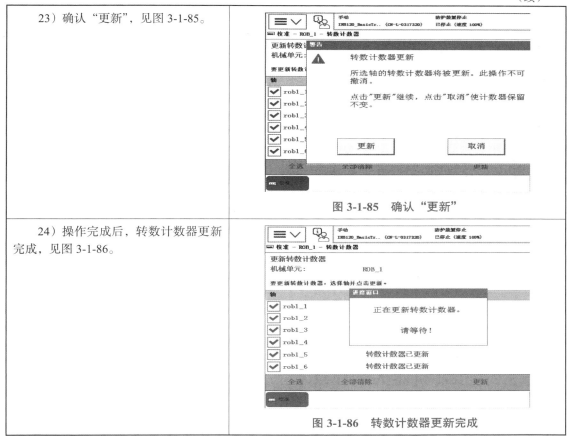

23）确认“更新”，见图 3-1-85。	图 3-1-85　确认“更新”
24）操作完成后，转数计数器更新完成，见图 3-1-86。	图 3-1-86　转数计数器更新完成

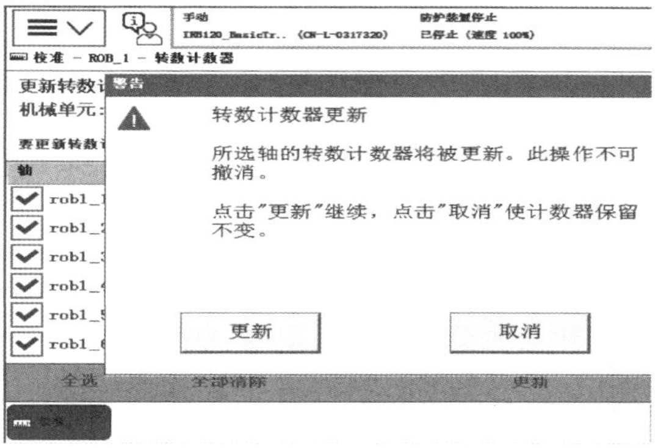

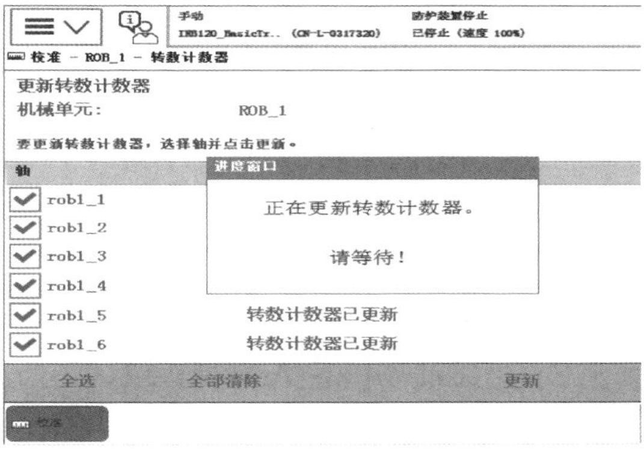

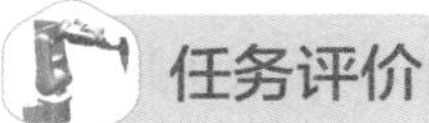

任务评价

序号	考核项目	考核内容	分值	评分标准	得分
1	任务完成质量（80 分）	掌握示教器正确使用姿势	10	掌握	
2		设置时间及语言	10	知道	
3		进行数据备份和恢复	10	掌握	
4		单轴运动模式	15	掌握	
5		线性运动模式	15	掌握	
6		重定位运动模式	10	掌握	
7		进行转数计数器更新	10	掌握	
8	职业素养与操作规范（10 分）	关闭总电源	3	掌握	
9		必须知道机器人控制器的紧急停止按钮的位置，随时准备在紧急情况下使用这些按钮	3	掌握	
10		与机器人保持足够安全距离	4		

（续）

序号	考核项目	考核内容	分值	评分标准	得分
11	学习纪律与学习态度（10 分）	有吃苦耐劳、有团队协作的精神	5		
12		有不断学习的进取心	5		
总　　分					

任务小结

任务 3.2　工业机器人编程技术

任务描述

通过本任务的学习，大家可以了解 ABB 机器人编程语言 RAPID 的基本概念及其中任务、模块、例行程序之间的关系，掌握常用 RAPID 指令，会进行轨迹类任务的编程和搬运任务编程。

任务目标	1. 了解建立程序数据的操作过程、程序数据的类型与分类 2. 了解手动操作步骤 3. 学习运动指令 4. 学习逻辑控制指令 5. 能熟练操作机器人 6. 能建立程序数据、程序模块 7. 能根据任务要求完成轨迹程序设计 8. 能编写搬运程序
任务内容	1. 认识任务、程序模块和例行程序 2. 定义机器人程序数据 3. 工业机器人轨迹程序设计 4. 工业机器人搬运程序设计

子任务 3.2.1　认识任务、程序模块和例行程序

知识讲解

ABB 机器人编程语言叫 RAPID，是一种基于计算机的高级编程语言，与 VC、VB 类似。

RAPID 语言所包含的指令可以移动机器人、设置输出、读取输入，还能实现决策、重复其他指令、构造程序，以及跟系统的操作员之间发生交流等编程。

RAPID 程序的基本架构见图 3-2-1。

RAPID程序			
程序模块1	程序模块2	程序模块3	系统模块
程序数据 主程序main 例行程序 中断程序 功能	程序数据 例行程序 中断程序 功能	……… ……… ……… ……… ………	程序数据 例行程序 中断程序 功能

图 3-2-1　RAPID 程序的基本架构

ABB 机器人的控制程序层次为任务、模块、程序。

1）任务（Task）：包含了机器人完成一项特定的作业所需要的全部指令和数据。

一台机器人一般只进行一个任务，一个任务包含系统自带模块和多个用户自定义模块。

2）模块：是机器人作业程序的主体，包含机器人作业所需要的各种程序。

3）程序：由指令组成，使机器人达到控制要求。有不同功能的程序。

一个 RAPID 程序称为一个任务，一个任务是由一系列的模块组成，由程序模块与系统模块组成。一般地，我们只通过新建程序模块来构建机器人的程序，而系统模块多用于系统方面的控制之用。

可以根据不同的用途创建多个程序模块，如专门用于主控制的程序模块，用于位置计算的程序模块，用于存放数据的程序模块，这样的目的在于方便归类管理不同用途的例行程序与数据。

每一个程序模块包含了程序数据，例行程序，中断程序和功能 4 种对象，但不一定在一个模块都有这 4 种对象的存在，程序模块之间的数据，例行程序，中断程序和功能是可以互相调用的。

在 RAPID 程序中，只有一个主程序 main（ ），可以存在于任意一个程序模块中，并且是作为整个 RAPID 程序执行的起点。只有唯一的一个模块里面有一个唯一的 main（ ），main（ ）才能确定是唯一的一个程序入口和程序开始执行的起端。

ABB 机器人存储器包含应用程序和系统模块两部分。存储器中只允许存在一个主程序，所有例行程序（子程序）与数据无论存在什么位置，全部被系统共享。因此，所有例行程序与数据除特殊规定以外，名称不能重复。

任务实施

建立例行程序步骤如下：

<table>
<tr><td>1）单击左上角主菜单按钮。
2）选择“程序编辑器”，见图 3-2-2。</td><td>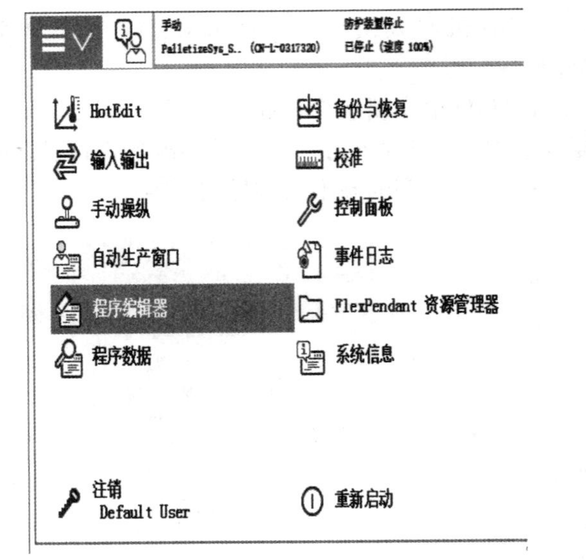

图 3-2-2　单击左上角主菜单按钮，选择“程序编辑器”</td></tr>
<tr><td>3）单击“任务与程序”，见图 3-2-3。</td><td>

图 3-2-3　单击“任务与程序”</td></tr>
</table>

（续）

<table>
<tr>
<td>
4）则可以看到一个名为“T_ROB1”任务，见图 3-2-4。
5）单击“显示模块”，见图 3-2-4。
</td>
<td>
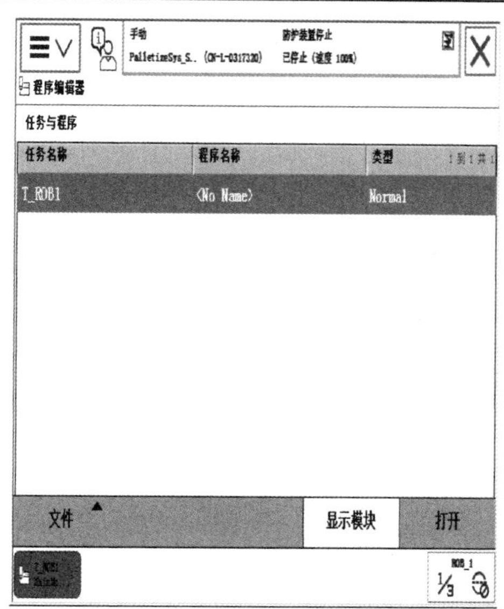

图 3-2-4　看到“T_ROB1”任务，单击“显示模块”
</td>
</tr>
<tr>
<td>
6）可以看到该任务程序中有一个名为“BASE”和“user”的系统模块，不能删除，一个名为 Module1 的程序模块，见图 3-2-5。
7）选中 Module1，单击“显示模块”则可以查看到该模块里的例行程序，见图 3-2-5。
</td>
<td>
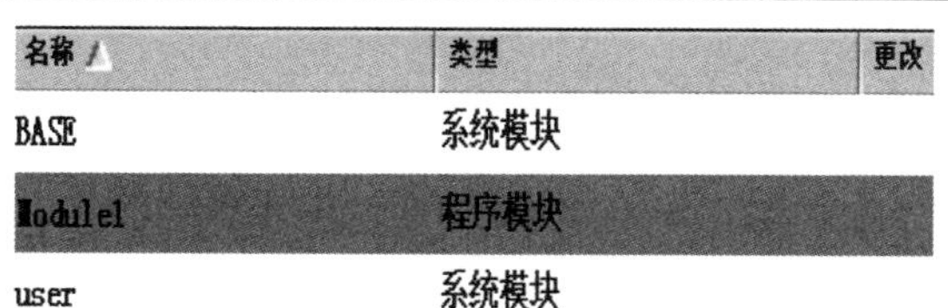

名称	类型	更改
BASE	系统模块	
Module1	程序模块	
user	系统模块	

图 3-2-5　“BASE”和“user”为系统模块，不能删除选中“Module1”，单击“显示模块”
</td>
</tr>
<tr>
<td>
8）Main（ ）是主程序。单击“例行程序”，见图 3-2-6。
</td>
<td>
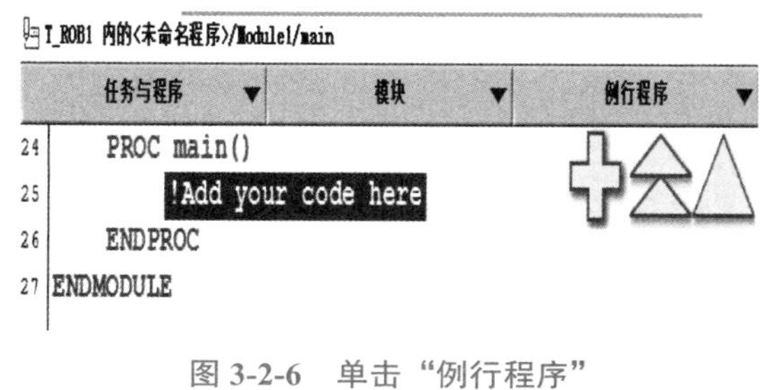

图 3-2-6　单击“例行程序”
</td>
</tr>
</table>

（续）

<table>
<tr>
<td>9）单击“文件”，单击“新建例行程序”，见图 3-2-7。</td>
<td>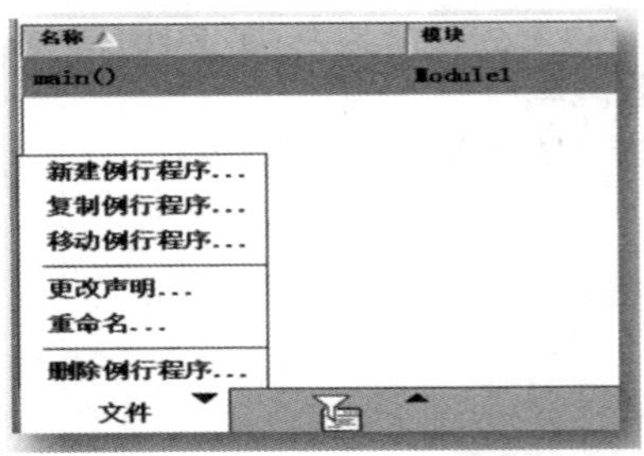

图 3-2-7　单击“文件”，再单击“新建例行程序”</td>
</tr>
<tr>
<td>10）把“Routine1”改为“sanjiao”，单击“ABC”，见图 3-2-8a。
11）用软键盘输入“sanjiao”，见图 3-2-8b，单击“确定”。</td>
<td>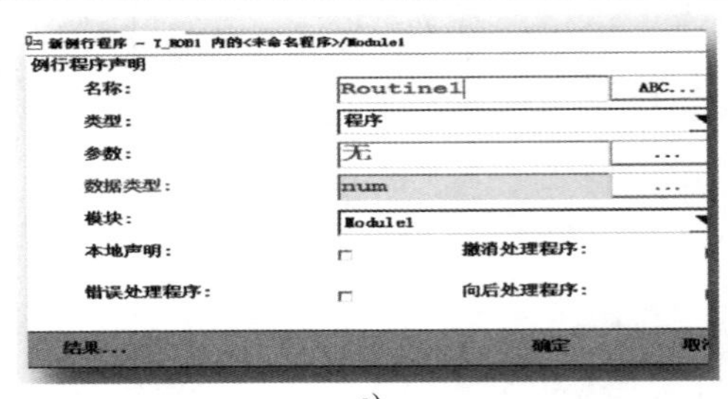

a)
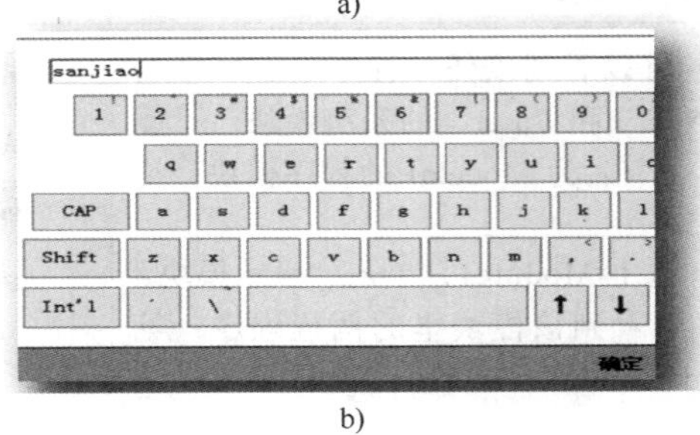

b)
图 3-2-8　把“Routine1”改为“sanjiao”</td>
</tr>
<tr>
<td>12）就建立了新的例行程序“sanjiao”，单击“显示例行程序”，见图 3-2-9a。
13）就可以在 <SMT> 处添加指令，见图 3-2-9b。
14）做一做：在 T_ROB1 下建立 881 模块，在模块下建立 3 个你自己的例行程序 my1、my2、my3。</td>
<td>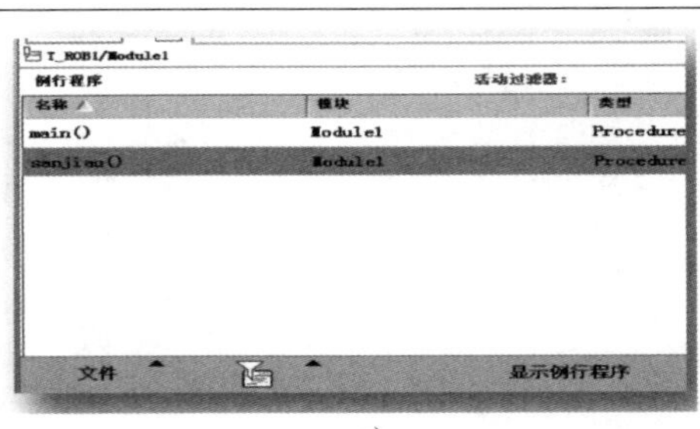

a)
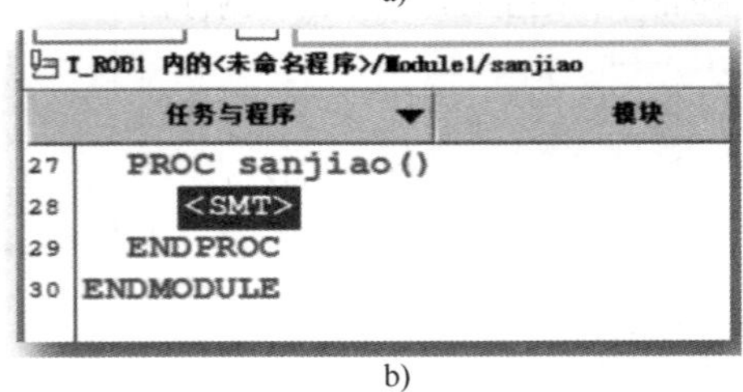

b)
图 3-2-9　新的例行程序“sanjiao”建立完成</td>
</tr>
</table>

子任务 3.2.2　定义机器人程序数据

知识讲解

程序内声明的数据被称为程序数据。数据是信息的载体，它能够被计算机识别、存储和加工处理。它是计算机程序加工的原料，应用程序处理各种各样的数据。计算机科学中，所谓数据就是计算机加工处理的对象，它可以是数值数据，也可以是非数值数据。数值数据是一些整数、实数或复数，主要用于工程计算、科学计算和商务处理等；非数值数据包括字符、文字、图形、图像、语音等。大家可以了解 ABB 机器人编程会使用到的程序数据类型及分类，如何创建程序数据。

1. 程序数据介绍

程序数据是在程序模块或系统模块中设定值和定义一些环境数据。创建的程序数据由同一个模块或其他模块中的指令进行引用。如图 3-2-10 所示，虚线处是一条常用的机器人关节运动的指令（MoveJ），并调用了 4 个程序数据，数据类型及说明见表 3-2-1。

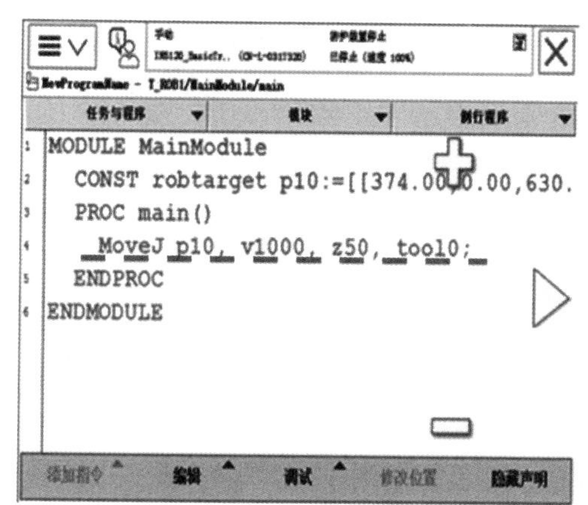

图 3-2-10　程序数据

表 3-2-1　程序数据类型及说明

程序数据	数据类型	说明
p10	robtarget	机器人运动目标位置数据
v1000	speeddata	机器人运动速度数据
z50	zonedata	机器人运动转弯数据
tool0	tooldata	机器人工具数据 TCP

常见数据类型有基本型数据和复杂性数据。前者包括 bool、byte、num、string，后者包括 robtarget、joittarget、speedata、zonedata、tooldata、wobjdata 和 clock。数据说明见图 3-2-11。

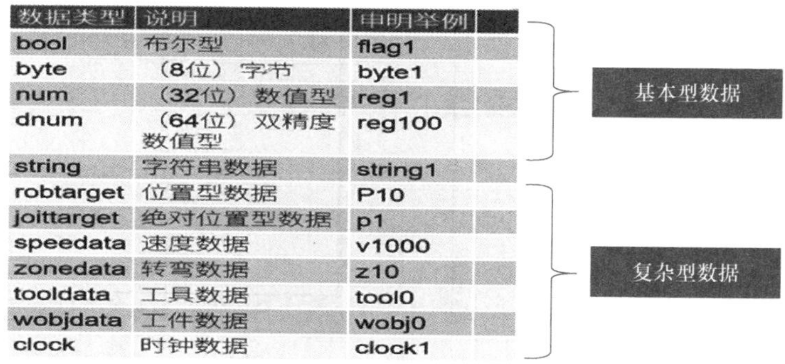

数据类型	说明	申明举例
bool	布尔型	flag1
byte	（8位）字节	byte1
num	（32位）数值型	reg1
dnum	（64位）双精度数值型	reg100
string	字符串数据	string1
robtarget	位置型数据	P10
joittarget	绝对位置型数据	p1
speedata	速度数据	v1000
zonedata	转弯数据	z10
tooldata	工具数据	tool0
wobjdata	工件数据	wobj0
clock	时钟数据	clock1

图 3-2-11　程序数据类型

任务实施

程序数据的建立一般可以分为两种形式，一种是直接在示教器中的程序数据画面中建立程序数据，另一种是在建立程序指令时，同时自动生成对应的程序数据。

下面以程序数据画面中建立程序数据的方法，以建立布尔数据（BOOL）和数字数据（NUM）为例子进行说明。

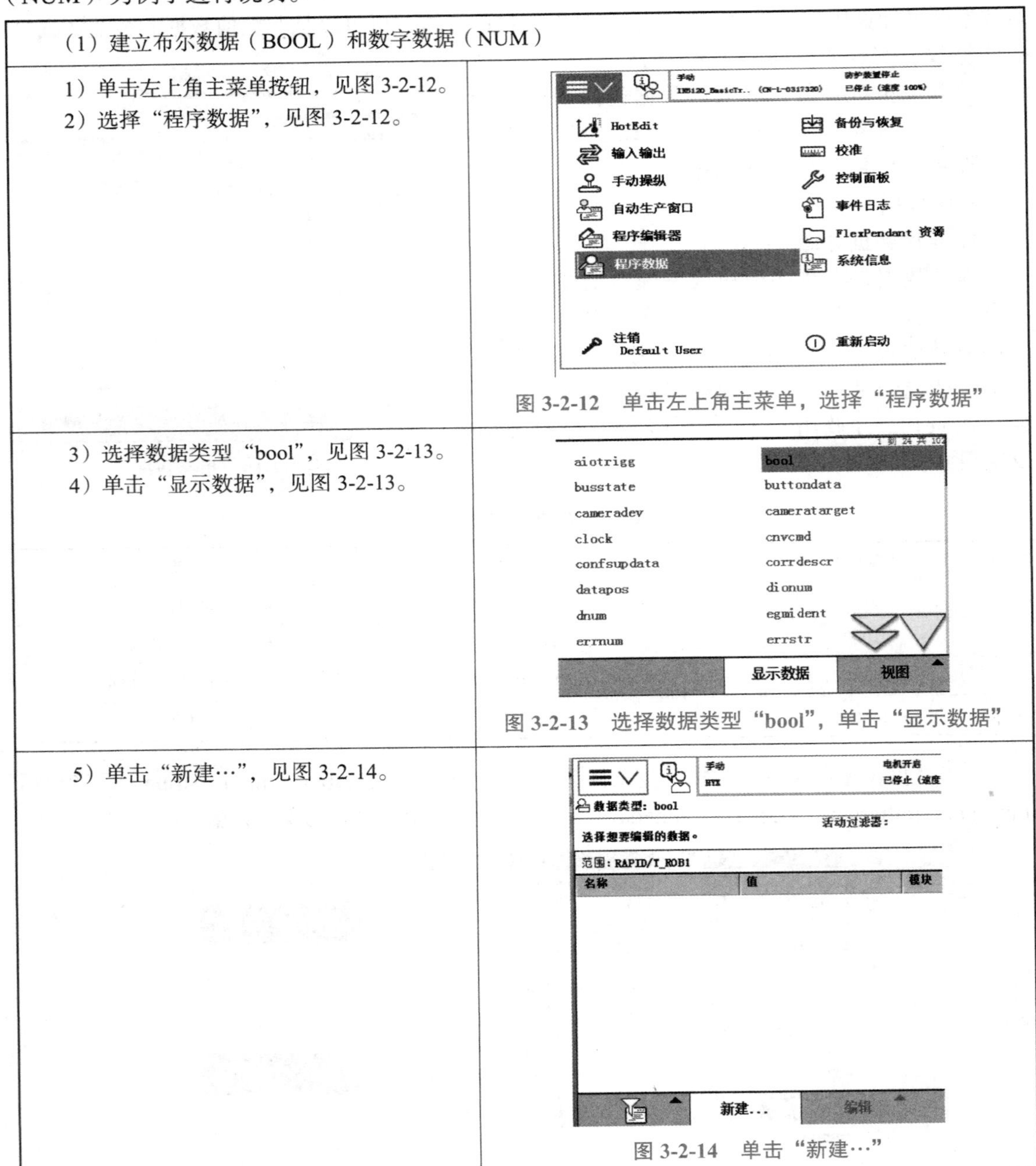

（1）建立布尔数据（BOOL）和数字数据（NUM）	
1）单击左上角主菜单按钮，见图 3-2-12。 2）选择“程序数据”，见图 3-2-12。	图 3-2-12　单击左上角主菜单，选择“程序数据”
3）选择数据类型“bool”，见图 3-2-13。 4）单击“显示数据”，见图 3-2-13。	图 3-2-13　选择数据类型“bool”，单击“显示数据”
5）单击“新建…”，见图 3-2-14。	图 3-2-14　单击“新建…”

（续）

<table>
<tr>
<td>6）单击“…”按钮进行名称的设定，见图 3-2-15。
7）单击下拉菜单选择对应的参数，见图 3-2-15。
8）单击“确定”完成设定，见图 3-2-15。</td>
<td>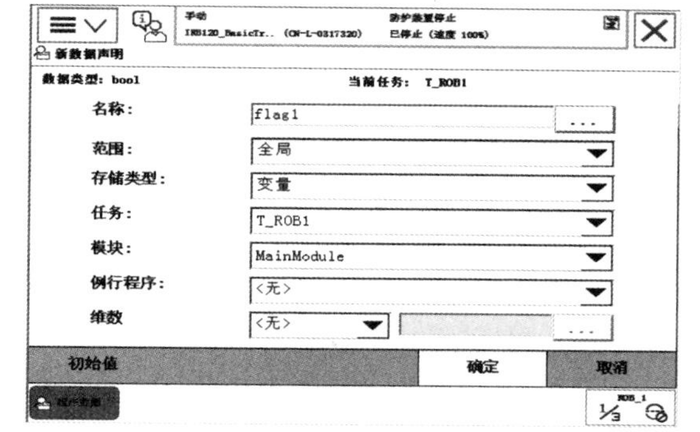

图 3-2-15　名称设定及参数选择</td>
</tr>
<tr>
<td>9）建立 bool 型数据 flag1，见图 3-2-16。</td>
<td>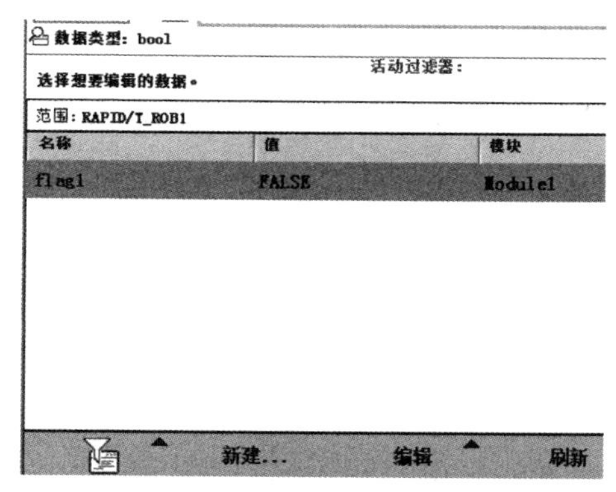

图 3-2-16　建立 bool 型数据 flag1</td>
</tr>
<tr>
<td colspan="2">（2）建立程序数据（num）的操作</td>
</tr>
<tr>
<td>1）单击左上角主菜单按钮，见图 3-2-17。
2）选择“程序数据”，见图 3-2-17。</td>
<td>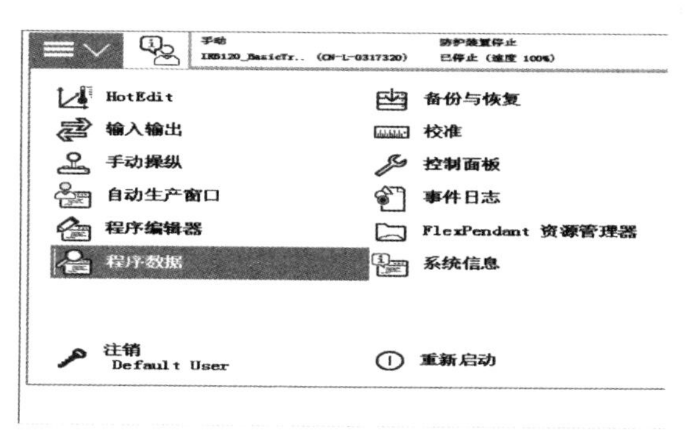

图 3-2-17　单击左上角主菜单按钮，选择“程序数据”</td>
</tr>
</table>

（续）

3）选择数据类型“num”，见图 3-2-18。 4）单击“显示数据”。	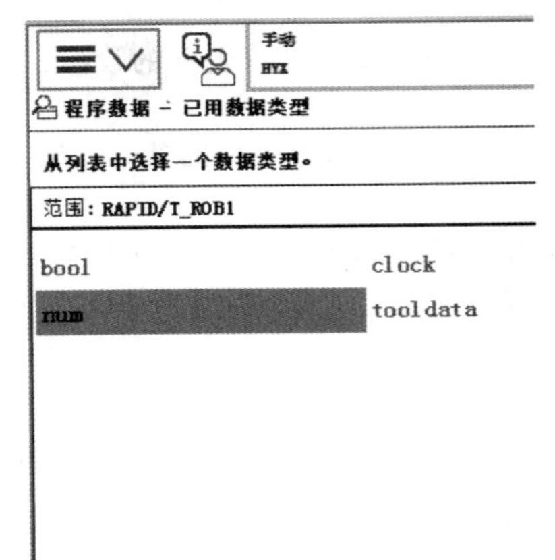 图 3-2-18　选择数据类型“num”，单击“显示数据”
5）单击“新建 ...”，见图 3-2-19。	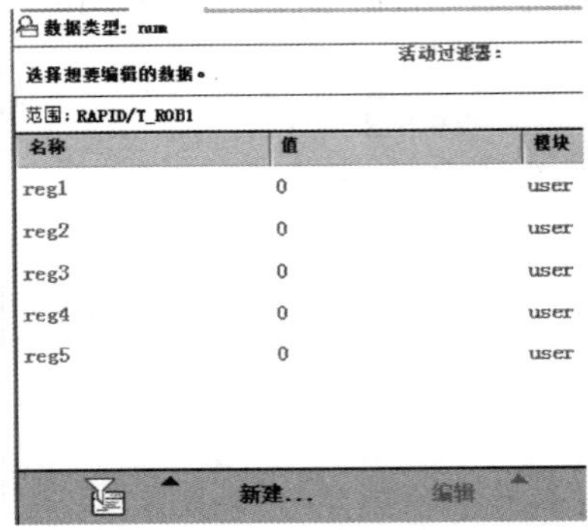 图 3-2-19　单击“新建 ...”
6）单击“…”按钮进行名称的设定，设定变量 jishu1，见图 3-2-20。 7）单击下拉菜单选择对应的参数，见图 3-2-20。	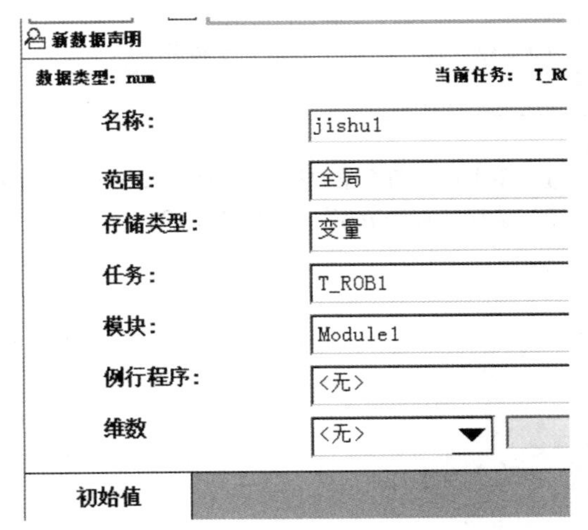 图 3-2-20　设定名称为“jishu1”，选择对应参数

（续）

<table>
<tr>
<td>8）可以单击“初始值”，设置 jishu1 初值为 8，若不设置初值，系统默认 jishu1 初值为 0，见图 3-2-21a。
9）单击“确定”完成设定，则定义了变量 jishu：=8，见图 3-2-21b。</td>
<td>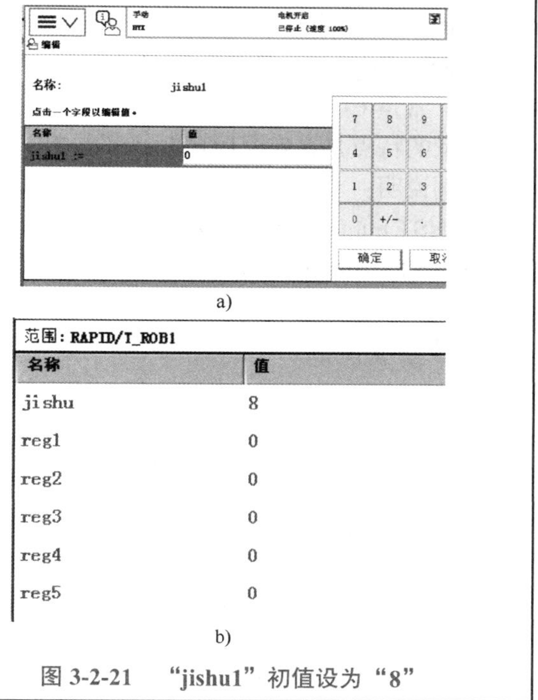

图 3-2-21　“jishu1”初值设为“8”</td>
</tr>
</table>

2. 程序数据类型分类与存储类型

知识讲解

程序数据存储类型有：

变量 VAR　num x：=3

可变量 PERS　　　　　　num reg2：=2

常量 CONST　　　　　num　reg2：=3

（1）变量 VAR

在程序执行的过程中和停止时，会保持当前的值。但如果程序指针复位或者机器人控制器重启，数值会恢复为声明变量时赋予的初始值。

举例说明：

VAR num length：= 0；名称为 length 的变量型数值数据

VAR string name：="Tom"；名称为 name 的变量型字符数据

VAR bool finished：= FALSE；名称为 finished 的变量型布尔量数据

VAR 表示存储类型为变量。

num 表示声明的数据是数字型数据（存储的内容为数字）。

（2）可变量 PERS

无论程序的指针如何变化，无论机器人控制器是否重启，可变量型的数据都会保持最后赋予的值。

举例说明：

PERS num numb：= 1；名称为 numb 的数值数据

PERS string text：="Hello"；名称为 text 的字符数据

（3）常量 CONST

常量的特点是在定义时已赋予了数值，并不能在程序中进行修改，只能手动修改。

举例说明：

CONST num gravity：= 9.81；名称为 gravity 的数值数据

CONST string greating：= "Hello"；名称为 greating 的字符数据

任务实施

<table>
<tr><td>1）在声明中定义 num 型变量存储类型数据 length 初值为 0，见图 3-2-22。
2）在机器人执行的 RAPID 的程序中对变量存储类型程序数据 length 进行赋值的操作，length 变为 9，当程序指针复位或者机器人控制器重启时，length 仍然为 0。</td><td>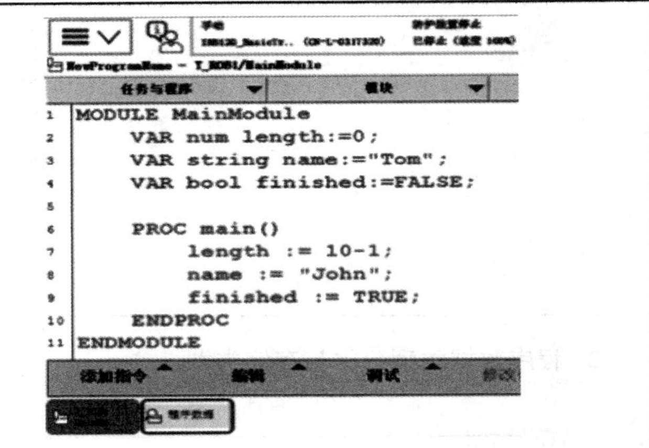

图 3-2-22　定义 length 初始值及对 length 进行赋值操作</td></tr>
<tr><td>3）定义可变量 PERS wideth 初值为 5，见图 3-2-23。</td><td>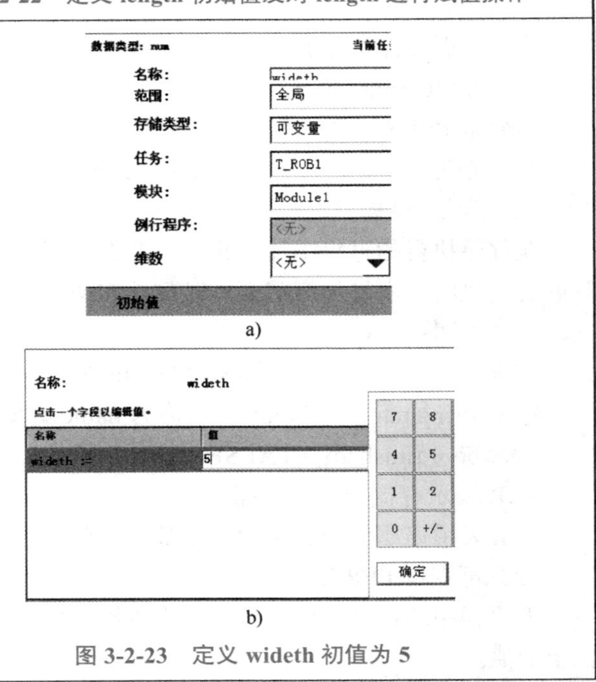

a)
b)
图 3-2-23　定义 wideth 初值为 5</td></tr>
</table>

（续）

<table>
<tr>
<td>4）在程序声明中出现 PERS wideth：=5，见图 3-2-24。
5）当执行程序 sanjiao（ ）时，wideth 成为 9，即使离开程序，wideth 也保持为 9。</td>
<td>MODULE Module1
VAR bool flag1:=FALSE;
VAR num jishu:=8;
PERS num wideth:=5;

PROC sanjiao()
wideth := 9;
ENDPROC

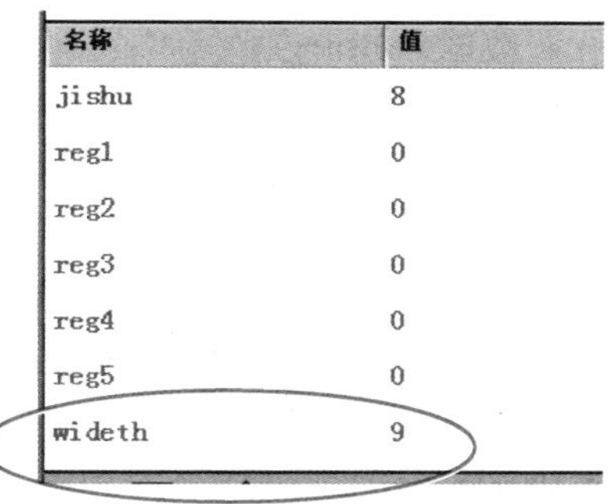

名称 | 值
jishu | 8
reg1 | 0
reg2 | 0
reg3 | 0
reg4 | 0
reg5 | 0
wideth | 9

图 3-2-24　程序声明中出现 PERS wideth：=5，执行 sanjiao（ ）即使离开，wideth 也保持为 9</td>
</tr>
<tr>
<td>6）定义常量 CONST　gravity 初值为 9.18，见图 3-2-25。</td>
<td>数据类型：num　当前任务：T_ROB1
名称：gravity
范围：全局
存储类型：常量
任务：T_ROB1
模块：Module1
例行程序：<无>
维数：<无>
初始值　确定

名称：gravity
点击一个字段以编辑值。
名称 | 值
gravity := | 9.18
7 8 4 5 1 2 0 +/-
确定

图 3-2-25　定义常量 CONST　gravity 初值为 9.18</td>
</tr>
</table>

（续）

7）程序声明中出现常量 gravity，只能引用，不能再赋值，见图 3-2-26。	MODULE Module1 VAR bool flag1:=FALSE; VAR num jishu:=8; PERS num wideth:=9; CONST num gravity:=9.18; 图 3-2-26　程序声明中出现 gravity，只能引用，不能再赋值

3. 位置数据 robtarget

知识讲解

robtarget（robot target）用于存储机器人和附加轴的位置数据。位置数据的内容是在运动指令中机器人和外轴将要移动到的位置。

定义常量 robtarget 型数据 p15：

CONST robtarget　p15：=［［600，500，225.3］，［1，0，0，0］，［1，1，0，0］，［11，12.3，9E9，9E9，9E9，9E9］］

位置 p15 定义如下：机器人在工件坐标系中的位置：x=600mm、y=500mm、z=225.3mm。工具的姿态与工件坐标系的方向一致。

机器人的轴配置：轴 1 和轴 4 位于 90°~180°，轴 6 位于 0°~90°。

附加逻辑轴 a 和 b 的位置以度或毫米表示（根据轴的类型），未定义轴 c 到轴 f。

任务实施

4. 建立 robtarget 类型数据步骤

1）在程序数据界面选中 robtarget，单击“显示数据”，见图 3-2-27。	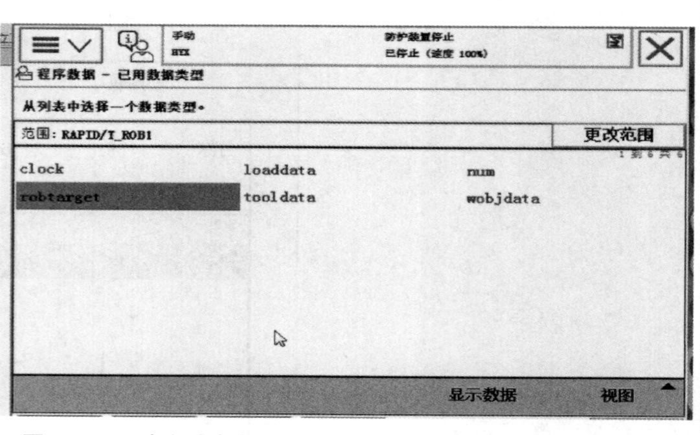 图 3-2-27　在程序数据界面选中 robtarget，单击“显示数据”

（续）

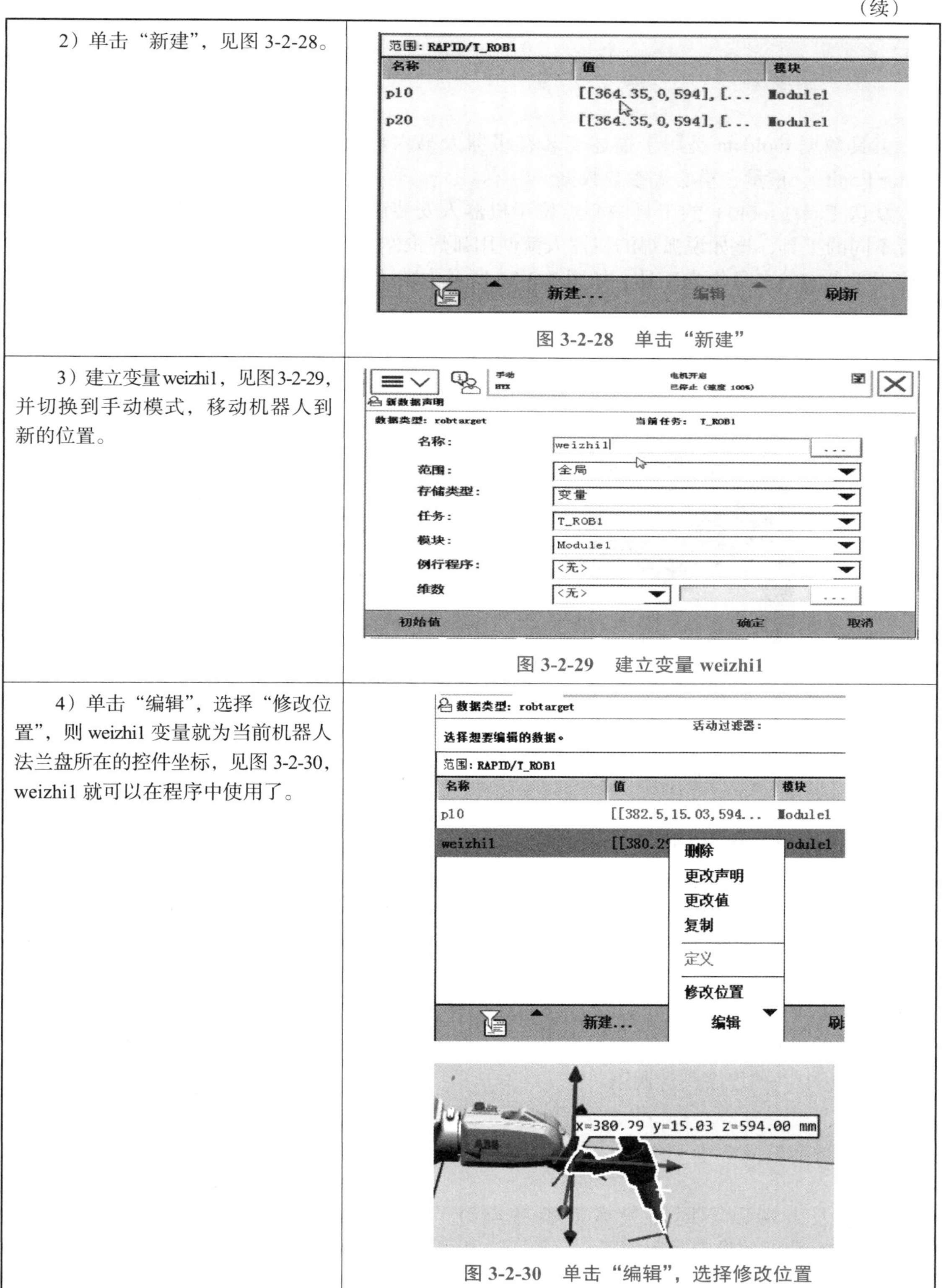

2）单击“新建”，见图 3-2-28。	图 3-2-28　单击“新建”
3）建立变量weizhi1，见图3-2-29，并切换到手动模式，移动机器人到新的位置。	图 3-2-29　建立变量 weizhi1
4）单击“编辑”，选择“修改位置”，则 weizhi1 变量就为当前机器人法兰盘所在的控件坐标，见图 3-2-30，weizhi1 就可以在程序中使用了。	图 3-2-30　单击“编辑”，选择修改位置

5. 工具数据 tooldata

工具数据 tooldata 是用于描述安装在机器人第六轴上的工具的工具中心点 TCP（Tool Center Ponit）、重量、重心等参数数据。

默认工具（tool0）的工具中心点位于机器人安装法兰的中心，不同的机器人应用可能配置不同的工具，比如说弧焊的机器人就使用弧焊枪作为工具，而用于搬运板材的机器人就会使用吸盘式的夹具作为工具，如图 3-2-31 所示为默认原始的 TCP 点、搬运工具 TCP 和弧焊枪 TCP。图中就是原始的 TCP 点。

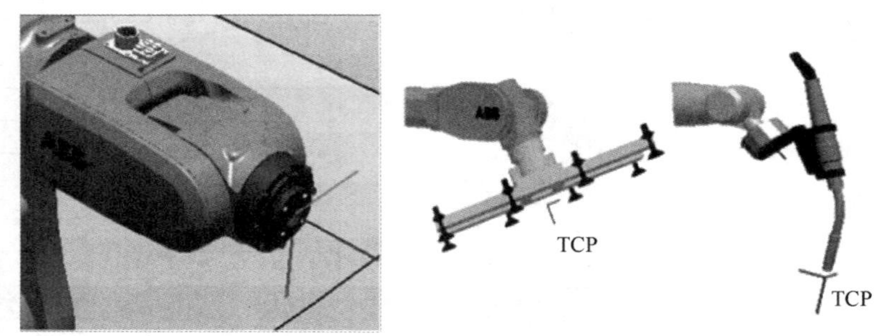

图 3-2-31　默认原始的 TCP、搬运工具 TCP 和弧焊枪 TCP

工具中心点的设定原理如下：

首先在机器人工作范围内找一个非常精确的固定点作为参考点。然后在工具上确定一个参考点（最好是工具的中心点）。通过之前学习到的手动操纵机器人的方法，去移动工具上的参考点以最少 4 种不同的机器人姿态尽可能与固定点刚好碰上（为了获得更准确的 TCP，我们使用六点法进行操作，第四点是用工具的参考点垂直于固定点，第五点是工具参考点从固定点向将要设定为 TCP 的 *X* 方向移动，第六点是工具参考点从固定点向将要设定为 TCP 的 *Z* 方向移动）。机器人就可以通过这四个位置点的位置数据计算求得 TCP 的数据，然后 TCP 的数据就保存在 tooldata 这个程序数据中，被程序进行调用。

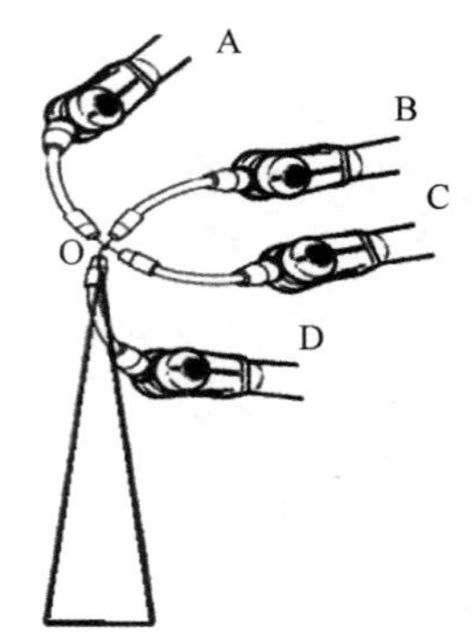

图 3-2-32　机器人末端以不同姿势靠近参考点 O

机器人末端以不同姿势靠近参考点 O，见图 3-2-32。TOOLDATA 数据的设定过程如下：

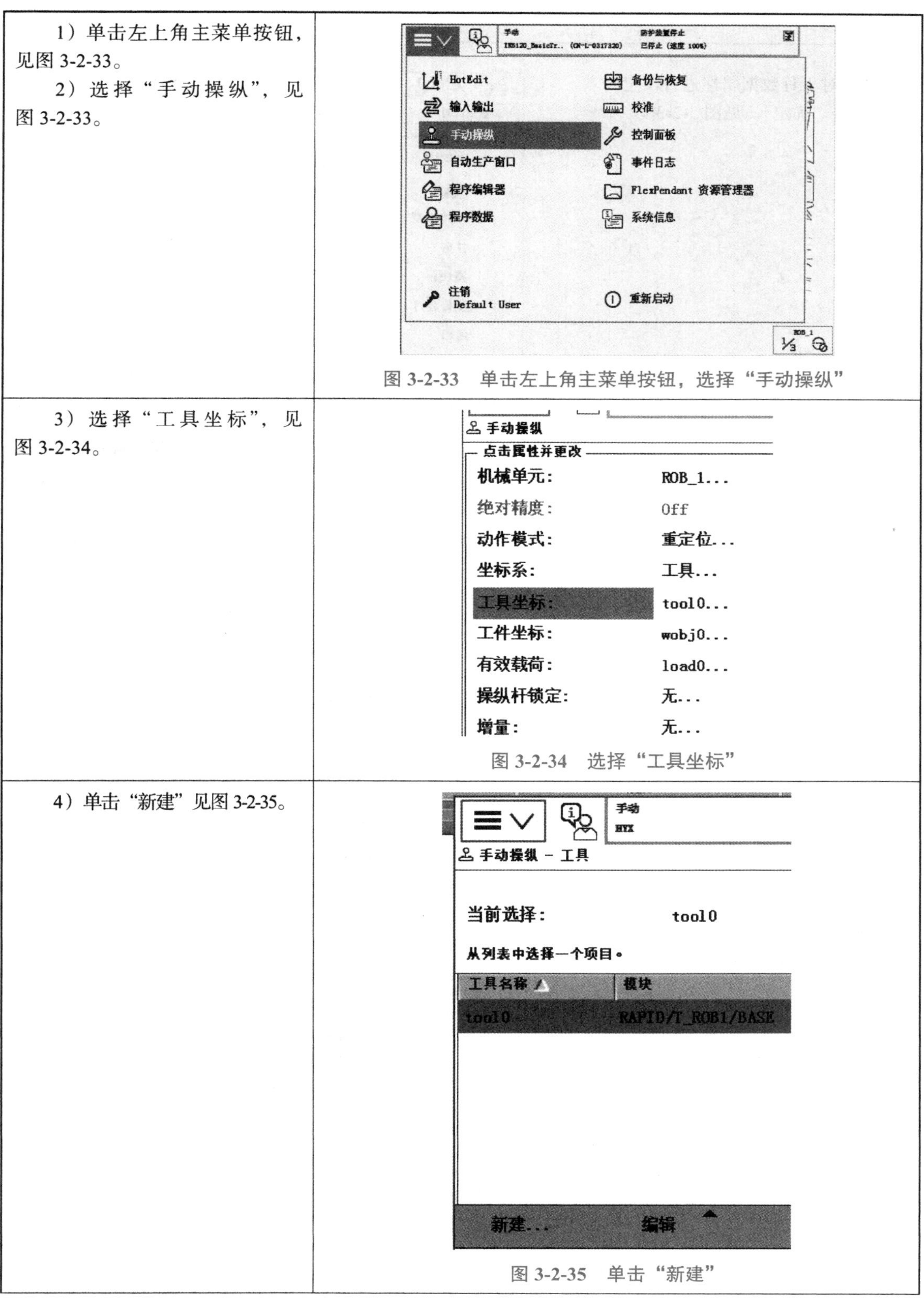

1）单击左上角主菜单按钮，见图 3-2-33。 2）选择“手动操纵”，见图 3-2-33。	图 3-2-33　单击左上角主菜单按钮，选择“手动操纵”
3）选择“工具坐标”，见图 3-2-34。	图 3-2-34　选择“工具坐标”
4）单击“新建”见图 3-2-35。	图 3-2-35　单击“新建”

（续）

<table>
<tr><td>5）对工具数据属性进行设定后，单击“确定”，见图 3-2-36。</td><td>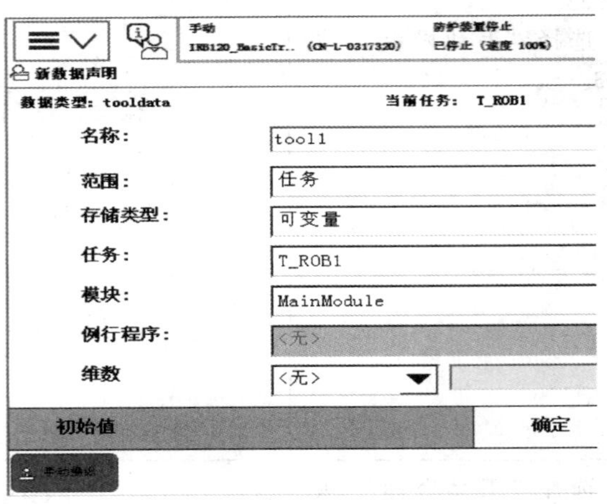
图 3-2-36　对工具数据属性进行设定后，单击确定</td></tr>
<tr><td>6）选中 tool1 后，单击“编辑”菜单中的“定义”选项，见图 3-2-37。</td><td>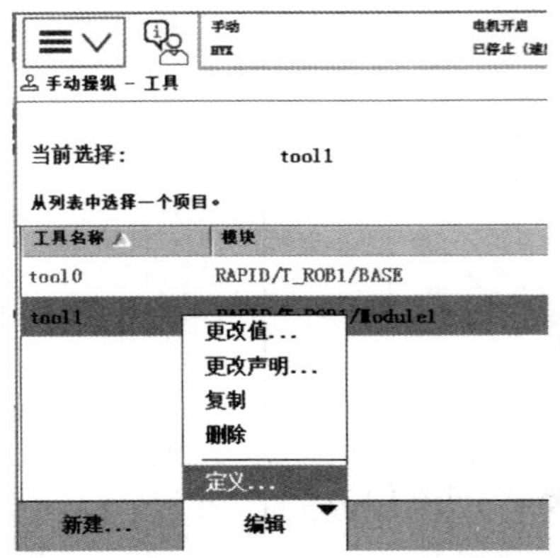
图 3-2-37　选中 tool1 后，单击“编辑”菜单的“定义”</td></tr>
<tr><td>7）选择“TCP 和 Z，X”方法设定 TCP，见图 3-2-38。</td><td>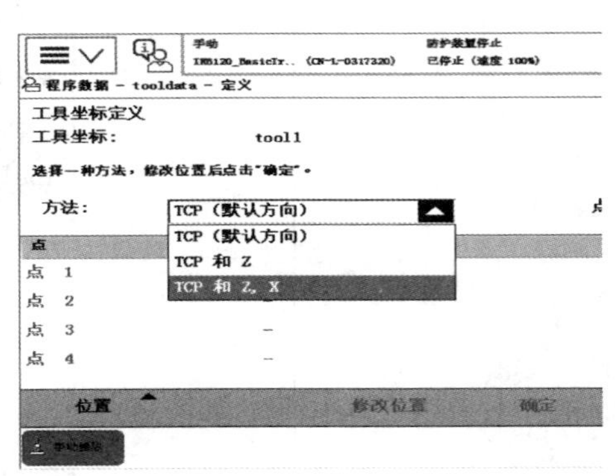
图 3-2-38　选择“TCP 和 Z，X”方法设定 TCP</td></tr>
</table>

（续）

<table>
<tr><td>8）选择合适的手动操纵模式。
9）按下使能键，使用摇杆使工具末端去靠上固定点，作为第一个点，见图 3-2-39。</td><td>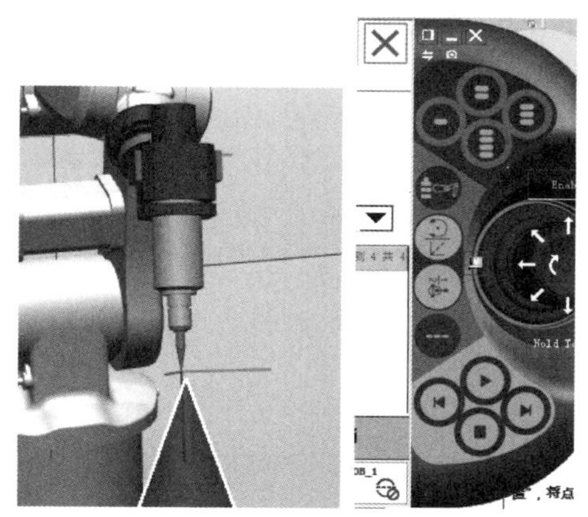
图 3-2-39　按下使能键，使用摇杆使工具末端去靠上固定点</td></tr>
<tr><td>10）选中“点 1”，单击“修改位置”，将“点 1”位置记录下来，见图 3-2-40。</td><td>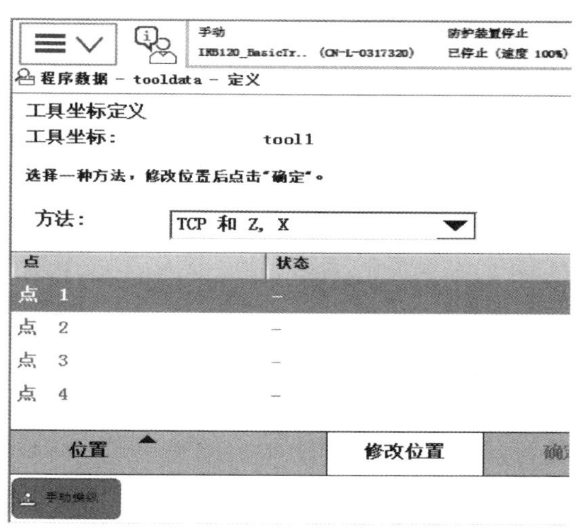

图 3-2-40　选中“点 1”，单击“修改位置”并记录</td></tr>
<tr><td>11）工具末端以图 3-2-41 姿态靠上固定点。</td><td>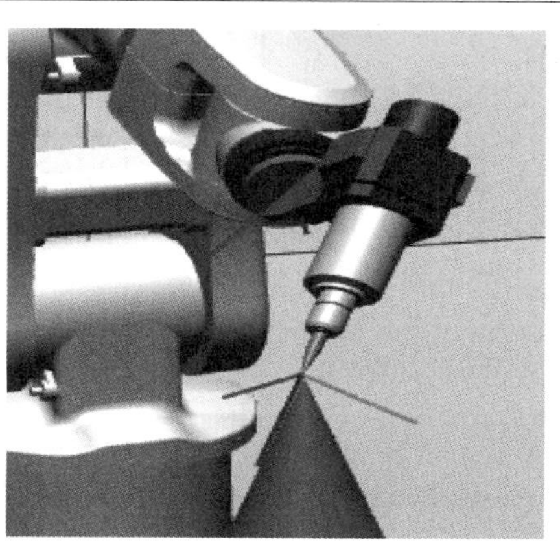
图 3-2-41　工具末端靠上固定点</td></tr>
</table>

（续）

12）选中“点 2”，单击“修改位置”，将“点 2”位置记录下来，见图 3-2-42。	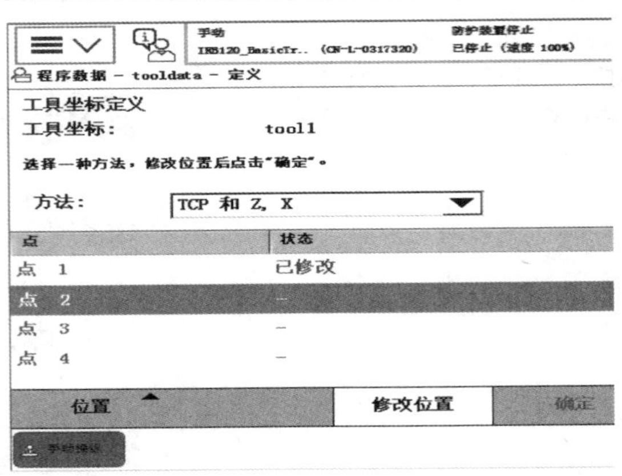 图 3-2-42　选中“点 2”，单击修改并记录
13）工具参考点以图 3-2-43 姿态靠上固定点。	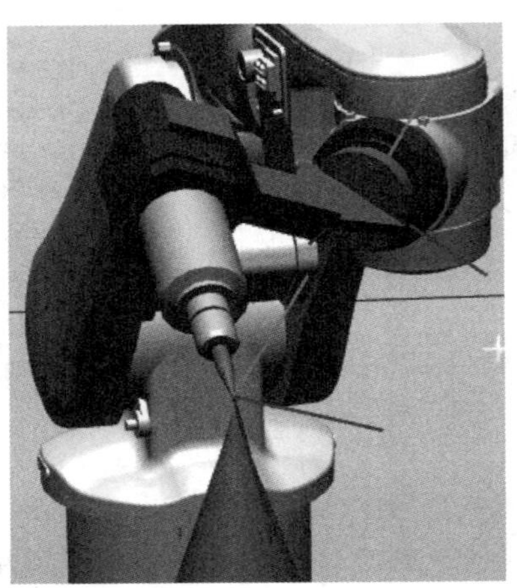 图 3-2-43　工具参考点靠上固定点
14）选中“点 3”，单击“修改位置”，将“点 3”位置记录下来，见图 3-2-44。	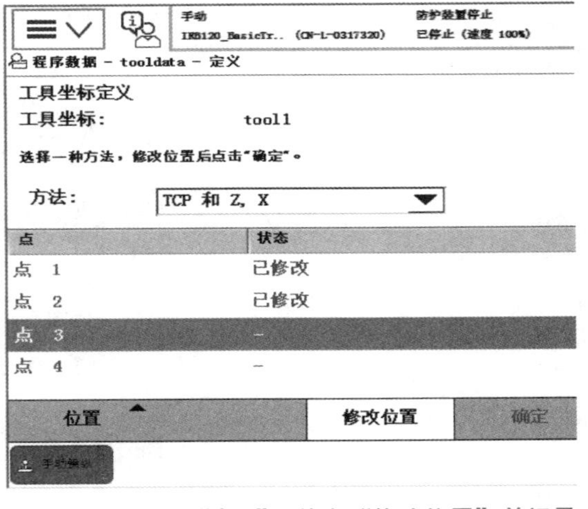 图 3-2-44　选中“点 3”，单击“修改位置”并记录

（续）

<table>
<tr><td>15）工具参考点以图 3-2-45 姿态靠上固定点。</td><td>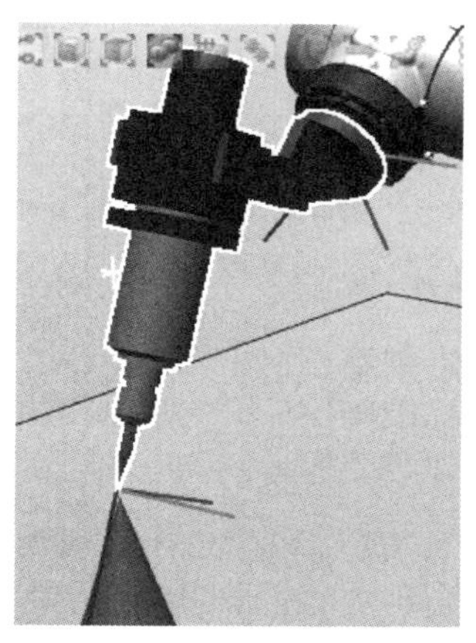
图 3-2-45　工具参考点靠上固定点</td></tr>
<tr><td>16）选中“点 4”，单击“修改位置”，将“点 4”位置记录下来，见图 3-2-46。</td><td>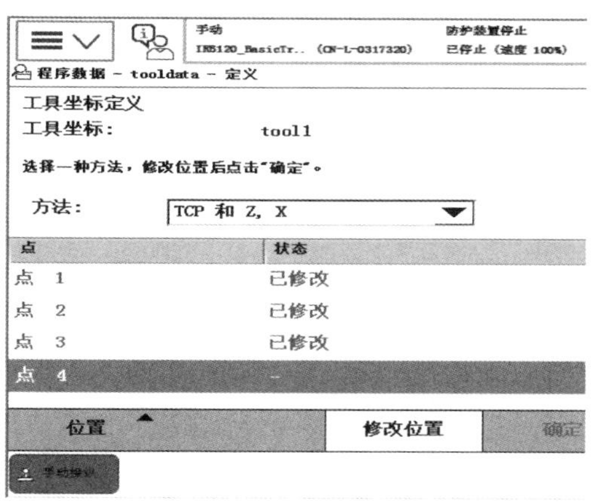

图 3-2-46　选中“点 4”，单击“修改位置”并记录</td></tr>
<tr><td>17）工具末端以沿 X 方向姿态移动，见图 3-2-47。</td><td>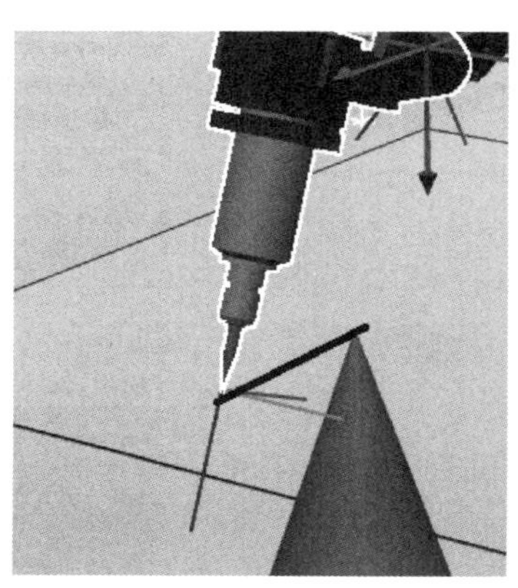
图 3-2-47　工具末端以沿 X 方向姿态移动</td></tr>
</table>

（续）

操作步骤	图示
18）选中“延伸点 X”，单击“修改位置”，将“延伸点 X”位置记录下来，见图 3-2-48。 19）单击“是”，完成设定。	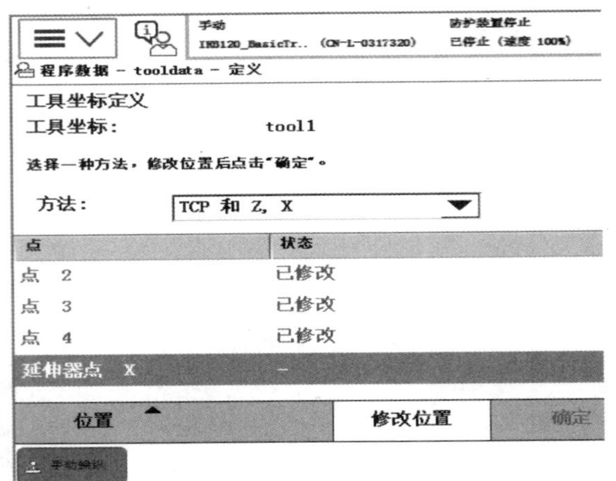 图 3-2-48　选中“延伸点 X”，单击“修改位置”并记录
20）工具末端回到点 4，以 Z 轴移动机器人到图 3-2-49 位置	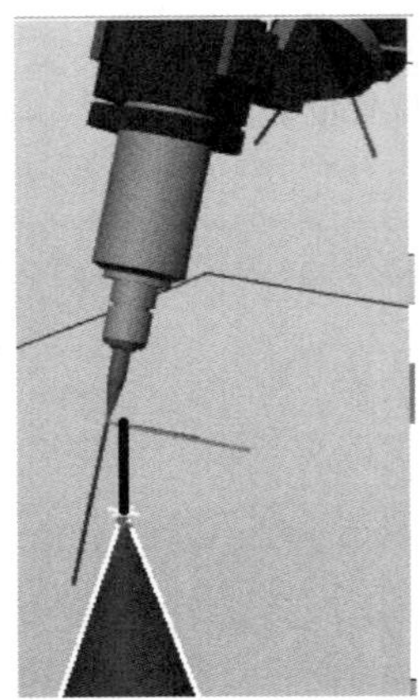 图 3-2-49　工具末端回到点 4，以 Z 轴移动机器人到图示位置
21）选中“延伸点 Z”，单击“修改位置”，将“延伸点 Z”位置记录下来，见图 3-2-50。	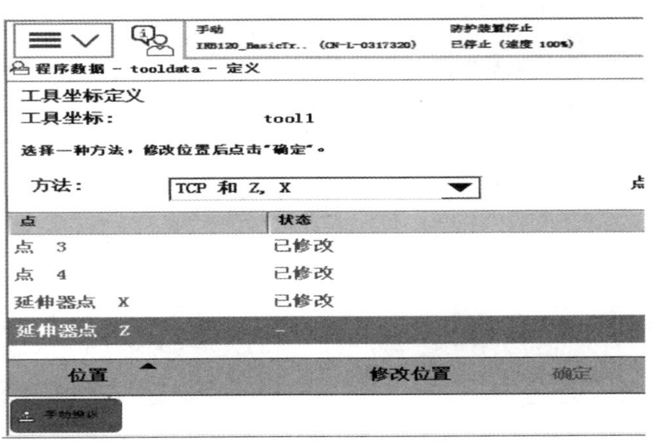 图 3-2-50　选中“延伸点 Z”，单击“修改位置”并记录

（续）

22）单击“确定”，完成设定，见图 3-2-51。	图 3-2-51　单击“确定”，完成设定
23）对误差进行确认，当然是越小越好了，但也要以实际验证效果为准，见图 3-2-52。	图 3-2-52　对误差进行确认
24）选中“tool1”，单击“确定”，见图 3-2-53。	图 3-2-53　选中“tool1”，单击“确定”

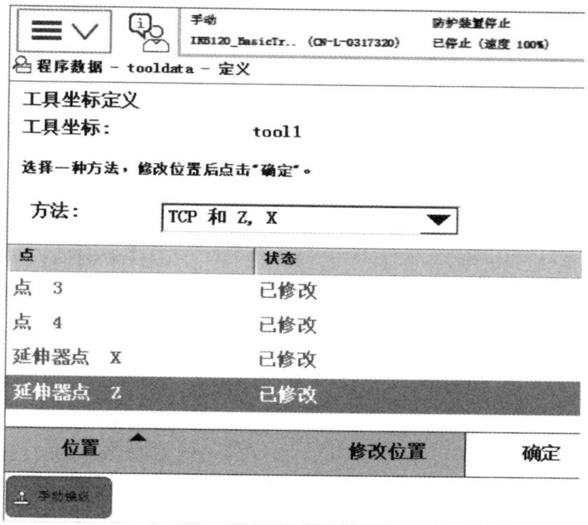

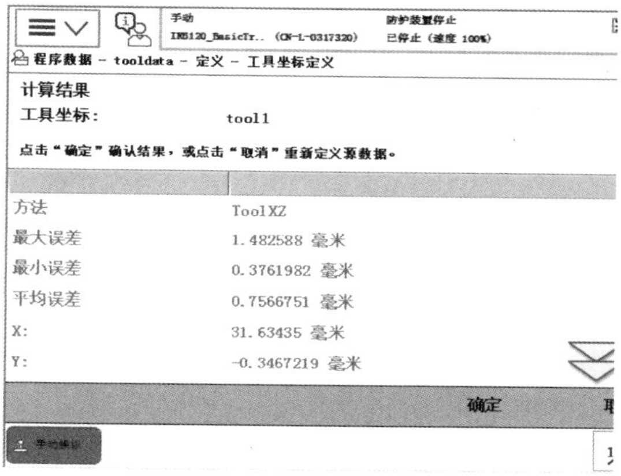

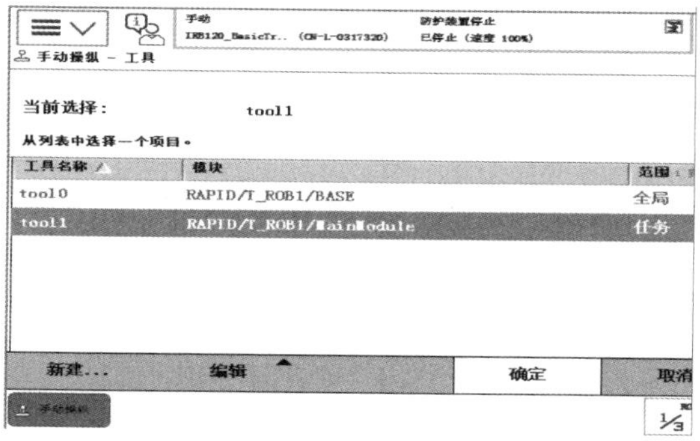

（续）

25）动作模式选定为“重定位”，坐标系选定为“工具”，工具坐标选定为“tool1”，见图 3-2-54。	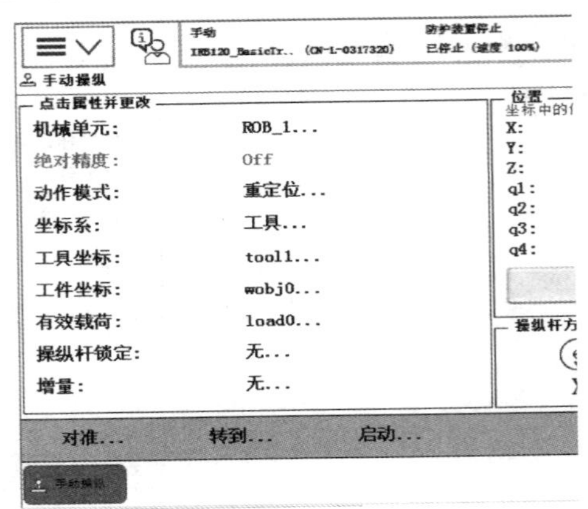 图 3-2-54　选择动作模式、坐标系和工具坐标
26）使用摇杆将工具参考点靠上固定点，然后在重定位模式下手动操纵机器人，如果 TCP 设定精确的话，可以看到工具参考点与固定点始终保持接触，而机器人会根据重定位操作改变着姿态，见图 3-2-55。	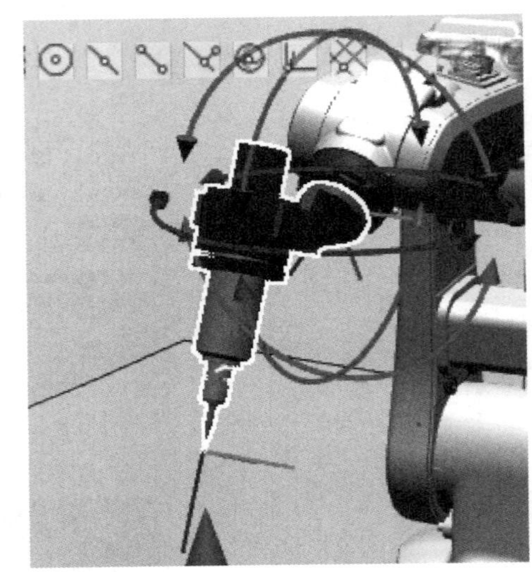 图 3-2-55　机器人根据重定位改变姿态

6. 工件坐标数据 wobjdata

知识讲解

工件坐标系对应工件：它定义工件相对于大地坐标系（或其他坐标系）的位置。机器人可以有若干工件坐标系。

作用：1）方便用户以工件平面方向为参考手动操作调试；

2）当工件位置改变，重新定义工件坐标系。机器人即可正常作业，不需要修改程序。

如图 3-2-56 所示的工件坐标和大地坐标，A 是机器人的大地坐标，为了方便编程为第一个工件建立了一个工件坐标 B，并在这个工件坐标 B 进行轨迹编程。

如果台子上还有一个一样的工件需要走一样的轨迹，那只需要建立一个工件坐标 C，将工件坐标 B 中的轨迹复制一份，然后将工件坐标从 B 更新为 C，则无需对一样的工件重复的轨迹编程了。

在图 3-2-57 的工件坐标中，在工件坐标 B 中对 A 对象进行了轨迹编程。如果工件坐标的位置变化成工件坐标 C 后，只需在机器人系统重新定义工件坐标 C，则机器人的轨迹就自动更新到 D 了，不需要再次轨迹编程了。因 A 相对于 B，D 相对于 C 的关系是一样，并没有因为整体偏移而发生变化。

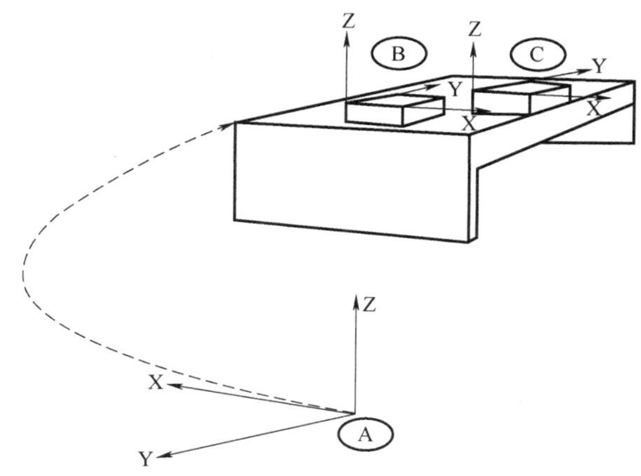

图 3-2-56 相对大地坐标系的工件坐标

三点法定义工件坐标：

1）X1、X2 确定工件坐标 X 正方向；

2）Y1 确定工件坐标 Y 正方向；

3）工件坐标系的原点是 Y1 在工件坐标 X 上的投影。

工件坐标符合右手定则，如图 3-2-58 所示。

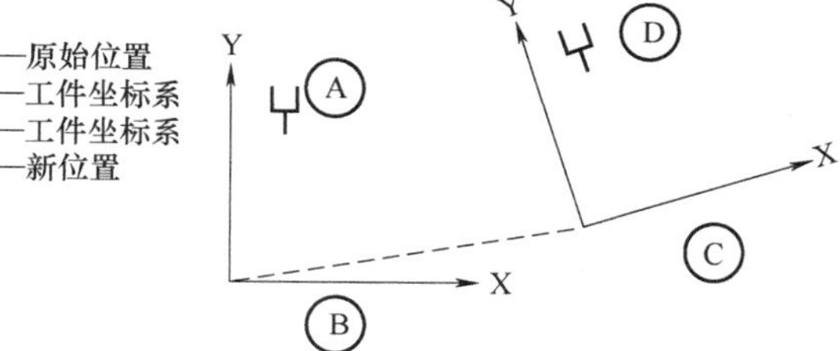

图 3-2-57 两个工具坐标

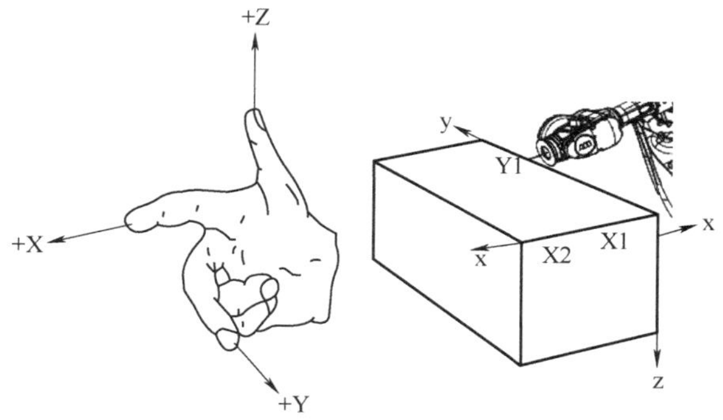

图 3-2-58 右手定则和工件坐标系的关系

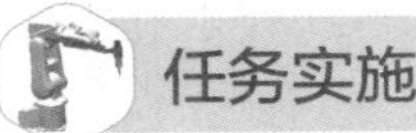

任务实施

建立工件坐标系（WOBJDATA）的操作步骤如下：

1）单击左上角主菜单按钮，见图 3-2-59。 2）选择“手动操纵”，见图 3-2-59。	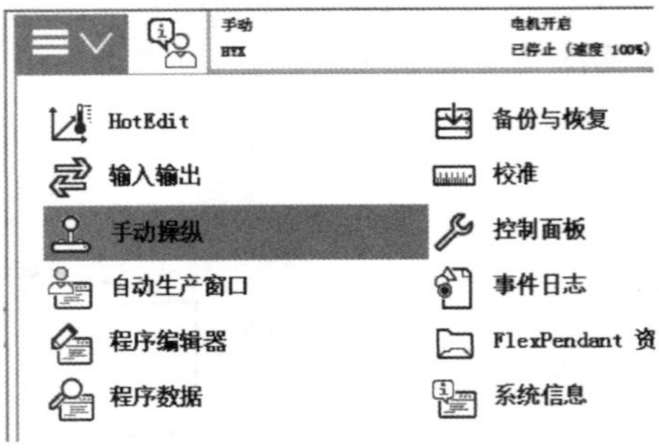 图 3-2-59　单击左上角主菜单按钮，选择“手动操纵”
3）选择“工件坐标”，见图 3-2-60。	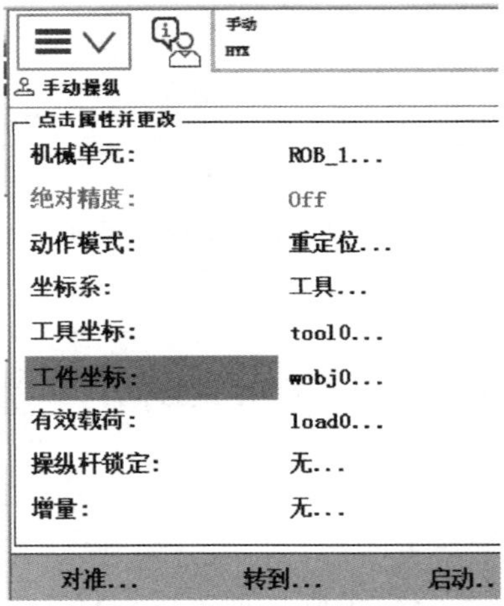 图 3-2-60　选择“工件坐标”
4）单击“新建”，见图 3-2-61。	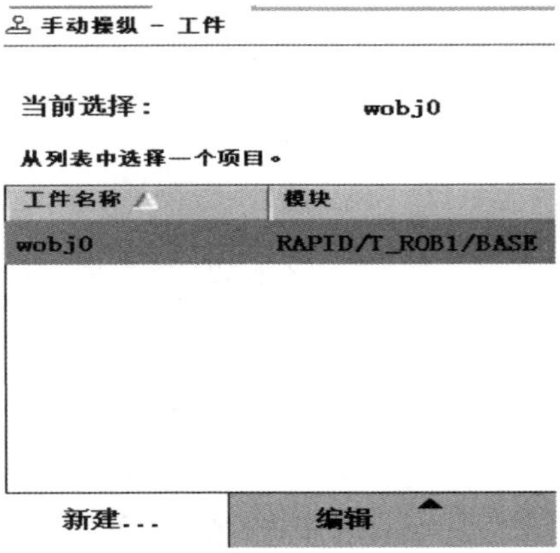 图 3-2-61　单击“新建”

（续）

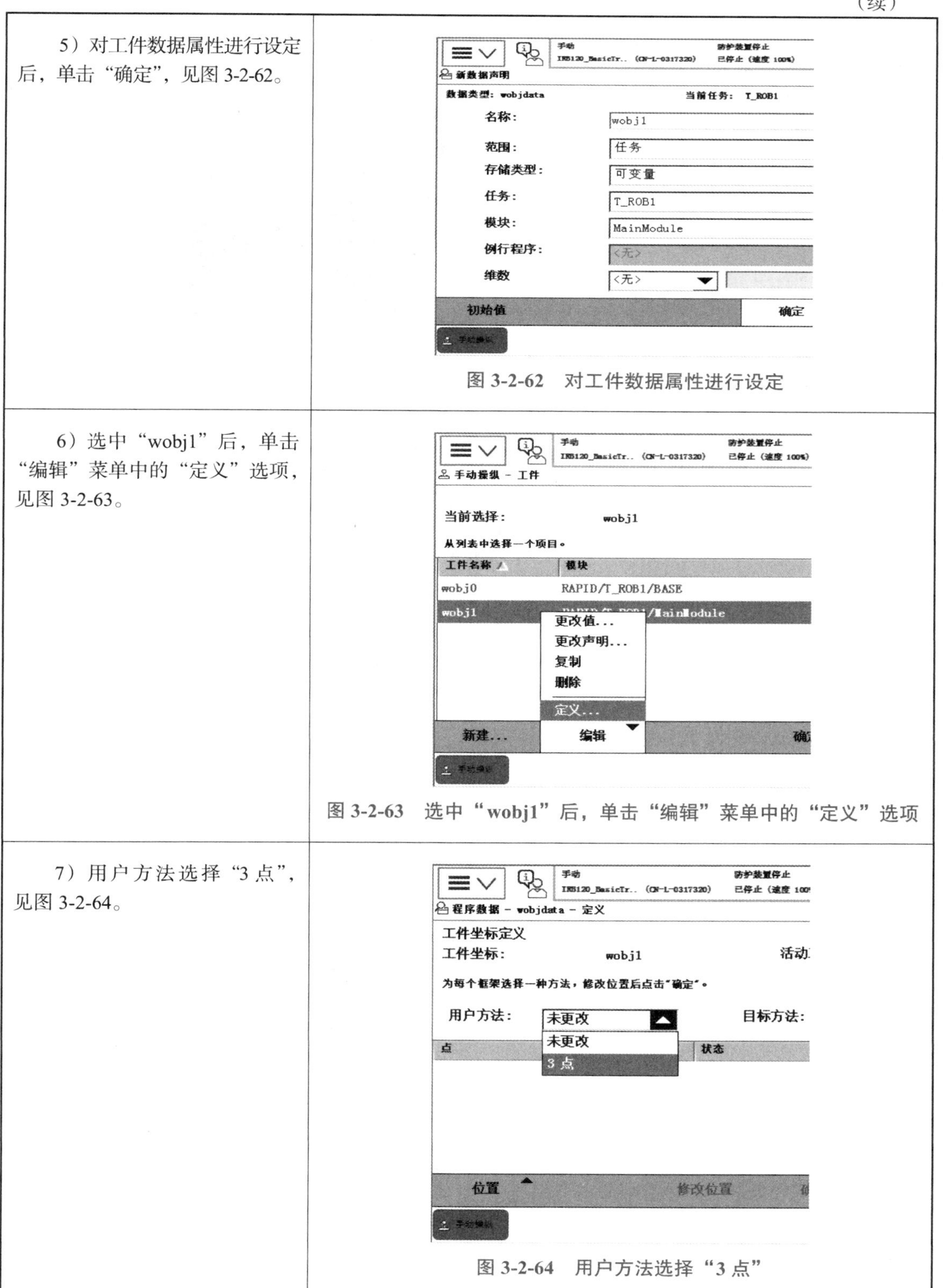

5）对工件数据属性进行设定后，单击“确定”，见图 3-2-62。	图 3-2-62　对工件数据属性进行设定
6）选中“wobj1”后，单击“编辑”菜单中的“定义”选项，见图 3-2-63。	图 3-2-63　选中“wobj1”后，单击“编辑”菜单中的“定义”选项
7）用户方法选择“3 点”，见图 3-2-64。	图 3-2-64　用户方法选择“3 点”

（续）

8）手动操作机器人的工具参考点靠近定义工件坐标系的X1点，见图3-2-65。	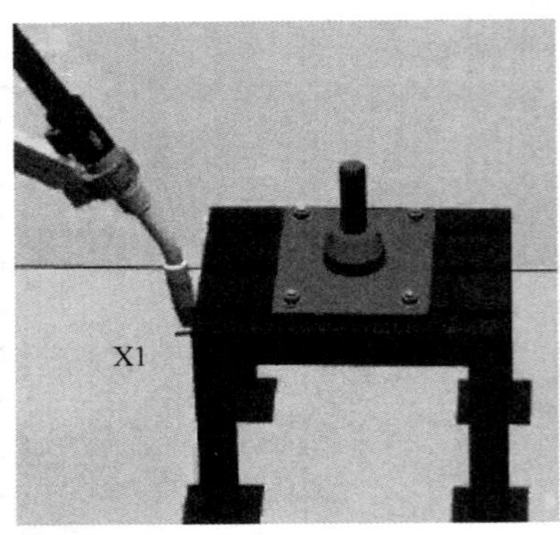 图 3-2-65　手动操作机器人的工具参考点靠近 X1 点
9）选中“用户点X1”，单击“修改位置”，将点X1位置记录下来，见图3-2-66。	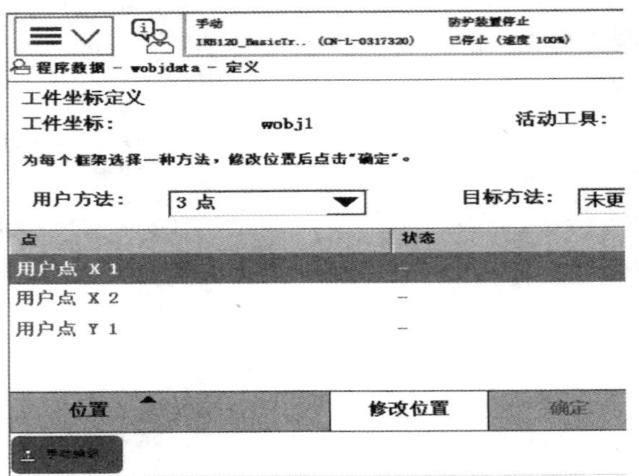 图 3-2-66　选中“用户点 X1”，单击“修改位置”并记录
10）手动操作机器人的工具参考点靠近定义工件坐标系的X2点，见图3-2-67。	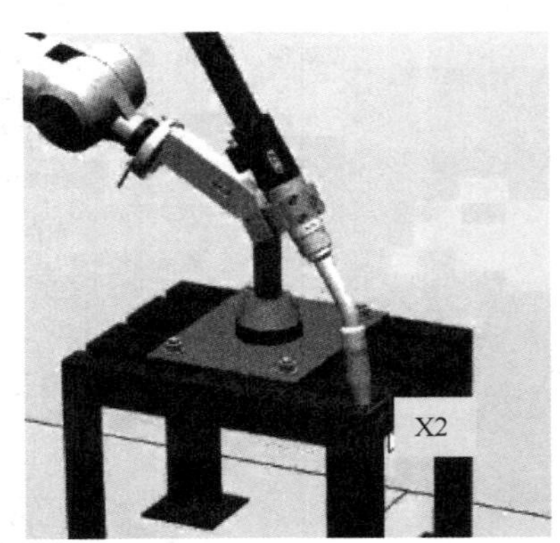 图 3-2-67　手动操作机器人的工具参考点靠近定义工件坐标系的 X2 点

（续）

11）选中“用户点 X2”，单击“修改位置”，将点 X2 位置记录下来，见图 3-2-68。	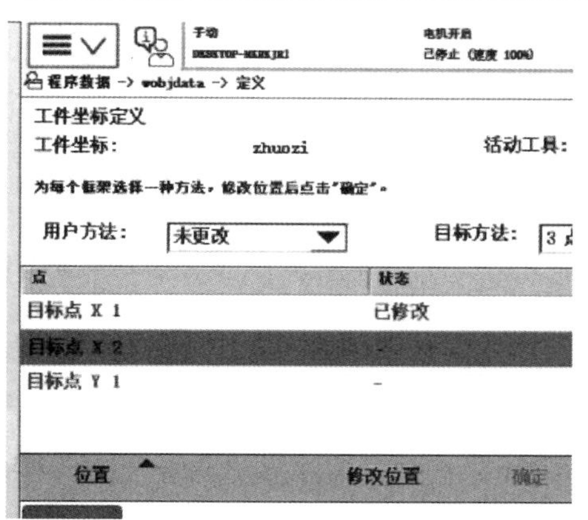 图 3-2-68　选中“用户点 X2”，单击“修改位置”并记录
12）沿垂直于 X1、X2 的方向定义工件坐标系的 Y1 点，见图 3-2-69。	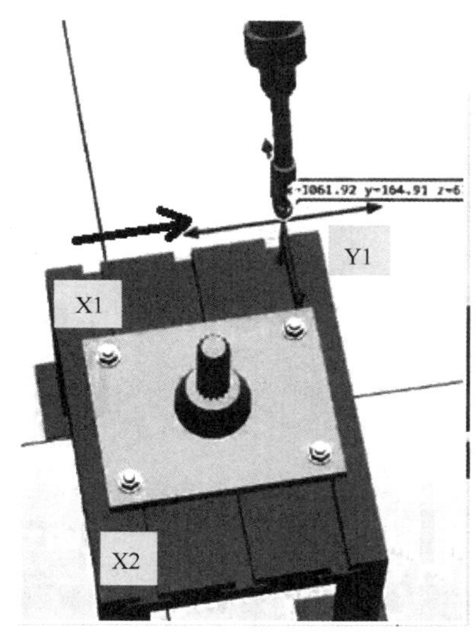 图 3-2-69　沿垂直于 X1、X2 的方向定义 Y1 点
13）选中“用户点 Y1”，单击“修改位置”，将点 Y1 位置记录下来，见图 3-2-70。	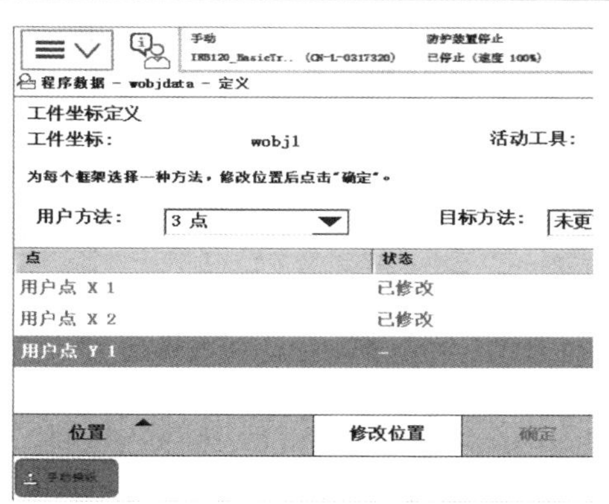 图 3-2-70　选中“用户点 Y1”，单击“修改位置”并记录

（续）

14）单击“确定”，完成设定，见图 3-2-71。	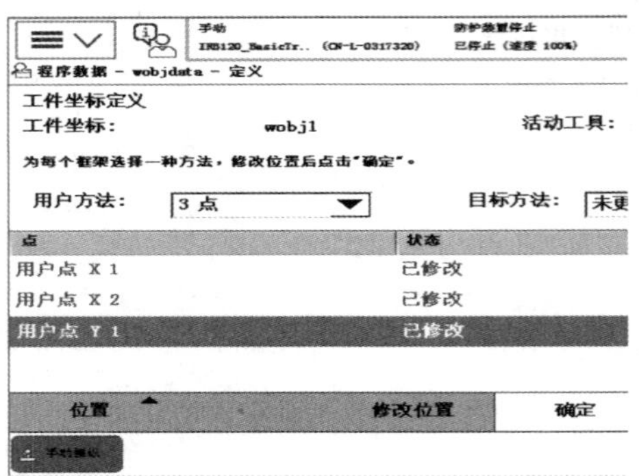 图 3-2-71　单击“确定”，完成设定
15）对自动生成的工件坐标数据进行确认后，单击“确定”，见图 3-2-72。	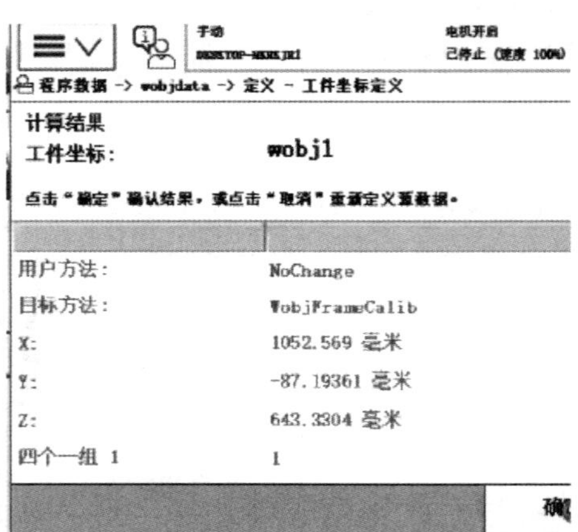 图 3-2-72　对自动生成的工件坐标数据进行确认后，单击“确定”
16）选中“wobj1”，单击“确定”，见图 3-2-73。	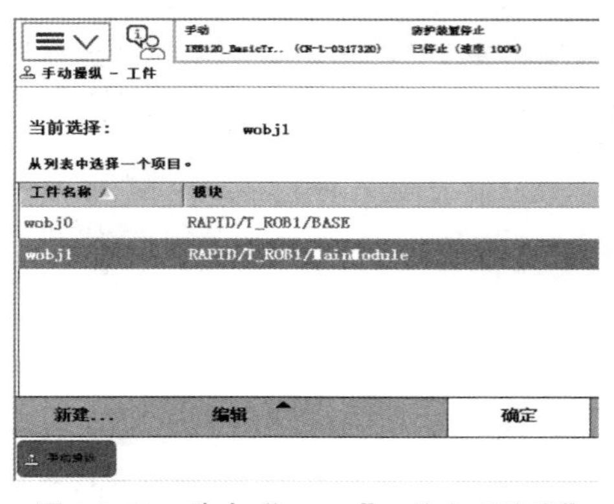 图 3-2-73　选中“wobj1”，单击“确定”

（续）

<table>
<tr>
<td>17）动作模式选定为“线性”；坐标系选定为“工件坐标”；工件坐标选定为“wobj1”，见图 3-2-74。
机器人在原点 X1 的坐标为（0，1.83，0）。</td>
<td>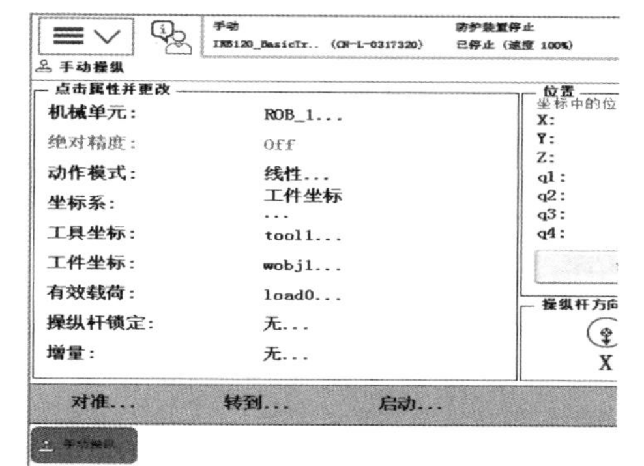

图 3-2-74　动作模式、坐标系及工件坐标的选定</td>
</tr>
<tr>
<td>18）设定手动操纵画面项目，使用线性动作模式，摇动摇杆，则机器人工具末端沿新的工件坐标移动，见图 3-2-75。</td>
<td>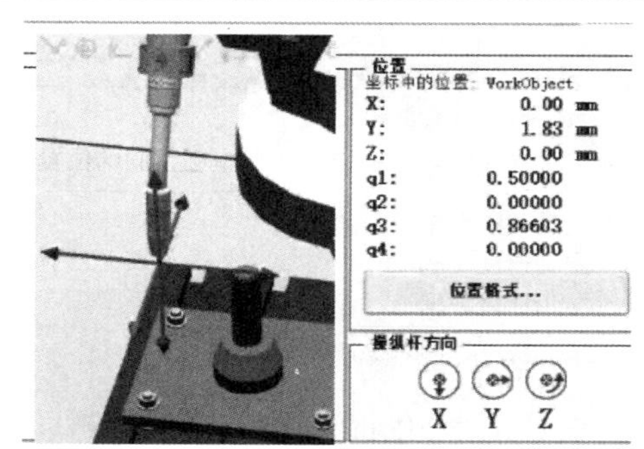

图 3-2-75　设定完成后，机器人工具末端沿新的工件坐标移动</td>
</tr>
</table>

子任务 3.2.3　工业机器人轨迹程序设计

知识讲解

运用运动控制指令编辑机器人程序完成如图 3-2-76 所示的轨迹图形。

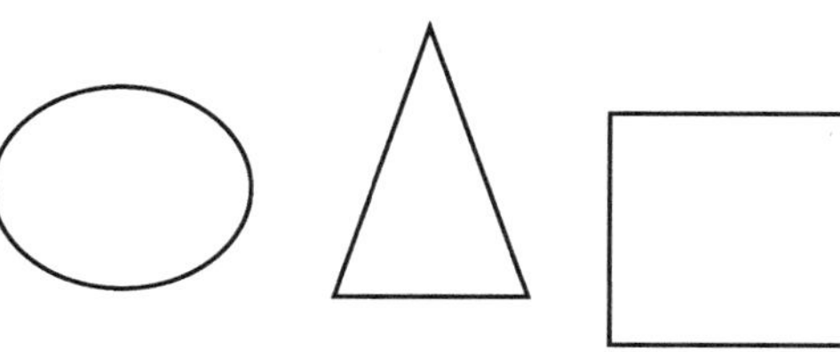

图 3-2-76　轨迹图形任务

1. 运动指令

机器人在空间中进行的运动指令主要有：线性运动（MoveL）、关节运动（MoveJ）、圆弧运动（MoveC）。

（1）线性运动指令 MoveL

线性运动是机器人的 TCP 从起点到终点之间的路径始终保持为直线，一般如焊接，涂胶等应用对路径要求高的场合使用此指令。其运动轨迹如图 3-2-77 所示。

指令格式如图 3-2-78 所示。

MoveL 指令是复合参数指令。当机器人执行第一条指令时，其工具 tool1 从当前位置以速度 200mm/s，转弯半径为 10mm，直线运动向 p1 点。当单步执行时可以到达 p1 点，连续运行时，会在离 p1 点 10mm 的位置画一圆弧。执行第二条指令时，会从 p1 点，以速度 100mm/s，精准到达 p2 点。fine 是精准到达。其参数解析见表 3-2-2。

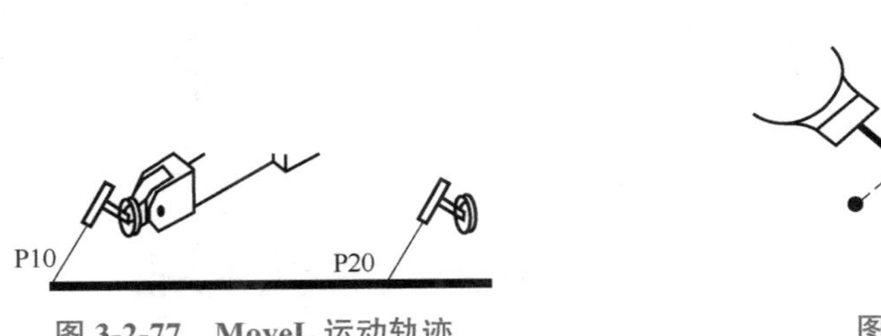

图 3-2-77　MoveL 运动轨迹　　图 3-2-78　两条 MoveL 指令

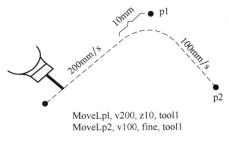

表 3-2-2　MoveL 指令的参数

参　数	含　义
p10	目标点位置数据 定义当前机器人 TCP 在工件坐标系中的位置，通过单击“修改位置”进行修改
v1000	运动速度数据，1000mm/s 定义速度（mm/s）
Z10	转角区域数据 定义转弯区的大小，单位：mm
tool1	工具数据 定义当前指令使用的工具坐标
wobj1	工件坐标数据 定义当前指令使用的工件坐标

（2）关于转弯区

fine 指机器人 TCP 达到目标点，在目标点速度降为零。机器人动作有所停顿，然后再向下运动，如果是一段路径的最后一个点一定要为 fine。转弯区数值越大，机器人的动作路径就越圆滑与流畅。

（1）在程序中添加 MOVEL 指令

1）单击左上角主菜单按钮，见图 3-2-79。

2）选择“手动操纵”，见图 3-2-79。

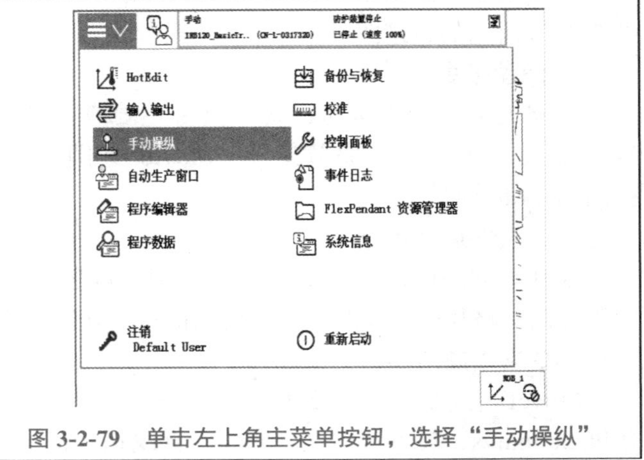

图 3-2-79　单击左上角主菜单按钮，选择“手动操纵”

（续）

3）确认已选定“工具坐标”与“工件坐标”，见图 3-2-80。	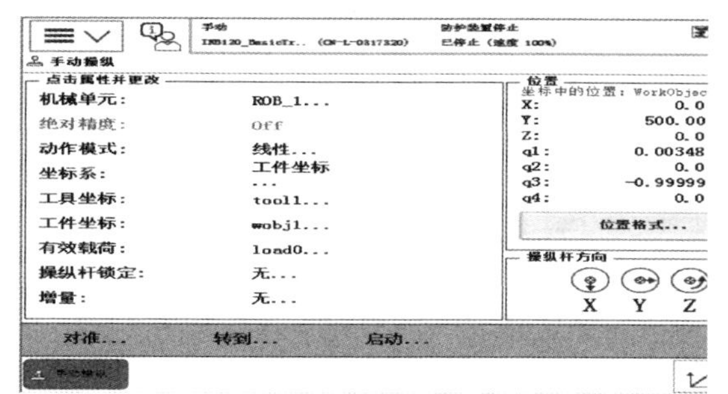 图 3-2-80　确认已选定“工具坐标”与“工件坐标”
4）在已建立的例行程序“Routine1（ ）”下，选中“<SMT>”，单击“添加指令”，见图 3-2-81。 5）在指令列表中选择“MoveL”，见图 3-2-81。	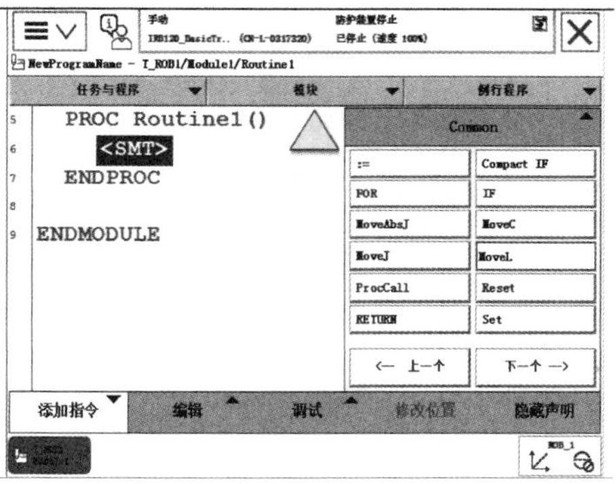 图 3-2-81　在“Routine1（ ）”下选中“<SMT>”，在指令表选择“MoveL”
6）选中“*”号并蓝色高亮显示，再单击“*”号，见图 3-2-82。	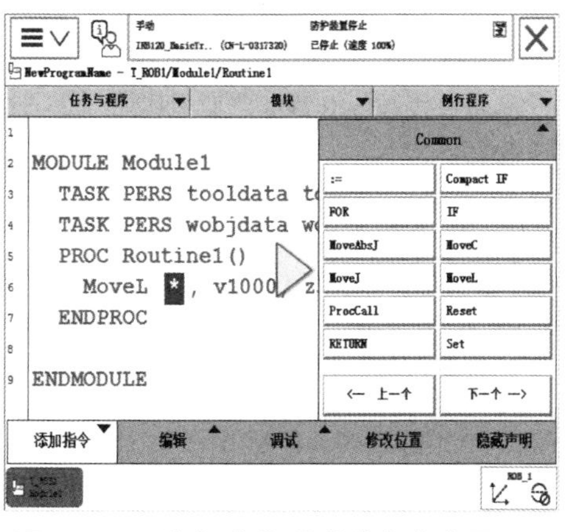 图 3-2-82　选中“*”号并蓝色高亮显示，再单击“*”号

（续）

7）单击“新建”，见图 3-2-83。	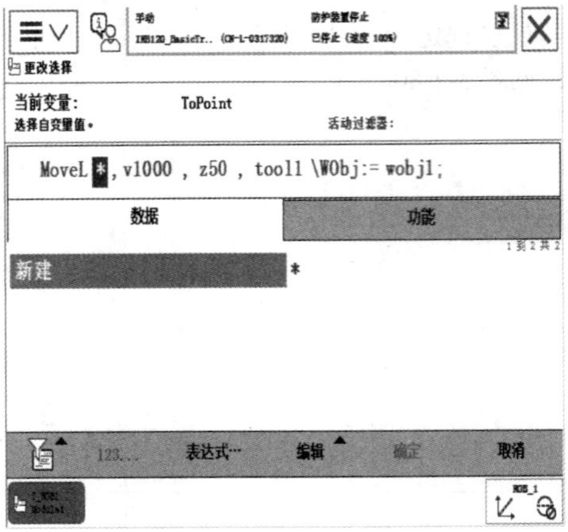 图 3-2-83　单击“新建”
8）对目标点数据属性进行设定后，目标点为 p10，单击“确定”，见图 3-2-84。	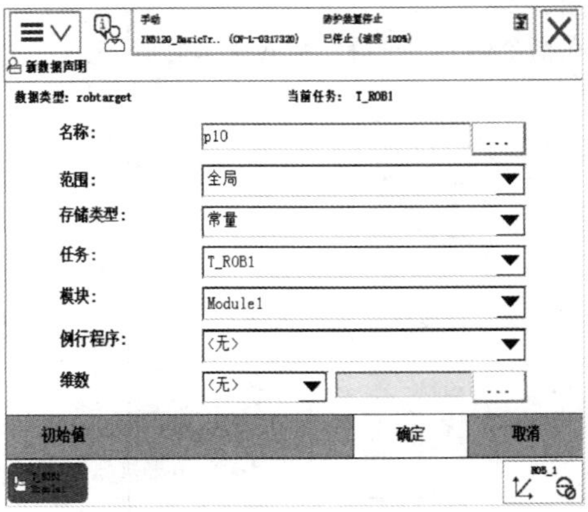 图 3-2-84　对目标点“p10”属性进行设定，单击“确定”
9）“*”号已经被 p10 目标点变量代替，见图 3-2-85。 10）单击“确定”，见图 3-2-85。	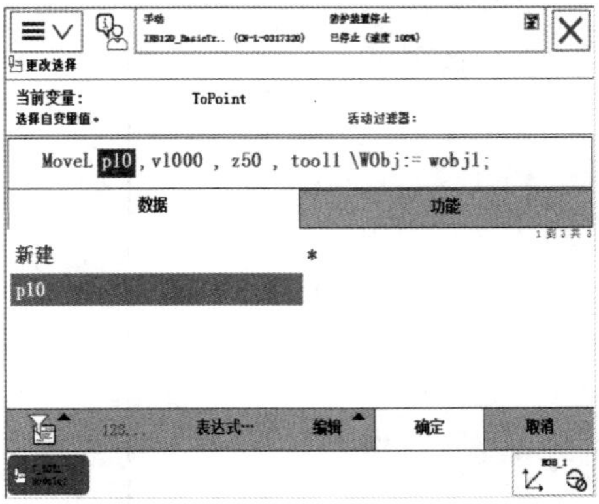 图 3-2-85　“*”号已被 p10 目标点代替，单击“确定”

（续）

<table>
<tr>
<td>11）单击“添加指令”将指令列表收起来，见图 3-2-86。</td>
<td>
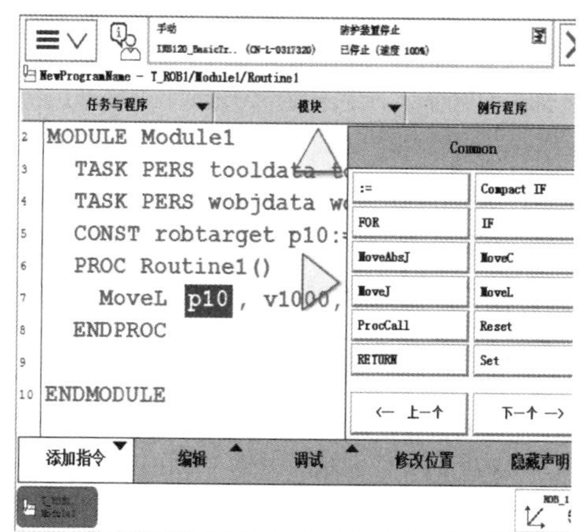

图 3-2-86　单击“添加指令”将指令列表收起来
</td>
</tr>
<tr>
<td>12）单击“减号”，则可以看到整条运动指令，见图 3-2-87。
13）选中“p10”，单击“修改位置”，则 p10 将存储工具 tool1 在工件坐标系 wobj1 中的位置信息，见图 3-2-87。</td>
<td>
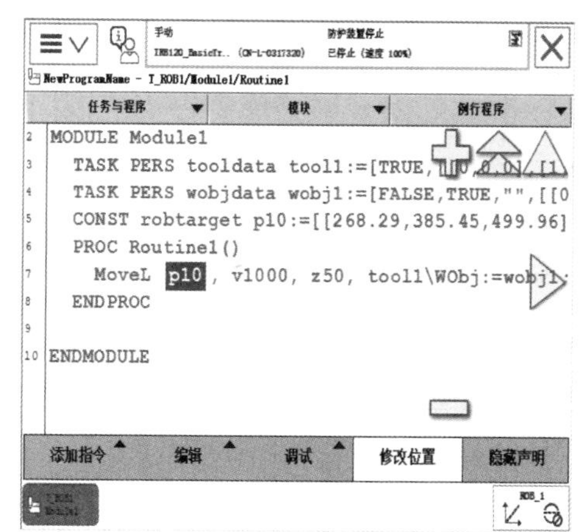

图 3-2-87　单击“减号”，则可看到整条运动指令，选中“p10”，单击修改位置
</td>
</tr>
</table>

（2）关节运动指令 MoveJ

关节运动指令是在对路径精度要求不高的情况，机器人的工具中心点 TCP 从一个位置以最快捷的方式移动到另一个位置，两个位置之间的路径不一定是直线。机器人运动状态不完全可控，但运动路径保持唯一。指令轨迹和格式见图 3-2-88。

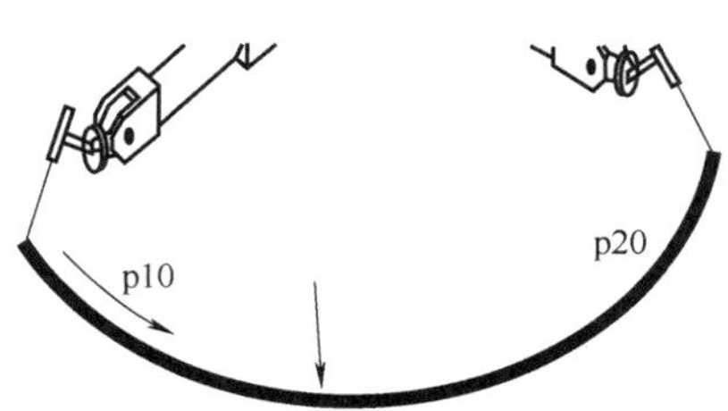

图 3-2-88　MoveJ 指令轨迹和格式

关节运动指令适合机器人大范围运动时使用，不容易在运动过程中出现关节轴进入机械死点的问题。

机器人以非线性的方式从当前点移动到 p20 点，移动速度 200mm/s，实现精准到达。

（3）圆弧运动指令 MoveC

圆弧路径是在机器人可到达的空间范围内定义三个位置点，第一个点是圆弧的起点，第二个点用于圆弧的曲率，第三个点是圆弧的终点。轨迹及指令格式见图 3-2-89。

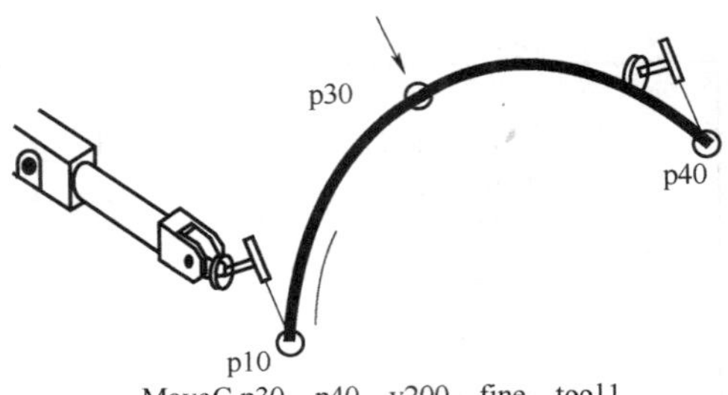

图 3-2-89　MoveC 轨迹及指令格式

2. 逻辑判断指令

条件逻辑判断指令是用于对条件进行判断后，执行相应的操作，是 RAPID 中重要的组成。

（1）紧凑型条件判断指令（Compact IF）

<table>
<tr>
<td>如果 flag1 的状态为 TRUE，则 do1 被置位为 1，见图 3-2-90。
注意：Compact IF 紧凑型条件判断指令用于当一个条件满足了以后，就执行一句指令。</td>
<td>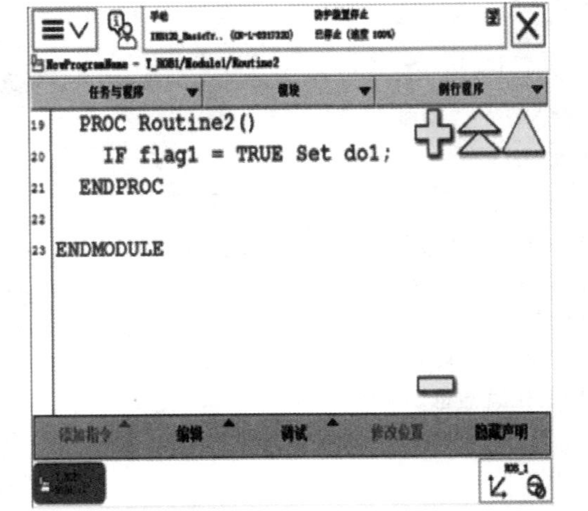

图 3-2-90　如果 flag1 状态为 TRUE，则 do1 被置位为 1</td>
</tr>
</table>

（2）条件判断指令 IF

<table>
<tr>
<td>如果 num1 为 1，则 flag1 会赋值为 TRUE，见图 3-2-91。
如果 num1 为 2，则 flag1 会赋值为 FALSE，见图 3-2-91。
除了以上两种条件之外，则执行 do1 置位为 1，见图 3-2-91。
IF 条件判断指令，就是根据不同的条件去执行不同的指令
注意：条件判定的条件数量可以根据实际情况进行增加与减少。</td>
<td>

图 3-2-91　条件判断指令 IF</td>
</tr>
</table>

（3）重复执行判断指令 FOR

例行程序 Routine1，重复执行 10 次，见图 3-2-92。

注意：FOR 重复执行判断指令，是用于一个或多个指令需要重复执行数次的情况。

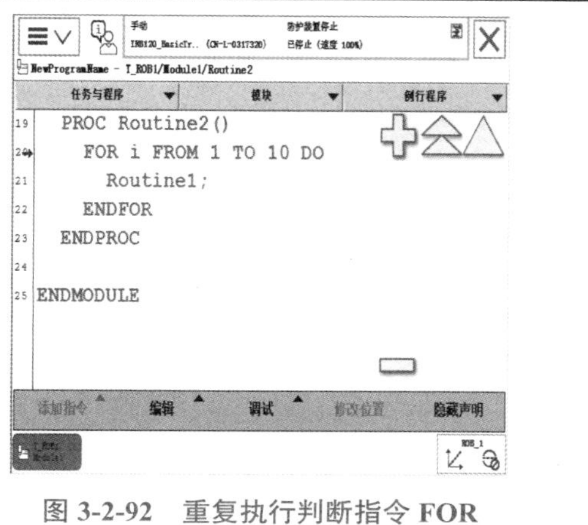

图 3-2-92　重复执行判断指令 FOR

（4）条件判断指令 WHILE

当 num1>num2 的条件满足的情况下，就一直执行 num1：=num1-1 的操作，见图 3-2-93。

注意：WHILE 条件判断指令，用于在给定的条件满足的情况下，一直重复执行对应的指令。

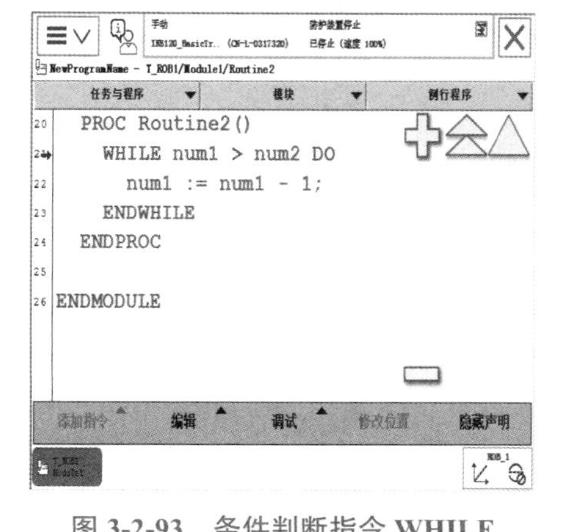

图 3-2-93　条件判断指令 WHILE

（5）等待指令 WaitTime

等待 4s 以后，程序向下执行 Reset do1 指令，见图 3-2-94。

注意：WaitTime 时间等待指令，用于程序在等待一个指定的时间以后，再继续向下执行。

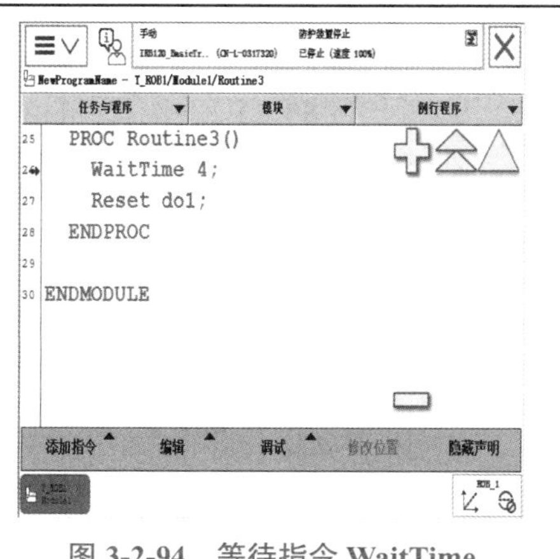

图 3-2-94　等待指令 WaitTime

（6）调用例行程序指令 ProcCall

1）选中“<SMT>”为要调用例行程序的位置，见图 3-2-95。 2）在指令列表中选择“ProcCall”指令，见图 3-2-95。	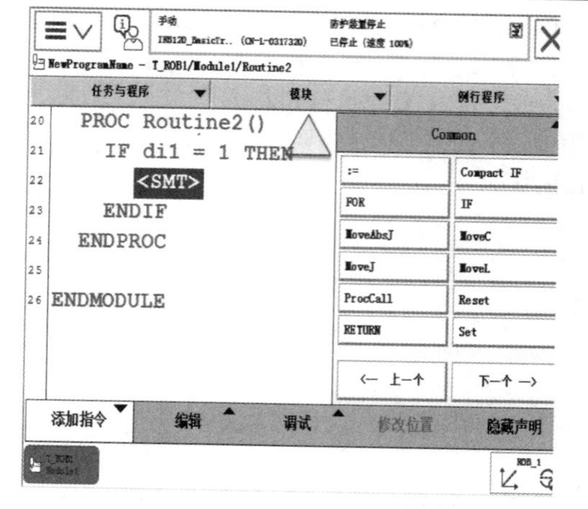 图 3-2-95　选中“<SMT>”，再选“ProcCall”
3）选中要调用的例行程序“Routine1”，然后单击“确定”，见图 3-2-96。	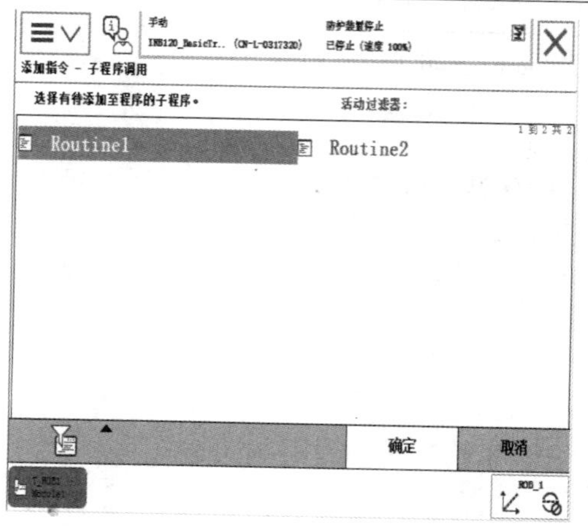 图 3-2-96　选中“Routine1”，单击“确定”
4）调用例行程序 Routine1，见图 3-2-97。	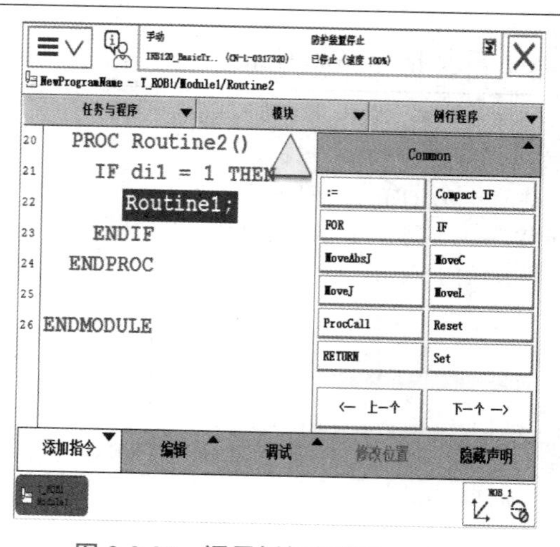 图 3-2-97　调用例行程序 Routine1

（7）返回例行程序指令 RETURN

在 Routine2（ ）中，当 di1=1 时，执行 RETURN 指令，程序指针返回到调用 Routine2 的位置并继续向下执行 Set do1 这个指令，见图 3-2-98。

注意：RETURN 返回例行程序指令，当此指令被执行时，则马上结束本例行程序的执行，返回程序指针到调用此例行程序的位置

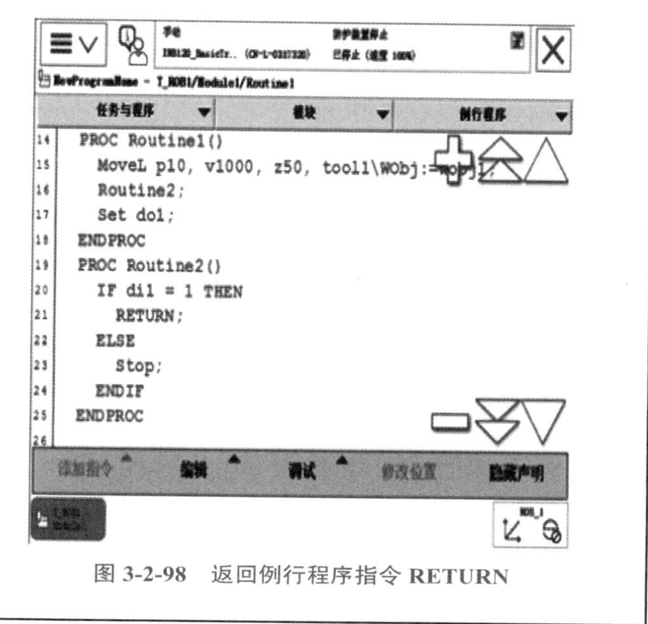

图 3-2-98　返回例行程序指令 RETURN

3. 赋值指令 : =

“: =”赋值指令是用于对程序数据进行赋值，赋值可以是一个常量或数学表达式。我们就以添加一个常量赋值与数学表达式赋值进行说明此指令的使用。

常量赋值：reg1 : =5;

数学表达式赋值：reg2 : =reg1+4;

（1）添加常量赋值指令的操作

1）在指令列表中选择“: =”，见图 3-2-99。

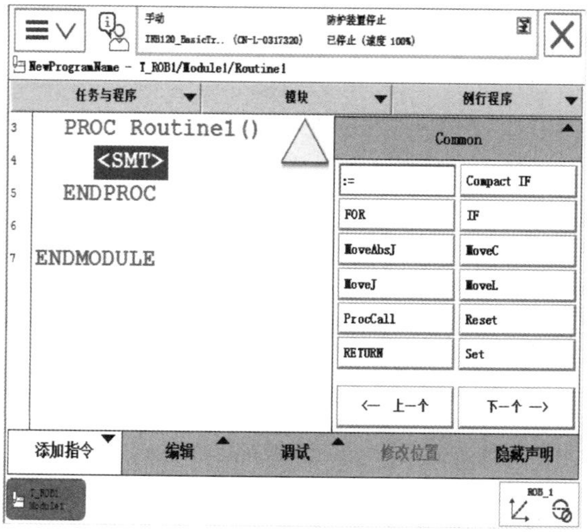

图 3-2-99　在指令列表中选择“: =”

（续）

2）单击“更改数据类型…”，选择 num 数字型数据，见图 3-2-100。	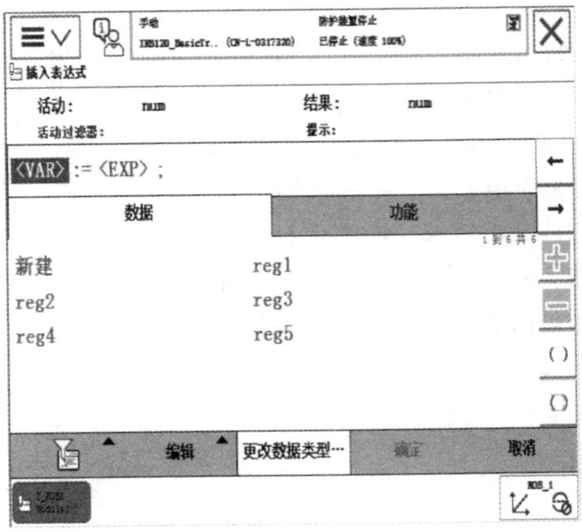 图 3-2-100　单击“更改数据类型…”，选择 num 数字型数据
3）在列表中找到“num”并选中，然后单击“确定”见图 3-2-101。	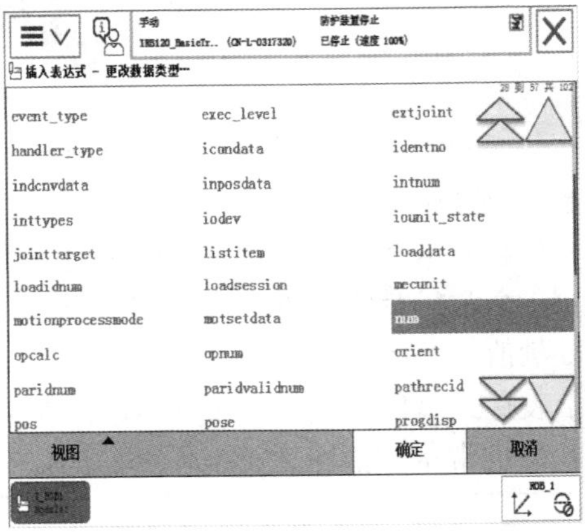 图 3-2-101　列表中找到“num”并选中，单击“确定”
4）选中“reg1”，见图 3-2-102。	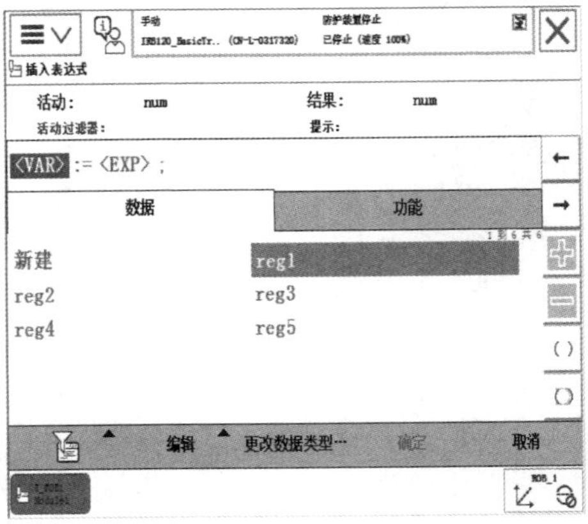 图 3-2-102　选中“reg1”

（续）

5）选中“<EXP>”并蓝色高亮显示，见图 3-2-103。 6）打开“编辑”菜单，选择“仅限选定内容”，见图 3-2-103。	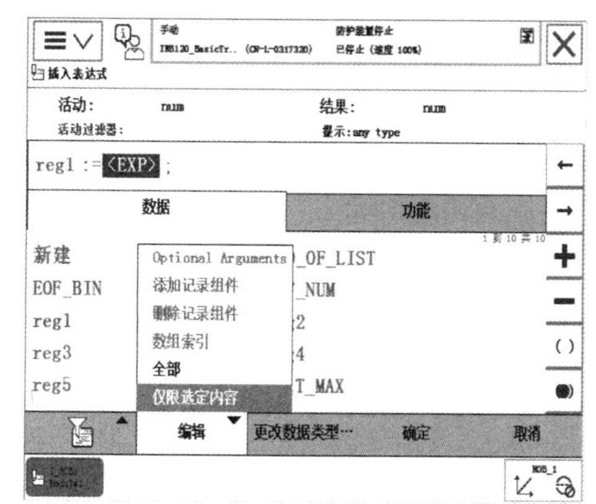 图 3-2-103　选中“<EXP>”并蓝色高亮显示，打开“编辑”菜单，选择“仅限选定内容”
7）通过软键盘输入数字“5”，然后单击“确定”，见图 3-2-104。	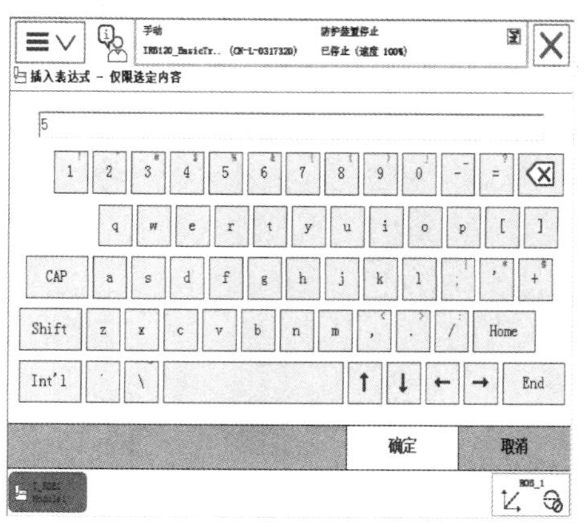 图 3-2-104　通过软键盘输入“5”，单击“确定”
8）单击“确定”，见图 3-2-105。	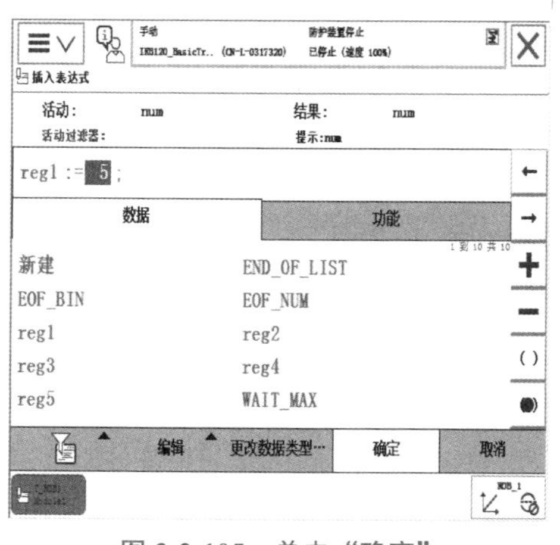 图 3-2-105　单击“确定”

（续）

9）在这里就能看到所增加的指令，见图 3-2-106。	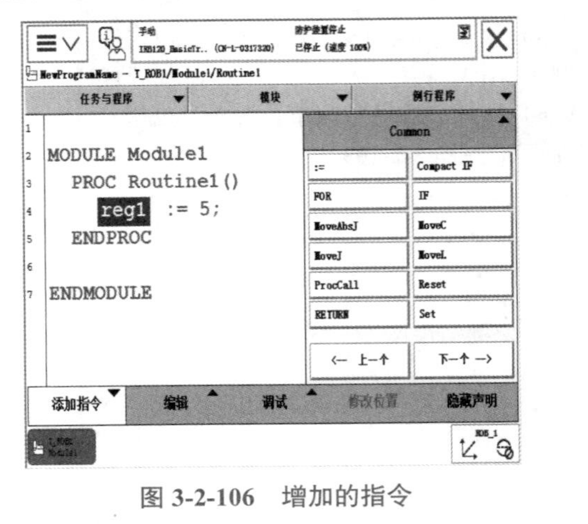 图 3-2-106　增加的指令

（2）添加带数学表达式的赋值指令的操作

1）在指令列表中选择“: =”，见图 3-2-107。	图 3-2-107　在指令列表中选择“: =”
2）选中“reg2”，见图 3-2-108。	图 3-2-108　选中“reg2”

（续）

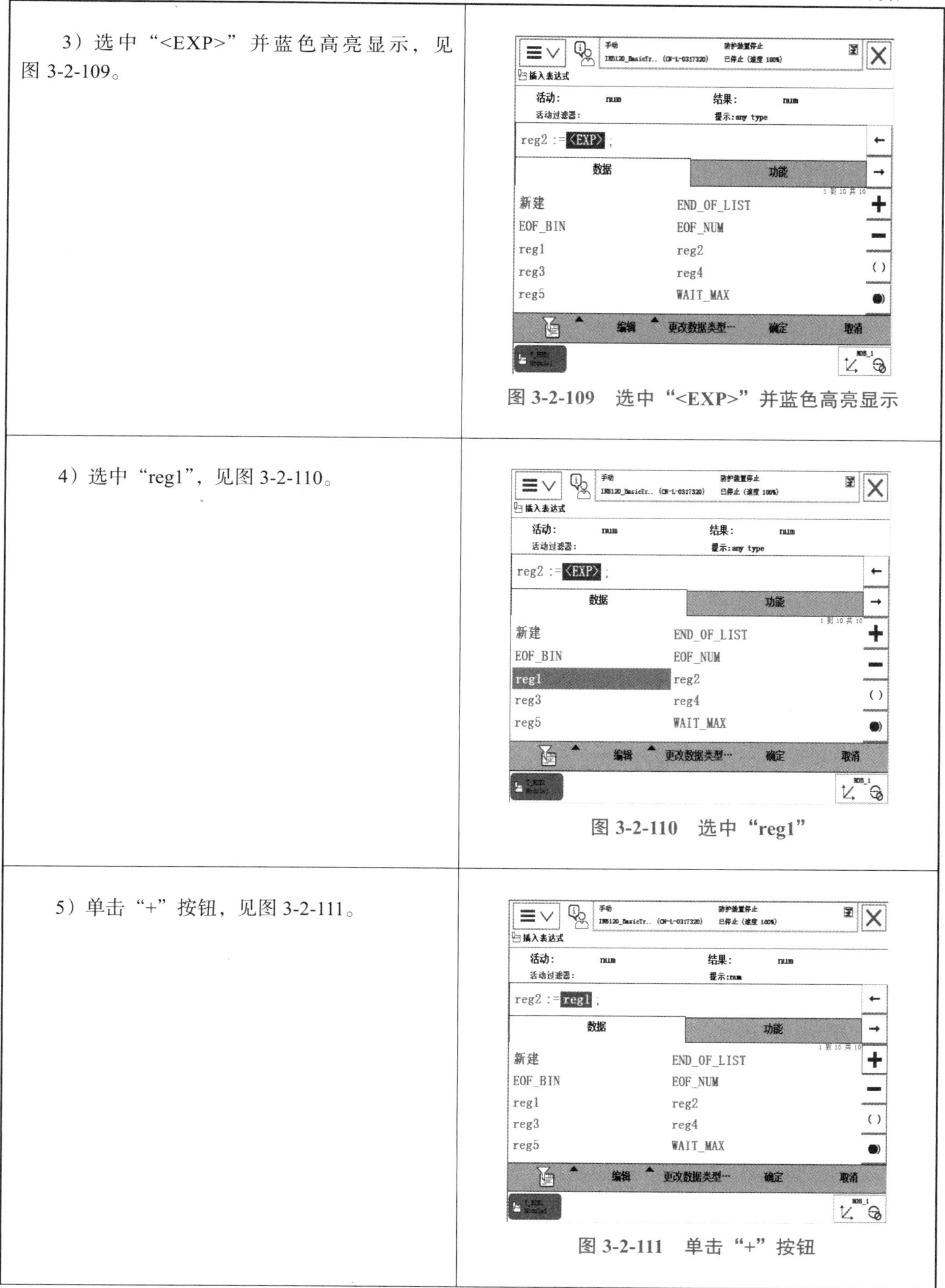

3）选中“<EXP>”并蓝色高亮显示，见图 3-2-109。	图 3-2-109　选中“<EXP>”并蓝色高亮显示
4）选中“reg1”，见图 3-2-110。	图 3-2-110　选中“reg1”
5）单击“+”按钮，见图 3-2-111。	图 3-2-111　单击“+”按钮

（续）

6）选中“<EXP>”并蓝色高亮显示，见图 3-2-112。 7）打开“编辑”菜单，选择“仅限选定内容”，见图 3-2-112。	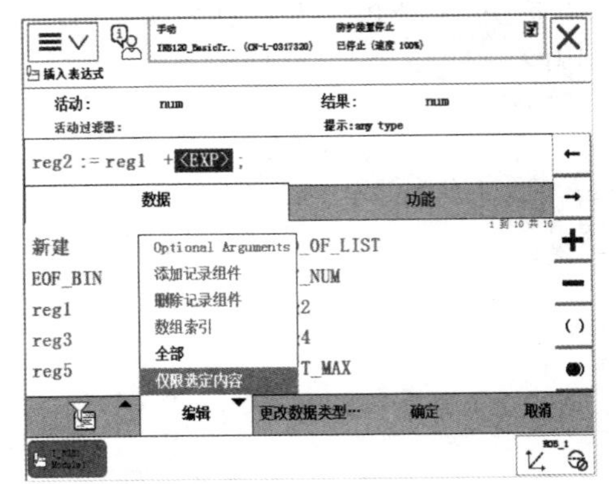 图 3-2-112　选中“<EXP>”并蓝色高亮显示，打开“编辑”菜单选择“仅限选定内容”
8）通过软键盘输入数字“4”，然后单击“确定”见图 3-2-113。	 图 3-2-113　输入数字“4”，单击“确定”
9）单击“确定”，见图 3-2-114。	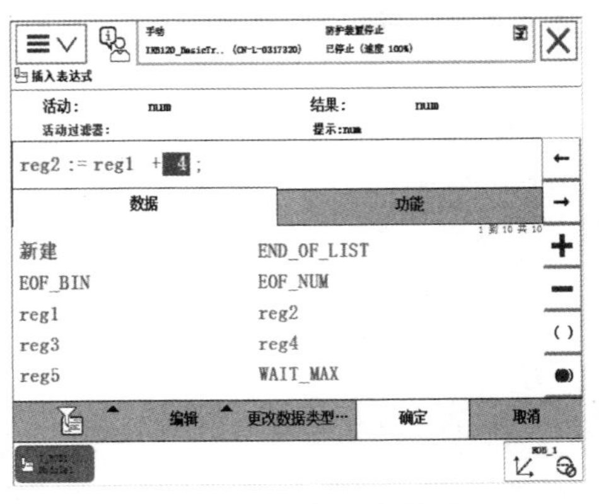 图 3-2-114　单击“确定”

（续）

10）单击“下方”，见图 3-2-115。	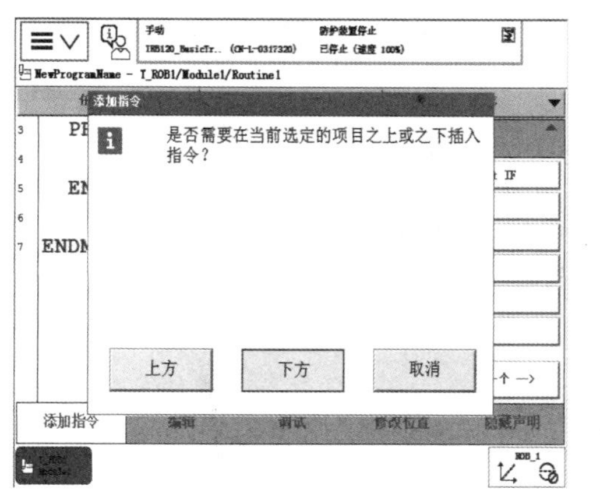 图 3-2-115　单击“下方”
11）添加指令成功，见图 3-2-116。 12）单击“添加指令”将指令列表收起来，见图 3-2-116。	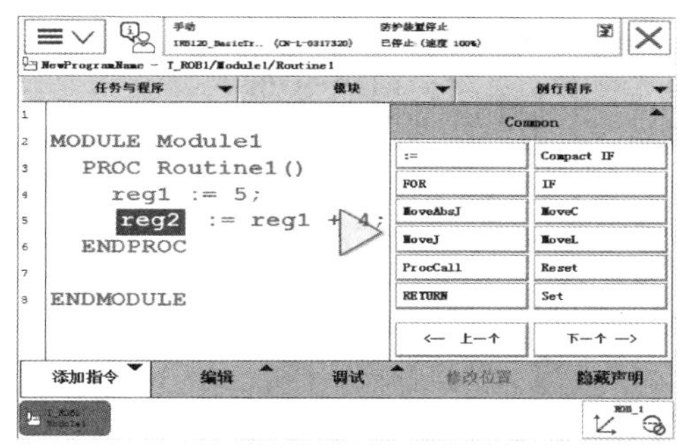 图 3-2-116　添加指令成功，单击“添加指令”将指令列表收起
13）编辑的赋值指令，见图 3-2-117。	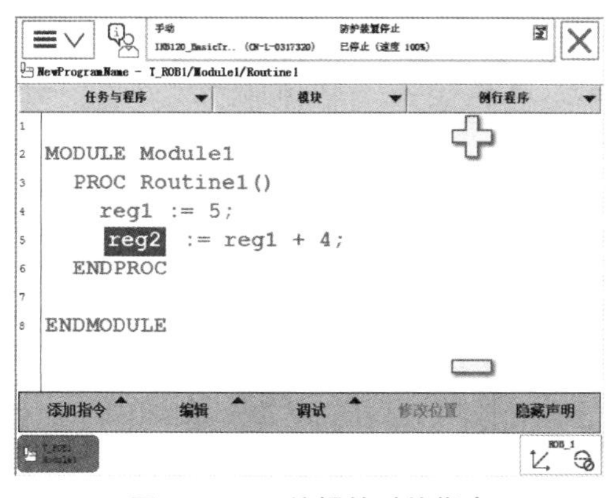 图 3-2-117　编辑的赋值指令

4. 偏移函数指令 offs

在 Routine1 中，功能“offs”的作用是基于位置目标点 p10 在 X 方向偏移 100mm，Y 方向偏移 200mm，Z 方向偏移 300mm，见图 3-2-118。

在 Routine2 里，所做的操作结果与 Routine1 一样，但执行的效率就不如 Routine1 了，见图 3-2-118。

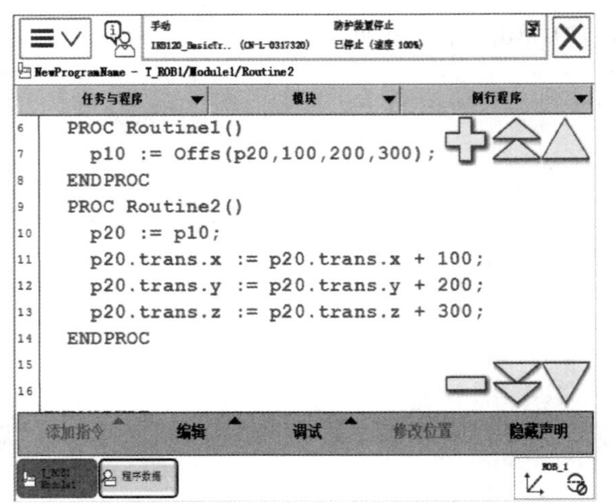

图 3-2-118 offs 使用方法

Offs 偏移函数属于“功能 FUNCTION”，有四个参数，见图 3-2-119。Offs 函数不单独出现。

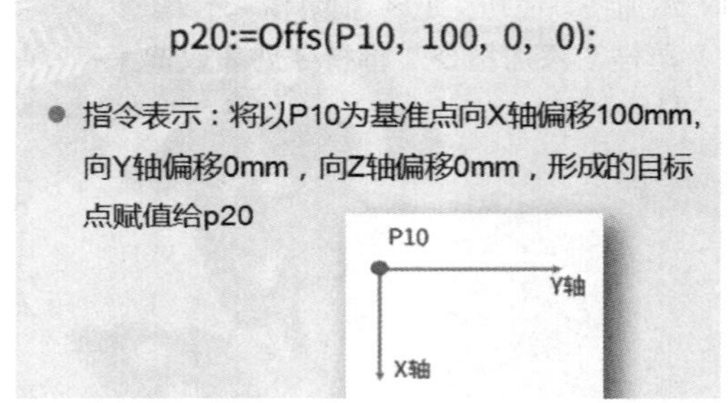

图 3-2-119 Offs 有四个参数

添加指令 p20:=Offs（p10，100，200，300）；

1）单击左下角“添加指令”，见图 3-2-120。

2）选择“:=”赋值指令，见图 3-2-120。

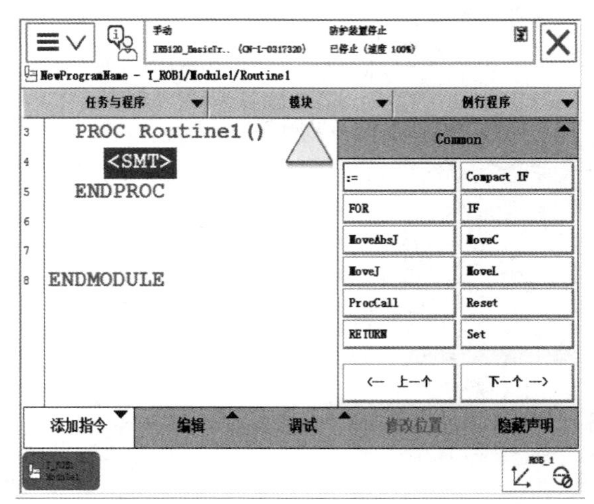

图 3-2-120 单击左下角“添加指令”，选择“:=”赋值指令

（续）

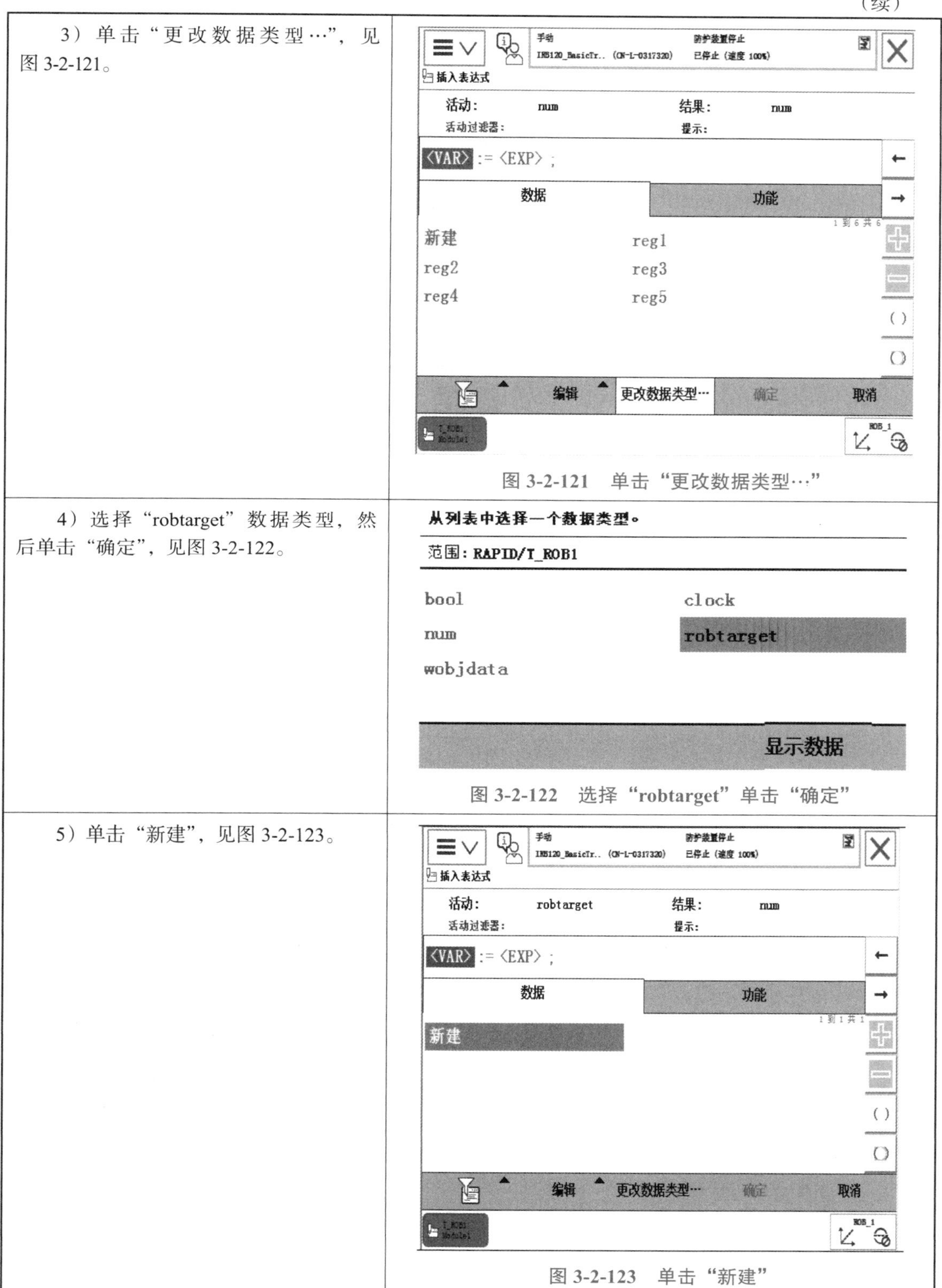

3）单击“更改数据类型…”，见图 3-2-121。	图 3-2-121　单击“更改数据类型…”
4）选择“robtarget”数据类型，然后单击“确定”，见图 3-2-122。	图 3-2-122　选择“robtarget”单击“确定”
5）单击“新建”，见图 3-2-123。	图 3-2-123　单击“新建”

（续）

6）选择“变量”，单击“确定”，见图 3-2-124。	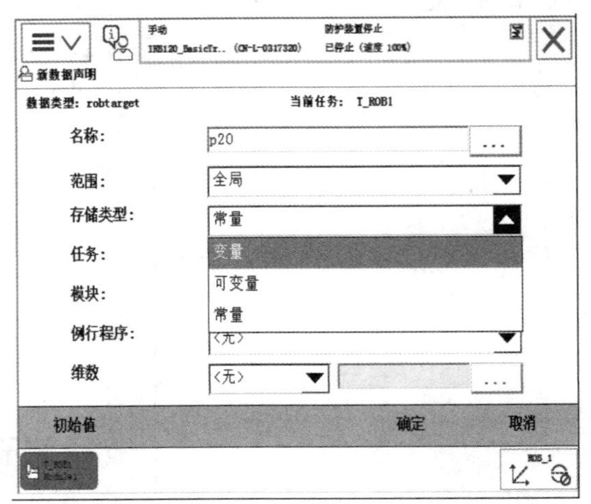 图 3-2-124　选择“变量”，单击“确定”
7）选中“<EXP>”，见图 3-2-125。 8）单击“功能”标签，见图 3-2-125。	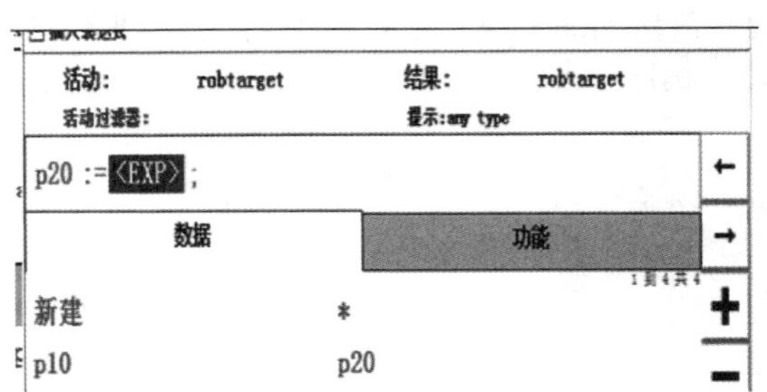 图 3-2-125　选中“<EXP>”，单击“功能”标签
9）选择“Offs（ ）”功能，见图 3-2-126。	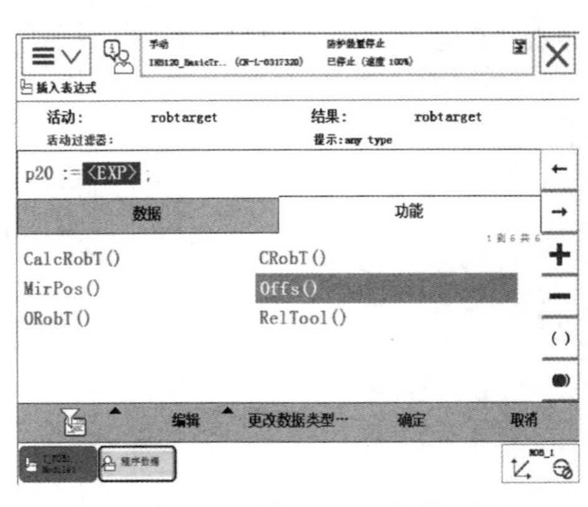 图 3-2-126　选择“Offs（ ）”功能

（续）

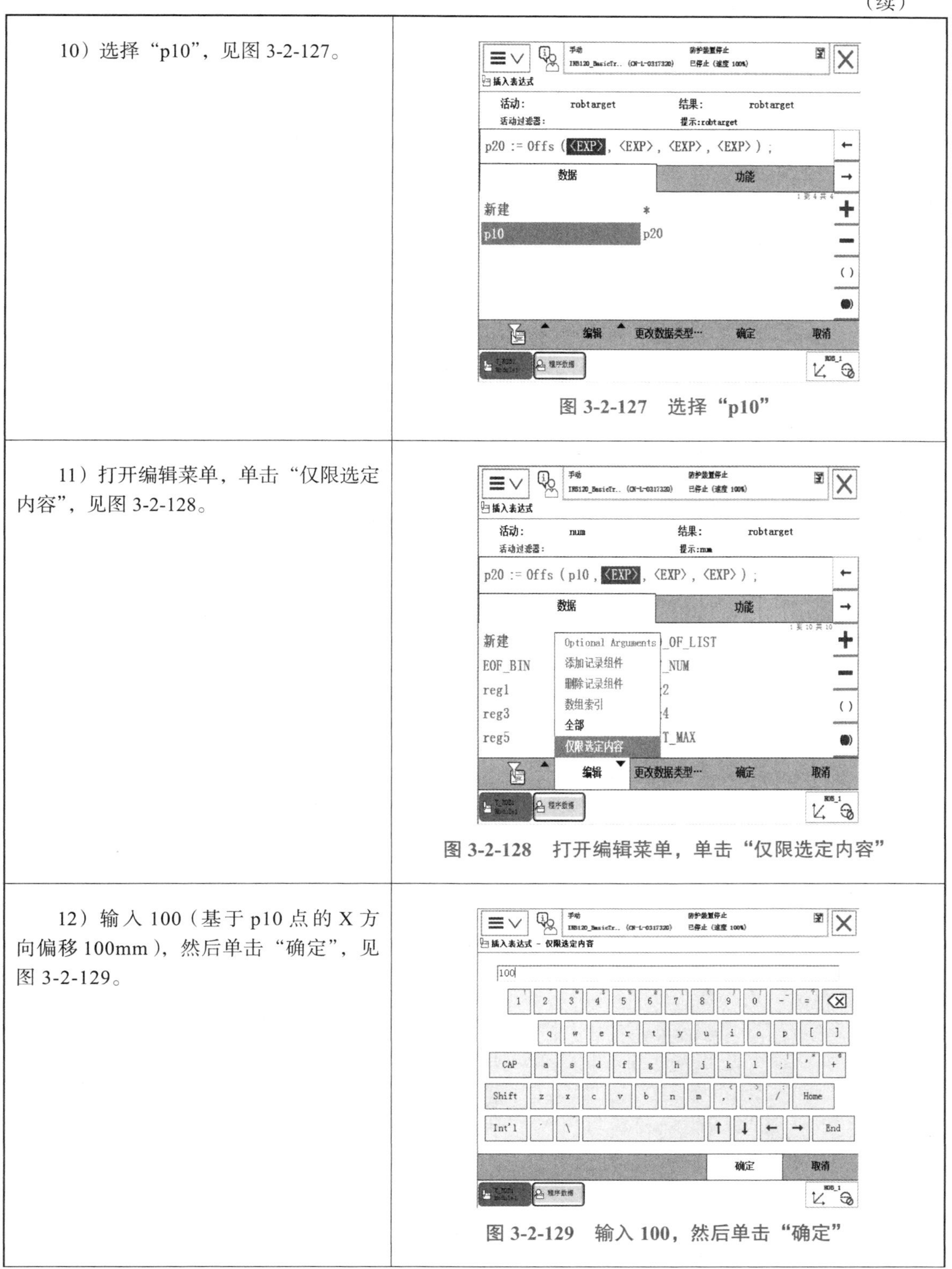

10）选择“p10”，见图 3-2-127。	图 3-2-127　选择“p10”
11）打开编辑菜单，单击“仅限选定内容”，见图 3-2-128。	图 3-2-128　打开编辑菜单，单击“仅限选定内容”
12）输入 100（基于 p10 点的 X 方向偏移 100mm），然后单击“确定”，见图 3-2-129。	图 3-2-129　输入 100，然后单击“确定”

（续）

13）打开编辑菜单，单击“仅限选定内容”，见图 3-2-130。	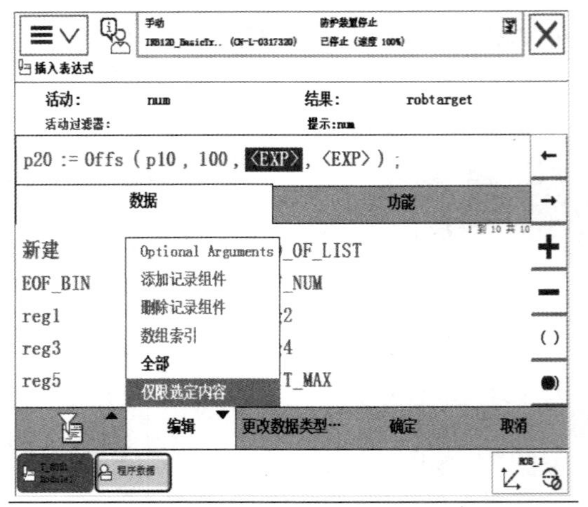 图 3-2-130　打开编辑菜单，单击“仅限选定内容”
14）输入 200（基于 p10 点的 Y 方向偏移 200mm），然后单击“确定”，见图 3-2-131。	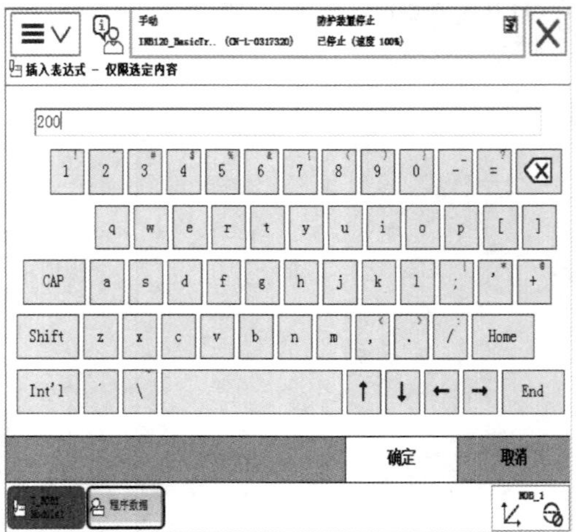 图 3-2-131　输入 200，单击“确定”
15）打开编辑菜单，单击“仅限选定内容”，见图 3-2-132。	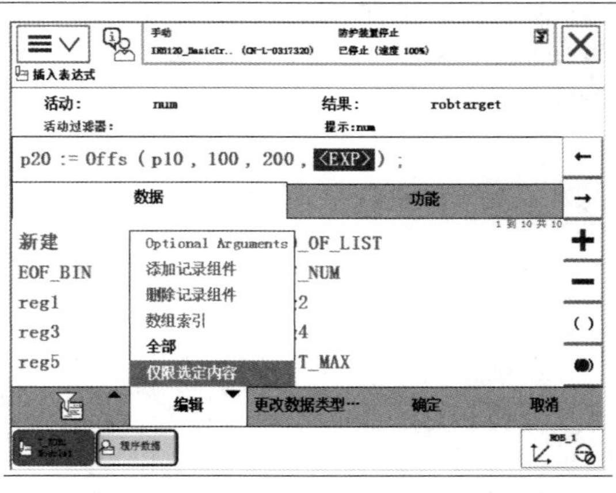 图 3-2-132　打开编辑菜单，单击“仅限选定内容”

（续）

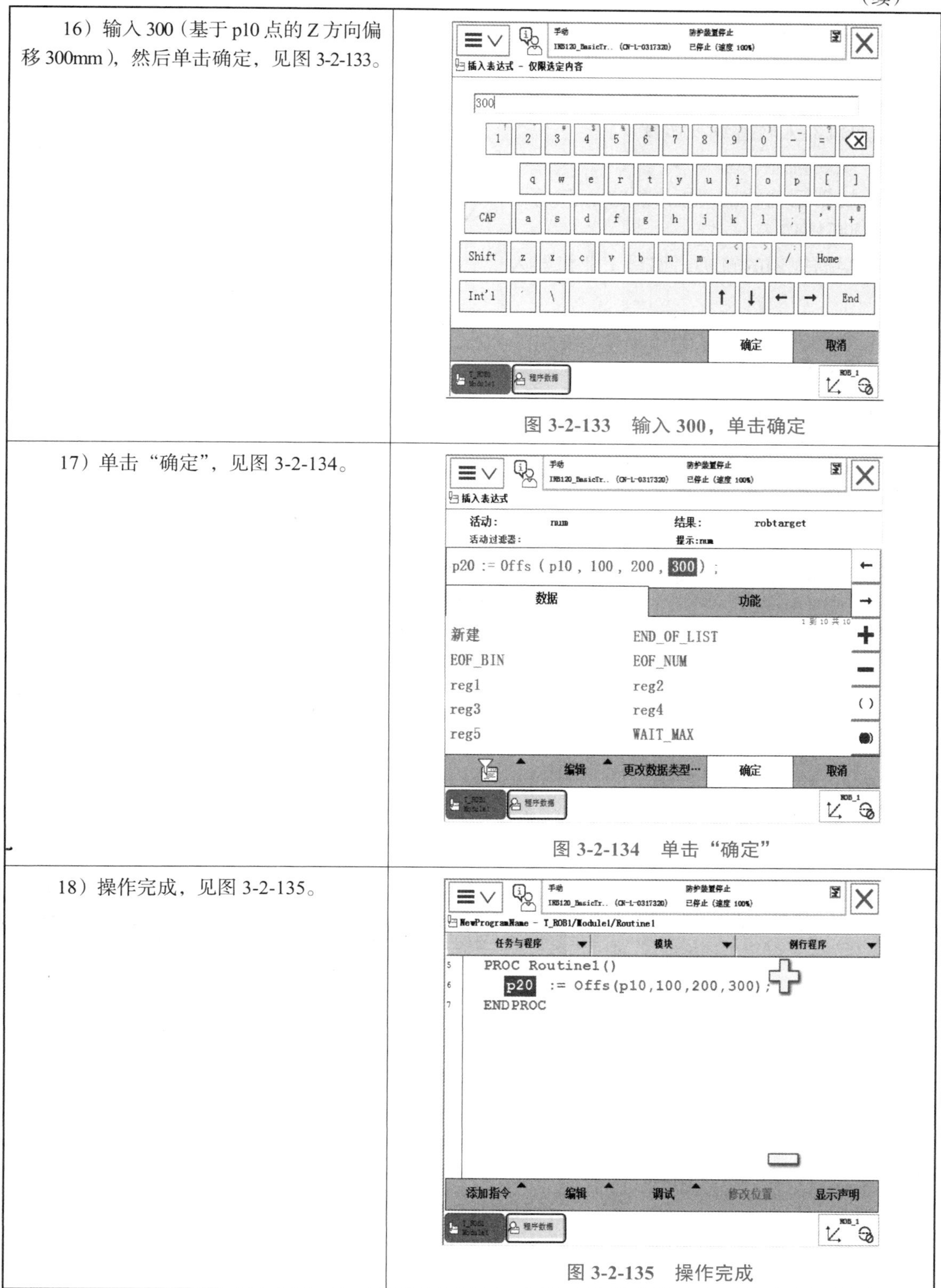

16）输入 300（基于 p10 点的 Z 方向偏移 300mm），然后单击确定，见图 3-2-133。	图 3-2-133　输入 300，单击确定
17）单击“确定”，见图 3-2-134。	图 3-2-134　单击“确定”
18）操作完成，见图 3-2-135。	图 3-2-135　操作完成

任务实施

编程实现如图 3-2-136 所示轨迹任务。

工业机器人轨迹编程步骤：

1）规划轨迹点位。

2）规划运动轨迹（矩形轨迹、三角形轨迹、圆弧轨迹等）。

3）根据规划的轨迹，编写工业机器人程序。

4）对轨迹点位进行示教。

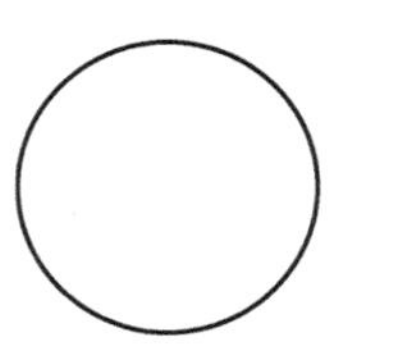
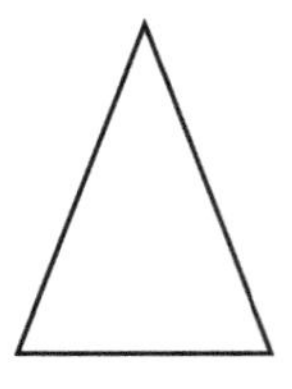
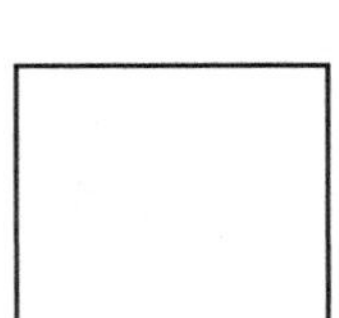

图 3-2-136　轨迹任务

1. 建立程序模块

（1）建立例行程序	
根据子任务 3.2.1 建立任务、程序模块和例行程序的方法建立 5 个例行程序：main ( ) yuandian ( )、sanjiao ( )、juxing ( )、yuanxing ( )，不同的功能就放到不同的程序模块中，见图 3-2-137。	T_ROB1/Module1 例行程序 名称 juxing() main() sanjiao() yuandian() yuanxing() 图 3-2-137　建立 5 个例行程序
（2）编辑 yuandian ( ) 例行程序	• 机器人空闲时，在位置点 phome 等待 • 执行轨迹时，从 phome 点开始运动，每个轨迹完成后，回到 phome 点
1）在示教器手动操纵界面，确认“工件坐标”和“工具坐标”，见图 3-2-138。	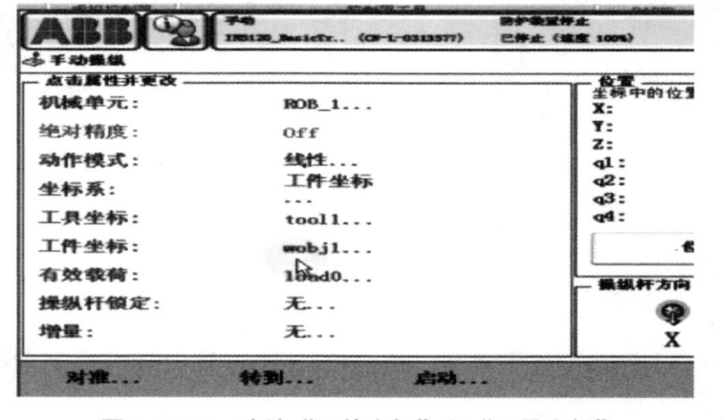 图 3-2-138　确认“工件坐标”和“工具坐标”

（续）

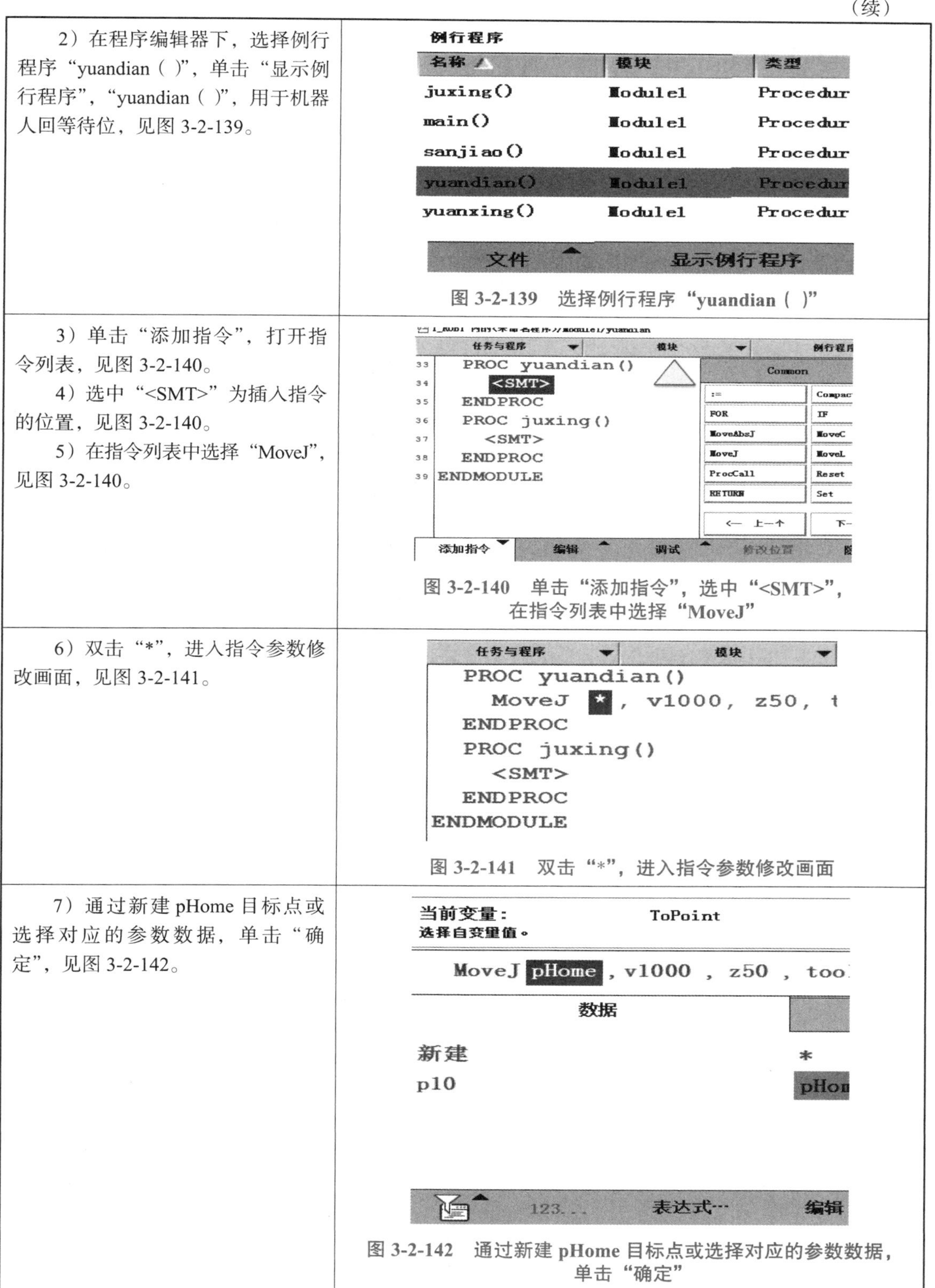

2）在程序编辑器下，选择例行程序“yuandian ( )”，单击“显示例行程序”，“yuandian ( )”，用于机器人回等待位，见图 3-2-139。	图 3-2-139　选择例行程序“yuandian ( )”
3）单击“添加指令”，打开指令列表，见图 3-2-140。 4）选中“<SMT>”为插入指令的位置，见图 3-2-140。 5）在指令列表中选择“MoveJ”，见图 3-2-140。	图 3-2-140　单击“添加指令”，选中“<SMT>”，在指令列表中选择“MoveJ”
6）双击“*”，进入指令参数修改画面，见图 3-2-141。	图 3-2-141　双击“*”，进入指令参数修改画面
7）通过新建 pHome 目标点或选择对应的参数数据，单击“确定”，见图 3-2-142。	图 3-2-142　通过新建 pHome 目标点或选择对应的参数数据，单击“确定”

（续）

<table>
<tr>
<td>8）选择手动操纵合适的动作模式，使用摇杆将机器人运动到合适位置，作为机器人的初始等待点，见图 3-2-143。</td>
<td>
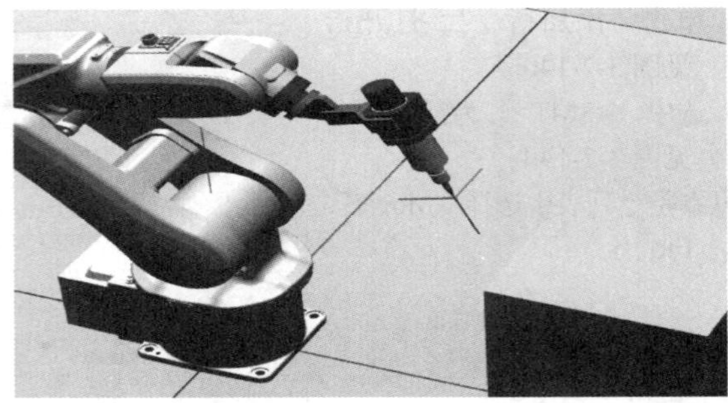
图 3-2-143　机器人初始等待点</td>
</tr>
<tr>
<td>9）选中“pHome”目标点，单击“修改位置”，将机器人的当前位置数据记录到 pHome 里，见图 3-2-144。</td>
<td><pre>
  ENDPROC
  PROC yuandian()
    MoveJ pHome , v1000
  ENDPROC
  PROC juxing()
    <SMT>
  ENDPROC
ENDMODULE
</pre>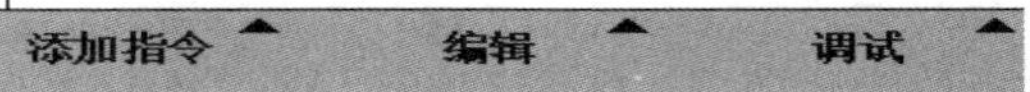

图 3-2-144　将机器人当前数据记录到 pHome</td>
</tr>
<tr>
<td>10）选择 MoveJ 中的速度 v1000，改为 v200，见图 3-2-145。</td>
<td>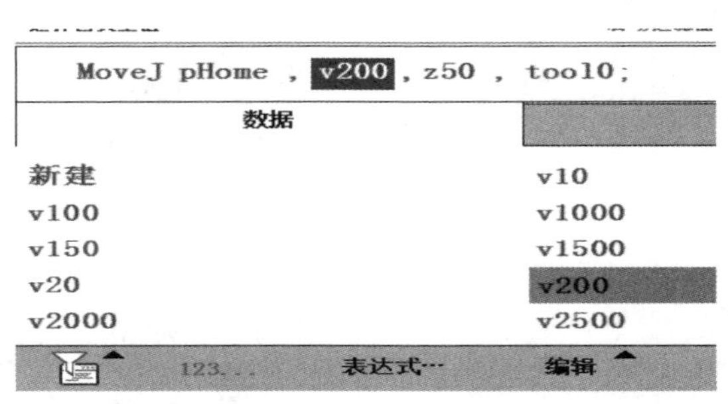

图 3-2-145　选择 MoveJ 中的速度 v1000，改为 v200</td>
</tr>
</table>

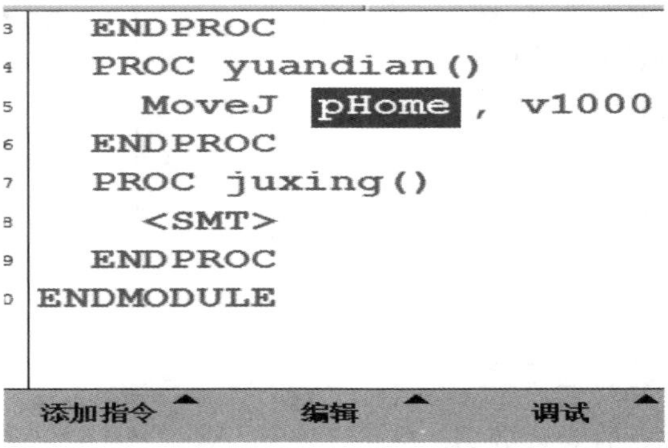

（续）

11）选择 MoveJ 中的转弯半径“z50”，改为 fine，单击“确定”，见图 3-2-146。	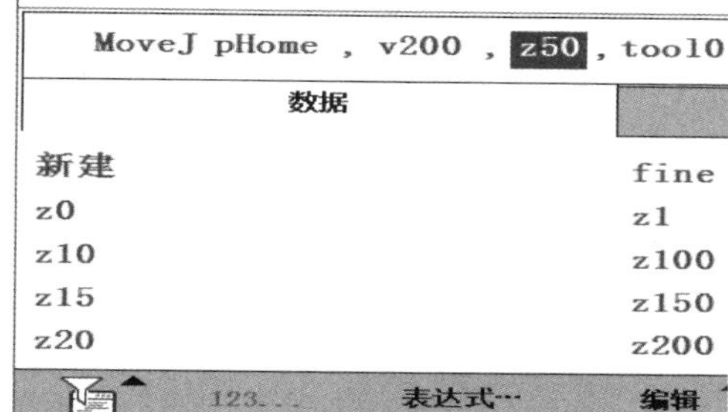 图 3-2-146　选择“z50”改为 fine，单击“确定”
12）添加 WaitTime，使机器人停顿 2s。yuandian（ ）程序编辑完毕，见图 3-2-147。	PROC yuandian() MoveJ pHome, v200, z50, to WaitTime 2; ENDPROC 图 3-2-147　添加 WaitTime，使机器人停顿 2s
13）单击“例行程序”标签。回到程序列表，见图 3-2-148。	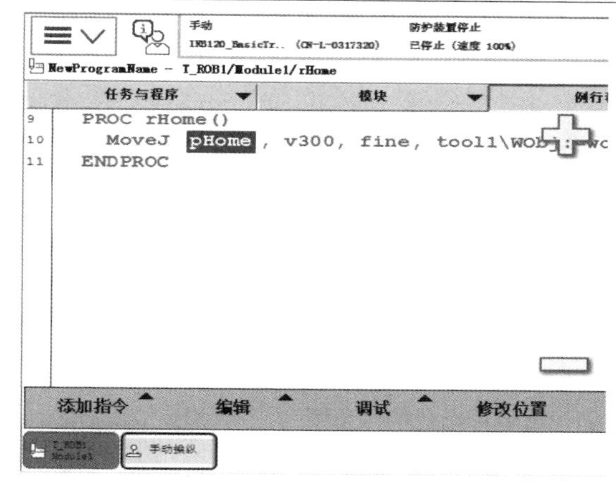 图 3-2-148　单击“例行程序”回到程序列表
（3）编辑 sanjiao（ ）例行程序（见图 3-2-149）	
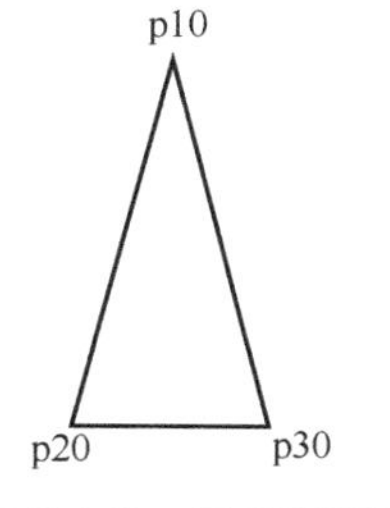 图 3-2-149　三角形轨迹 1）回到程序列表，选中“sanjiao（ ）”例行程序，单击“显示例行程序”，见图 3-2-150。	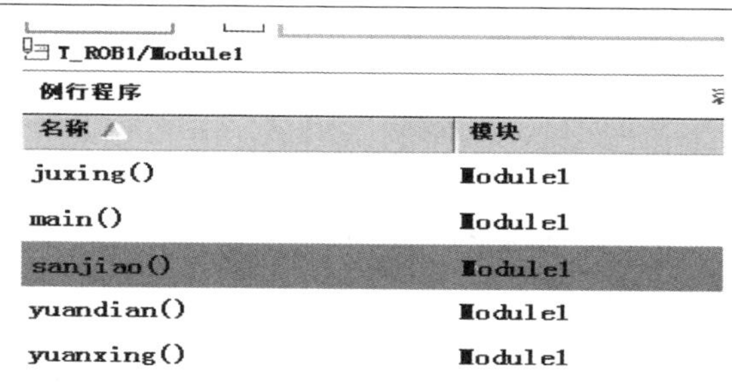  图 3-2-150　选中“sanjiao（ ）”单击“显示例行程序”

（续）

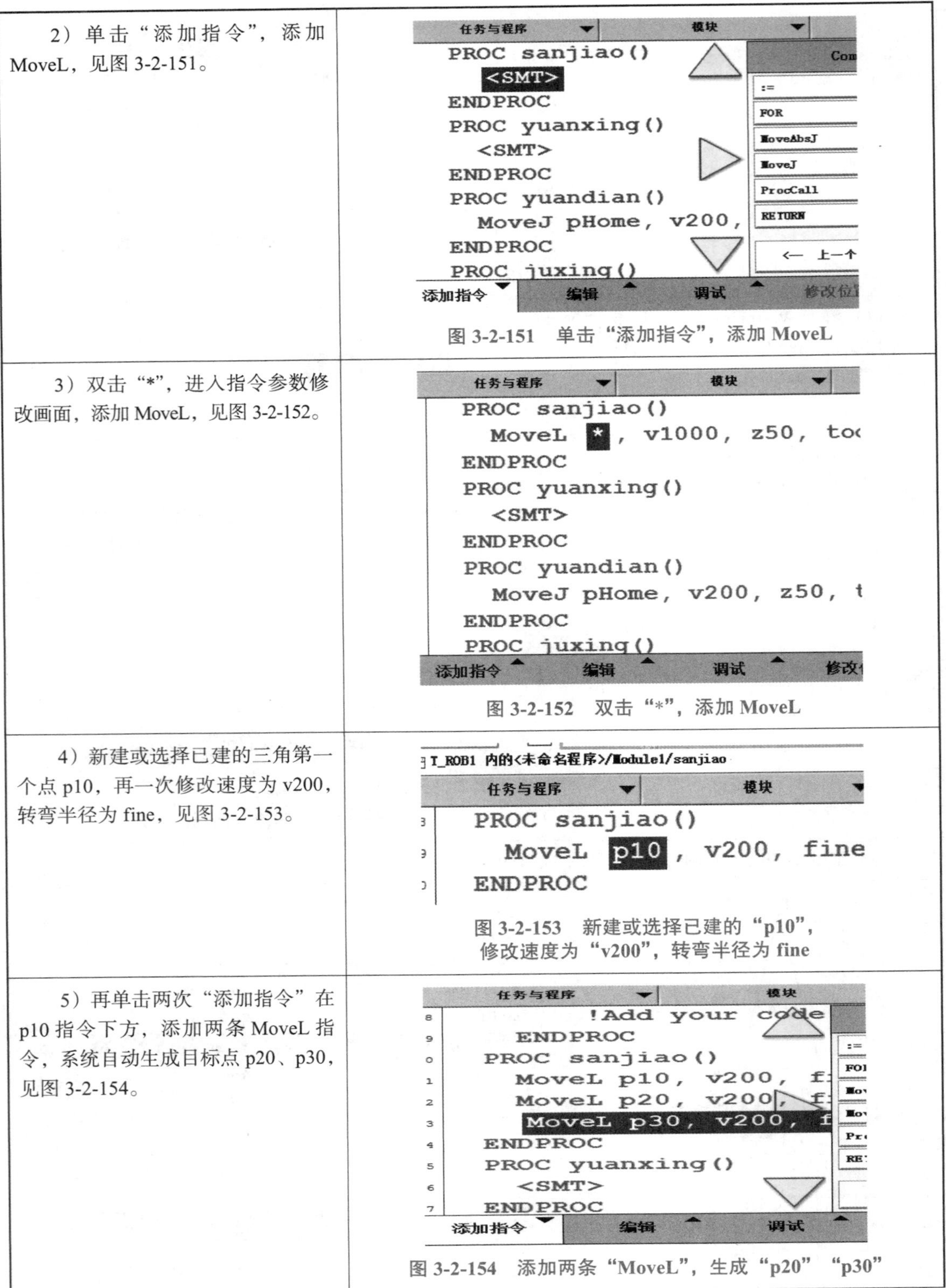

2）单击“添加指令”，添加 MoveL，见图 3-2-151。	图 3-2-151　单击“添加指令”，添加 MoveL
3）双击“*”，进入指令参数修改画面，添加 MoveL，见图 3-2-152。	图 3-2-152　双击“*”，添加 MoveL
4）新建或选择已建的三角第一个点 p10，再一次修改速度为 v200，转弯半径为 fine，见图 3-2-153。	图 3-2-153　新建或选择已建的“p10”，修改速度为“v200”，转弯半径为 fine
5）再单击两次“添加指令”在 p10 指令下方，添加两条 MoveL 指令，系统自动生成目标点 p20、p30，见图 3-2-154。	图 3-2-154　添加两条“MoveL”，生成“p20”“p30”

（续）

6）选中指令中的 p10，转到手动操作界面，采用合适的操作模式，移动机器人工具到三角轨迹的 p10 点，见图 3-2-155 和图 3-2-156。 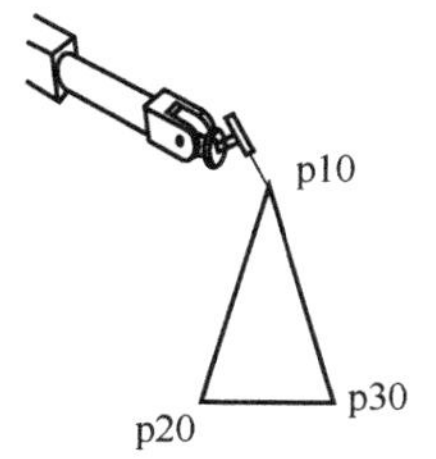 图 3-2-155　三角形轨迹	任务与程序　模块 !Add your code her ENDPROC PROC sanjiao() MoveL p10 , v200, fine MoveL p20, v200, fine, MoveL p30, v200, fine, ENDPROC 图 3-2-156　选中指令中的 p10

7）返回到程序编辑器界面，在 sanjiao（ ）的 p10 位置，单击“修改位置”，见图 3-2-157。	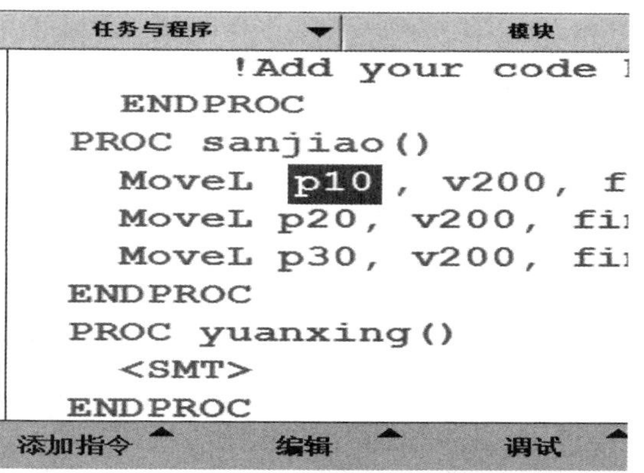
	任务与程序　模块
	!Add your code
	ENDPROC
	PROC sanjiao()
	MoveL p10 , v200, f
	MoveL p20, v200, fi
	MoveL p30, v200, fi
	ENDPROC
	PROC yuanxing()
	<SMT>
	ENDPROC
	添加指令　编辑　调试
	图 3-2-157　在 sanjiao（ ）的 p10 位置，单击“修改位置”

8）选中指令中的 p20，重复 6）、7）步骤，修改 p20、p30 点，示教机器人绘制出三角轨迹，见图 3-2-158、图 3-2-159。	PROC sanjiao() MoveL p10, v200, fine, tool0; MoveL p20, v200, fine, tool0; MoveL p30, v200, fine, tool0; ENDPROC 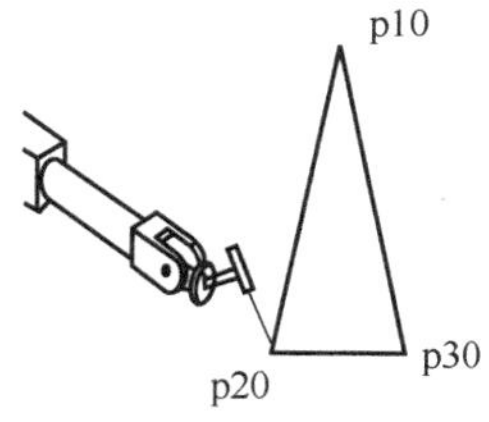 图 3-2-158　修改 p20 点 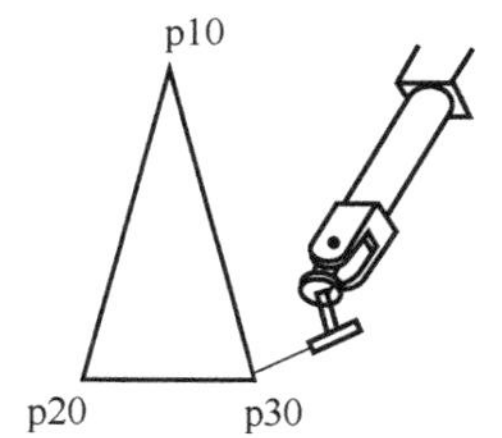 图 3-2-159　修改 p30 点

（续）

<table>
<tr>
<td>9）在 p30 指令下方添加指令 WaitTime，见图 3-2-160。</td>
<td>
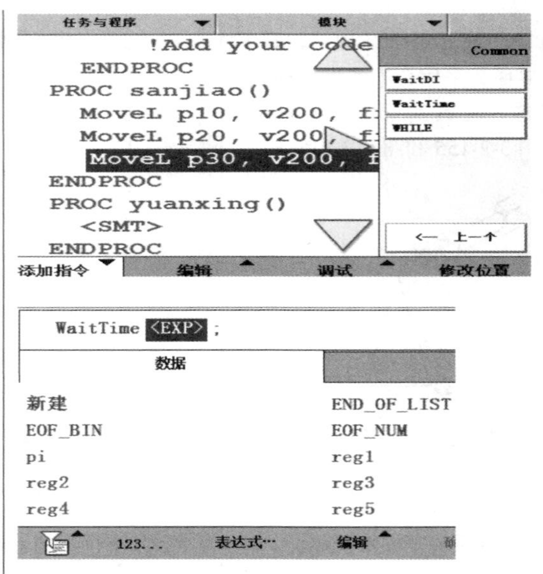

图 3-2-160　在 p30 指令下方添加指令 WaitTime
</td>
</tr>
<tr>
<td>10）使机器人完成轨迹后等待 2s，见图 3-2-161。
sanjiao（ ）程序完成。</td>
<td>

```
PROC sanjiao()
  MoveL p10, v200, fine, tool0;
  MoveL p20, v200, fine, tool0;
  MoveL p30, v200, fine, tool0;
  WaitTime 2;
ENDPROC
```

图 3-2-161　机器人完成轨迹后等待 2s
</td>
</tr>
<tr>
<td colspan="2">（4）编辑 juxing（ ）例行程序</td>
</tr>
<tr>
<td>1）选中“juxing（ ）”例行程序，然后单击“显示例行程序”，见图 3-2-162。</td>
<td>
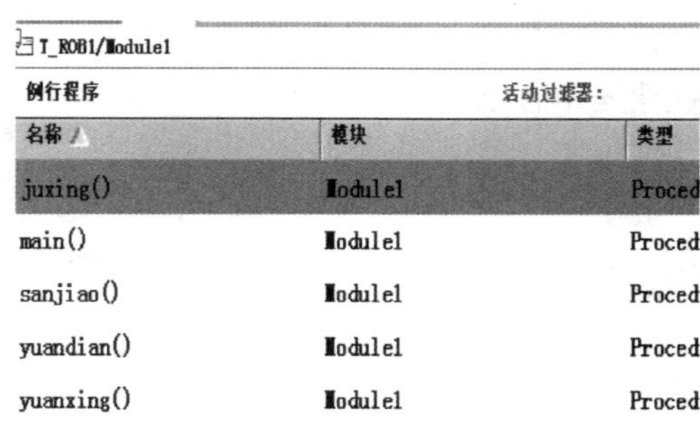

图 3-2-162　选中“juxing（ ）”，单击“显示例行程序”
</td>
</tr>
</table>

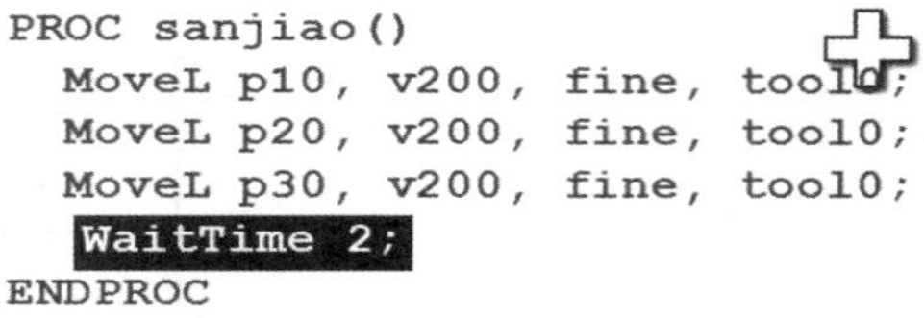

（续）

<table>
<tr>
<td>2）添加“MoveL”指令，并将参数设定为图 3-2-163 所示。以 p40 作为矩形一个角点坐标，见图 3-2-164。

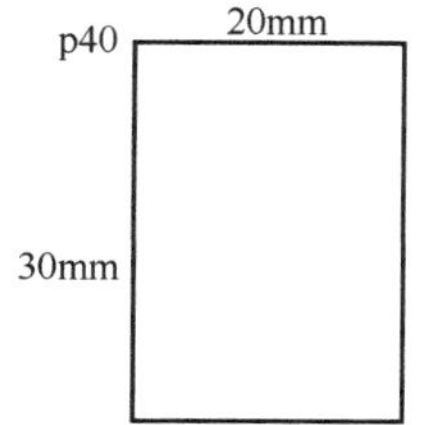

图 3-2-164　矩形轨迹</td>
<td>T_ROB1 内的<未命名程序>/Module1/juxing
任务与程序　模块　例行
<SMT>
ENDPROC
PROC yuandian()
MoveJ pHome, v200, z50, tool0;
ENDPROC
PROC juxing()
MoveL p40 , v200, fine, tool0,
ENDPROC
ENDMODULE
添加指令　编辑　调试　修改位置
图 3-2-163　添加“MoveL”指令</td>
</tr>
<tr>
<td>3）选择合适的动作模式，使用摇杆将机器人运动到图 3-2-165 中的位置，作为机器人的 p40 点。</td>
<td>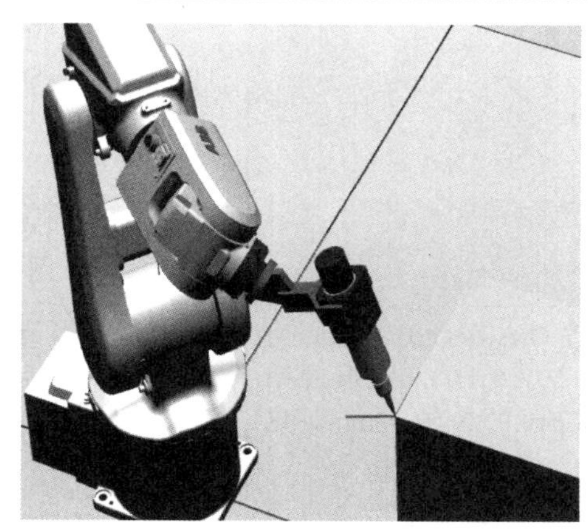
图 3-2-165　机器人的 p40 点</td>
</tr>
<tr>
<td>4）选中“p40”目标点，单击“修改位置”，将机器人的当前位置数据记录到 p40 里，见图 3-2-166。</td>
<td>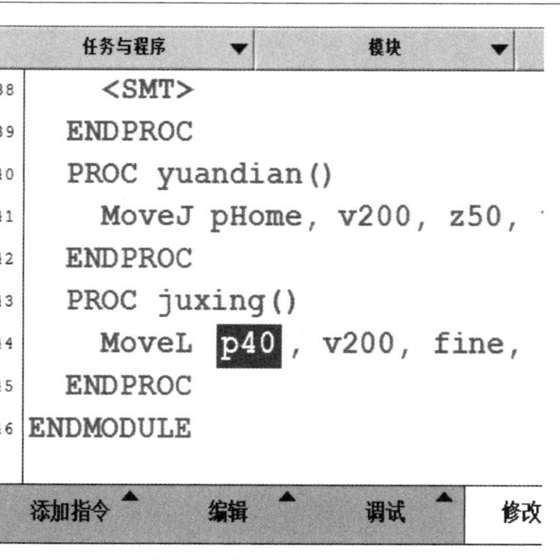

图 3-2-166　选中“p40”，单击“修改位置”并记录</td>
</tr>
</table>

（续）

5）再添加4条“MoveL”指令，以绘制矩形4条边，系统自动产生目标值p50、p60、p70、p80，见图3-2-167。	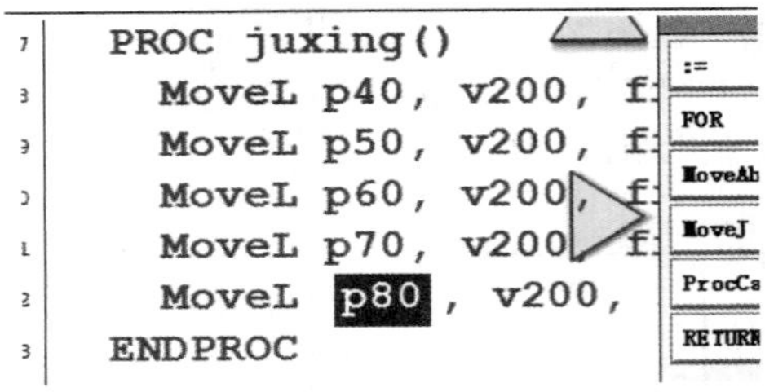 PROC juxing()
	MoveL p40, v200, f
	MoveL p50, v200, f
	MoveL p60, v200, f
	MoveL p70, v200, f
	MoveL p80 , v200,
	ENDPROC
	:= FOR MoveAb MoveJ ProcCa RETURN
	图3-2-167　再添加4条MoveL指令，以绘制矩形4条边

6）单击p50目标点，在出现的界面中选择“功能”，选择“Offs”项，见图3-2-168。	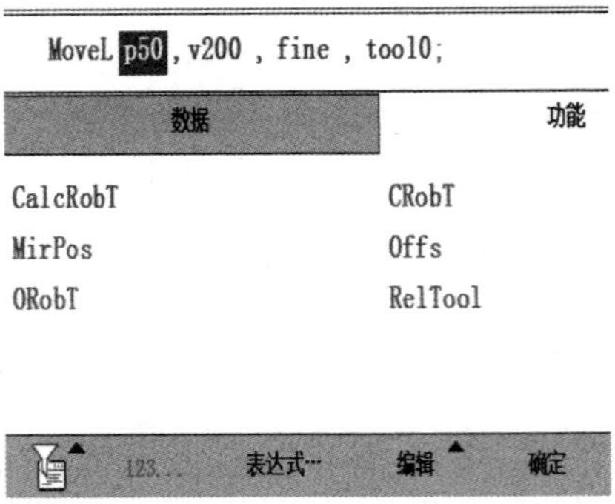 MoveL p50 , v200 , fine , tool0; 数据　功能 CalcRobT　CRobT MirPos　Offs ORobT　RelTool 123...　表达式…　编辑　确定 图3-2-168　单击“p50”，选择“Offs”
7）设置Offs函数的参数，为Offs（P40，30，0，0），矩形的第2个点偏移p40的X轴30mm，见图3-2-169。 注意：机器人从p40向X方向绘制30mm的轨迹。用Offs函数可以减少目标点的示教，轨迹长度准确。	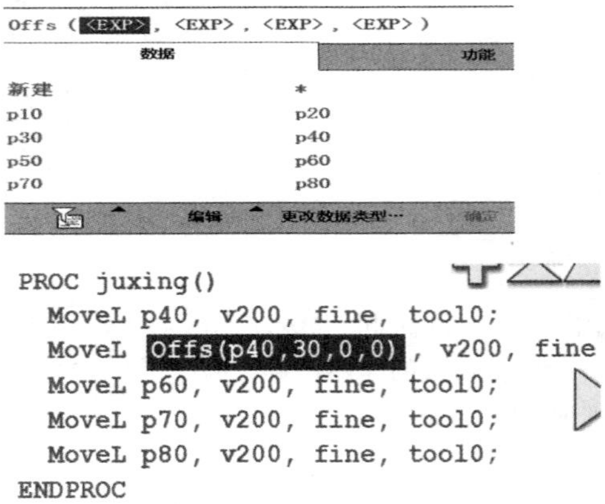 Offs (<EXP>, <EXP>, <EXP>, <EXP>) 数据　功能 新建　* p10　p20 p30　p40 p50　p60 p70　p80 编辑　更改数据类型…　确定 PROC juxing() MoveL p40, v200, fine, tool0; MoveL Offs(p40,30,0,0) , v200, fine MoveL p60, v200, fine, tool0; MoveL p70, v200, fine, tool0; MoveL p80, v200, fine, tool0; ENDPROC 图3-2-169　设置矩形的第2个点偏移
8）重复6）、7）步骤，修改p60点为Offs（P40，30，20，0），p70点为Offs（P40，0，20，0），p80点改为p40，轨迹回到第1个点。添加WaitTime 2停顿2s，见图3-2-170。 9）矩形轨迹程序编辑完毕。	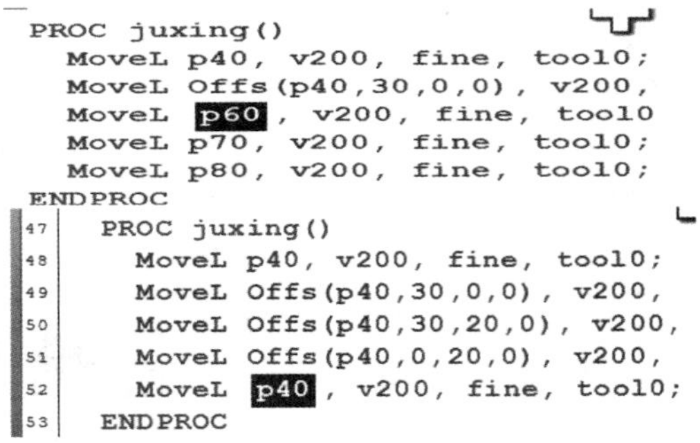 PROC juxing() MoveL p40, v200, fine, tool0; MoveL Offs(p40,30,0,0) , v200, MoveL p60 , v200, fine, tool0 MoveL p70, v200, fine, tool0; MoveL p80, v200, fine, tool0; ENDPROC PROC juxing() MoveL p40, v200, fine, tool0; MoveL Offs(p40,30,0,0) , v200, MoveL Offs(p40,30,20,0) , v200, MoveL Offs(p40,0,20,0) , v200, MoveL p40 , v200, fine, tool0; ENDPROC 图3-2-170　设置矩形第3，4点偏移

（续）

（5）编辑 yuanxing（ ）例行程序

1）绘制半径为 20mm 的圆，圆心坐标为 p50，见图 3-2-171。

p50

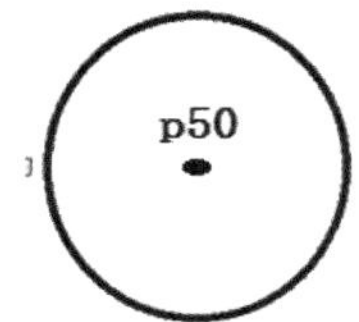

图 3-2-171　圆形轨迹

选中“yuanxing（ ）”例行程序，单击“显示例行程序”，见图 3-2-172。

T_ROB1/Module1
例行程序
活动过滤器：
名称
模块
类型
juxing()　Module1　Procedure
main()　Module1　Procedure
sanjiao()　Module1　Procedure
yuandian()　Module1　Procedure
yuanxing()　Module1　Procedure
文件
显示例行程序

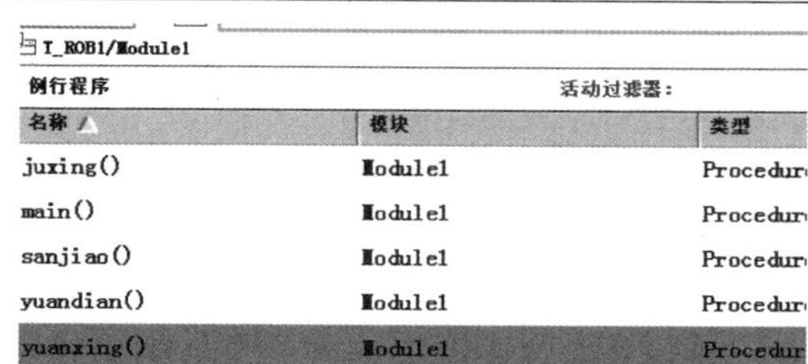

图 3-2-172　编辑“yuanxing（ ）”例行程序

2）选择合适的动作模式，使用摇杆将机器人运动到图 3-2-173 中的位置，作为圆的圆心（p50 点）

3）在 yuanxing（ ）编辑界面添加一条 MoveL 指令，目标参数选择 p50，设置速度和转弯半径参数，单击“修改位置”，见图 3-2-174。

注意：这条指令只是为了得到 p50 的坐标值。

p50

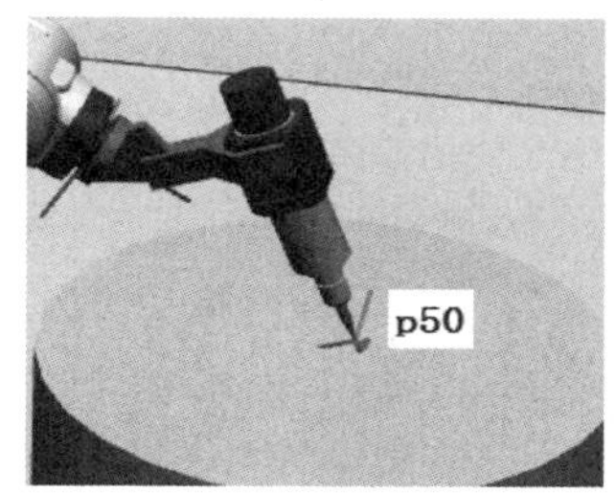

图 3-2-173　圆心 p50 点

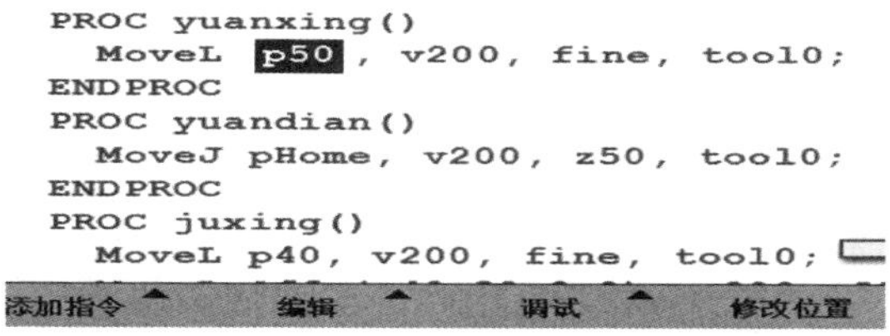

PROC yuanxing()
MoveL p50 , v200, fine, tool0;
ENDPROC
PROC yuandian()
MoveJ pHome, v200, z50, tool0;
ENDPROC
PROC juxing()
MoveL p40, v200, fine, tool0;
添加指令
编辑
调试
修改位置

图 3-2-174　添加“MoveL”指令，目标参数选择 p50

4）机器人运行轨迹时先从 pHome 运行到圆的 1 点处，见图 3-2-175。单击指令中的 p50，选择“功能”，单击“Offs”，见图 3-2-176。

设置圆的 1 点处为 Offs（p50，−20，0，0）

Y轴
X轴
1
2
3
4
p50

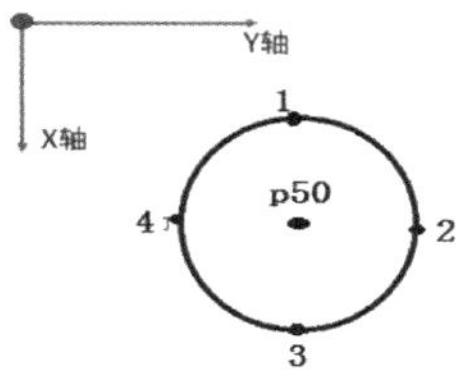

图 3-2-175　圆形轨迹的“1 点”处

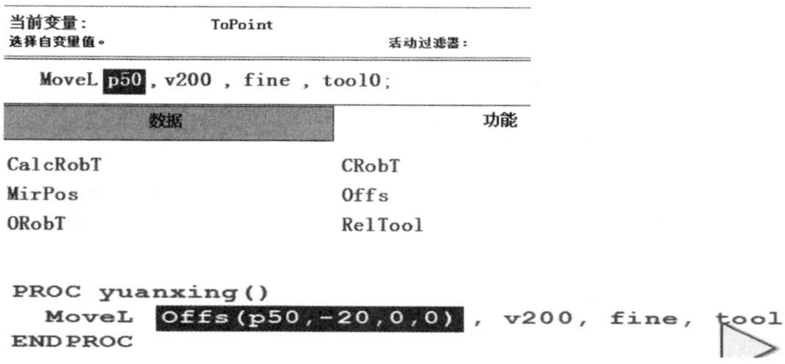

当前变量：
ToPoint
选择自变量值。
活动过滤器：
MoveL p50 , v200 , fine , tool0;
数据
功能
CalcRobT
CRobT
MirPos
Offs
ORobT
RelTool
PROC yuanxing()
MoveL Offs(p50,-20,0,0) , v200, fine, tool
ENDPROC

图 3-2-176　单击“p50”，选择功能，单击“Offs”

（续）

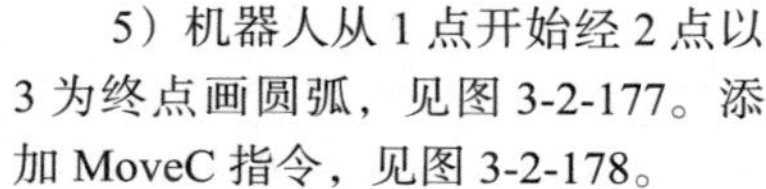 5）机器人从 1 点开始经 2 点以 3 为终点画圆弧，见图 3-2-177。添加 MoveC 指令，见图 3-2-178。 6）单击第一个“*”，见图3-2-178，设置圆弧上点 2 的坐标，相对圆心 p50 偏移（0，20，0）。 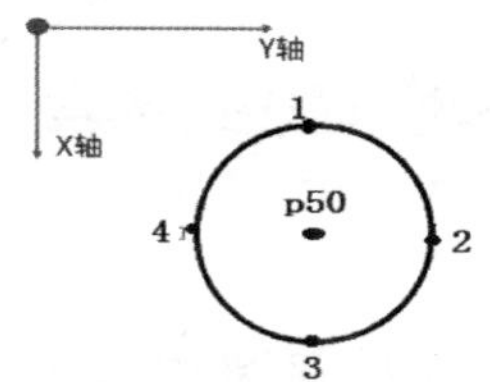 图 3-2-177　圆形轨迹 2 点、3 点	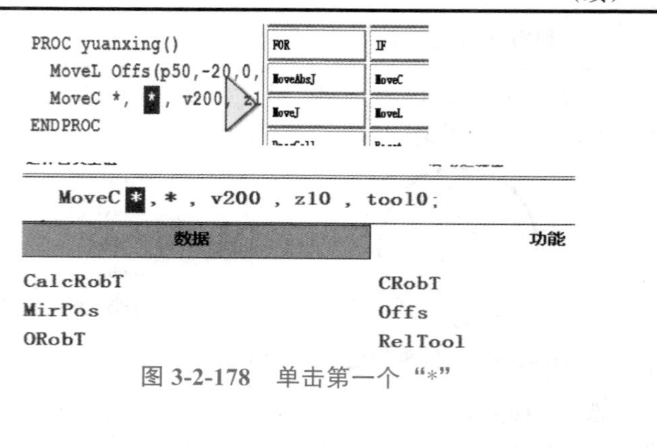 图 3-2-178　单击第一个“*”
7）在 MoveC 指令中设置中间点 2 坐 标 Offs（p50，0，20，0），见图 3-2-179。 8）单击第二个“*”设置圆弧中点 3 的坐标，相对圆心 p50 偏移 Offs（p50，20，0，0），见图 3-2-180。	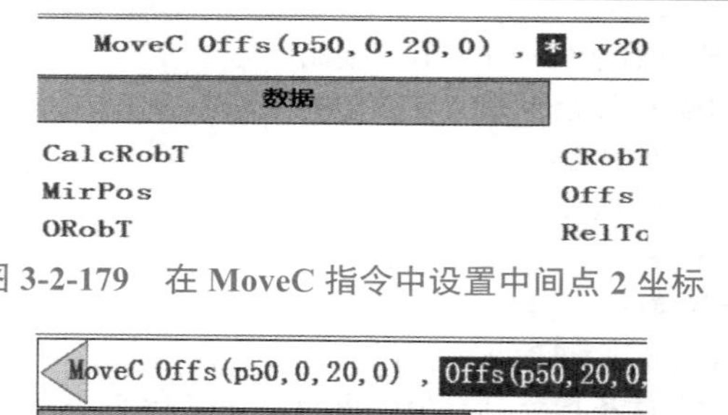 图 3-2-179　在 MoveC 指令中设置中间点 2 坐标  图 3-2-180　单击第二个“*”设置圆弧中点 3 的坐标
9）再添加 MoveC 指令，设置中间点 4 坐标 Offs（p50，0，-20，0），见图 3-2-181。	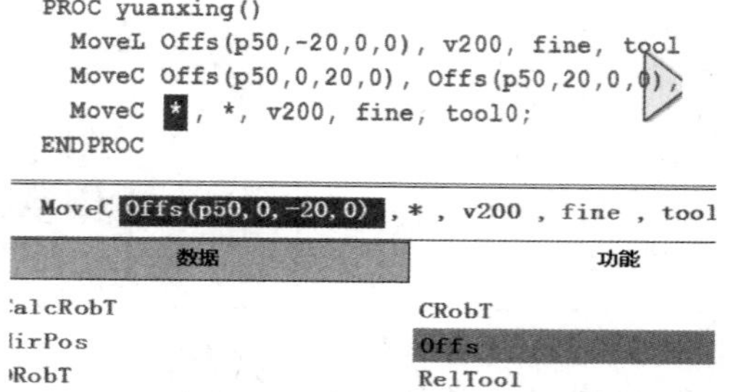 图 3-2-181　再添加 MoveC 指令，设置中间点 4 坐标
10）第二条 MoveC 指令的终点为点 1，偏移 p50 为 Offs（p50，-20，-0，0），添加 WaitTime 2 指令，见图 3-2-182。 yuanxing（）程序编辑完毕。	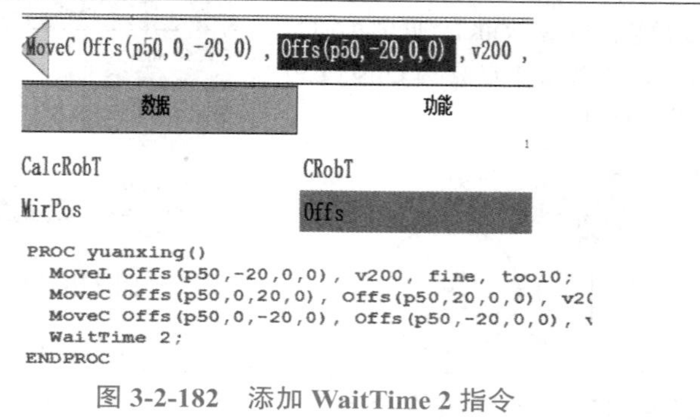 图 3-2-182　添加 WaitTime 2 指令

（续）

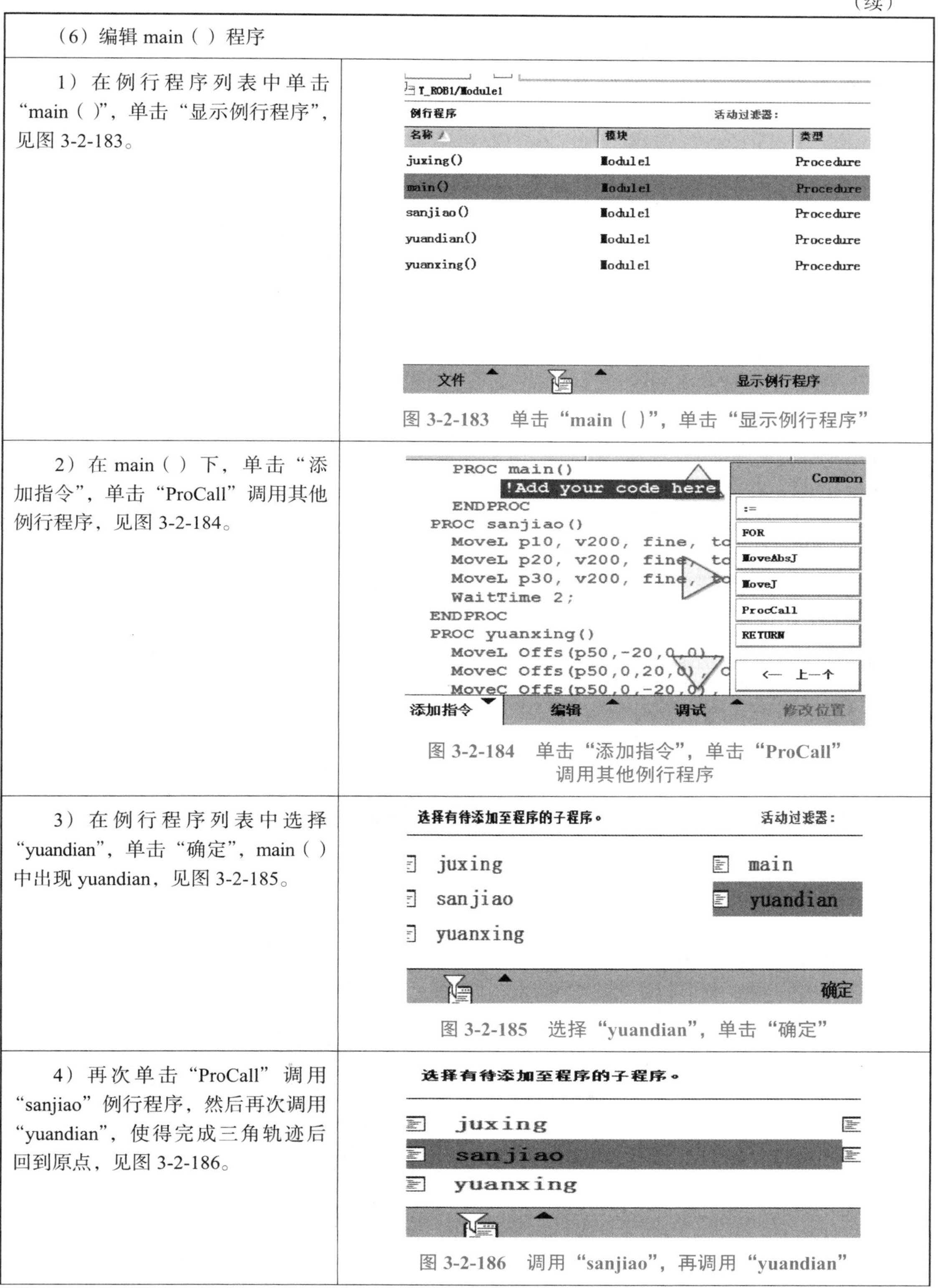

（6）编辑 main（ ）程序	
1）在例行程序列表中单击“main（ ）”，单击“显示例行程序”，见图 3-2-183。	图 3-2-183　单击“main（ ）”，单击“显示例行程序”
2）在 main（ ）下，单击“添加指令”，单击“ProCall”调用其他例行程序，见图 3-2-184。	图 3-2-184　单击“添加指令”，单击“ProCall”调用其他例行程序
3）在例行程序列表中选择“yuandian”，单击“确定”，main（ ）中出现 yuandian，见图 3-2-185。	图 3-2-185　选择“yuandian”，单击“确定”
4）再次单击“ProCall”调用“sanjiao”例行程序，然后再次调用“yuandian”，使得完成三角轨迹后回到原点，见图 3-2-186。	图 3-2-186　调用“sanjiao”，再调用“yuandian”

（续）

<table>
<tr><td>5）依次调用 juxing，yuandian，yuanxing，yuandian 例行程序，main 程序编辑完毕，见图 3-2-187。</td><td>

```
PROC main()
    yuandian;
    sanjiao;
    yuandian;
    juxing;
    yuandian;
    yuanxing;
    yuandian;
ENDPROC
```

图 3-2-187　依次调用例行程序</td></tr>
<tr><td colspan="2">（7）调试</td></tr>
<tr><td colspan="2">在完成了程序的编辑以后，接着下来的工作就是对这个程序进行调试，调试的目的有以下两个：
• 检查程序的位置点是否正确。
• 检查程序的逻辑控制是否有不完善的地方。</td></tr>
<tr><td>1）单步调试：
① 单击“调试”，单击“PP 移至 Main”，见图 3-2-188。
PP 是程序指针（图 3-2-188 左侧小箭头）的简称，程序指针永远指向将要执行的指令。所以图中的指令将会是被执行的指令。</td><td>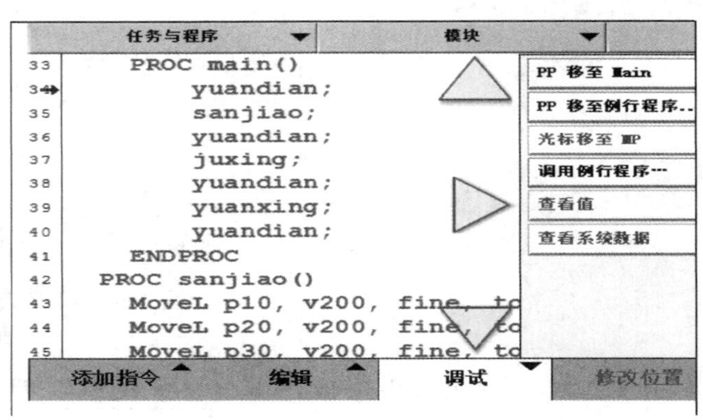

图 3-2-188　单击“调试”，单击“PP 移至 Main”</td></tr>
<tr><td>② 左手按下使能键，进入“电机开启”状态，见图 3-2-189。
③ 按一下“单步向前”按键，见图 3-2-189 指令执行一步，机器人移动一个位置。</td><td>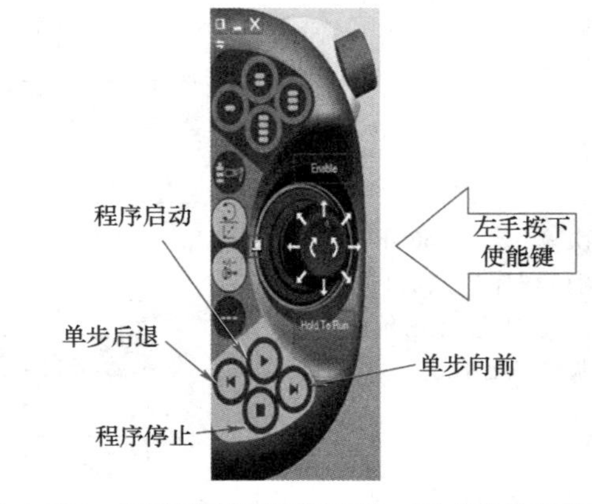

图 3-2-189　左手按下使能键及按一下“单步向前”按键</td></tr>
</table>

（续）

<table>
<tr>
<td>

④ 机器人执行 main 程序中的子程序，完成轨迹及回原点，运行指针也转到相应子程序中，每按一次，就执行一条指令，见图 3-2-190。

注意：在指令左侧出现一个小机器人，见图 3-2-191，说明机器人已到达 pHome 这个等待位置。

</td>
<td>

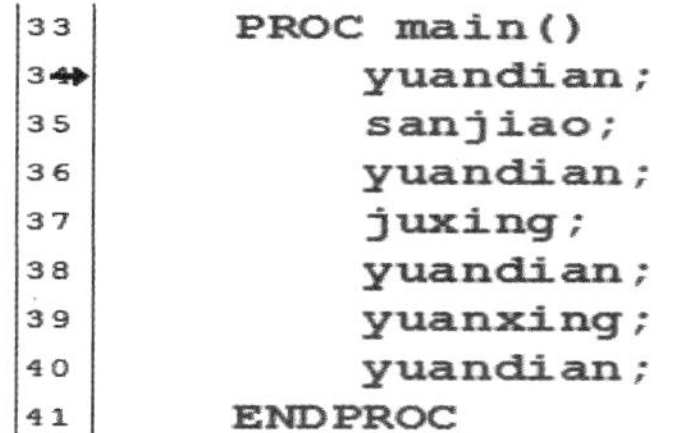

图 3-2-190　每按一次，执行一条指令

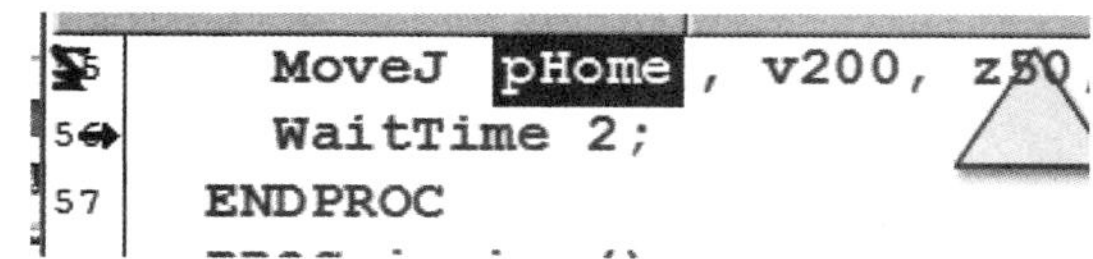

图 3-2-191　指令左侧出现一个小机器人

</td>
</tr>
<tr>
<td>

2）连续运行调试：单击连续运行键，见图 3-2-192a 程序会连续运行，完成任务轨迹，任务完成后按下停止键，见图 3-2-192b。

</td>
<td>

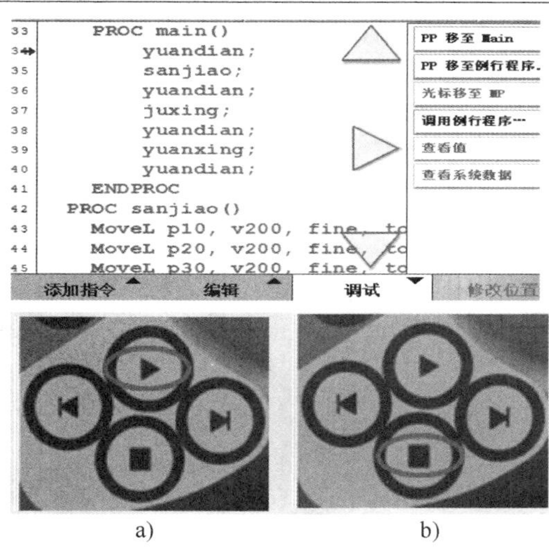

a)　　b)

图 3-2-192　连续运行调试

</td>
</tr>
<tr>
<td colspan="2">

（8）RAPID 程序自动运行的操作

</td>
</tr>
<tr>
<td>

1）将状态钥匙左旋至左侧的自动状态，见图 3-2-193。

</td>
<td>

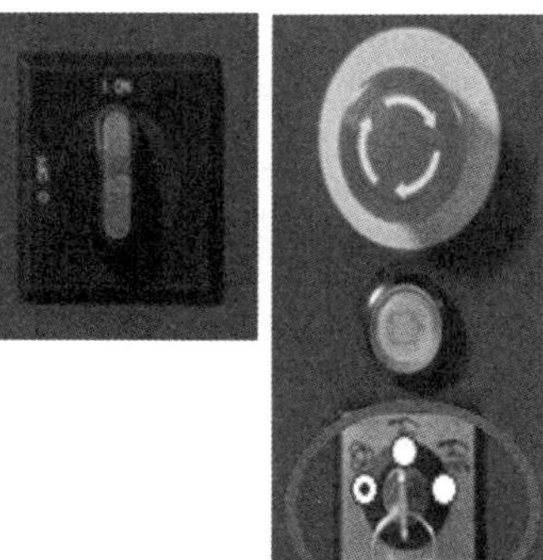

图 3-2-193　将状态钥匙左旋至左侧的自动状态

</td>
</tr>
</table>

（续）

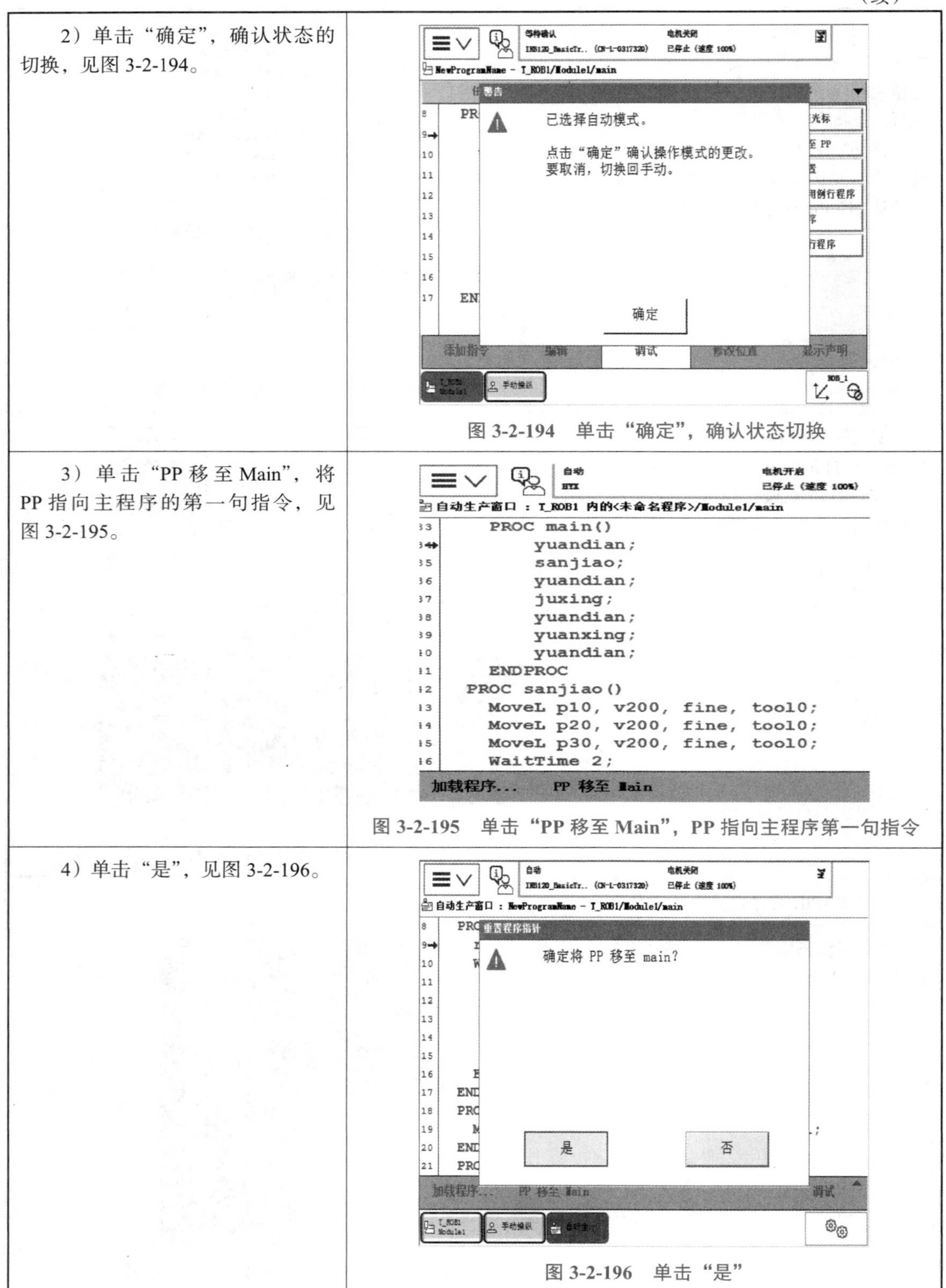

2）单击“确定”，确认状态的切换，见图 3-2-194。	图 3-2-194　单击“确定”，确认状态切换
3）单击“PP 移至 Main”，将 PP 指向主程序的第一句指令，见图 3-2-195。	图 3-2-195　单击“PP 移至 Main”，PP 指向主程序第一句指令
4）单击“是”，见图 3-2-196。	图 3-2-196　单击“是”

（续）

<table>
<tr>
<td>5）按下白色按钮，开启电机，见图 3-2-197。</td>
<td> 
图 3-2-197　按下白色按钮</td>
</tr>
<tr>
<td>6）按下“程序启动”按钮，见图 3-2-198。</td>
<td>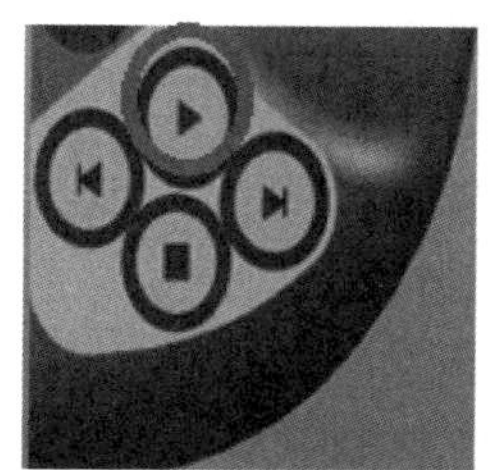
图 3-2-198　按下“程序启动”按钮</td>
</tr>
<tr>
<td>7）这时，可以观察到程序已在自动运行过程中，见图 3-2-199，画出的图形见图 3-2-200。

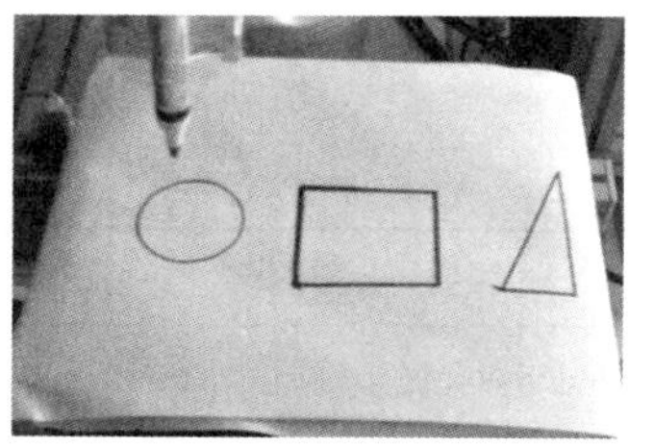
图 3-2-200　机器人画出的图形</td>
<td>自动　HYX　电机开启　已停止（速度 100%）
自动生产窗口 ： T_ROB1 内的<未命名程序>/Module1/main
PROC main()
　　yuandian;
　　sanjiao;
　　yuandian;
　　juxing;
　　yuandian;
　　yuanxing;
　　yuandian;
ENDPROC
PROC sanjiao()
　MoveL p10, v200, fine, tool0;
　MoveL p20, v200, fine, tool0;
　MoveL p30, v200, fine, tool0;
　WaitTime 2;
加载程序...　PP 移至 Main
图 3-2-199　程序运行</td>
</tr>
</table>

子任务 3.2.4 工业机器人搬运程序设计

知识讲解 1 DSQC652

将图 3-2-201 中 A 托盘的不同零件搬运到 B 托盘相应位置。

图 3-2-201 搬运任务

1. ABB 机器人的输入输出

I/O 是 Input/Output 的缩写，即输入输出端口，机器人可通过 I/O 与外部设备进行交互，例如：

数字量输入：各种开关信号反馈，如按钮开关，转换开关，接近开关等；传感器信号反馈，如光电传感器，光纤传感器；还有接触器，继电器触点信号反馈；另外还有触摸屏里的开关信号反馈。

数字量输出：控制各种继电器线圈，如接触器，继电器，电磁阀；控制各种指示类信号，如指示灯，蜂鸣器。

ABB 机器人的标准 I/O 板的输入输出都是 PNP 类型。

ABB 机器人提供了丰富 I/O 通信接口，如 ABB 的标准通信，与 PLC 的现场总线通信，还有与 PC 的数据通信，如图 3-2-202 中所示，ABB 机器人支持的总线通信，可以轻松地实现与周边设备的通信。

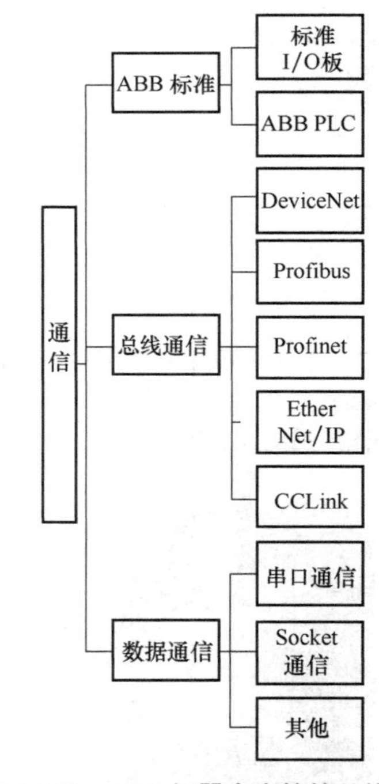

图 3-2-202 ABB 机器人支持的总线通信

ABB 的标准 I/O 板提供的常用信号处理有数字量输入，数字量输出，组输入，组输出。

ABB 机器人常用 I/O 板见表 3-2-3。

表 3-2-3 ABB 机器人常用 I/O 板

	型号	说明
旧版	DSQC 651	分布式 I/O 模块 di8\do8\ao2
	DSQC 652	分布式 I/O 模块 di16\do16

（续）

	型号	说明
旧版	DSQC 653	分布式 I/O 模块 di8\do8 继电器
	DSQC 355A	分布式 I/O 模块 ai4\ao4
	DSQC 377A	输送链跟踪单元
新版	DSQC 1030	基本装置 I/O 模块 di16\do16
	DSQC 1031	附加装置 I/O 模块 di16\do16
	DSQC 1032	模拟附加装置 I/O 模块 ai4\ao4
	DSQC 1033	继电附加装置 di8\do8 继电器

2. ABB 标准 I/O 板 DSQC652

DSQC652 是一款 16 点数字量输入和 16 点数字量输出的 IO 信号板，挂在控制柜的 Devicenet 总线上，见图 3-2-203。	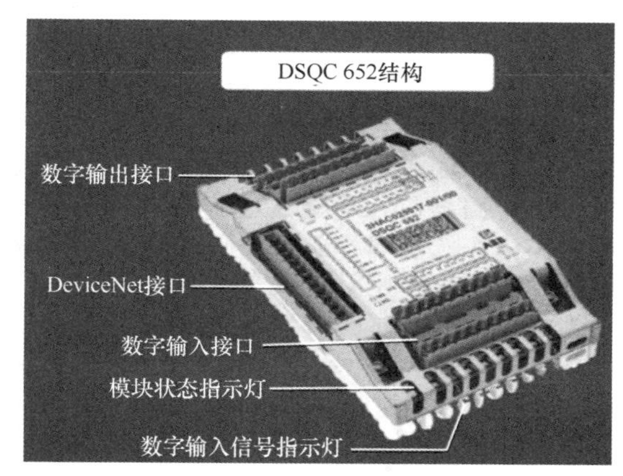 图 3-2-203　DSQC652 结构
DSQC652 的 I/O 板位置及外形，我们看到的是端子，见图 3-2-204。	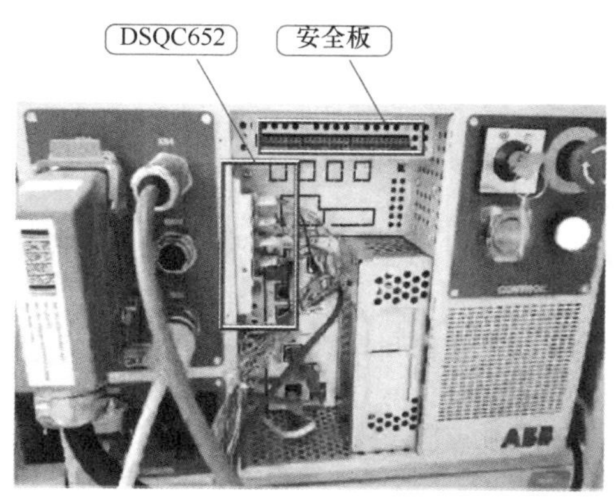 图 3-2-204　DSQC652 的 I/O 板位置及外形

（续）

DSQC652 的输入输出端子分布，见图 3-2-205。

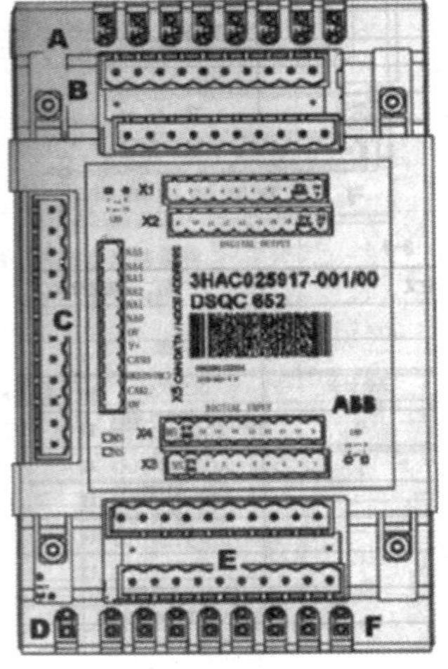

标号	说明
A	数字输出信号指示灯
B	X1、X2 数字输出接口
C	X5 是 DeviceNet 接口
D	模块状态指示灯
E	X3、X4 数字输入接口
F	数字输入信号指示灯

图 3-2-205　DSQC652 的输入输出端子分布

（1）DSQC652 定义板子地址

标准 I/O 板是挂在 DeviceNet 总线网络上的，每一个 I/O 板都需要有唯一的 DeviceNet 地址（ID）。所以要设定模块在网络中的地址。端子 X5 的 1~5 端子与控制柜计算机的 DeviceNet 总线相连，6～12 端子的跳线用来决定模块的地址，地址可用范围在 10~63，0~9 地址范围系统保留，见图 3-2-206。

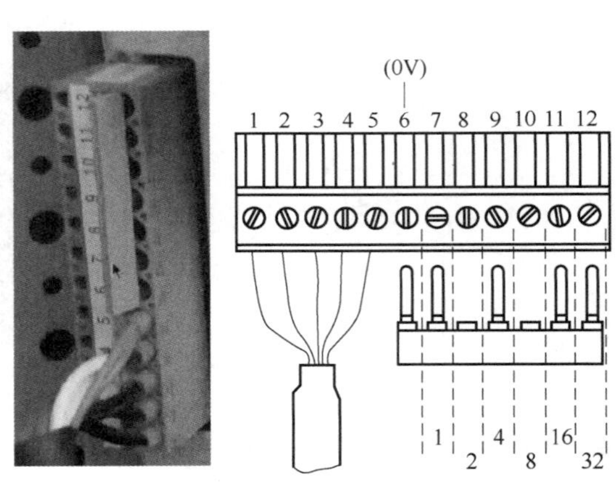

图 3-2-206　DSQC652 定义板子地址

1~5 端子与控制柜计算机的 DeviceNet 总线相连，6 端子为公共端

1. 0V（黑色线）
2. CAN 信号线（Low，蓝色线）
3. 屏蔽线
4. CAN 信号线（High，白色线）
5. 24V（红色线）
6. GND 地址选择公共端（0V）

（续）

<table>
<tr>
<td>标准 I/O 板使用短接片来设定 DeviceNet 的地址，X5 的 6~12 号接线柱是用来设定节点地址（Node Address）的，其中 6 号为逻辑地（0V），7~12 号分别表示节点地址的第 0~5 位。由于使用 6 个位来表示节点地址，因此节点地址的范围为 0~63；第 7 号接线柱（NA0）代表 2 的 0 次方，第 8 号接线柱（NA1）代表 2 的 1 次方，依次类推，第 12 号接线柱（NA5）代表 2 的 5 次方。当使用短接片把第 6 号接线柱（0V）与其他接线柱相连接时，则被连接的接线柱输入为 0V，视为逻辑 0；没有连接的接线柱视为逻辑 1。将第 8 脚和第 10 脚的跳线剪去，2+8=10，就可以获得地址 10，见图 3-2-207。</td>
<td>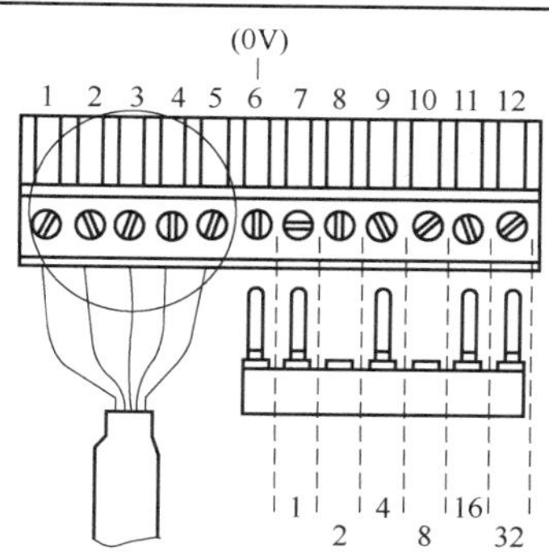

图 3-2-207　端子与控制柜计算机 DeviceNet 总线连接</td>
</tr>
<tr>
<td>想一想：有一块 DSQC652，把 11、12 剪掉，见图 3-2-208，地址为多少？</td>
<td>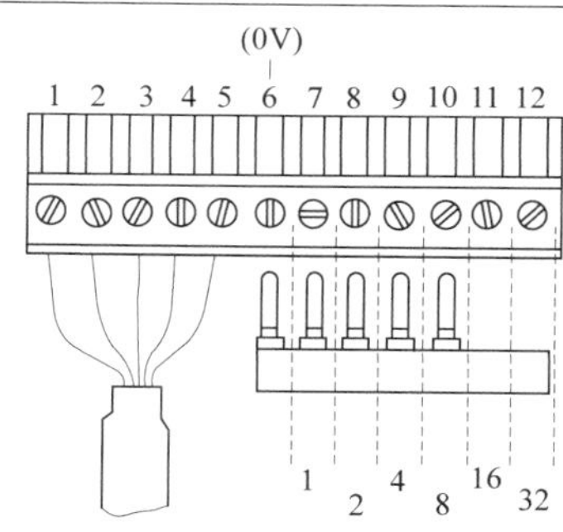

图 3-2-208　把 11、12 剪掉</td>
</tr>
<tr>
<td>（2）DSQC652 的输入输出端子说明
DSQC652 的输入输出端子用于和外部设备相连，见图 3-2-209。X1 和 X2 是数字量输出端子，见图 3-2-210a；X3 和 X4 是数字量输入端子，见图 3-2-210b。每个接线端子有 10 个接线柱。

输出端子
<table>
<tr><td colspan="10">数字输出接口(DIGITAL OUTPUT)</td></tr>
<tr><td>1</td><td>2</td><td>3</td><td>4</td><td>5</td><td>6</td><td>7</td><td>8</td><td>0V</td><td>24V</td></tr>
<tr><td>9</td><td>10</td><td>11</td><td>12</td><td>13</td><td>14</td><td>15</td><td>16</td><td>0V</td><td>24V</td></tr>
</table>
a)

输入端子
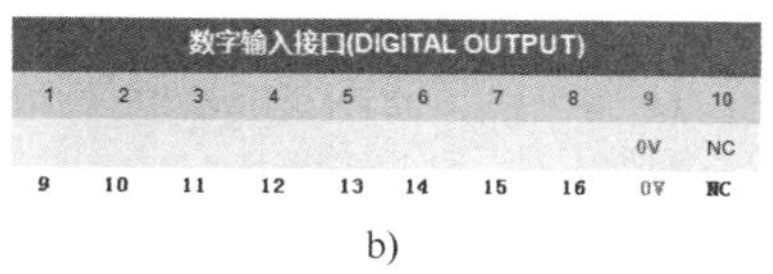
<table>
<tr><td colspan="10">数字输入接口(DIGITAL OUTPUT)</td></tr>
<tr><td>1</td><td>2</td><td>3</td><td>4</td><td>5</td><td>6</td><td>7</td><td>8</td><td>9</td><td>10</td></tr>
<tr><td></td><td></td><td></td><td></td><td></td><td></td><td></td><td></td><td>0V</td><td>NC</td></tr>
<tr><td>9</td><td>10</td><td>11</td><td>12</td><td>13</td><td>14</td><td>15</td><td>16</td><td>0V</td><td>NC</td></tr>
</table>
b)

图 3-2-210　输出端子和输入端子</td>
<td>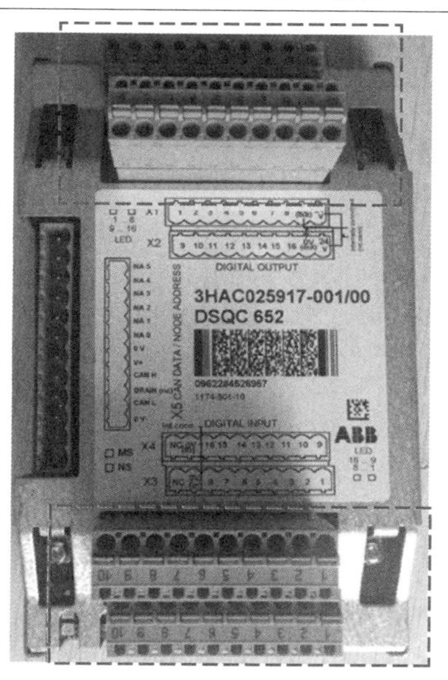

图 3-2-209　DSQC652 的输入输出端子</td>
</tr>
</table>

（续）

（3）输出端子地址分配

X1、X2 端子被引到外部接线柱，绿色端子排中 X1 的 1~8 端子的地址分别为 0~7，9、10 要接 0V 和 24V；X2 的 1~8 端子地址分别为 8~15，见图 3-2-211，端子定义见表 3-2-4 和表 3-2-5。

表 3-2-4 X1 端子定义

X1 端子编号	功能	名称	分配地址
1	Output	CH1	0
2	Output	CH2	1
3	Output	CH3	2
4	Output	CH4	3
5	Output	CH5	4
6	Output	CH6	5
7	Output	CH7	6
8	Output	CH8	7
9	GND	0V	
10	VSS	24V+	

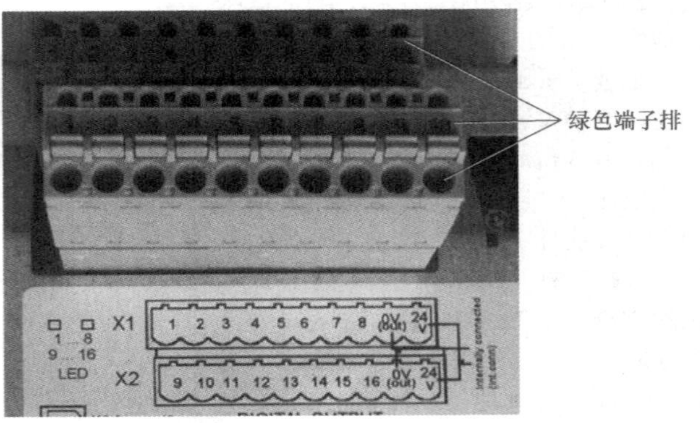

图 3-2-211 输出端子的地址分配

表 3-2-5 X2 端子定义

X2 端子编号	功能	名称	分配地址
1	Output	CH9	8
2	Output	CH10	9
3	Output	CH11	10
4	Output	CH12	11
5	Output	CH13	12
6	Output	CH14	13
7	Output	CH15	14
8	Output	CH16	15
9	GND	0V	
10	VSS	24V+	

在 X1 和 X2 的上方，有两排 LED 指示灯，每排 8 个，代表 8 个通道。当某一通道有信号输出时，该通道的 LED 指示灯会点亮，见图 3-2-212。

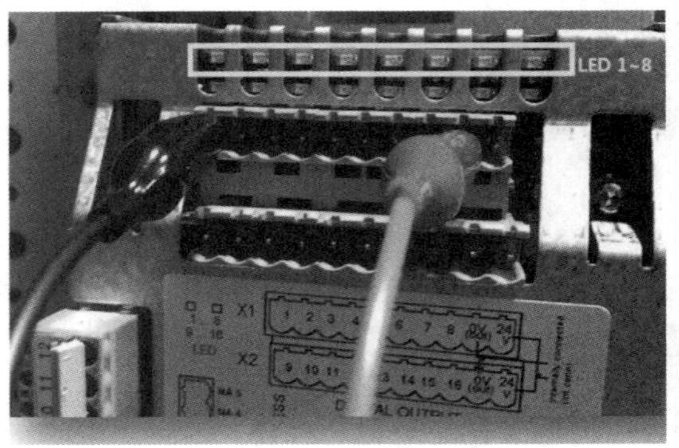

图 3-2-212 X1 和 X2 接通指示灯

（续）

输出端子接线方式见图 3-2-213，端子输出为高电平。9 号端子接 0V。

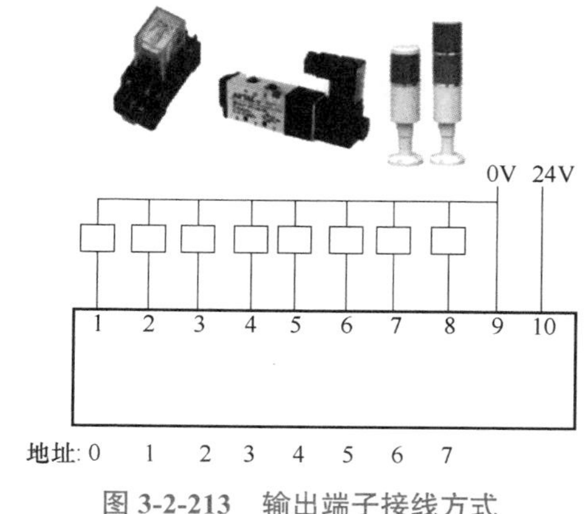

图 3-2-213　输出端子接线方式

（4）输入端子地址分配

输入端子的地址分配见图 3-2-214，X3、X4 端子定义见表 3-2-6 和表 3-2-7。

表 3-2-6　X3 端子定义

X3 端子编号	功能	名称	分配地址
1	Input	CH1	0
2	Input	CH2	1
3	Input	CH3	2
4	Input	CH4	3
5	Input	CH5	4
6	Input	CH6	5
7	Input	CH7	6
8	Input	CH8	7
9	GND	0V	
10	NC	NC	

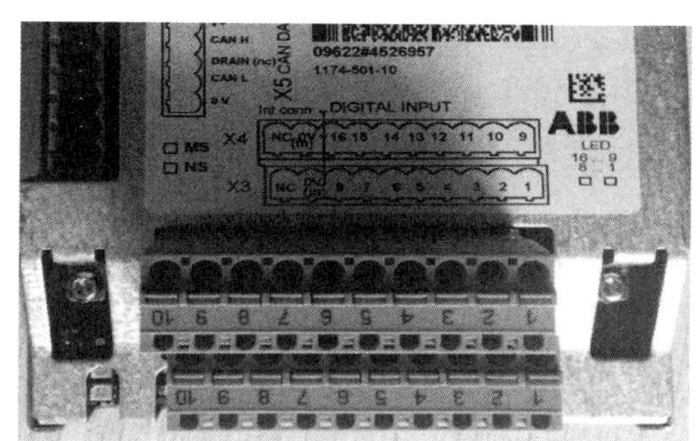

图 3-2-214　输入端子地址分配

表 3-2-7　X4 端子定义

X4 端子编号	功能	名称	分配地址
1	Input	CH9	8
2	Input	CH10	9
3	Input	CH11	10
4	Input	CH12	11
5	Input	CH13	12
6	Input	CH14	13
7	Input	CH15	14
8	Input	CH16	15
9	GND	0V	
10	NC	NC	

（续）

输入端子接线方式见图 3-2-215，输入信号高电平有效，外接 24V。

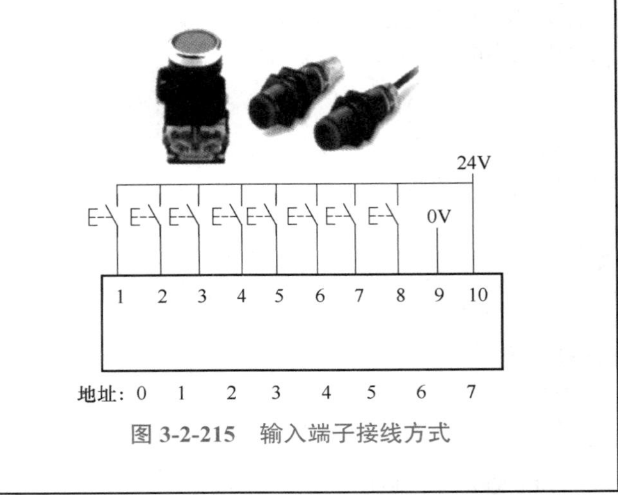

图 3-2-215　输入端子接线方式

 任务实施 1　DSQC652 配置

进行 DSQC652 的配置，包括板的配置、输入输出信号的配置。

（1）定义 DSQC652 板的总线连接

ABB 标准 I/O 板都是下挂在 DeviceNet 现场总线下的设备，通过 X5 端口与 DeviceNet 现场总线进行通信，见表 3-2-8。

表 3-2-8　定义 DSQC652 板的总线连接的相关参数说明

参数名称	设定值	说明
Name	board10	设定 I/O 板在系统中的名字
Network	DeviceNet	I/O 板连接的总线
Address	10	设定 I/O 板在总线中的地址

1）单击左上角主菜单按钮，见图 3-2-216。
2）选择“控制面板”，见图 3-2-216。

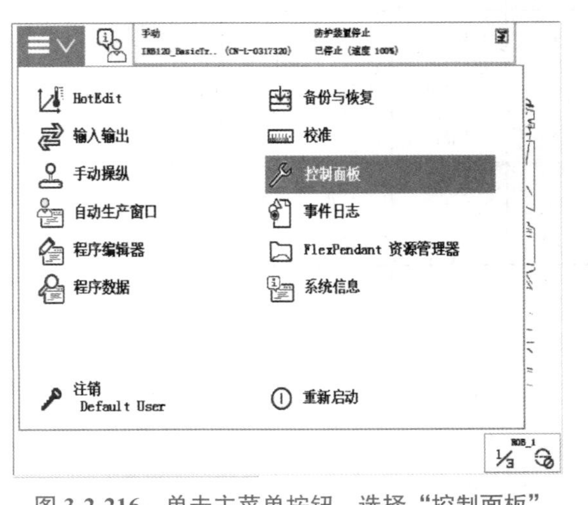

图 3-2-216　单击主菜单按钮，选择“控制面板”

（续）

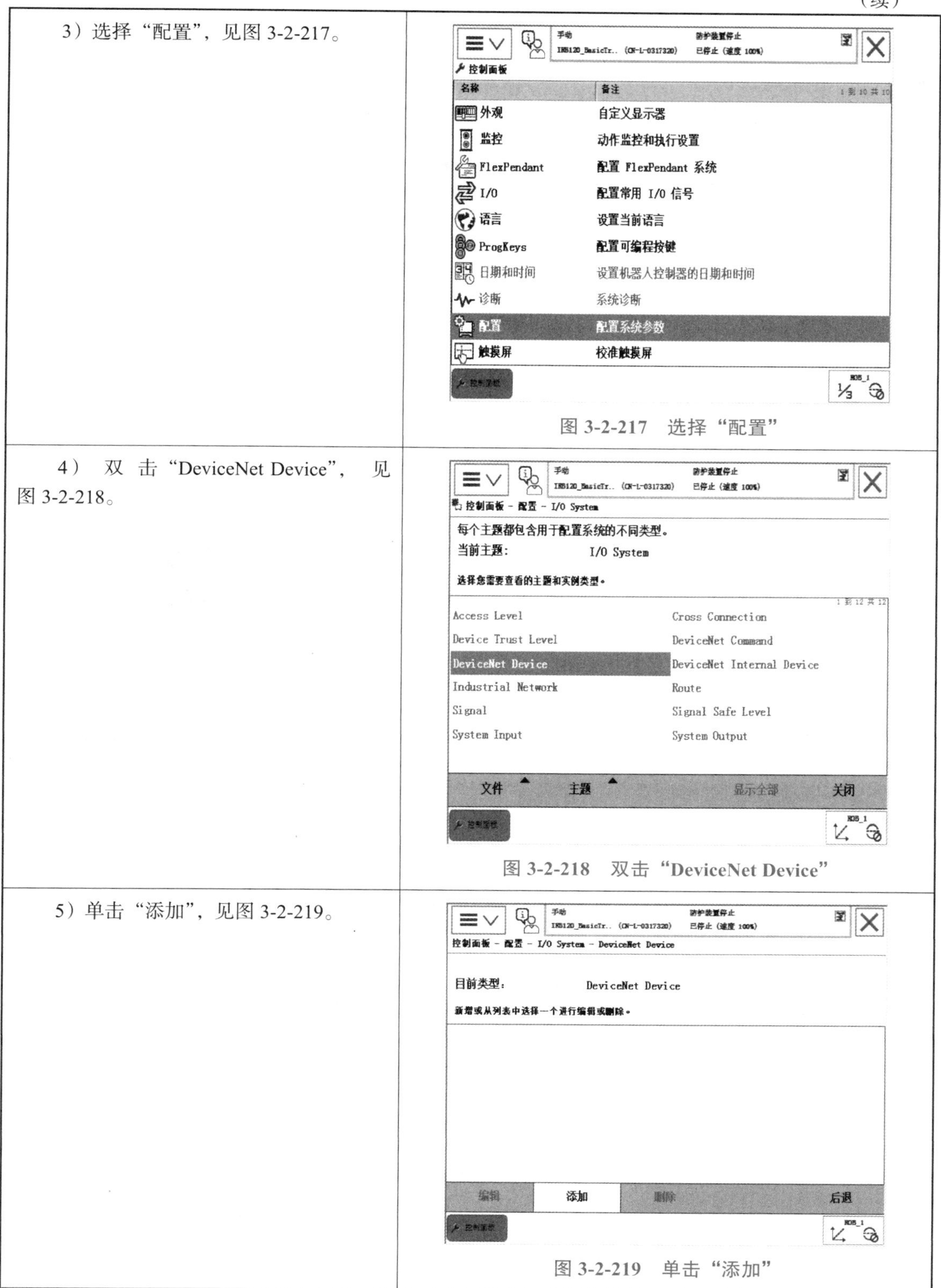

操作步骤	图示
3）选择“配置”，见图 3-2-217。	图 3-2-217　选择“配置”
4）双击“DeviceNet Device”，见图 3-2-218。	图 3-2-218　双击“DeviceNet Device”
5）单击“添加”，见图 3-2-219。	图 3-2-219　单击“添加”

（续）

6）单击“使用来自模板的值”对应的下拉箭头，见图 3-2-220。 7）选择“DSQC 652 24 VDC I/O Device”，见图 3-2-220。	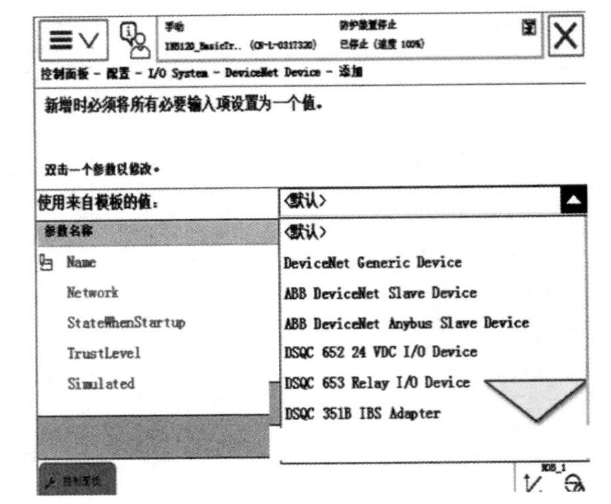 图 3-2-220　单击“使用来自模板的值”对应下拉箭头，选择“DSQC 652 24VDC　I/O Device”
8）双击“Name”进行 DSQC652 板在系统中名字的设定（如果不修改，则名字是默认的“d652”），见图 3-2-221。 9）将 DSQC652 板的名字设定为“board10”（10 代表此模块在 DeviceNet 总线中的地址，方便识别），然后单击“确定”，见图 3-2-221。	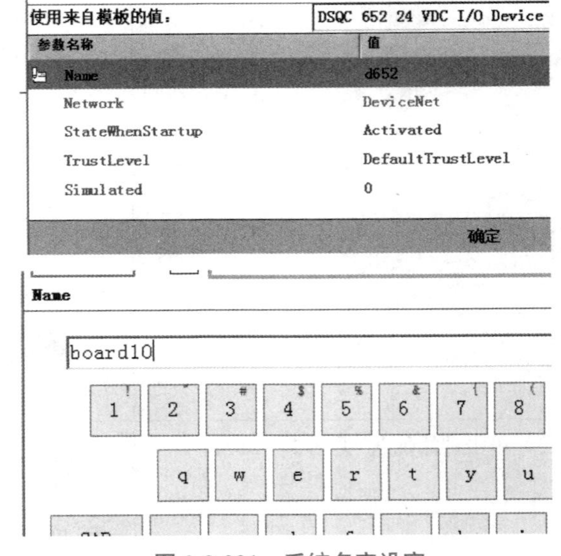 图 3-2-221　系统名字设定
10）单击向下翻页箭头，见图 3-2-222。 11）将“Address”设定为 10，然后单击“确定”，见图 3-2-222。	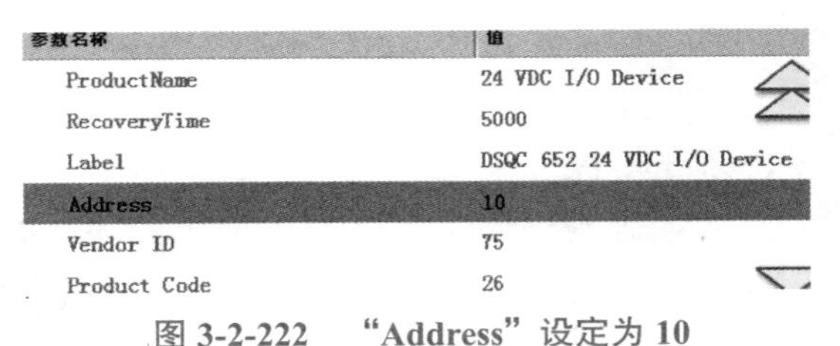 图 3-2-222　“Address”设定为 10

（续）

12）这样 DSQC652 板的定义就完成了。单击“否”，将输入输出信号设置完之后再重启，见图 3-2-223。

注意：若不设置其他信号，单击“是”，重启之后 DSQ652 配置有效，见图 3-2-223。

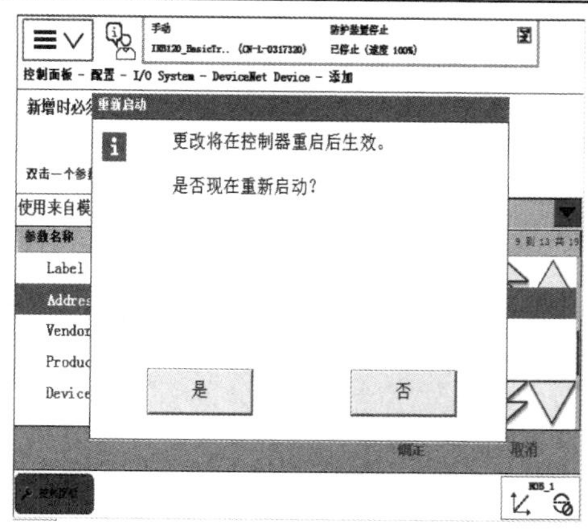

图 3-2-223　设置完成

将接口板配置好后，进行输入输出端子的配置。输入输出端子可连接的设备见表 3-2-9。

表 3-2-9　设置 DSQC652 端子上的 I/O 信号

信号类型	说明	示例
Digital Input	数字输入信号	接收传感器、按钮信号
Digital Output	数字输出信号	控制指示灯、电磁阀
Digital Input	组输入信号	用于远程调用不同程序
Digital Output	组输出信号	用于控制多吸盘工具

（2）定义数字输入信号 di1

数字输入信号 di1 的相关参数见表 3-2-10。

表 3-2-10　数字输入信号 di1 的相关参数

参数名称	设定值	说明
Name	di1	设定数字输入信号的名字
Type of Signal	Digital Input	设定信号的类型
Assigned to Device	board10	设定信号所在的 I/O 模块
Device Mapping	1	设定信号所占用的地址

1）单击左上角主菜单按钮，见图 3-2-224。

2）选择“控制面板”，见图 3-2-224。

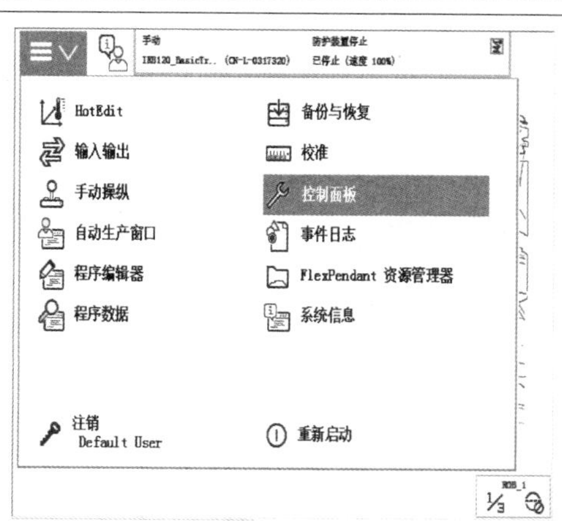

图 3-2-224　单击主菜单按钮，选择“控制面板”

（续）

<table>
<tr>
<td>3）选择“配置”，见图 3-2-225。</td>
<td>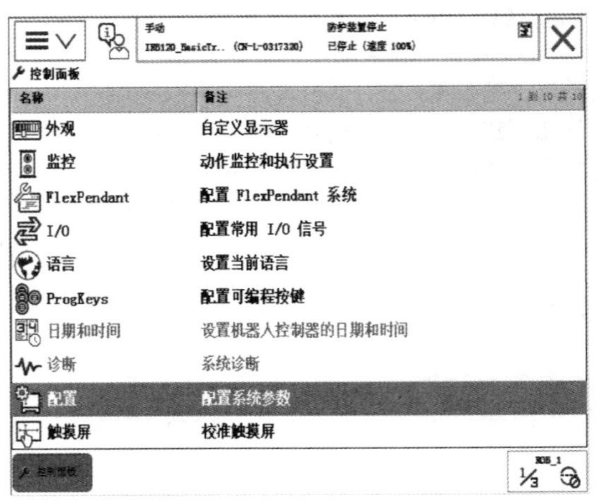

图 3-2-225　选择“配置”</td>
</tr>
<tr>
<td>4）双击“Signal”，见图 3-2-226。
5）单击“添加”，见图 3-2-226。</td>
<td>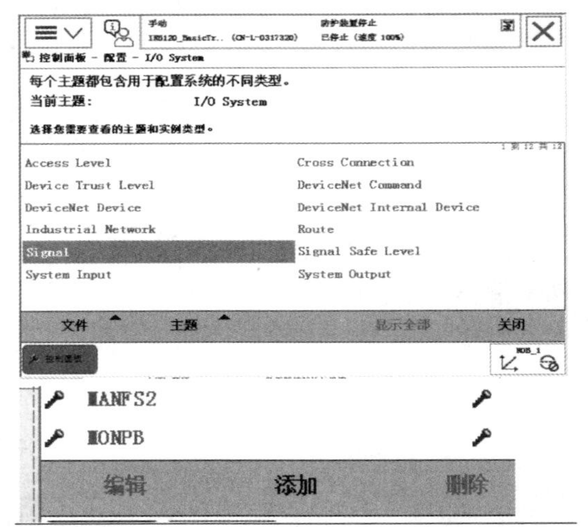

图 3-2-226　双击“Signal”，单击“添加”</td>
</tr>
<tr>
<td>6）双击“Name”，输入“di1”，然后单击“确定”，见图 3-2-227。
7）双击“Type of Signal”，选择“Digital Input”，见图 3-2-227。
8）双击“Assigned to Device”，选择“board10”，见图 3-2-227。
9）双击“Device Mapping”，见图 3-2-227。
10）输入“1”，然后单击“确定”，见图 3-2-227。
11）单击“确定”，见图 3-2-227。</td>
<td>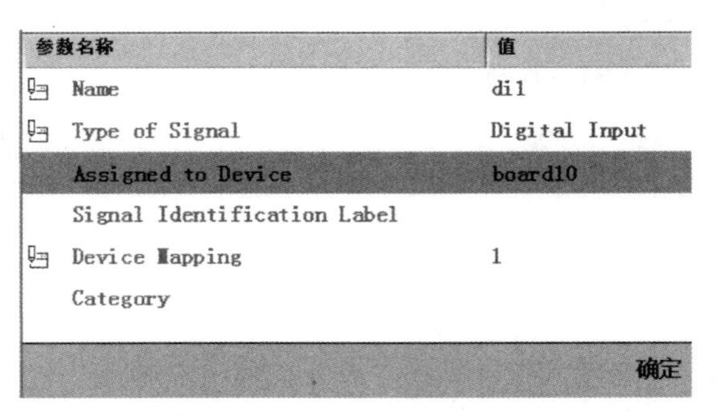

图 3-2-227　完成参数设定</td>
</tr>
</table>

（续）

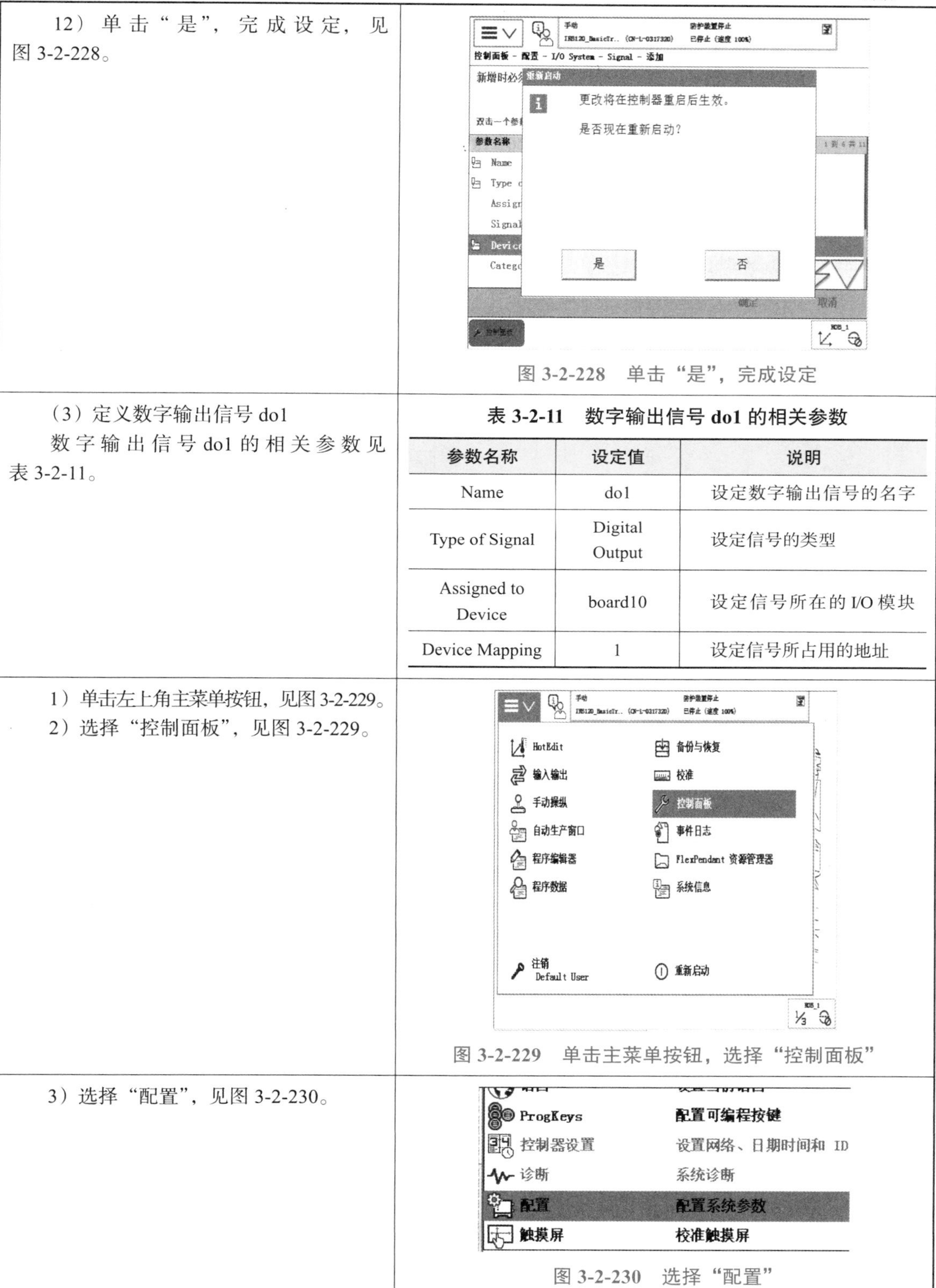

12）单击“是”，完成设定，见图 3-2-228。

图 3-2-228　单击“是”，完成设定

（3）定义数字输出信号 do1

数字输出信号 do1 的相关参数见表 3-2-11。

表 3-2-11　数字输出信号 do1 的相关参数

参数名称	设定值	说明
Name	do1	设定数字输出信号的名字
Type of Signal	Digital Output	设定信号的类型
Assigned to Device	board10	设定信号所在的 I/O 模块
Device Mapping	1	设定信号所占用的地址

1）单击左上角主菜单按钮，见图 3-2-229。

2）选择“控制面板”，见图 3-2-229。

图 3-2-229　单击主菜单按钮，选择“控制面板”

3）选择“配置”，见图 3-2-230。

图 3-2-230　选择“配置”

（续）

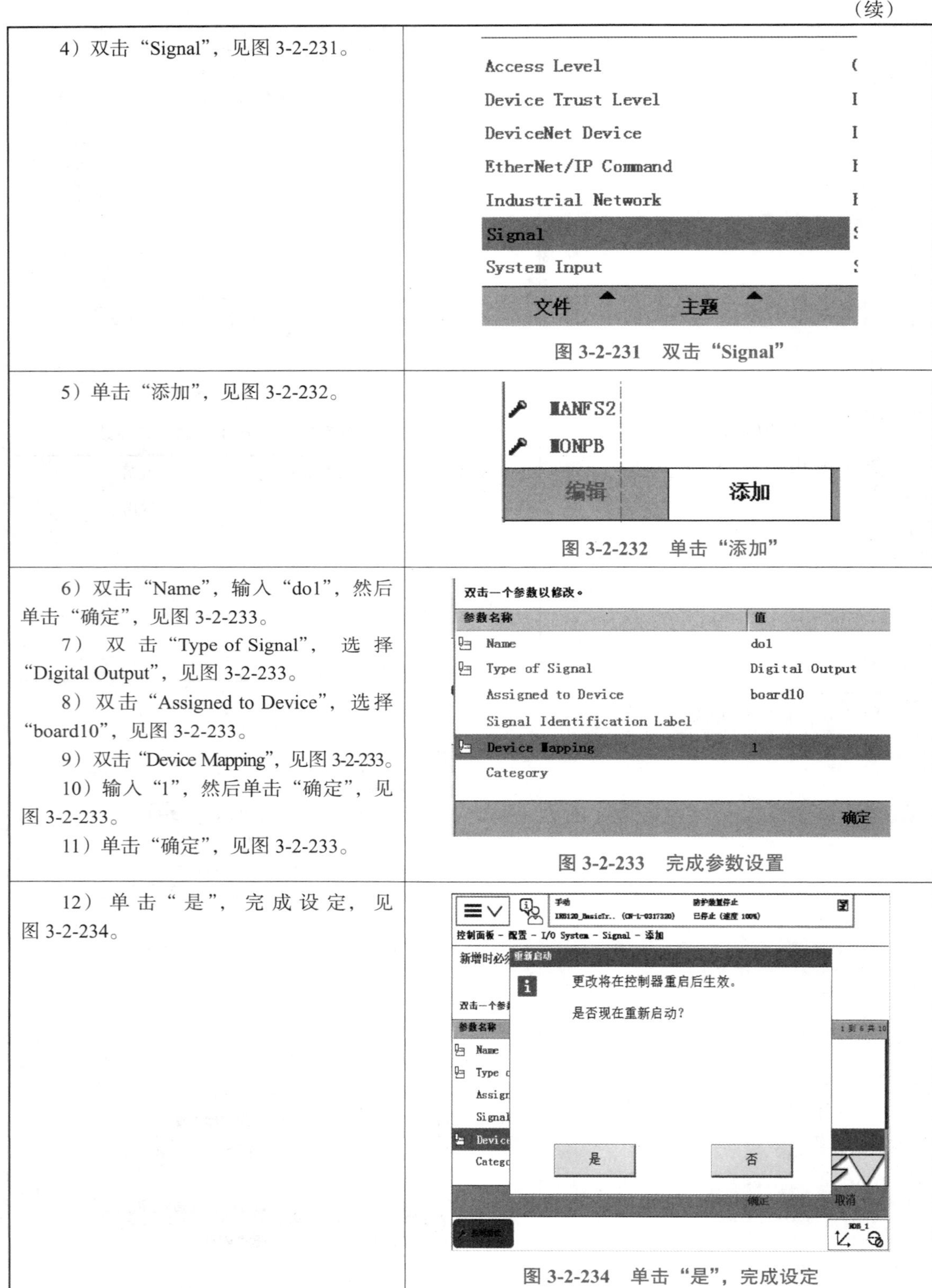

4）双击“Signal”，见图 3-2-231。	图 3-2-231　双击“Signal”
5）单击“添加”，见图 3-2-232。	图 3-2-232　单击“添加”
6）双击“Name”，输入“do1”，然后单击“确定”，见图 3-2-233。 7）双击“Type of Signal”，选择“Digital Output”，见图 3-2-233。 8）双击“Assigned to Device”，选择“board10”，见图 3-2-233。 9）双击“Device Mapping”，见图 3-2-233。 10）输入“1”，然后单击“确定”，见图 3-2-233。 11）单击“确定”，见图 3-2-233。	图 3-2-233　完成参数设置
12）单击“是”，完成设定，见图 3-2-234。	图 3-2-234　单击“是”，完成设定

（续）

（4）定义组输入信号 gi1

组输入信号就是将几个数字输入信号组合起来使用，用于接受外围设备输入的 BCD 编码的十进制数。

此例中，gi1 占用地址 1~4 共 4 位，可以代表十进制数 0~15。如此类推，如果占用地址 5 位的话，可以代表十进制数 0~31。

组输入信号 gi1 的相关参数及状态见表 3-2-12 和表 3-2-13。

表 3-2-12　组输入信号的相关参数

参数名称	设定值	说明
Name	gi1	设定组输入信号的名字
Type of Signal	Group Input	设定信号的类型
Assigned to Device	board10	设定信号所在的 I/O 模块
Device Mapping	1~4	设定信号所占用的地址

表 3-2-13　组输入信号状态

状态	地址 1	地址 2	地址 3	地址 4	十进制数
	1	2	4	8	
状态 1	0	1	0	1	2+8=10
状态 2	1	0	1	1	1+4+8=13

1）单击左上角主菜单按钮，见图 3-2-235。

2）选择“控制面板”，见图 3-2-235。

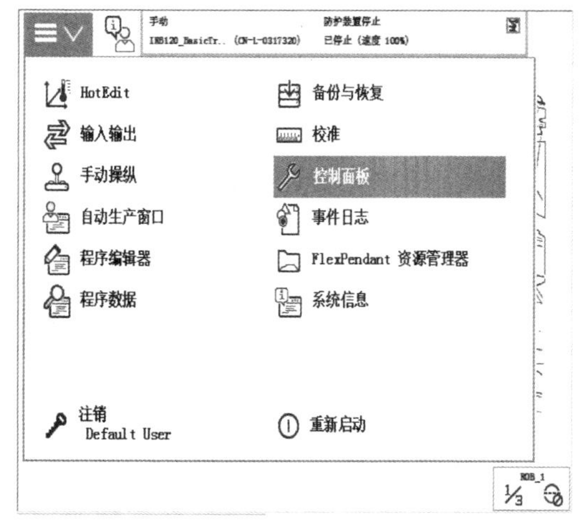

图 3-2-235　单击主菜单，选择“控制面板”

3）选择“配置”，见图 3-2-236a。

4）双击“Signal”，见图 3-2-236b。

5）单击“添加”，见图 3-2-236c。

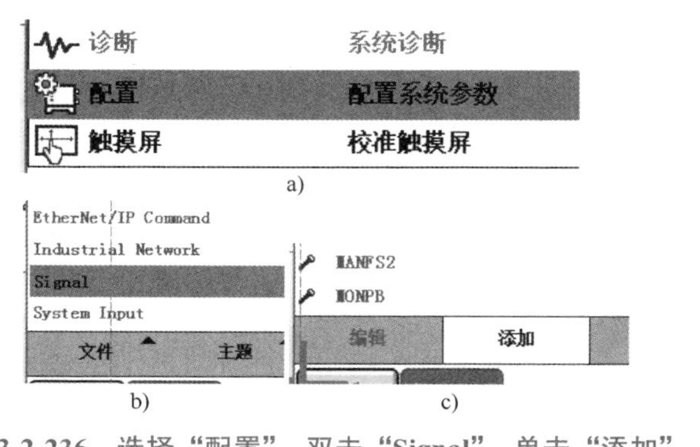

图 3-2-236　选择“配置”，双击“Signal”，单击“添加”

（续）

<table>
<tr><td>6）双击“Name”输入“gi1”，然后单击“确定”，见图 3-2-237。
7）双击“Type of Signal”，选择“Group Input”，见图 3-2-237。
8）双击“Assigned to Device”，选择“board10”，见图 3-2-237。
9）输入“1-4”，然后单击“确定”，见图 3-2-237。</td><td>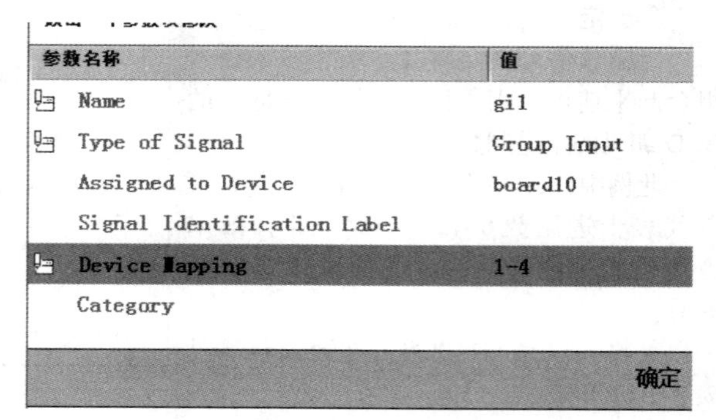
图 3-2-237　完成参数设置</td></tr>
<tr><td>10）单击“确定”，见图 3-2-238。</td><td>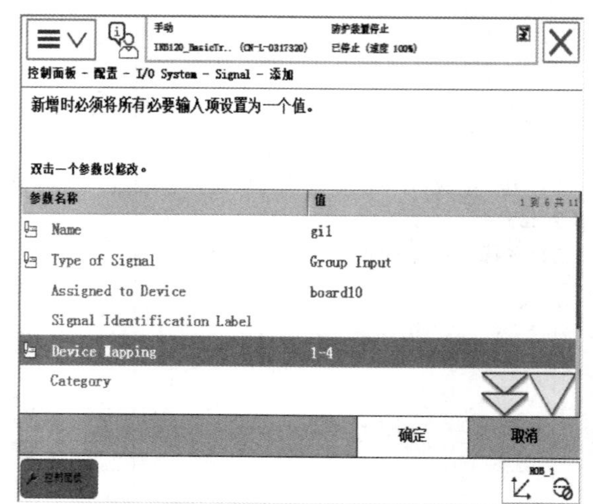
图 3-2-238　单击“确定”</td></tr>
<tr><td>11）单击“是”，完成设定，见图 3-2-239。</td><td>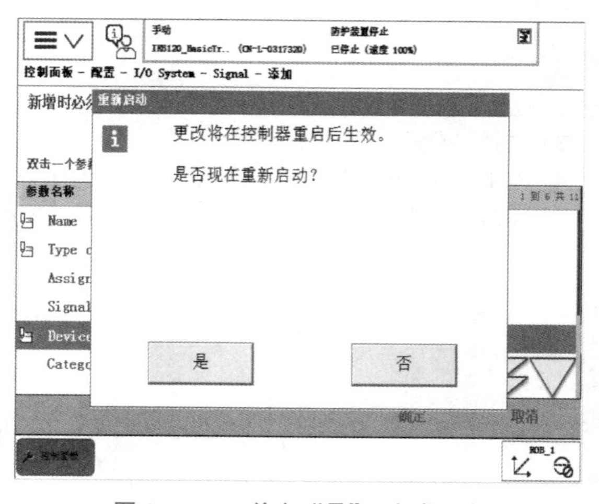
图 3-2-239　单击“是”，完成设定</td></tr>
</table>

（续）

（5）定义组输出信号 go1

组输出信号就是将几个数字输出信号组合起来使用，用于输出 BCD 编码的十进制数。

此例中，go1 占用地址 1~4 共 4 位，可以代表十进制数 0~15。如此类推，如果占用地址 5 位的话，可以代表十进制数 0~31。

组输出信号 go1 的相关参数及状态见表 3-2-14 和表 3-2-15。

表 3-2-14　组输出信号 go1 相关参数

参数名称	设定值	说明
Name	go1	设定组输出信号的名字
Type of Signal	Group Output	设定信号的类型
Assigned to Device	board10	设定信号所在的 I/O 模块
Device Mapping	1~4	设定信号所占用的地址

表 3-2-15　组输出信号 go1 状态

状态	地址 1	地址 2	地址 3	地址 4	十进制数
	1	2	4	8	
状态 1	0	1	0	1	2+8=10
状态 2	1	0	1	1	1+4+8=13

1）单击左上角主菜单按钮，见图 3-2-240。

2）选择“控制面板”，见图 3-2-240。

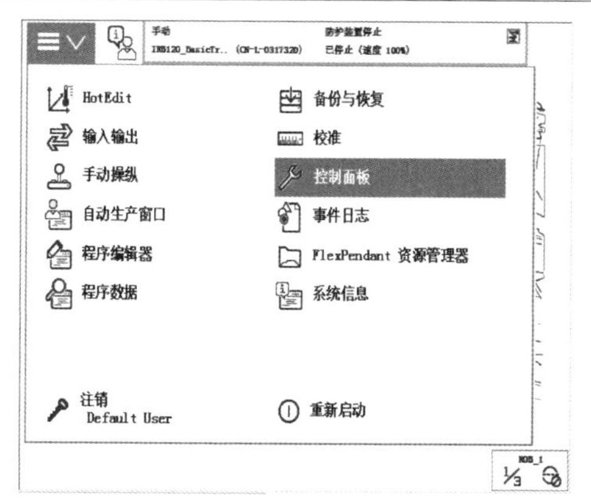

图 3-2-240　单击主菜单按钮，选择“控制面板”

3）选择“配置”，见图 3-2-241a。

4）双击“Signal”，见图 3-2-241b。

5）单击“添加”，见图 3-2-241c。

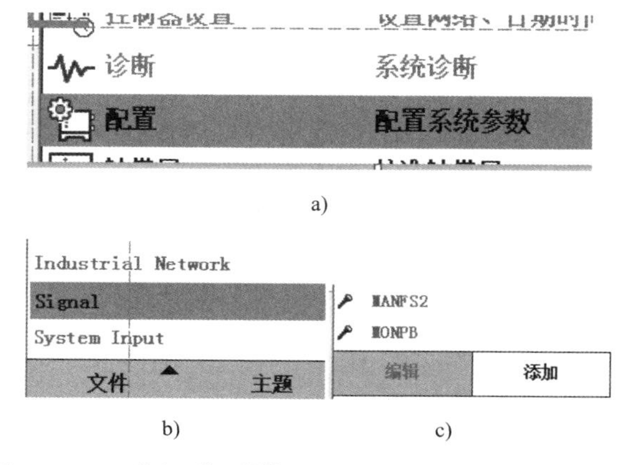

a)　b)　c)

图 3-2-241　选择“配置”，双击“Signal”，单击“添加”

（续）

6）双击“Name”输入“go1”，然后单击“确定”，见图 3-2-242。 7）双击“Type of Signal”，选择“Group Output”，见图 3-2-242。 8）双击“Assigned to Device”，选择“board10”，见图 3-2-242。 9）输入“1-4”，然后单击“确定”，见图 3-2-242。	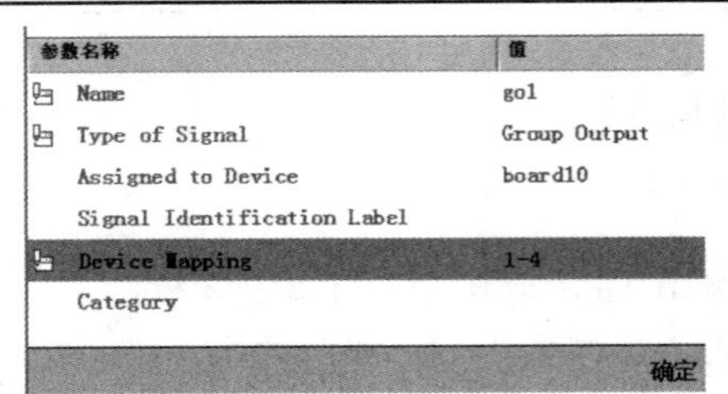 图 3-2-242　完成参数设置
10）单击“是”，完成设定，见图 3-2-243。	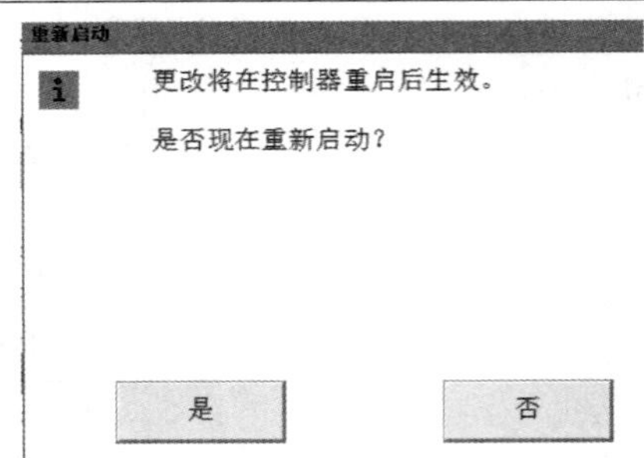 图 3-2-243　单击“是”，完成设定
（6）I/O 信号监控与操作 学习了 I/O 信号的定义。现在学习一下对 I/O 信号进行仿真和强制操作。 1）单击左上角主菜单按钮，见图 3-2-244。 2）选择“输入输出”，见图 3-2-244。	 图 3-2-244　单击主菜单按钮，选择“输入输出”
3）单击右下角“视图”菜单，选择“IO 设备”，见图 3-2-245。 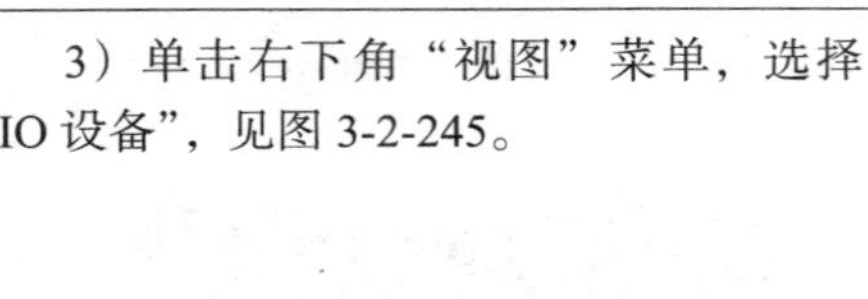	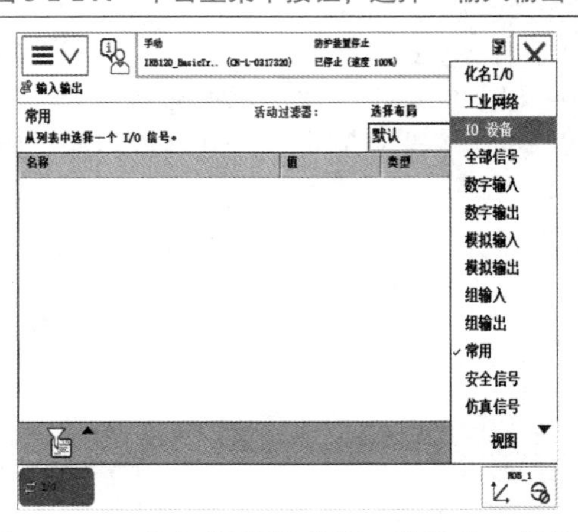 图 3-2-245　单击“视图”菜单，选择“IO 设备”

（续）

4）选择“board10”，见图 3-2-246。 5）单击“信号”，见图 3-2-246。	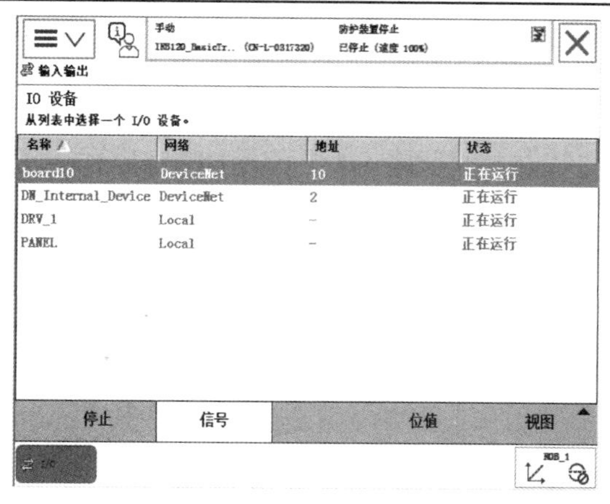 图 3-2-246　选择“board10”，单击“信号”
6）在这个画面，可以看到定义的 di1、do1、gi1 和 go1 信号，见图 3-2-247。接着就可对信号进行监控，仿真和强制的操作。	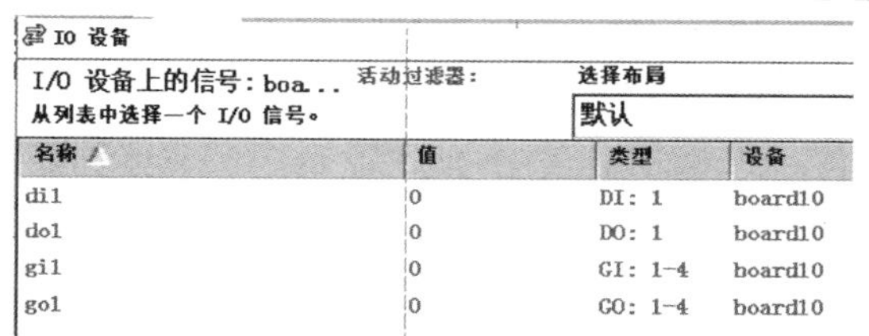 图 3-2-247　定义的 di1、do1、gi1 和 go1 信号
• 对 di1 进行仿真操作 1）选中“di1”，见图 3-2-248。 2）单击“仿真”，见图 3-2-248。	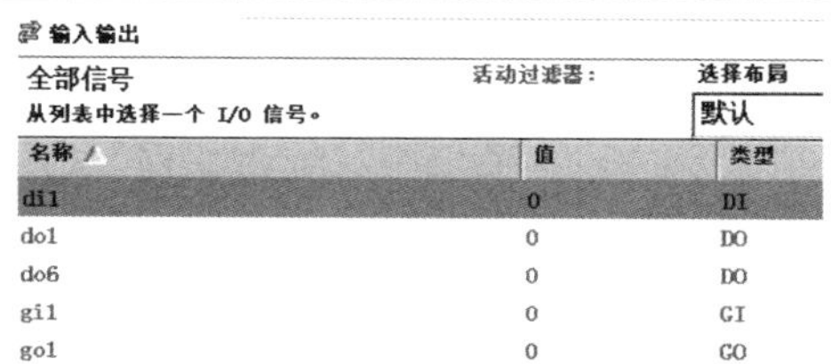 图 3-2-248　选中“di1”，单击“仿真”
3）单击“1”，将 di1 的状态仿真为“1”，见图 3-2-249。 4）仿真结束后，单击“消除仿真”，见图 3-2-249。	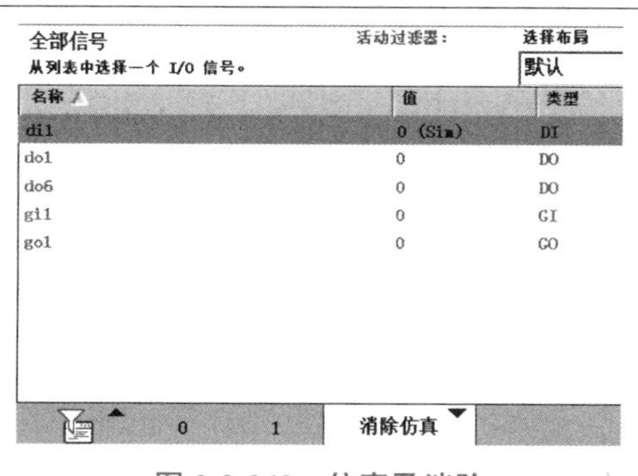 图 3-2-249　仿真及消除

（续）

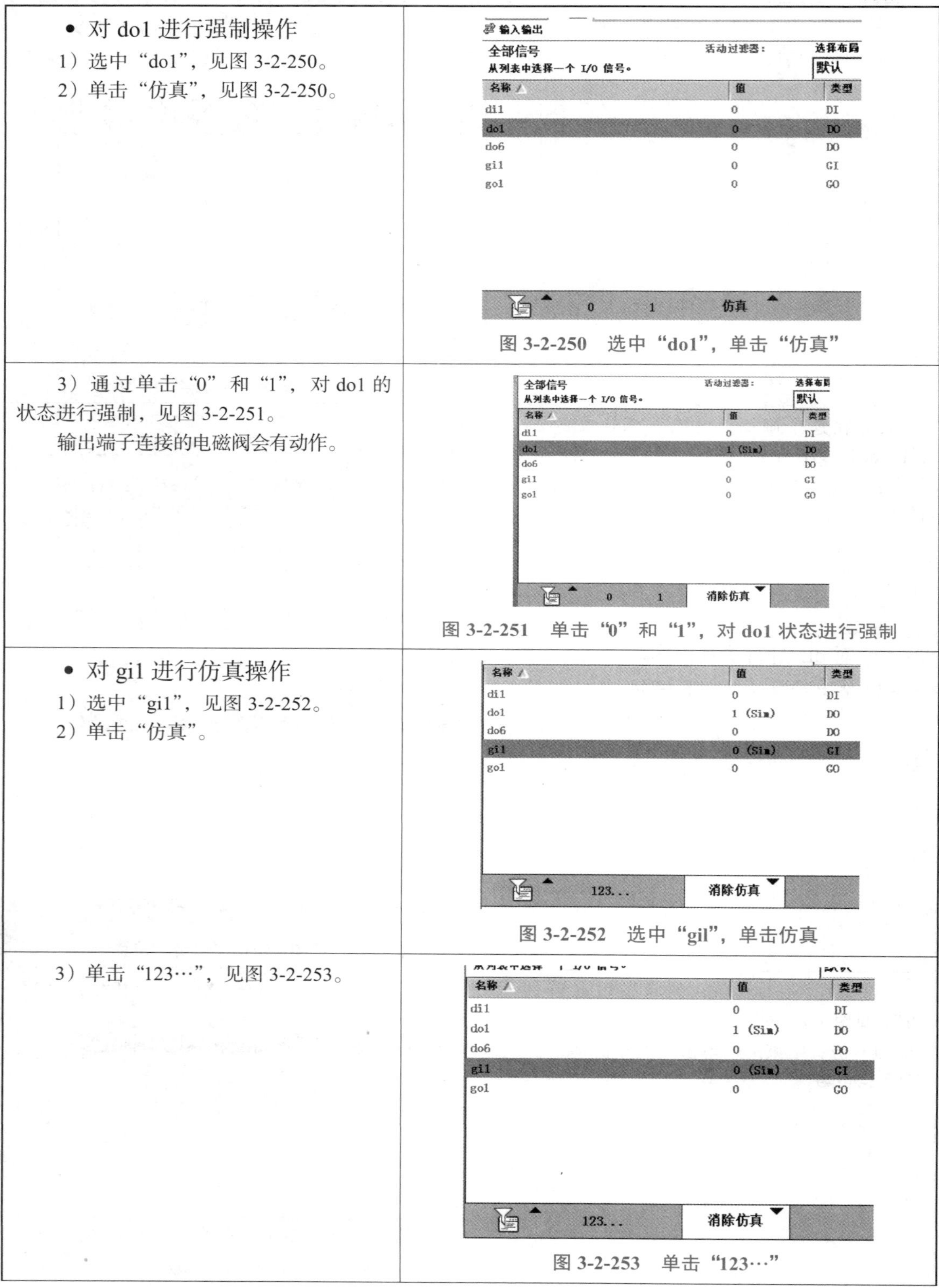

• 对 do1 进行强制操作 1）选中“do1”，见图 3-2-250。 2）单击“仿真”，见图 3-2-250。	图 3-2-250　选中“do1”，单击“仿真”
3）通过单击“0”和“1”，对 do1 的状态进行强制，见图 3-2-251。 输出端子连接的电磁阀会有动作。	图 3-2-251　单击“0”和“1”，对 do1 状态进行强制
• 对 gi1 进行仿真操作 1）选中“gi1”，见图 3-2-252。 2）单击“仿真”。	图 3-2-252　选中“gil”，单击仿真
3）单击“123…”，见图 3-2-253。	图 3-2-253　单击“123…”

（续）

4）输入需要的数值，然后单击“确定”，见图 3-2-254。 注意：gi1 占用地址 1~4 共 4 位，可以代表十进制数 0~15。如此类推，如果占用地址 5 位的话，可以代表十进制数 0~31。	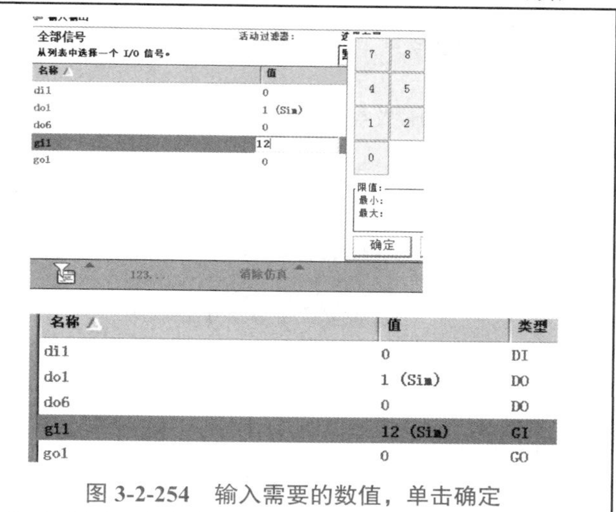 图 3-2-254　输入需要的数值，单击确定

知识讲解 2　输入输出控制指令

1. Set：将数字输出信号置为 1 如：Set　Do1；将数字输出信号 Do1 置为 1 本节搬运任务是在 DSQC652 的地址 6 端子连接电磁阀线圈，以接通气路，控制吸盘实现工件吸取。 当执行 SET　Do6，吸盘抓取工件，见图 3-2-255。	 图 3-2-255　吸盘抓取工件
2. Reset：将数字输出信号置为 0 如：Reset　Do6；将数字输出信号 Do6 置为 0。吸盘将工件放下，见图 3-2-256。	 图 3-2-256　吸盘将工件放下

任务实施 2　搬运程序任务实施

任务要求：用吸盘将 A 托盘的不同形状零件搬运到 B 托盘相应位置，如图 3-2-257 所示。

图 3-2-257　不同形状零件的搬运要求

（1）运动规划

机器人搬运的动作可分解成为抓取工件、移动工件、放置工件子任务，还可以进一步分解为把吸盘移到工件上方、抓取工件等一系列动作。搬运任务规划如图 3-2-258 所示。

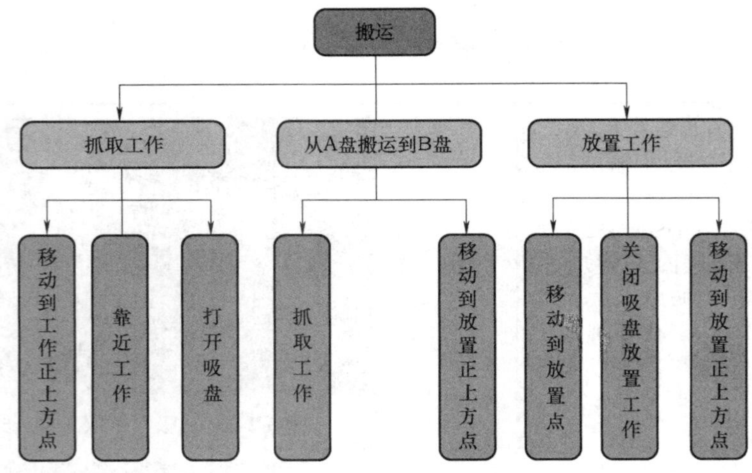

图 3-2-258　搬运任务规划

（2）需要示教的点

安全点 home，抓取点 pick，放置点 place，见图 3-2-259。

每搬运一个工件时，机器人吸盘从 home—抓取—home—放置—home 的顺序运行。

工件在 Z 轴高度为 30mm。

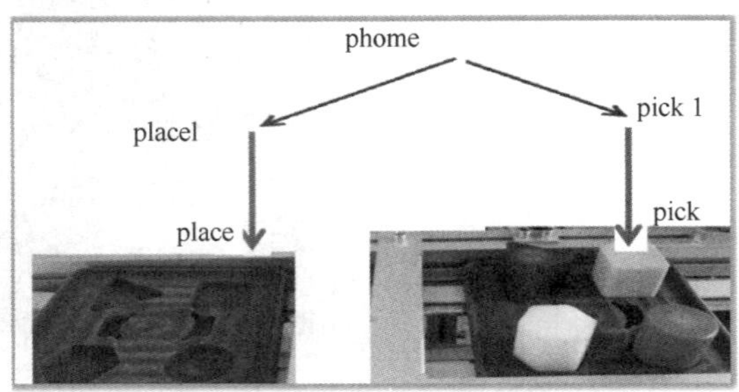

图 3-2-259　需要示教的点

（3）编程分析

<table>
<tr><td>1）采用双重 FOR 循环语句，以增长变量 i=0 to 1 分别得到 X 方向的两列工件的坐标，以 for j=0 to 1 分别指 Y 方向的两行工件的坐标。</td><td rowspan="2">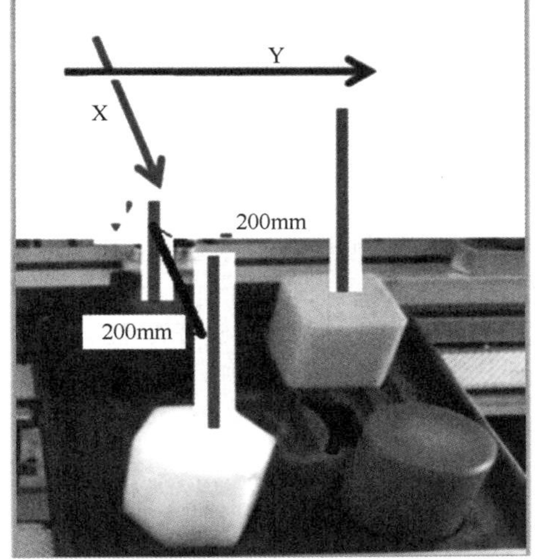

图 3-2-260　工件位置中心的距离</td></tr>
<tr><td>2）抓取点计算：工件位置中心的距离为 200mm，见图 3-2-260，示教三角中心的抓取点 pick，见图 3-2-259，其他工件的抓取位置以 Offs 函数计算得到。
三角抓取点：Offs（pick，0*200，0*200，0）
正方体抓取点：Offs（pick，0*200，1*200，0）
六边形抓取点：Offs（pick，1*200，0*200，0）
圆柱抓取点：Offs（pick，1*200，1*200，0）</td></tr>
<tr><td>3）放置点计算
示教三角的放置点 place，其他工件的放置位置以 Offs 函数计算得到，见图 3-2-261。
三角放置点：Offs（place，0*200，0*200，0）
正方体放置点：Offs（place，0*200，1*200，0）
六边形放置点：Offs（place，1*200，0*200，0）
圆柱放置点：Offs（place，1*200，1*200，0）</td><td>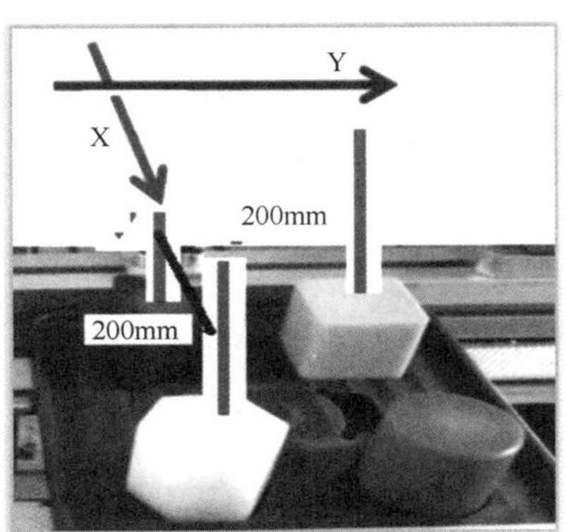

图 3-2-261　放置点计算</td></tr>
</table>

（4）程序结构

<table>
<tr><td>分别建立图 3-2-262 所示例行程序。</td><td>

程序	说明
main	主程序
rInit	初始化例行程序
rPick	抓取例行程序
rPlace	放置例行程序

图 3-2-262　例行程序</td></tr>
</table>

<table>
<tr><td>rInit 实现 TCP 运行到原点 home 位置。
rPick 实现抓取功能，计算抓取位置并置位电磁阀，抓取工件。
rPlace 实现放置功能，计算放置位置并复位电磁阀，松开工件。</td><td>main（ ）结构：
PROC　main（　）
for　j　from 0　to 1
for　i　from 0　to 1
原点 rInit
抓取 rPick
原点 rInit
放置 rPlace
Endfor
Endfor
ENDPROC</td></tr>
</table>

（5）配置 I/O 单元

根据表内参数配置 I/O 单元。操作步骤按照“任务实施 1　DSQC652 配置”中“1. 定义 DSQC652 板的总线连接”，建立 d652 I/O 单元，见图 3-2-263。

Name	Type of unit	Connected To bus	DeviceNet address
d652	D652	DeviceNet1	10

图 3-2-263　建立 d652 I/O 单元

<table>
<tr><td>配置完成的 d652 见图 3-2-264。</td><td>

控制面板 - 配置 - I/O System - DeviceNet Device - d652

名称：　d652

双击一个参数以修改。

参数名称	值
Name	d652
Network	DeviceNet
StateWhenStartup	Activated
TrustLevel	DefaultTru
Simulated	0
VendorName	

图 3-2-264　d652 配置完成</td></tr>
</table>

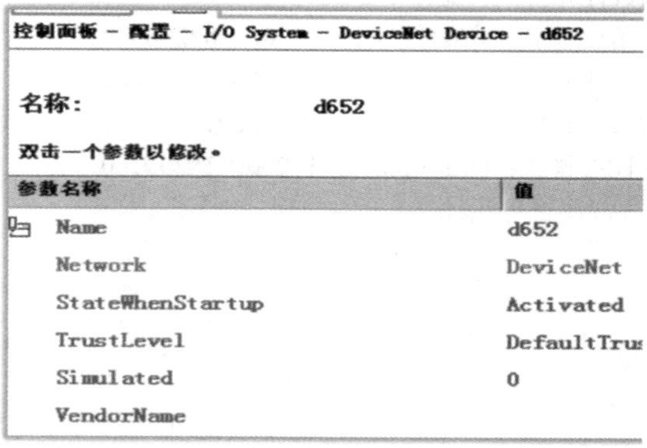

（6）定义数字输出信号 do6

本任务需要使用吸盘抓取工件，在 DSQ652 单元上面创建一个数字输出信号 do6，见图 3-2-265，需要设置以下四项参数：

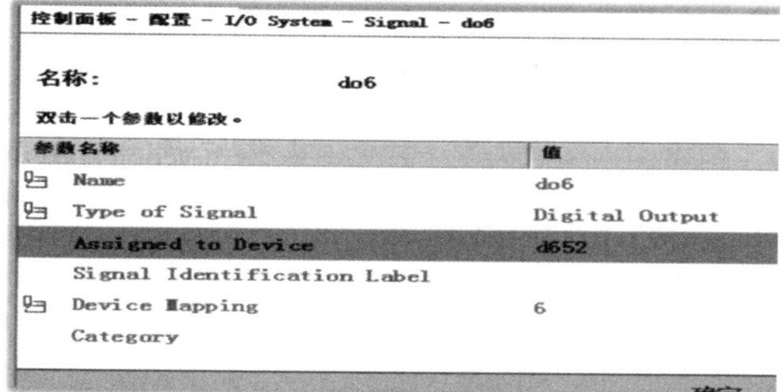

Name	Type of signal	Assigned to Device	Device Mapping
do6	digital Output	d652	6

图 3-2-265　创建数字输出信号 do6

按照“任务实施 1　DSQC652 配置”中“3. 定义数字输出信号 do1”操作步骤，建立吸盘工件信号 do6，地址为 6，见图 3-2-266。

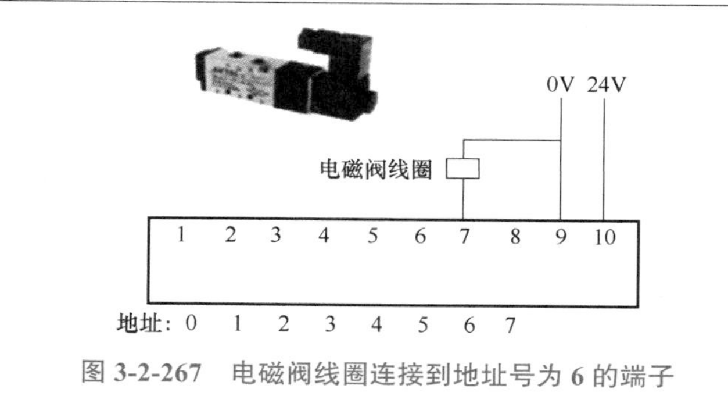

图 3-2-266　定义输出信号“do6”

输出信号连接：电磁阀线圈连接到地址号为 6 的端子，高电平有效，见图 3-2-267。

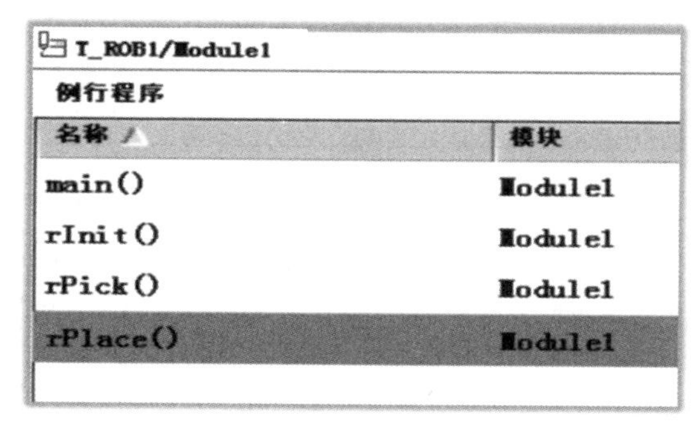

图 3-2-267　电磁阀线圈连接到地址号为 6 的端子

（7）建立程序

建立图 3-2-268 所示各例行程序，见图 3-2-269。

程序	说明
main	主程序
rInit	初始化例行程序
rPick	抓取例行程序
rPlace	放置例行程序

图 3-2-268　例行程序

T_ROB1/Module1

例行程序

名称	模块
main()	Module1
rInit()	Module1
rPick()	Module1
rPlace()	Module1

图 3-2-269　建立各个例行程序

（续）

1）编辑 rInit。选择 rInit，单击“显示例行程序”，见图 3-2-270。	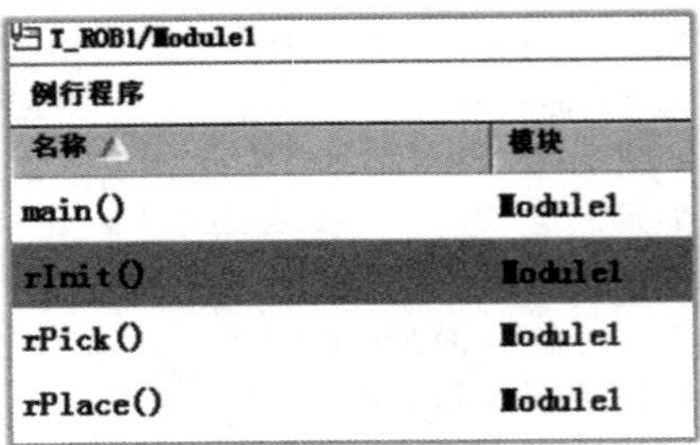 图 3-2-270　编辑“rInit ( )”
2）到手动操作菜单内，确认已选中要使用的工具坐标与工件坐标，见图 3-2-271。	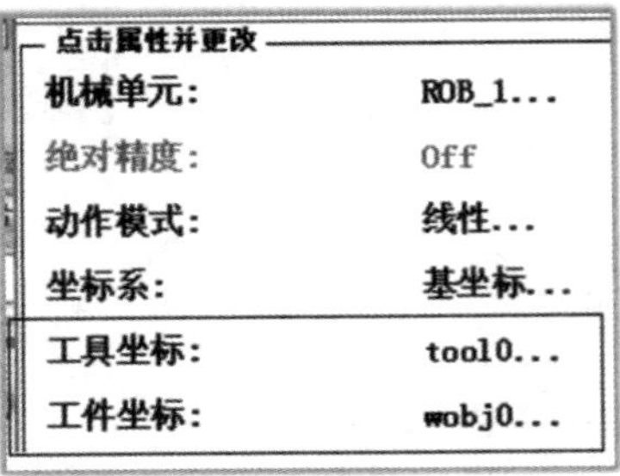 图 3-2-271　确认工具坐标和工件坐标
3）回到程序编辑器，选中“<SMT>”为插入指令的位置，单击“添加指令”，在指令列表中选择“MoveJ”，添加 MoveJ 指令，见图 3-2-272。 4）双击“*”，进入指令参数修改画面，见图 3-2-272。	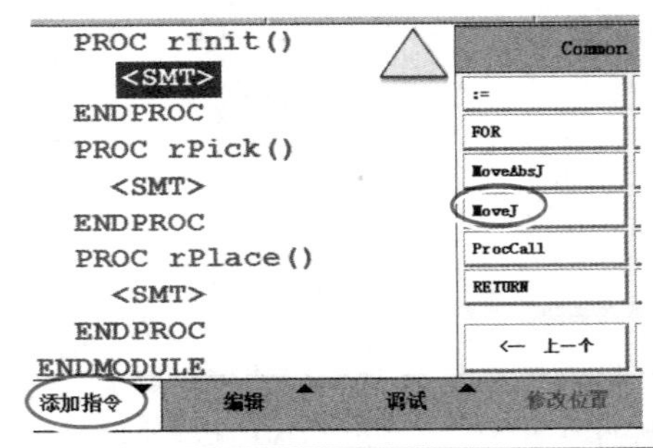 图 3-2-272　选中“<SMT>”，添加 MoveJ 指令
5）通过新建或选择对应的参数数据，见图 3-2-273。 6）新建 home 点，并设定速度和转弯半径参数数据，见图 3-2-273。	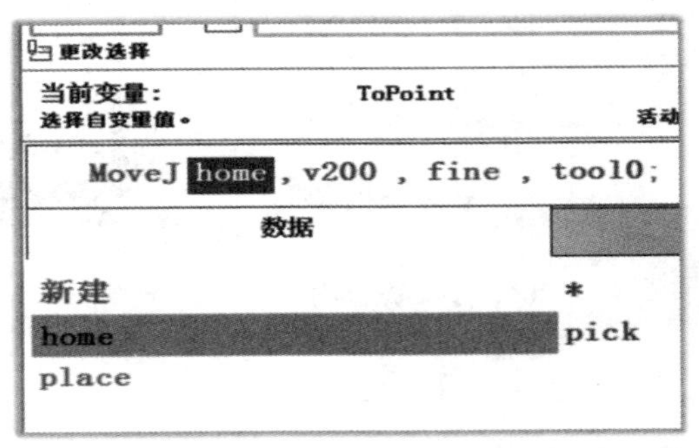 图 3-2-273　新建“home”点

（续）

<table>
<tr><td>7）选择合适的动作模式，使用操作杆将机器人移动到初始位置，见图 3-2-274，单击“修改位置”作为机器人的 Home 点。
8）编辑完成与初始化例行程序。</td><td>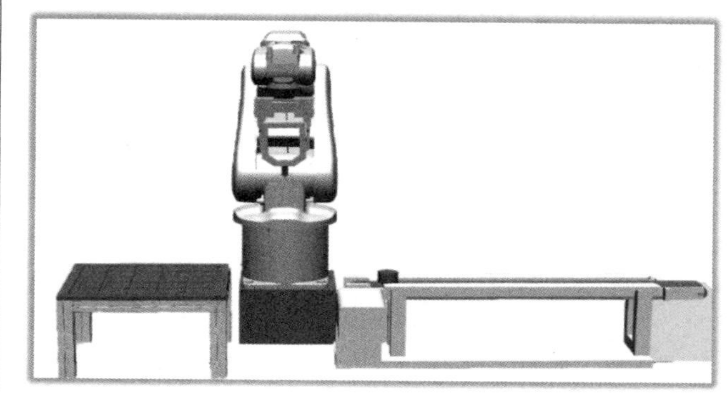
图 3-2-274　机器人初始位置</td></tr>
<tr><td>9）建立抓取点 pick 和放置点 place 在“程序数据”中选择“robtarget”，见图 3-2-275。</td><td>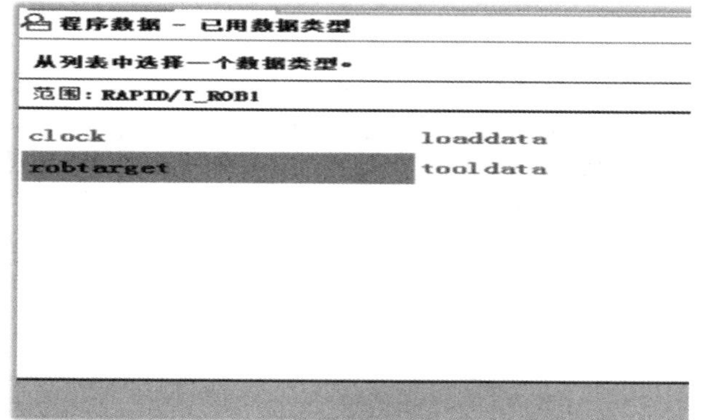

图 3-2-275　在“程序数据”中选择“robtarget”</td></tr>
<tr><td>10）建立变量 pick 和 place，见图 3-2-276。</td><td>

图 3-2-276　建立变量 pick 和 place</td></tr>
</table>

（续）

<table>
<tr><td>11）选中 pick，见图 3-2-277，手动操作机器人，使吸盘工具达到三角工件上表面，轻轻贴上。</td><td>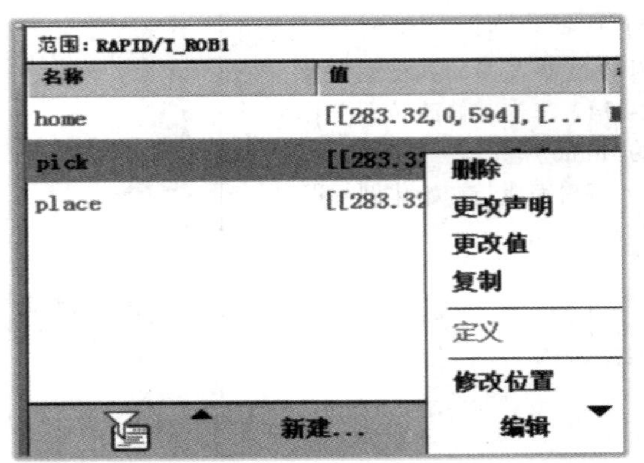

图 3-2-277　选中 pick</td></tr>
<tr><td>12）转到“输入输出”选择“数字输出”，见图 3-2-278，在 do6 界面选择仿真，使 do6 为 1，见图 3-2-279，看着吸盘吸取三角工件，点击“编辑”，修改位置，记录 pick 点。</td><td>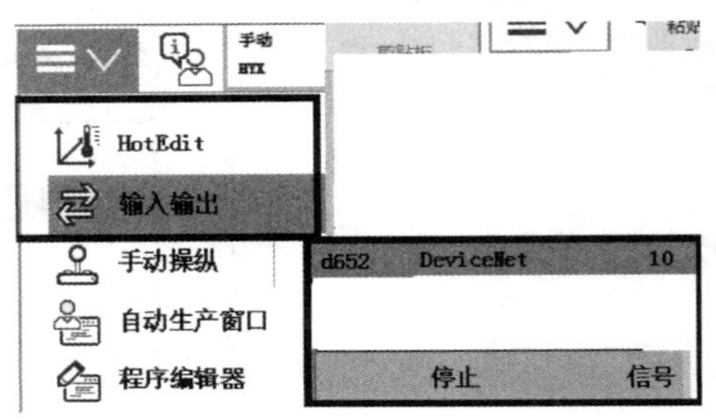

图 3-2-278　“输入输出”
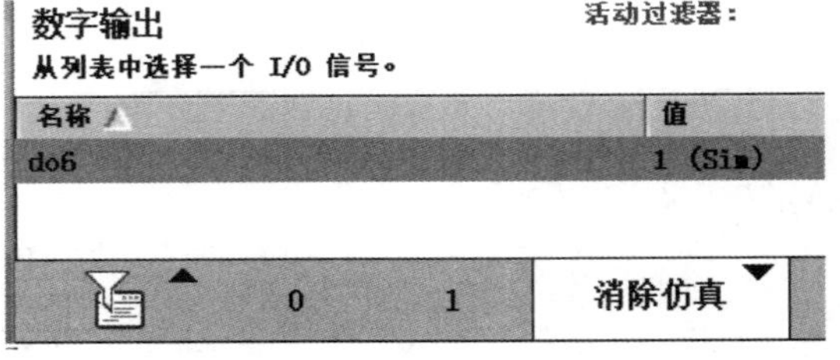

图 3-2-279　使“do6”为 1</td></tr>
<tr><td>13）吸着工件，手动操作机器人，到达 B 盘上三角位置，当三角工件对准仓位时，使“do6”为 0，见图 3-2-280，放下工件。</td><td>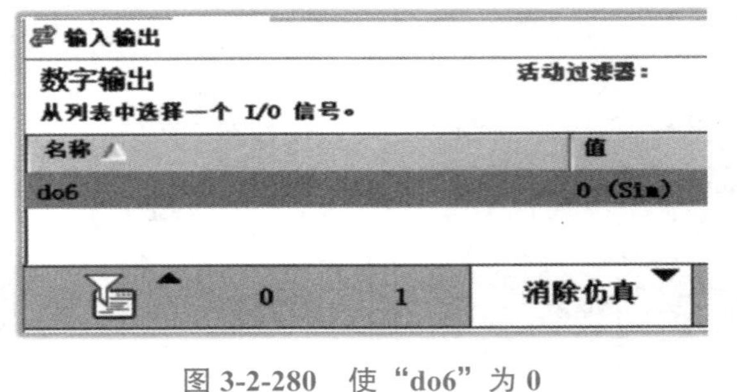

图 3-2-280　使“do6”为 0</td></tr>
</table>

（续）

14）在程序数据的 robtarget 变量表中选择“place”，单击“编辑”，选择“修改位置”，记录 place 点，见图 3-2-281。	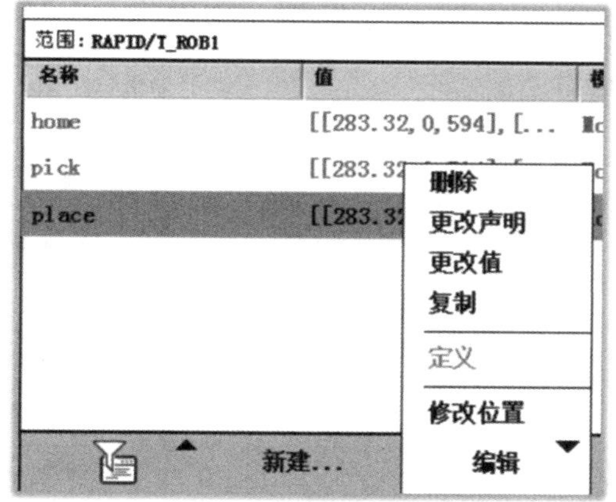 图 3-2-281　选择“place”，单击“编辑”，选择“修改位置”，并记录

15）建立 main（ ）例行程序
PROC main（ ）
for j from 0 to 1 DO
for i from 0 to 1 DO
rInit;　　原点
rPick;　　抓取
WaitTime 1;　　延时 1s
rInit;　　原点
rPlace;　　放置
WaitTime 1;　　延时 1s
endfor
endfor
ENDPROC
	（j，i）的组合实现抓取和放置不同工件。
	（0，0）三角形；（0，1）正方体；
	（1，0）六边形；（1，1）圆柱。

16）建立 for 语句时使用的变量是局部性的，只在 main（ ）中有效，为了在 rPick 和 rPlace 使用 j、i，需要设置成全局变量。 17）for 的变量 j、i 的设置 在“程序数据”中单击“num”见图 3-2-282。	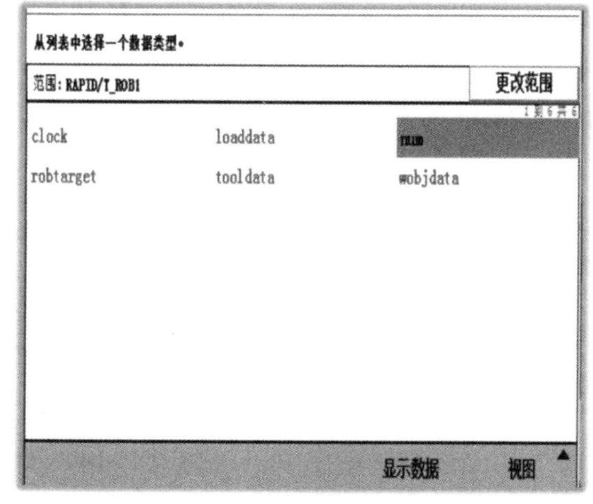 图 3-2-282　在“程序数据”中单击“num”

（续）

<table>
<tr>
<td>单击“新建”，建立全局变量“i”，见图 3-2-283。</td>
<td>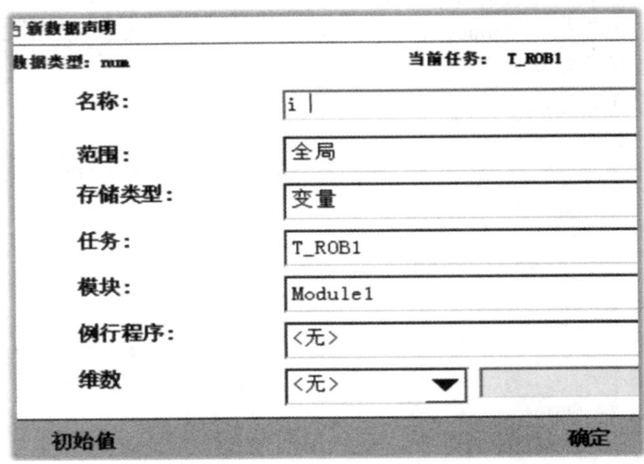

图 3-2-283　单击“新建”，建立全局变量“i”</td>
</tr>
<tr>
<td>同样方法建立全局变量“j”，初始值默认为 0，见图 3-2-284。</td>
<td>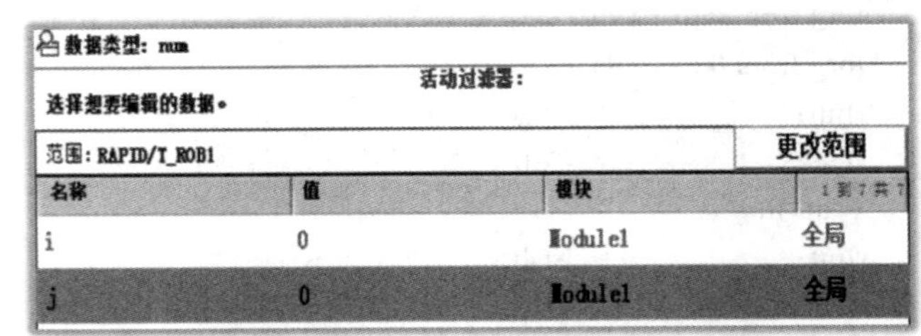

图 3-2-284　建立全局变量“j”</td>
</tr>
<tr>
<td>18）建立 rPick、rPlace 例行程序。</td>
<td>PROC rPick（）
MoveL Offs（pick，j*200，i*200，20），v200，fine;
// 工件上方 20mm 处过渡点
MoveL Offs（pick，j*200，i*200，0），v200，fine;
// 工件上方
Set do6; //　吸盘置为 1，抓取动作
ENDPROC
PROC rPlace（）
MoveL Offs（place，j*200，i*200，20），v200，fine;
//　工件上方 20mm 处过渡点
MoveL Offs（place，j*200，i*200，0），v200，fine;
//　工件上方
Reset do6;　吸盘为 0，放下动作
ENDPROC</td>
</tr>
</table>

（续）

19）调试 单击“调试”，选择“PP 移至 Main”见图 3-2-285。机器人开始搬运工件，见图 3-2-286，如果位置有偏差，重新示教 pick 和 place 点。	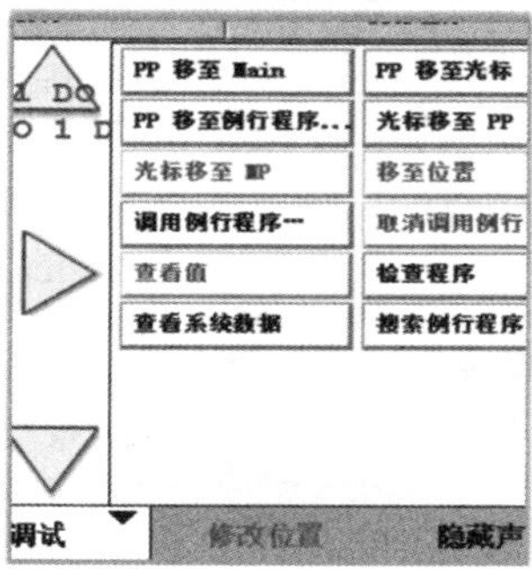 图 3-2-285　单击“调试”，选择“PP 移至 Main” 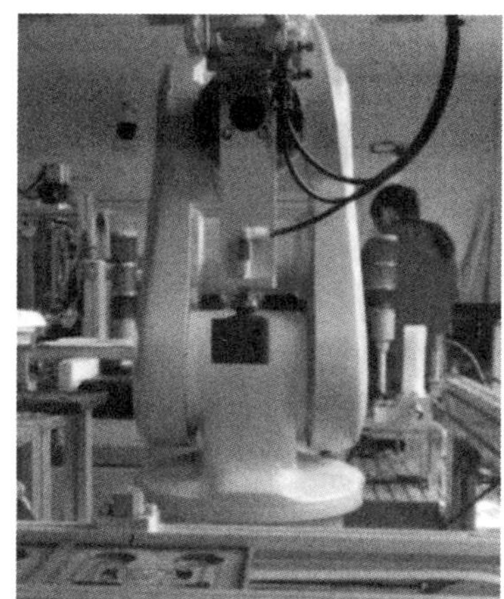 图 3-2-286　机器人搬运工件

任务评价

序号	考核项目	考核内容	分值	评分标准	得分
1	任务完成质量（80 分）	掌握建立程序模块的操作	15	理解流程 熟练操作	
		掌握工具数据的含义及标定的方法	10	理解流程 熟练操作	
		掌握建立程序数据的操作	10	理解流程 熟练操作	
		掌握运动控制指令的建立	15	理解流程 熟练操作	
		掌握轨迹编程	20	理解流程 熟练操作	
		掌握搬运编程过程	10	理解流程 熟练操作	

（续）

序号	考核项目	考核内容	分值	评分标准	得分
2	职业素养与操作规范（10分）	团队精神	5		
		操作规范	5		
3	学习纪律与学习态度（10分）	学习纪律	5		
		学习态度	5		
总　分					

任务小结

任务 3.3　工业机器人与 PLC、RFID 通信技术

为什么我们的快递可以一直准确无误在路线上？为什么学校图书馆里海量的书籍却管理得整齐有序？为什么有些不小心失窃的物品可以迅速追踪回来？而这些都得利用RFID技术，因为在这个物联网的时代，它是数据连接、数据交流的关键技术之一。

任务描述

S7-1200 可以使用 RF120C 通信模块，实现与西门子工业识别系统的通信。本任务介绍通过 S7-1200 CPU 和 RF120C 使用 Ident 指令块，实现对 RFID 标签进行读、写操作。

任务目标	1. 了解什么是 RFID 技术 2. 学会 RFID 数据采集与设置 3. 学会 RF120C 参数设置、数据采集 4. 学会 PLC 编程控制 RFID
任务内容	1. RFID 技术概述 2. RFID 数据读写初步 3. 根据标签数据实现工件搬运

子任务 3.3.1　RFID 技术概述

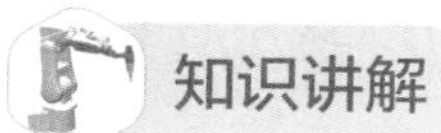

知识讲解

1. 认识 RFID 射频识别技术

RFID（Radio Frequency Identification）又称无线射频识别，通过无线电信号识别并读写特定目标数据，不需要机械接触或者特定复杂环境就可完成识别与读写数据。如今，大家所讲的 RFID 技术应用其实就是 RFID 标签，它已经存在于我们生活中的方方面面。身份证、门禁卡、门票、产品追溯等诸多场合都应用了 RFID 技术。图 3-3-1 展示带有 RFID 芯片的第二代身份证及读写设备。

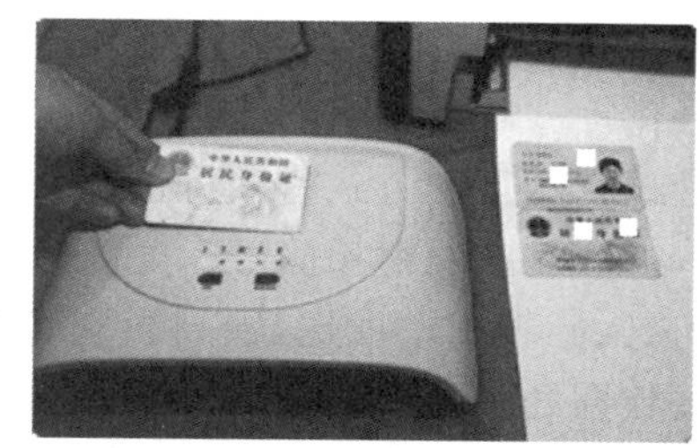

图 3-3-1　带有 RFID 芯片的第二代身份证及读写设备

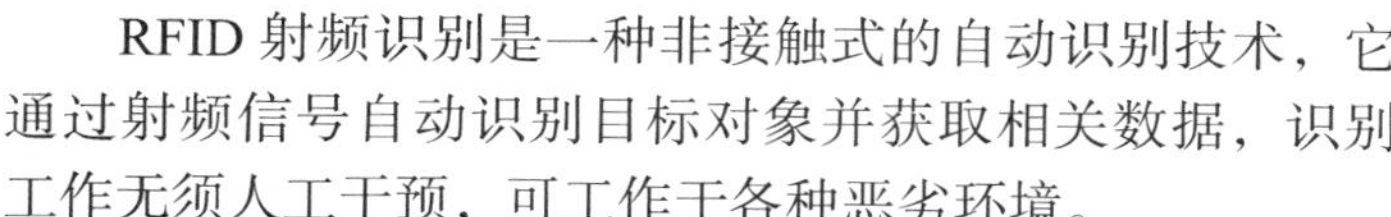

RFID 射频识别是一种非接触式的自动识别技术，它通过射频信号自动识别目标对象并获取相关数据，识别工作无须人工干预，可工作于各种恶劣环境。

RFID 系统分为阅读器（或称读卡器）、天线和标签三大组件，RFID 源于雷达技术，所以其工作原理和雷达极为相似。首先阅读器通过天线发出电子信号，标签接收到信号后发射内部存储的标识信息，阅读器再通过天线接收并识别标签发回的信息，最后阅读器再将识别结果发送给主机。体系架构如图 3-3-2 所示。

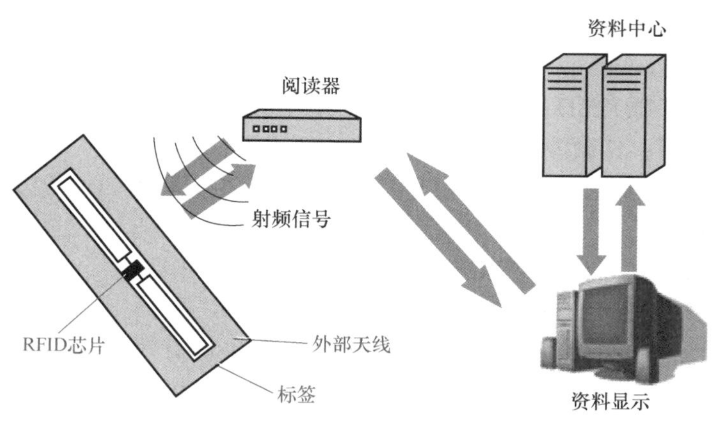

图 3-3-2　RFID 体系架构

标签：RFID 电子标签是射频识别系统的数据载体，由标签天线和标签专用芯片组成，每个标签具有唯一的电子编码，高容量电子标签有用户可写入的存储空间，附着在物体上标识目标对象。标签进入阅读器扫描场以后，接收到阅读器发出的射频信号，凭借感应电流获得的能量发送出存储在芯片中的电子编码（被动式标签），或者主动发送某一频率的信号（主动式标签）。

阅读器：读取（有时还可以写入）标签信息的设备。阅读器一方面通过标准网口、RS-232 串口或 USB 接口同主机相连，另一方面通过天线同 RFID 标签通信。

天线：是 RFID 标签和读写器之间实现射频信号空间传播和建立无线通信连接的设备。RFID 系统中包括两类天线，一类是 RFID 标签上的天线，另一类是读写器天线，既可以内置于读写器中，也可以通过同轴电缆与读写器的射频输出端口相连。目前的天线产品多采用收发分离技术来实现发射和接收功能的集成。

2. RFID 系统类型

目前应用最为普遍的几种 RFID 卡片按识别频率可分为 13.56MHz、433MHz、900MHz、2.45GHz 等几类；按卡片供电方式可分为有源卡、无源卡两类；按极化类型分为线极化、圆极化等；还有一些创新的识别技术，如低频触发、双频识别等。

它的工作方式有两种情况，一种就是当 RFID 标签进入解读器有效识别范围内时，接收解读器发出的射频信号，凭借感应电流所获得能量发出存储在芯片中的信息，另一种就是由 RFID 标签主动发送某一频率的信号，解读器接收信息并解码后，送至中央信息系统进行有关数据处理。

由 RFID 技术衍生的产品主要有：

（1）无源 RFID 产品

此类产品需要近距离接触式识别，比如饭卡、银行卡、公交卡和身份证等，这些卡类型都是在工作识别时需要近距离接触，主要工作频率有低频 125kHz、高频 13.56MHz、超高频 433MHz 和 915MHz。这类产品也是我们生活中比较常见，也是发展比较早的产品。

（2）有源 RFID 产品

这类型的产品则具有远距离自动识别的特性，所以相应地应用到一些大型环境下，比如智能停车场、智慧城市、智慧交通及物联网等领域，它们的主要工作有微波 2.45GHz 和 5.8GHz，超高频 433MHz。

（3）半有源 RFID 产品

顾名思义就是有源 RFID 产品和无源 RFID 产品的结合，它结合二者的优点，在低频 125kHz 频率的触发下，让微波 2.45G 发挥优势，解决了有源 RFID 产品和无源 RFID 产品不能解决的问题，比如门禁出入管理、区域定位管理及安防报警等方面的应用，近距离激活定位、远距离传输数据。

按识别频率分低频、高频和超高频。

（1）低频 RFID（125~135kHz）

低频的最大优点在于其标签靠近金属或液体的物品能够有效发射信号，不像其他较高频率标签的信号会被金属或液体反射回来，但缺点是读取距离短、无法同时进行多标签读取以及资讯量较低，一般应用于门禁系统、动物芯片、汽车防盗器和玩具等。

（2）高频 RFID

主要规格 13.56MHz，电子卷标都是被动式感应耦合，读取距离约 10~100cm。优点在于传输速度较快且可进行多标签辨识；缺点是于环境干扰较为敏感，在金属或较潮湿的环境下，读取率较低；应用于门禁系统、电子钱包、图书管理、产品管理、文件管理、栈板追踪、电子机票、行李卷标、病患管理。

（3）超高频

主要规格有 430~460MHz、860~960MHz。电子卷标都是被动式天线可采用蚀刻或印刷的方式制造，因此成本较低，读取距离约 10m。优点在于读取距离较远、信息传输速率较快，而且可以同时进行大数量标签的读取与辨识，目前已成为市场的主流。缺点是在金属与液体的物品上的应用较不理想。应用于航空旅客与行李管理系统、货架及栈板管理、出货管理、物流管理、货车追踪、供应链追踪。

3. RFID 简史

RFID 直接继承了雷达的概念，并由此发展出一种生机勃勃的 AIDC 新技术——RFID 技术。1948 年哈里 . 斯托克曼发表的“利用反射功率的通讯”奠定了射频识别 RFID 的理论基础。RFID 被称作是一种新的技术，是无线电技术与雷达技术的结合。

1940~1950 年：雷达的改进和应用催生了射频识别技术，1948 年奠定了射频识别技术的理论基础。

1950~1960 年：早期射频识别技术的探索阶段，主要处于实验室实验研究。

1960~1970 年：射频识别技术的理论得到了发展，开始了一些应用尝试。

1970~1980 年：射频识别技术与产品研发处于一个大发展时期，各种射频识别技术测试得到加速。出现了一些最早的射频识别应用。

1980~1990 年：射频识别技术及产品进入商业应用阶段，各种规模应用开始出现。

1990~2000 年：射频识别技术标准化问题日趋得到重视，射频识别产品得到广泛采用，射频识别产品逐渐成为人们生活中的一部分。

2000 年后：标准化问题日趋为人们所重视，射频识别产品种类更加丰富，有源电子标签、无源电子标签及半无源电子标签均得到发展，电子标签成本不断降低，规模应用行业扩大。

4. RFID 产业发展现状

1）国外 RFID 产业发展现状

从全球来看，美国已经在 RFID 标准的建立，相关软硬件技术的开发、应用领域走在世界的前列。欧洲 RFID 标准追随美国主导的 EPCglobal 标准。在封闭系统应用方面，欧洲与美国基本处在同一阶段。日本虽然已经提出 UID 标准，但主要得到的是本国厂商的支持，如要成为国际标准还有很长的路要走。

2）我国 RFID 产业发展与政策支持现状

2006 年 6 月 9 日，我国 15 个部委联合编写的《中国射频识别（RFID）技术政策白皮书》正式以国家技术产业政策的形式对外公布，作为我国第一次针对单一技术发表的政策白皮书，为我国 RFID 技术与产业未来几年的发展提供了系统性指南。随后，科技部确定了国家先进制造技术“863 计划”中的 19 个方面的课题的专项资金，共计 1.28 亿元，支持 RFID 技术在我国的研发与应用；信息产业部在 2007 年正式发布《800/900MHz 频段射频识别（RFID）技术应用规定》的通知，规划了 800/900MHz 频段 RFID 技术的具体使用频率，扫除了 RFID 正式商用的技术障碍，为 RFID 大规模普及提供了重要保障。国家切实可行的政策指导规划和实实在在的项目支持，极大地促进了 RFID 产业的发展，我国 RFID 发展进入了快车道。

子任务 3.3.2　RFID 数据读写

在博途环境下，使用西门子 PLC S7-1200 1214C 通过 RF120C 通信模块，实现与 RFID 标签的通信。向标签中写入 1、并读出标签数据。

相关硬件有读写器 RF240R、电子标签 MDS D100、RF120C 通信模块、S7-1200 1214C

CPU、安装有博途软件的计算机、通信线等。

1. 西门子 RFID 系统

西门子 RFID 系统一般分为高频短距离（13.56MHz），检测距离厘米级；超高频（868MHz），检测达米级。SIMATIC Ident RFID 系统（西门子 RFID 识别系统）包括与 PLC 的通信模块、读卡器、标签应答器（电子标签）。西门子 RFID 系统组成如图 3-3-3 所示。

图 3-3-3　RF120C 通信模块、RF240R 读卡器和标签应答器

2. RF120C 及 RF240R 简介

通信模块 RF120C 用于 SIMATIC S7-1200 控制器，充当中央 I/O 设备，支持以下产品系列的 RFID 读写器：

- RF200
- RF300
- RF600

RF120C 对应答器上的数据进行寻址，通过 SIMATIC RF120C 通信模块只能操作一个带 RS-422 接口的阅读器。一个 SIMATIC S7-1200 最多可同时运行 3 个 RF120C 模块，如图 3-3-4 所示。

经济型 RF240R RFID 读卡器是带有集成天线的读写装置。它的设计十分紧凑，适合在小型装配线上使用。只需一次标签操作，即可对应答器进行读写操作。MDS 应答器具有 8 字节的唯一序列号和 256 字节的 EEPROM 用户存储器。

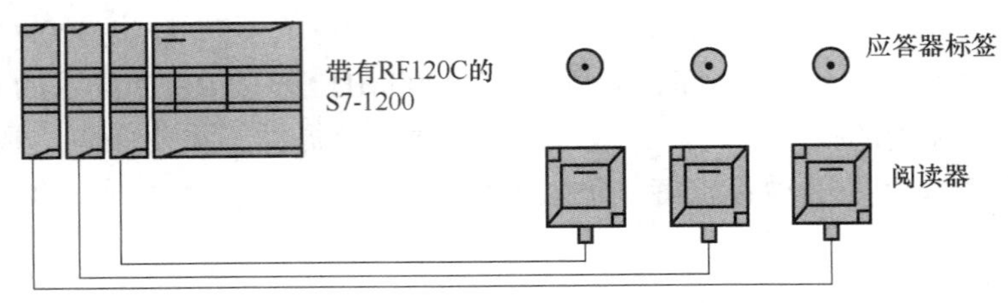

图 3-3-4　一个 SIMATIC S7-1200 最多可同时运行 3 个 RF120C 模块

3. RF120C 与 PLC 安装

所有 RF120C 通信模块都必须安装在 SIMATIC S7-1200 左侧相邻位置上，如图 3-3-5 所示，连接的模块由 SIMATIC S7-1200 的背板总线供电。

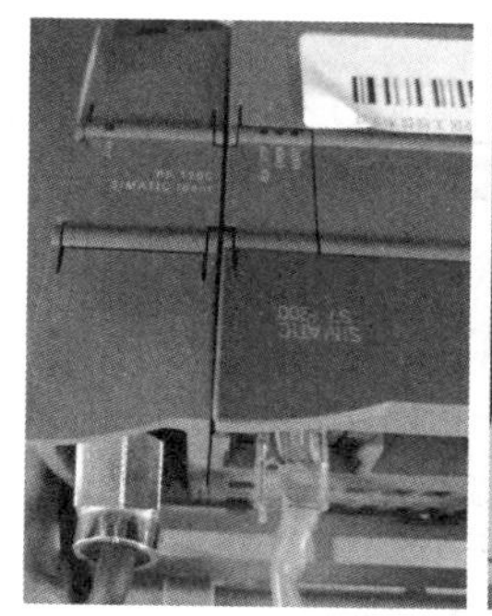

图 3-3-5　RF120C 安装在 PLC 左侧和传送带上的读卡器 RF240R

<table>
<tr>
<td>1）卸下 CPU 左侧的总线盖（见图 3-3-6）：
① 将螺钉旋具插入总线盖上方的插槽中
② 小心地将保护盖从机壳中撬出
卸下总线盖。将保护盖保存起来，以供以后使用。
2）将 RF120C 连接到 CPU：
① 使 RF120C 的总线连接器和针脚与 CPU 中的钻孔对齐，见图 3-3-7。
② 用力将组件按到一起，直至达到限位器
3）将 CPU 及已连接的模块安装到 35mm DIN 导轨上，并固定 DIN 导轨。
4）将外部电源线固定到随 RF120C 一起提供的插头上，并将插头插入 RF120C 顶部的插座中。</td>
<td>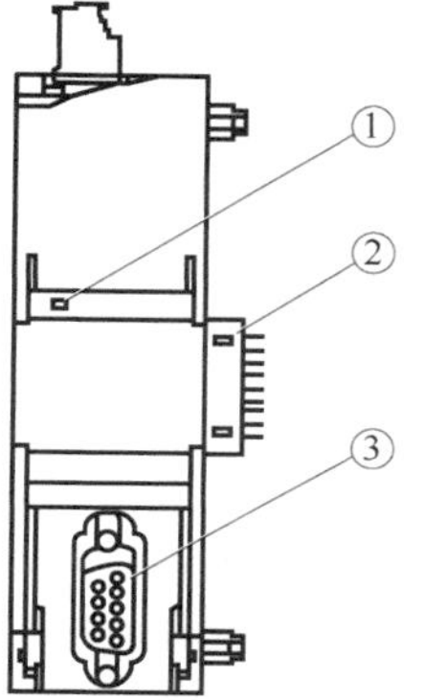
①—诊断LED
②—用于连接控制器的总线连接器
③—用于连接阅读器的D型插座
图 3-3-6　CPU 连接插口
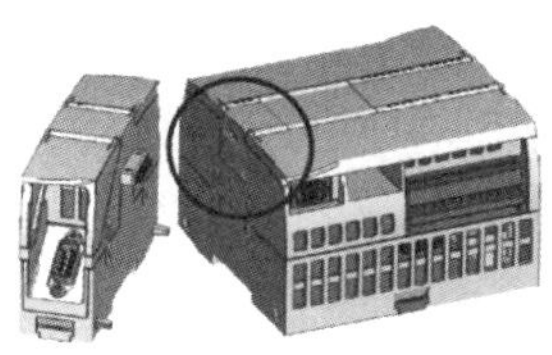
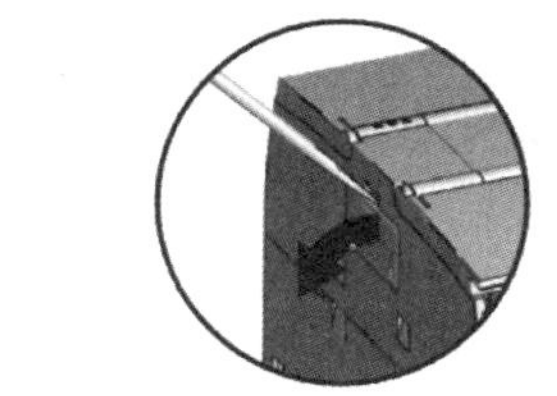
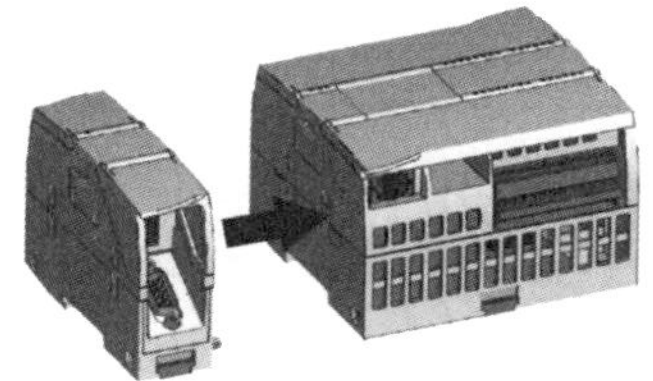
图 3-3-7　RF120C 总线连接器和 CPU 钻孔对齐连接</td>
</tr>
</table>

（续）

5）使用 RF120C 电缆将阅读器连接到 RF120C 的 D 型母连接器上。D 型插座引脚分配见图 3-3-8。

6）接通电源

7）关闭模块的前盖，保持其在运行过程中处于关闭状态

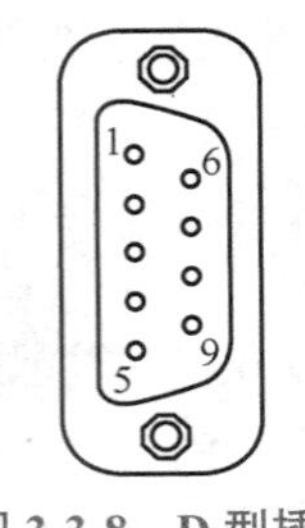

图 3-3-8　D 型插座

表 3-3-1　D 型插座的引脚分配

引脚	说明	引脚	说明
1	24 VDC	6	–RxD
2	未使用	7	+RxD
3	未使用	8	–TxD
4	+TxD	9	未使用
5	GND	外壳	接地连接器

4. Ident 指令

西门子博途编程指令的“选件包”中集成了 SIMATIC Ident 配置文件和 Ident 指令块，使用 TIA Portal 进行组态与编程的 S7-1200 可以使用这些指令对工业识别系统进行操作。

Ident 指令包含了用于识别系统的函数。这些指令由 Ident 块和 Ident 配置文件组成。包括 Read、Write、Reset_Reader，指令格式见图 3-3-9。

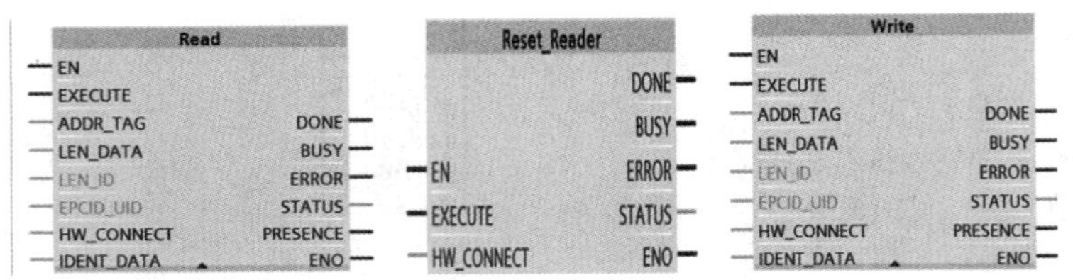

图 3-3-9　Read、Write、Reset_Reader 指令

（1）Reset_Reader 函数块

通信模块 RF120 连接阅读器 RF240 后，必须调用“Reset_Reader”块，它复位 RFID 读卡器为 RF120C 设备组态中所存储的设置。“Reset_Reader”的执行由“EXECUTE”参数启动。Reset_Reader 引脚说明见表 3-3-2。

表 3-3-2　Reset_Reader 引脚说明

	参数	数据类型	说明	备注
1	EXECUTE	BOOL	启用 Rese 功能	上升沿触发
2	DONE	BOOL	复位完成	
3	BUSY	BOOL	复位中	
4	ERROR	BOOL	状态参数 ERROR 0：无错误；1：出现错误	

（2）Read 指令及引脚说明

Read 函数块会一次性地从应答标签读取数据，并将这些数据输入到“IDENT_DATA”缓冲区中。数据的物理地址和长度通过“ADR_TAG”和“LEN_DATA”参数传送。通过一个作业最多可读取 1024 字节。Read 引脚说明见表 3-3-3。

表 3-3-3　Read 引脚说明

	参数	数据类型	说明	备注
1	EXECUTE	BOOL	启用读取功能	上升沿触发
2	ADDR_TAG		启动 read 的发送应答器所在的物理地址	地址始终为 0
3	LEN_DATA	WORD	待读取的数据长度	1...1024 字节
4	IDENT_DATA	Variant	存储读取数据的数据缓冲区	Array［1...1024］of Byte
5	DONE	BOOL	读取完成	
6	BUSY	BOOL	读取中	
7	ERROR	BOOL	状态参数 ERROR 0：无错误；1：出现错误	
8	PRESENCE	BOOL	芯片检测	True：读写区有芯片 False：读写区无芯片

（3）Write 指令及引脚说明

“Write”块会将“IDENT_DATA”缓冲区中的数据一次性地写入发送应答器。数据的物理地址和长度通过“ADR_TAG”和“LEN_DATA”参数传送。通过一个作业最多可写入 1024 字节。Write 引脚说明见表 3-3-4。

表 3-3-4　Write 引脚说明

	参数	数据类型	说明	备注
1	EXECUTE	BOOL	启用写入功能	上升沿触发
2	ADDR_TAG		启动写入的发送应答器所在的物理地址	地址始终为 0
3	LEN_DATA	WORD	待写入的数据长度	1...1024 字节
4	IDENT_DATA	Variant	包含待写入数据的数据缓冲区	Array［1...1024］of Byte
5	DONE	BOOL	写入完成	
6	BUSY	BOOL	写入中	
7	ERROR	BOOL	状态参数 ERROR 0：无错误；1：出现错误	
8	PRESENCE	BOOL	芯片检测	True：读写区有芯片 False：读写区无芯片

任务实施

1. 系统组成及接线

任务需要的设备有 CPU1214C、RF120C 通信模块、RF240R 读卡器、MDS D100 应答标签，RF240R 到 RF120C 的电缆（2m）。

软件环境：TIA Portal V14。

各设备之间的连接见图 3-3-10。

电脑与 PLC 之间以网线连接，RF240R 到 RF120C 的电缆是 RS-422 D 型接口。

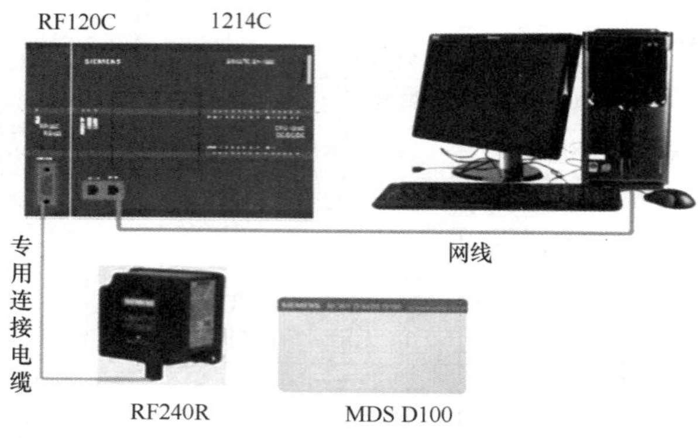

图 3-3-10　各设备之间的连接

为了完成任务，我们需要掌握 RF120C 在项目中如何进行硬件组态和工艺对象的组态，以及基本的数据读写操作。具体步骤如下：

2. RF120C 及 RF240R 在博图中的配置

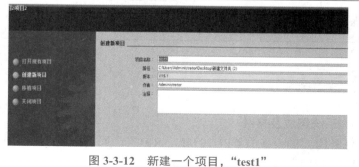

1）在 PC 端设置，PC 的 IP 为 198.168.0.100，见图 3-3-11。	图 3-3-11　设置 IP 地址
2）打开 TIA Portal V14，新建一个项目，取名“test1”，见图 3-3-12。	图 3-3-12　新建一个项目，“test1”

（续）

3）单击组态设备，见图 3-3-13。	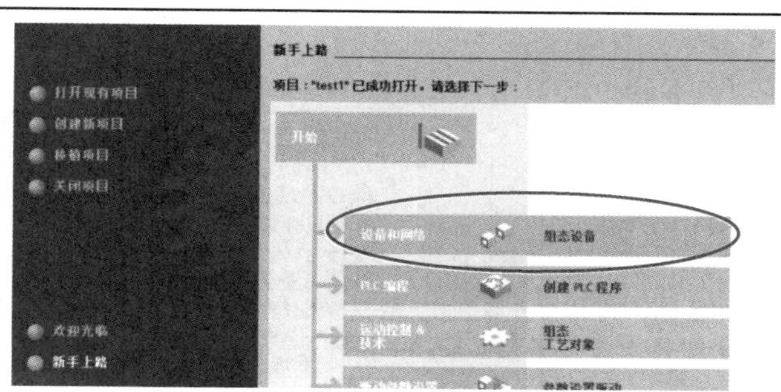 图 3-3-13　单击组态设备
4）添加一台 S7-1214C，见图 3-3-14。	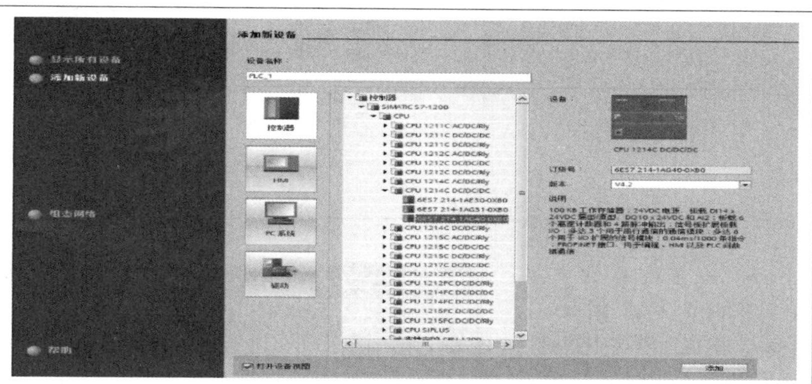 图 3-3-14　添加一台 S7-1214C
5）在 PLC 的属性中勾选“允许来自远程对象的 PUT/GET 通信访问”，见图 3-3-15。	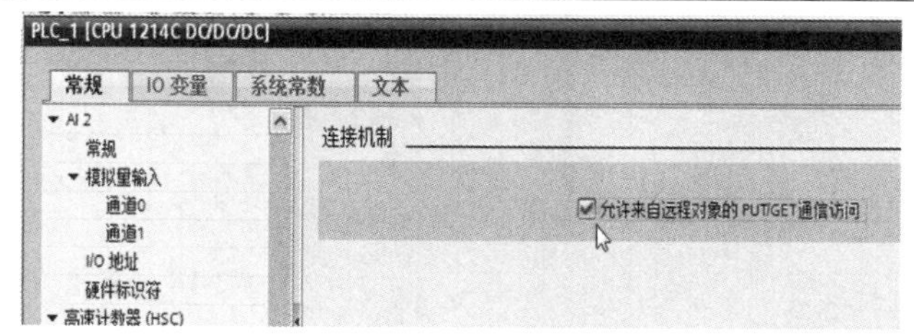 图 3-3-15　勾选“允许来自远程对象的 PUT/GET 通信访问”
6）在“设备视图”下，在右侧“硬件目录”中找到“RF120C”，选中机架号“101”，双击 RF120C 的订货号“6GT2002-0LA00，便可将 RF120C 添加至机架上，见图 3-3-16。	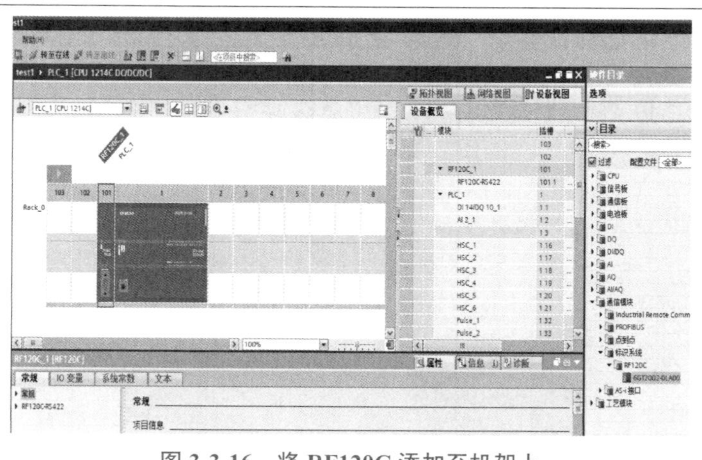 图 3-3-16　将 RF120C 添加至机架上

（续）

7）在项目左侧的工艺对象下双击“新增对象”，在弹出的操作框中，选择“SIMATIC Ident”，见图 3-3-17，在上面的名称中可以修改名称，这里取名“RF120C”。	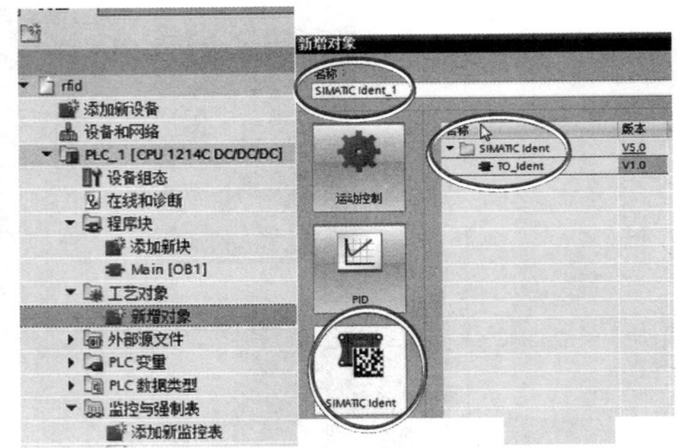 图 3-3-17　新增对象，修改名称
8）在基本参数中，单击“Ident 设备”后面的“…”，在本地模块中找到“RF120C_1”并选中，单击☑即可，见图 3-3-18。	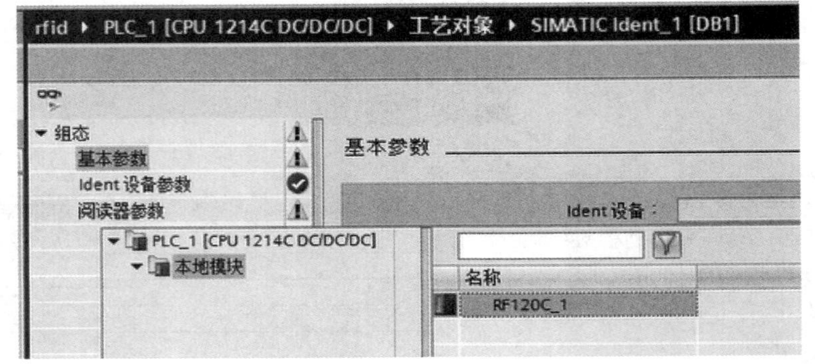 图 3-3-18　选择“RF120C_1”模块
9）在 Ident 设备参数中，选择“自动组态”，见图 3-3-19，阅读器参数默认即可。	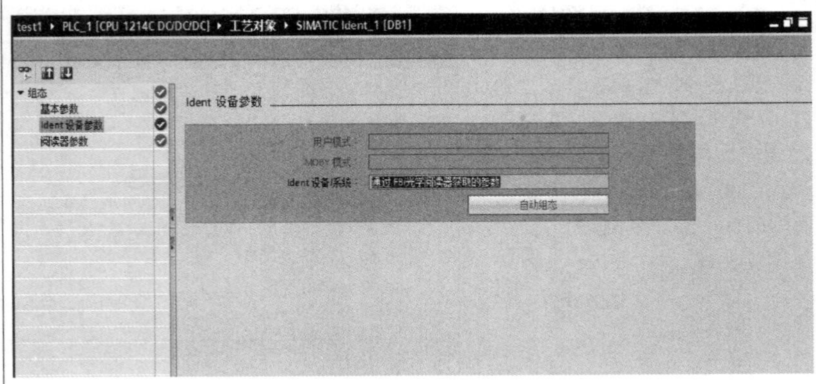 图 3-3-19　选择“自动组态”

（续）

10）新建一个 DB 数据块，命名为“RFID”，在属性中取消“优化的块”访问，并建立如图 3-3-20 中所示的数据。这些数据是 reset-reader、read、write 指令块的引脚数据。需要在这个数据区启动指令块的执行。

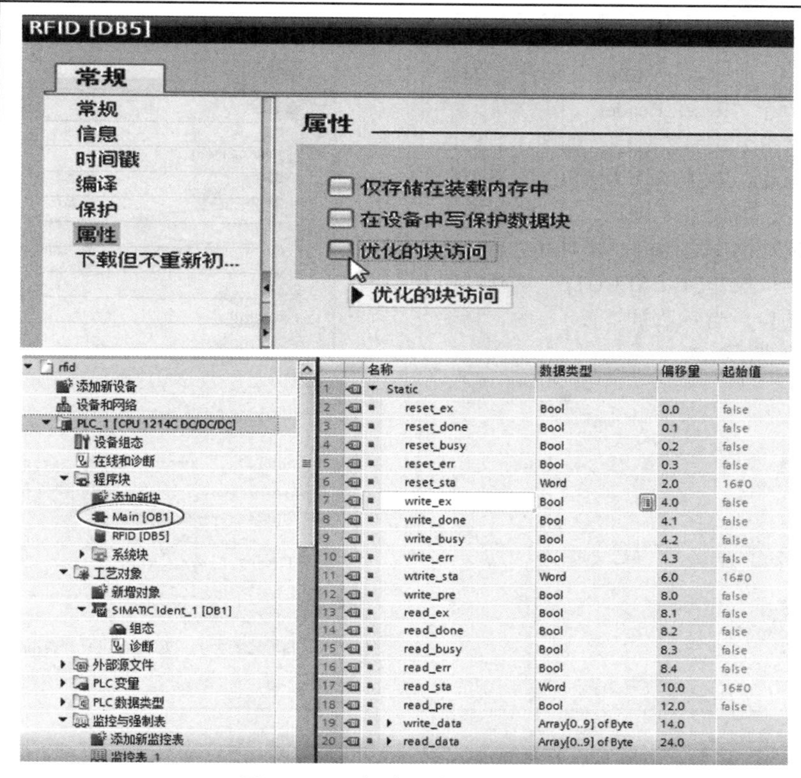

图 3-3-20　新建一个 DB 数据块

11）查看 RF120C 的“I/O 起始地址”和“硬件标识符”，见图 3-3-21，后续编程需要使用这两个参数。

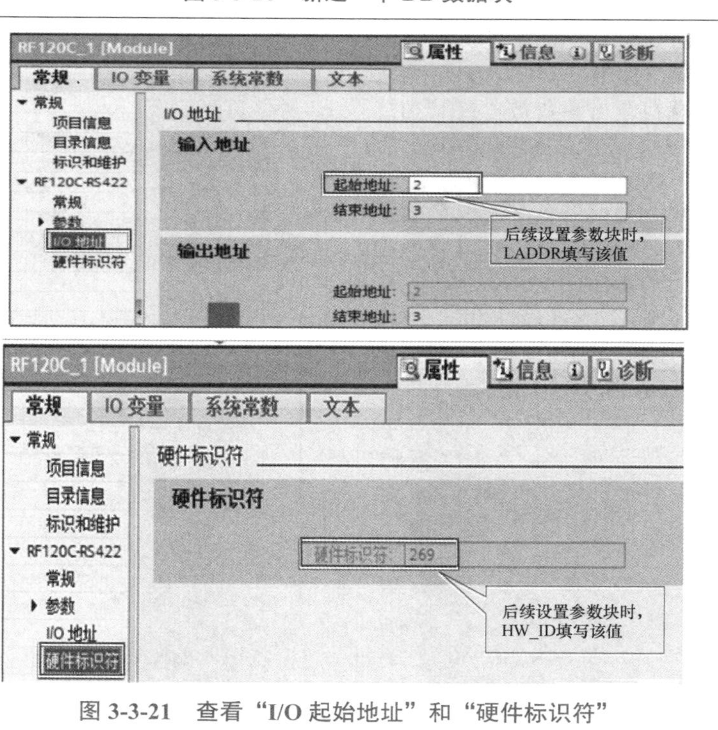

图 3-3-21　查看“I/O 起始地址”和“硬件标识符”

3. PLC 编程进行标签读写

1）打开“Main”程序，添加一个“Reset_Reader”指令块，并对指令块的参数进行如图 3-3-22 的分配。本指令块为 RFID 的复位指令，当设备上电后，在 RFID 执行读写操作之前需要先对其进行一次复位操作。“EXECUTE”为块执行端口，当参数被“置 1”时，指令块执行一次。

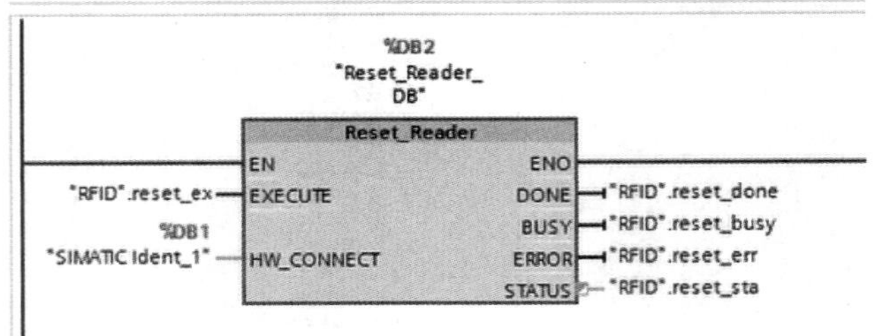

图 3-3-22　添加一个“Reset_Reader”指令块

2）添加一个“Write”指令块，并对指令块的参数进行如图 3-3-23 所示的分配。本指令块为 RFID 的写入操作指令，“EXECUTE”为块执行端口，当参数被“置 1”时，指令块执行一次；“LEN_DATA”为要写入数据的长度，单位为字节；“IDENT_DATA”为要写入的数据缓存区，我们可以将要写入的数据存入此缓存区内；“PRESENCE”具有应答器的存在性检查功能，当读写器的工作范围内存在应答器时会被置 1，否则为 0。

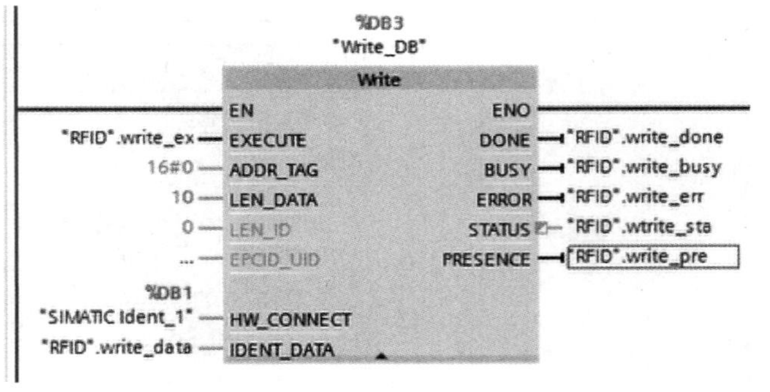

图 3-3-23　添加一个“Write”指令块

（续）

3）添加一个“Read”指令块，并对指令块的参数进行如图 3-3-24 所示分配。本指令块为 RFID 的读出数据操作指令，各端口功能与“Write”指令块一致，读出的数据存储在“IDENT_DATA”缓存区内	图 3-3-24　添加一个“Read”指令块
4）下载到 PLC，见图 3-3-25。	图 3-3-25　下载到 PLC
5）监控执行过程见图 3-3-26。	图 3-3-26　监控执行过程

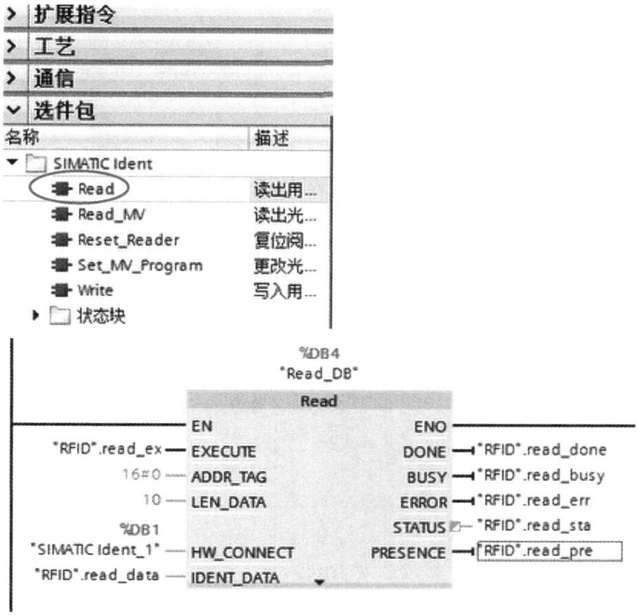

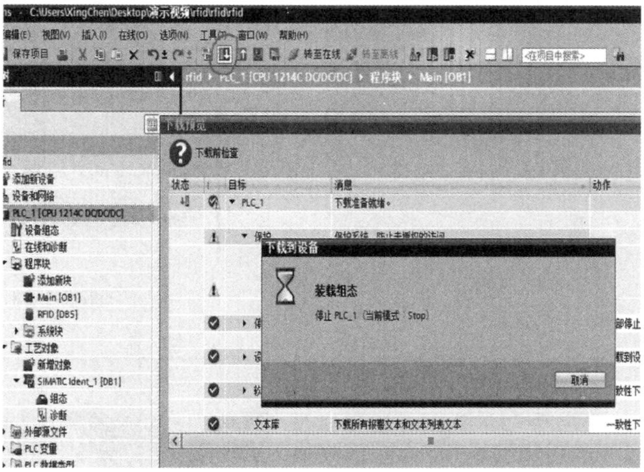

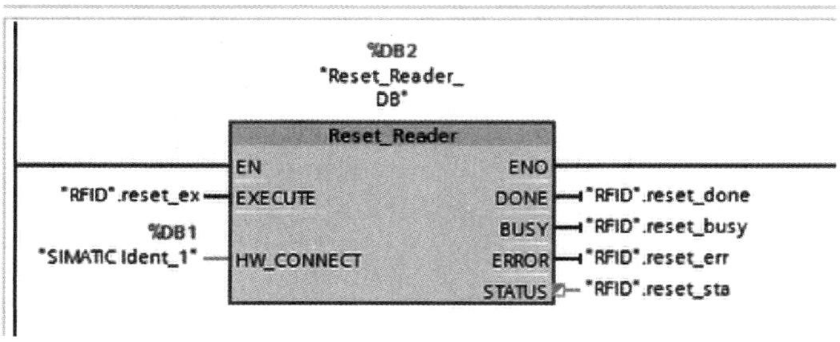

（续）

<table>
<tr>
<td>6）建立监控数据表，可以在表里启动指令执行和监控执行过程，见图 3-3-27。</td>
<td>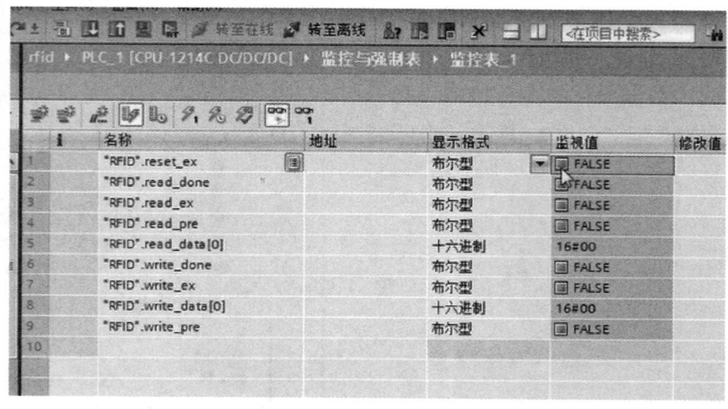

图 3-3-27　建立监控数据表</td>
</tr>
<tr>
<td>7）PRESENCE 参数为 true，显示读卡器附近有标签应答器，见图 3-3-28。</td>
<td>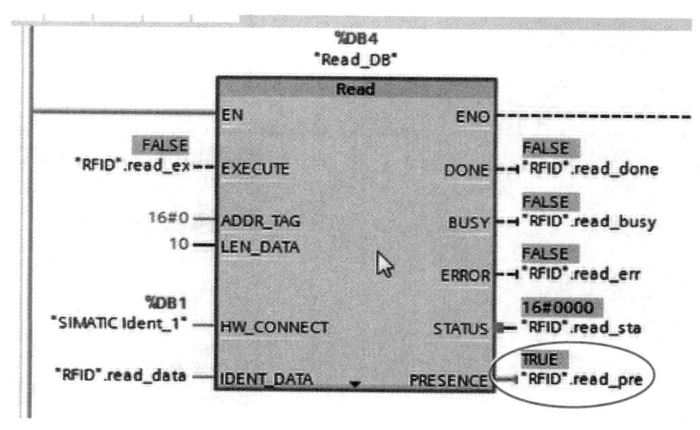

图 3-3-28　PRESENCE 参数为 true</td>
</tr>
<tr>
<td>8）启动“RFID.reset_ex”修改为 1，再修改为 0，进行复位读卡器，见图 3-3-29。</td>
<td>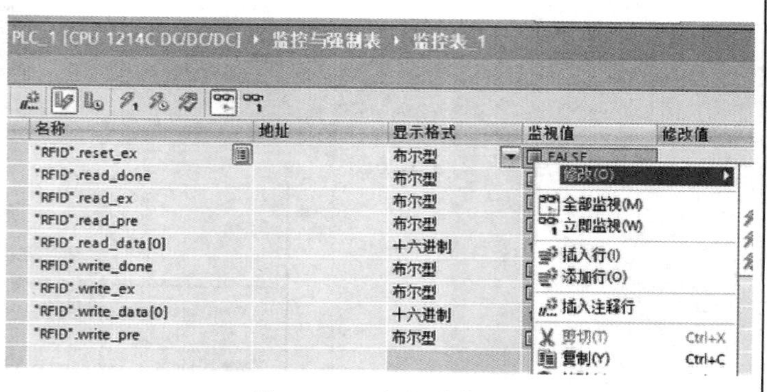

图 3-3-29　复位读卡器</td>
</tr>
</table>

（续）

<table>
<tr>
<td>9）RFID.write.data（0）参数为01，要写入应答标签，RFID.write.ex 置位为 1，再修改为 0，将 01 写入标签，见图 3-3-30。</td>
<td>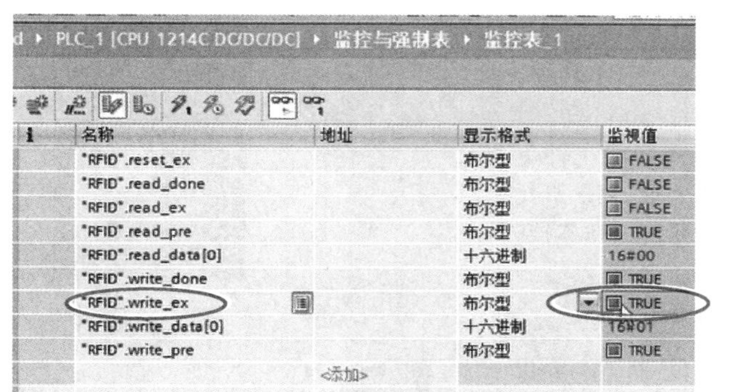

图 3-3-30　RFID.write.ex 置位为 1，再修改为 0，将 01 写入标签</td>
</tr>
<tr>
<td>10）RFID.read.ex 置位为 1，再修改为 0，读出刚才写入的 01 数据，见图 3-3-31。</td>
<td>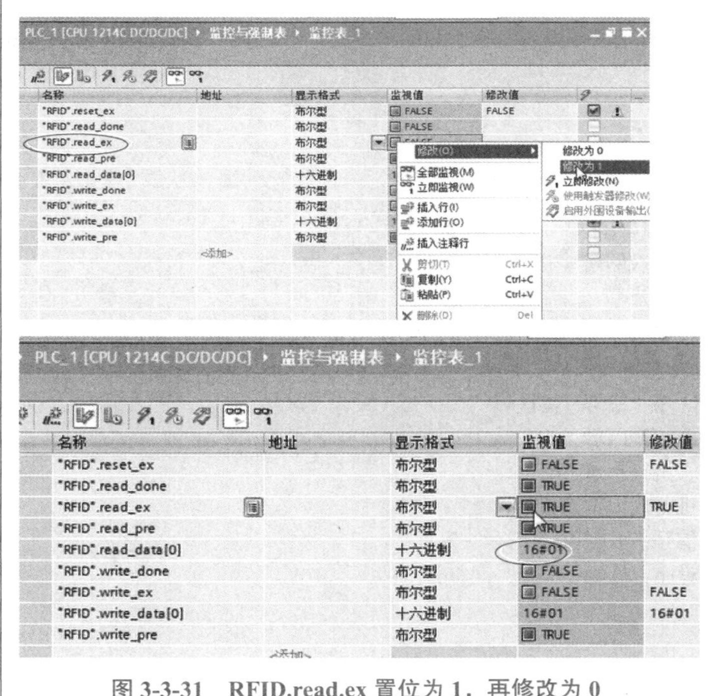

图 3-3-31　RFID.read.ex 置位为 1，再修改为 0</td>
</tr>
</table>

子任务 3.3.3　根据标签数据实现工件搬运

任务要求：在两个托盘上分别放置不同形状工件，A 盘放正方体，B 盘放圆柱体，将托盘放置在传送带上读写头附近，当读出标签数据为 1 时，机器人启动把工件搬到 1 号仓位，当读出数据为 2 时，机器人把工件搬到 2 号仓位。

任务实施

<table>
<tr>
<td>（1）任务托盘
任务所需托盘及不同形状工件见图 3-3-32。任务托盘和系统设备连接，与工业机器人端子进行连接。</td>
<td>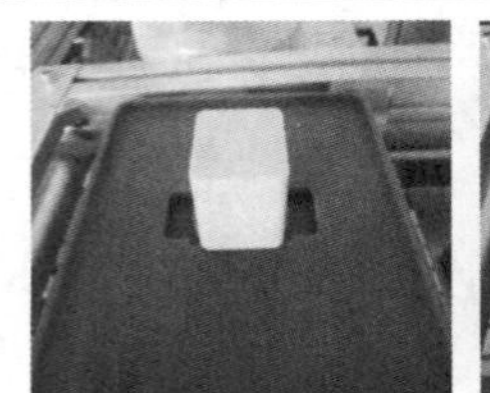 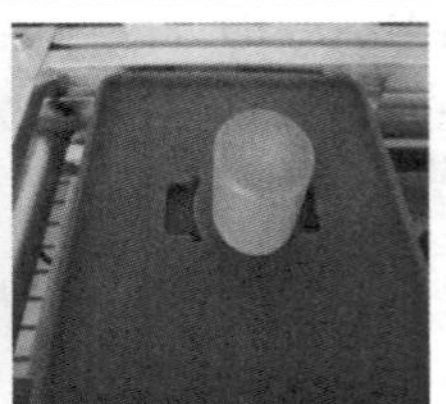
图 3-3-32　任务托盘</td>
</tr>
<tr>
<td>任务所需机器人及附加设备见图 3-3-33。</td>
<td>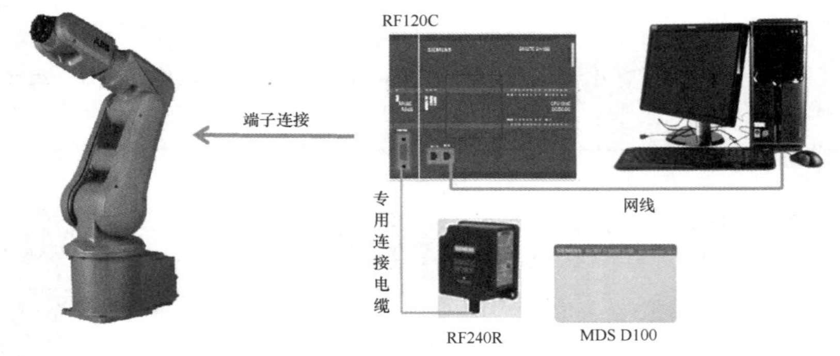

图 3-3-33　任务所需机器人及附加设备</td>
</tr>
<tr>
<td>（2）PLC 与 ABB 机器人的端子接线
当读写器读标签值时，PLC 置位 Q0.1 和 Q0.2 端子，Q 端子连接 ABB 机器人的 DSQC652 输入端子 di1 和 di2，机器人编程采集输入信号，分别执行搬运程序，见图 3-3-34。</td>
<td>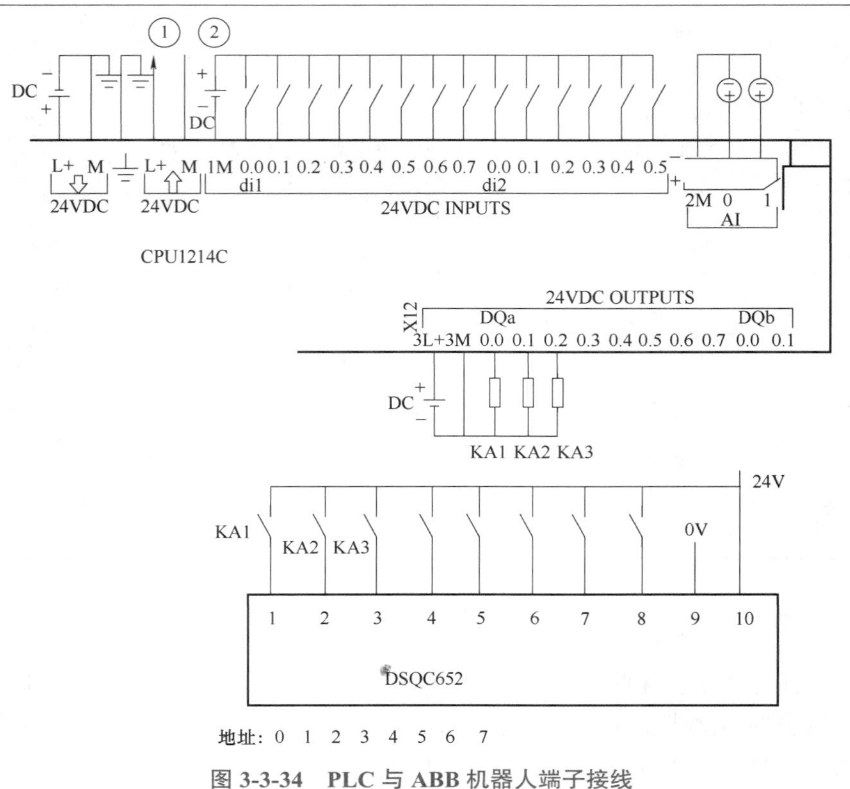

图 3-3-34　PLC 与 ABB 机器人端子接线</td>
</tr>
</table>

（续）

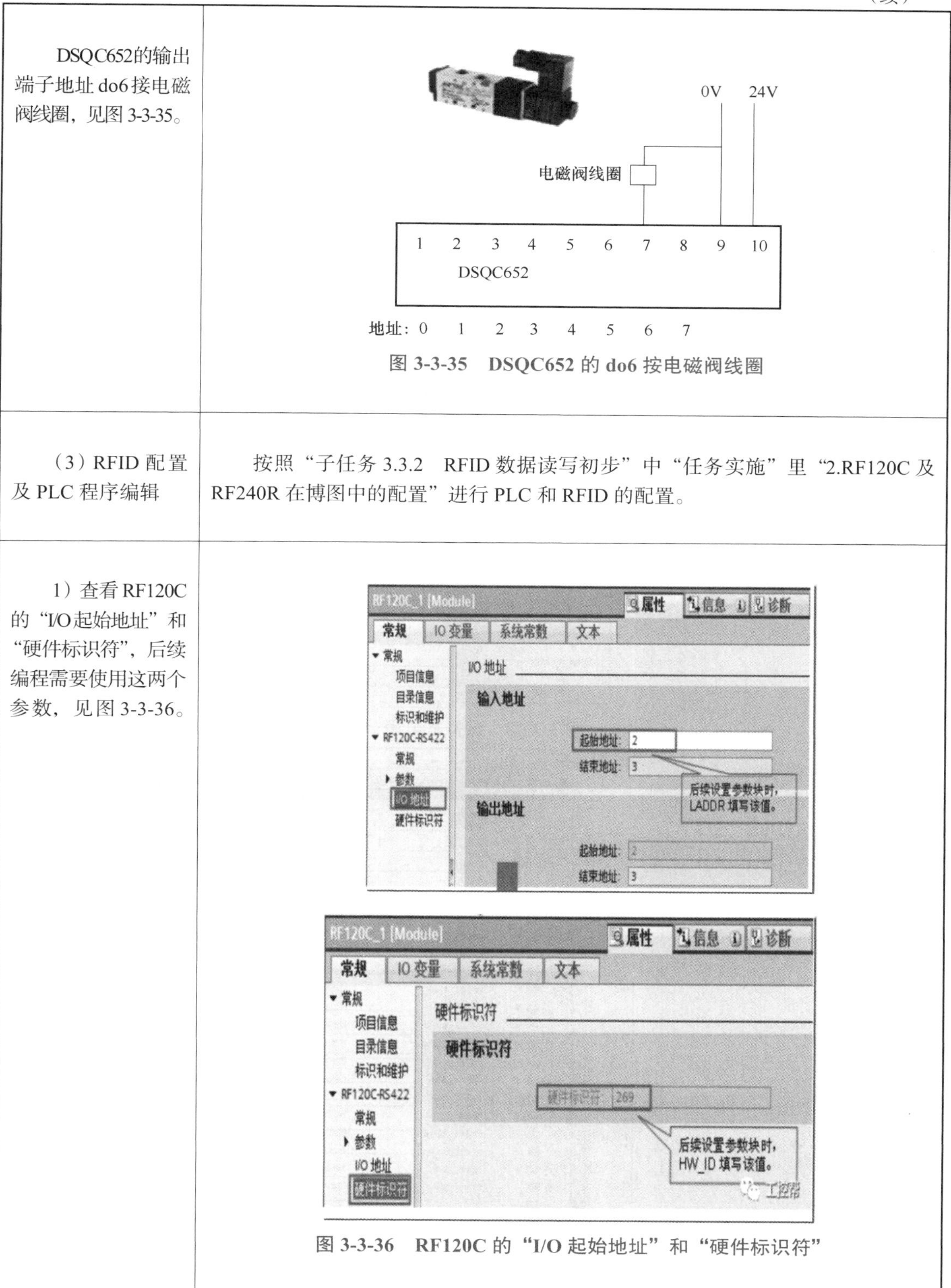

DSQC652的输出端子地址 do6 接电磁阀线圈，见图 3-3-35。	图 3-3-35　DSQC652 的 do6 按电磁阀线圈
（3）RFID 配置及 PLC 程序编辑	按照“子任务 3.3.2　RFID 数据读写初步”中“任务实施”里“2.RF120C 及 RF240R 在博图中的配置”进行 PLC 和 RFID 的配置。
1）查看 RF120C 的“I/O 起始地址”和“硬件标识符”，后续编程需要使用这两个参数，见图 3-3-36。	图 3-3-36　RF120C 的“I/O 起始地址”和“硬件标识符”

（续）

<table>
<tr>
<td>2）PLC 编程，打开“Main”程序，在“选件包”下单击“Reset_Reader”，添加复位阅读器程序模块，见图 3-3-37。</td>
<td>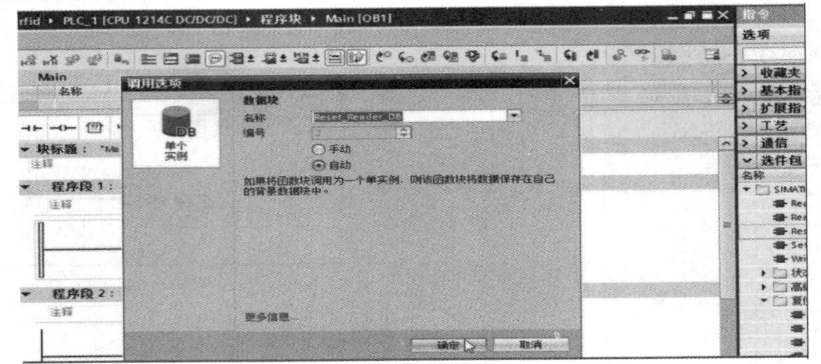

图 3-3-37　添加复位阅读器程序模块</td>
</tr>
<tr>
<td>本指令块为 RFID 的复位指令，当设备上电后，在 RFID 执行读写操作之前需要先对其进行一次复位操作。“EXECUTE”为块执行端口，当参数被“置 1”时，指令块执行一次，见图 3-3-38。</td>
<td>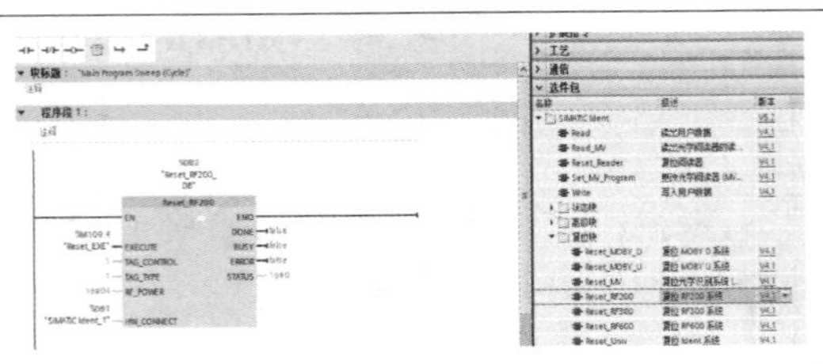
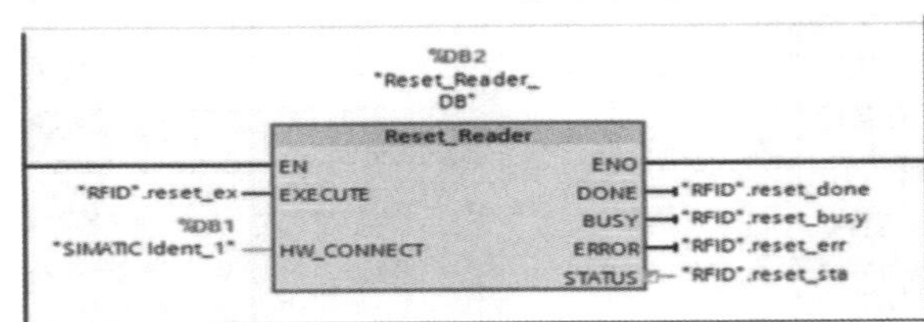

图 3-3-38　设备上电后，需先进行一次复位操作</td>
</tr>
<tr>
<td>建立数据块 DB5，用于指令数据区存储，见图 3-3-39。</td>
<td>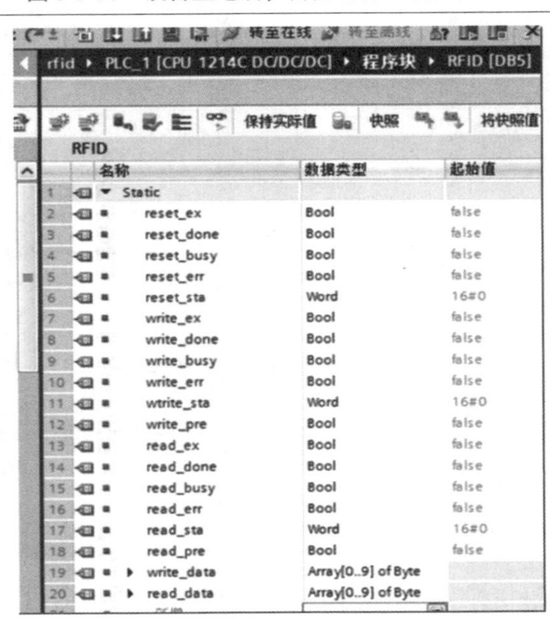
rfid ▸ PLC_1 [CPU 1214C DC/DC/DC] ▸ 程序块 ▸ RFID [DB5]
RFID
<table>
<tr><th></th><th>名称</th><th>数据类型</th><th>起始值</th></tr>
<tr><td>1</td><td>Static</td><td></td><td></td></tr>
<tr><td>2</td><td>reset_ex</td><td>Bool</td><td>false</td></tr>
<tr><td>3</td><td>reset_done</td><td>Bool</td><td>false</td></tr>
<tr><td>4</td><td>reset_busy</td><td>Bool</td><td>false</td></tr>
<tr><td>5</td><td>reset_err</td><td>Bool</td><td>false</td></tr>
<tr><td>6</td><td>reset_sta</td><td>Word</td><td>16#0</td></tr>
<tr><td>7</td><td>write_ex</td><td>Bool</td><td>false</td></tr>
<tr><td>8</td><td>write_done</td><td>Bool</td><td>false</td></tr>
<tr><td>9</td><td>write_busy</td><td>Bool</td><td>false</td></tr>
<tr><td>10</td><td>write_err</td><td>Bool</td><td>false</td></tr>
<tr><td>11</td><td>wtrite_sta</td><td>Word</td><td>16#0</td></tr>
<tr><td>12</td><td>write_pre</td><td>Bool</td><td>false</td></tr>
<tr><td>13</td><td>read_ex</td><td>Bool</td><td>false</td></tr>
<tr><td>14</td><td>read_done</td><td>Bool</td><td>false</td></tr>
<tr><td>15</td><td>read_busy</td><td>Bool</td><td>false</td></tr>
<tr><td>16</td><td>read_err</td><td>Bool</td><td>false</td></tr>
<tr><td>17</td><td>read_sta</td><td>Word</td><td>16#0</td></tr>
<tr><td>18</td><td>read_pre</td><td>Bool</td><td>false</td></tr>
<tr><td>19</td><td>write_data</td><td>Array[0..9] of Byte</td><td></td></tr>
<tr><td>20</td><td>read_data</td><td>Array[0..9] of Byte</td><td></td></tr>
</table>
图 3-3-39　建立数据块 DB5</td>
</tr>
</table>

（续）

<table>
<tr>
<td>添加“Write”，写数据模块。“EXECUTE”为块执行端口，当参数被“置 1”时，指令块执行一次；“LEN_DATA”为要写入数据的长度，单位为字节；“IDENT_DATA”为要写入的数据缓存区，我们可以将要写入的数据存入此缓存区内；“PRESENCE”具有应答器的存在性检查功能，当读写器的工作范围内存在应答器时会被置 1，否则为 0，见图 3-3-40。</td>
<td>

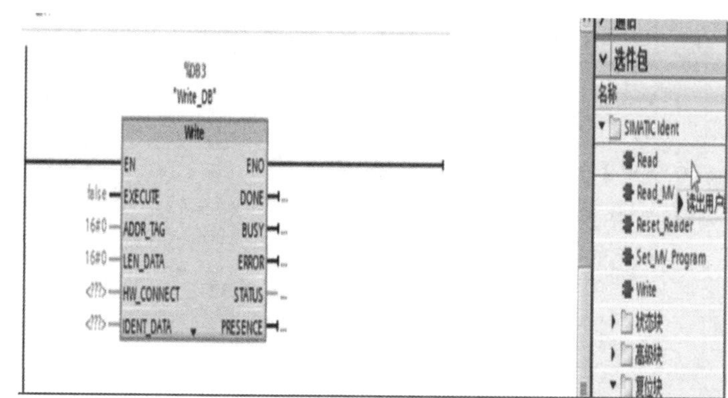

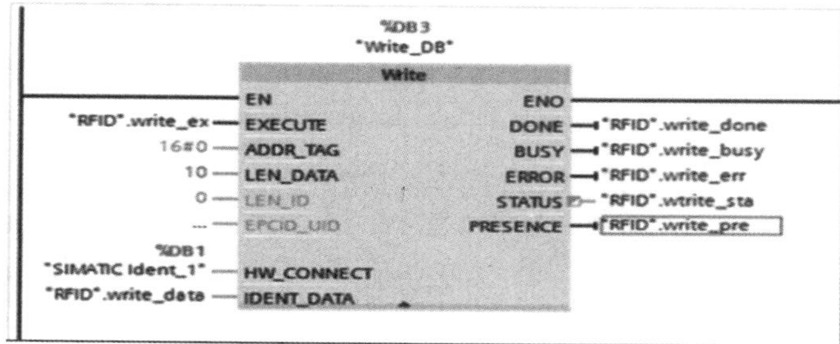

图 3-3-40　添加“Write”，写数据模块

</td>
</tr>
<tr>
<td>添加“Read”，读数据模块读出的数据存储在“IDENT_DATA”缓存区内，见图 3-3-41。</td>
<td>

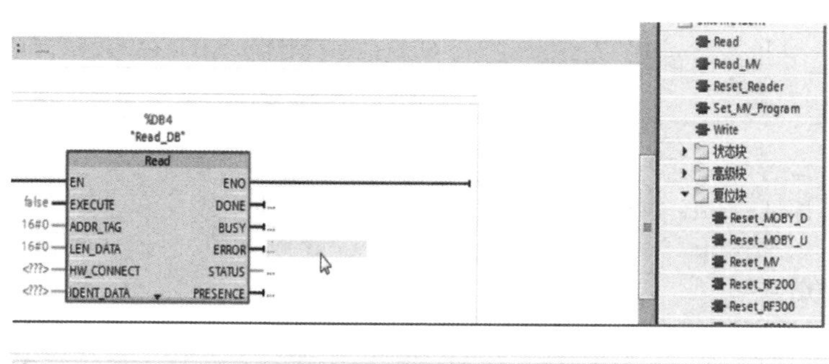

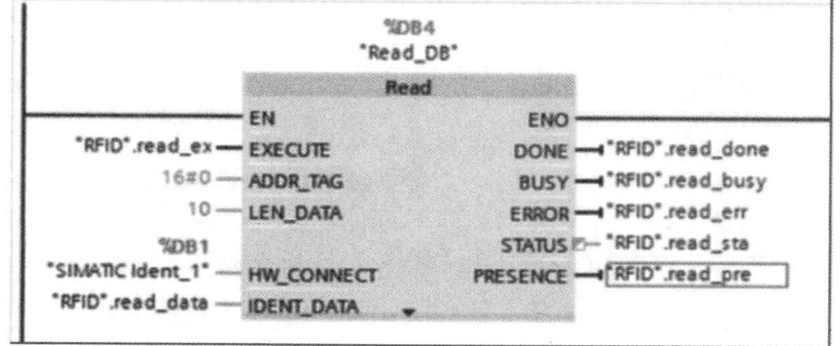

图 3-3-41　添加“Read”，读数据模块

</td>
</tr>
</table>

（续）

<table>
<tr>
<td>3）根据 RFID 读出卡的数据，当卡号为 1 时，PLC 的 Q0.1 输出；卡号为 2 时，PLC 的 Q0.2 输出，见图 3-3-42。</td>
<td>
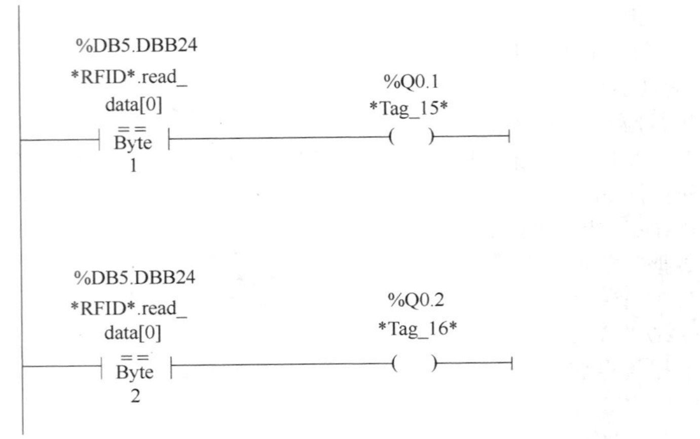

图 3-3-42　根据 RFID 读出卡的数据来判断是 Q0.1 还是 Q0.2 输出
</td>
</tr>
<tr>
<td>4）建立监控表，见图 3-3-43。</td>
<td>
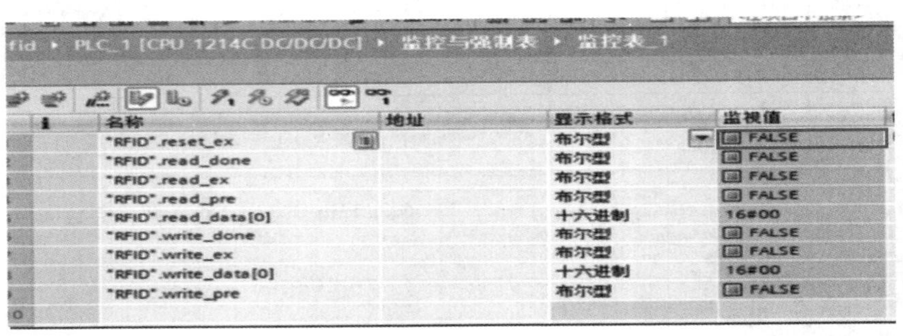

fid ▸ PLC_1 [CPU 1214C DC/DC/DC] ▸ 监控与强制表 ▸ 监控表_1

<table>
<tr><th>名称</th><th>地址</th><th>显示格式</th><th>监视值</th></tr>
<tr><td>"RFID".reset_ex</td><td></td><td>布尔型</td><td>FALSE</td></tr>
<tr><td>"RFID".read_done</td><td></td><td>布尔型</td><td>FALSE</td></tr>
<tr><td>"RFID".read_ex</td><td></td><td>布尔型</td><td>FALSE</td></tr>
<tr><td>"RFID".read_pre</td><td></td><td>布尔型</td><td>FALSE</td></tr>
<tr><td>"RFID".read_data[0]</td><td></td><td>十六进制</td><td>16#00</td></tr>
<tr><td>"RFID".write_done</td><td></td><td>布尔型</td><td>FALSE</td></tr>
<tr><td>"RFID".write_ex</td><td></td><td>布尔型</td><td>FALSE</td></tr>
<tr><td>"RFID".write_data[0]</td><td></td><td>十六进制</td><td>16#00</td></tr>
<tr><td>"RFID".write_pre</td><td></td><td>布尔型</td><td>FALSE</td></tr>
</table>

图 3-3-43　建立监控表
</td>
</tr>
<tr>
<td>5）运行程序，写 RFID 信息：先启动 Write 块，把 write_data 的数据 01 写入应答器，见图 3-3-44。
再启动 Read 块，读出应答器的数据到 read_data 存储器。</td>
<td>
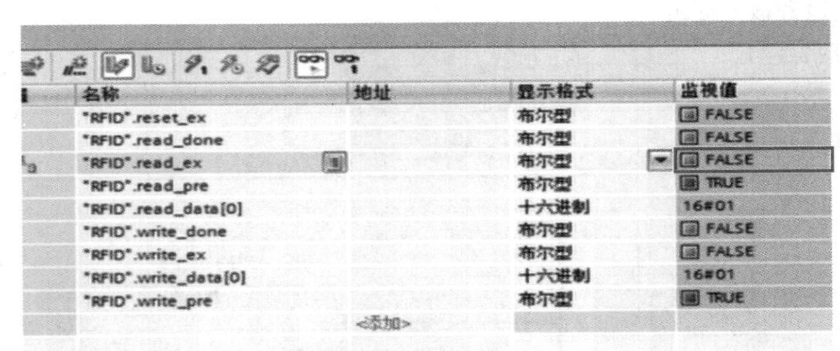

<table>
<tr><th>名称</th><th>地址</th><th>显示格式</th><th>监视值</th></tr>
<tr><td>"RFID".reset_ex</td><td></td><td>布尔型</td><td>FALSE</td></tr>
<tr><td>"RFID".read_done</td><td></td><td>布尔型</td><td>FALSE</td></tr>
<tr><td>"RFID".read_ex</td><td></td><td>布尔型</td><td>FALSE</td></tr>
<tr><td>"RFID".read_pre</td><td></td><td>布尔型</td><td>TRUE</td></tr>
<tr><td>"RFID".read_data[0]</td><td></td><td>十六进制</td><td>16#01</td></tr>
<tr><td>"RFID".write_done</td><td></td><td>布尔型</td><td>FALSE</td></tr>
<tr><td>"RFID".write_ex</td><td></td><td>布尔型</td><td>FALSE</td></tr>
<tr><td>"RFID".write_data[0]</td><td></td><td>十六进制</td><td>16#01</td></tr>
<tr><td>"RFID".write_pre</td><td></td><td>布尔型</td><td>TRUE</td></tr>
<tr><td></td><td><添加></td><td></td><td></td></tr>
</table>

图 3-3-44　运行程序，写 RFID 信息
</td>
</tr>
<tr>
<td>（4）工业机器人配置及编程
1）进行 DSQC652 输入输出板设置。</td>
<td>根据“子任务 3.2.4　工业机器人搬运程序设计”的内容进行 DSQ652 配置，并配置输入端子 di1、di2，输出端子 do6。</td>
</tr>
</table>

（续）

<table>
<tr>
<td>设置 DSQC652 di1、di2，见图 3-3-45。</td>
<td>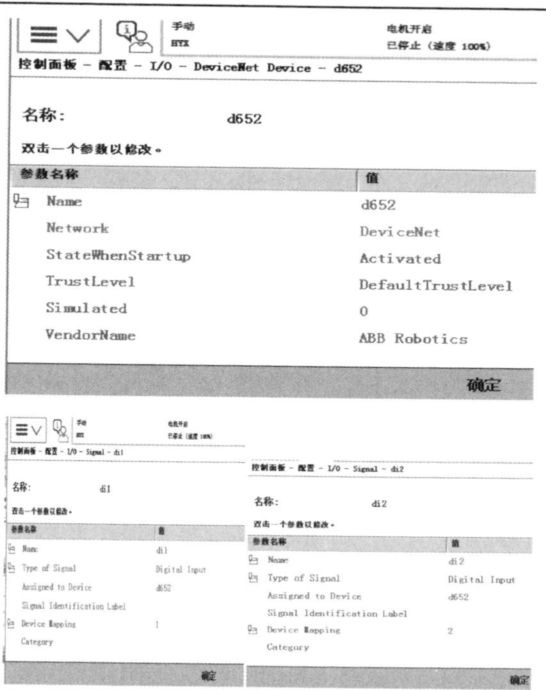

图 3-3-45　设置 DSQC652 的 di1 和 di2</td>
</tr>
<tr>
<td>2）示教点。需要的点有初始点 home，1 号元件的抓取点 p10，放置点 p20；2 号元件的抓取点 p30，放置点 p40，见图 3-3-46。</td>
<td>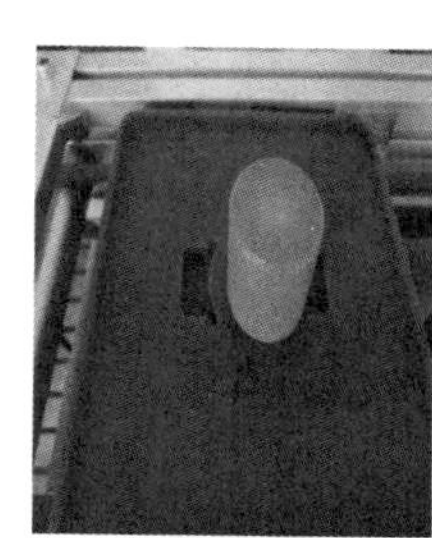 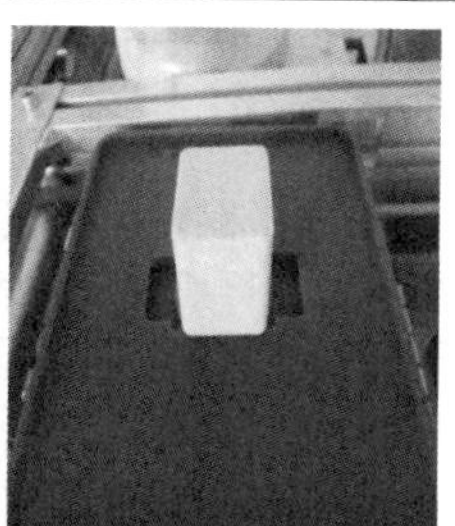

图 3-3-46　1 号元件和 2 号元件放置点</td>
</tr>
<tr>
<td>3）操作流程。</td>
<td>程序设计以 main（ ）为主程序，设计 3 个例行程序
初始化程序 home（ ）：使机器人达到初始位置
1 号元件搬运程序 pick1（ ）：抓取 1 号托盘上的元件放到 1 号仓位
2 号元件搬运程序 pick2（ ）：抓取 2 号托盘上的元件放到 2 号仓位
机器人接收 PLC 的信号，在 main（ ）程序中根据 di1 和 di2 值分别调用 pick1（ ）和 pick2（ ）</td>
</tr>
</table>

（续）

<table>
<tr><td>4）编辑程序，见图 3-3-47。</td><td>

```
PROC main()
  home;
IF di1 = 1THEN pick1;
ENDIF
IF di2 = 1 THEN
 pick2;
  ENDIF
ENDPROC
```

```
PROC home()
MoveL p10, v200, fine, tool0;
ENDPROC
PROC pick1()
MoveL Offs(p20,0,0,-20), v200, fine, tool0;
MoveL p20, v200, fine, tool0;
Set do6;
WaitTime 1;
MoveL Offs(p20,0,0,-20), v200, fine, tool0;
home;
MoveL Offs(p30,0,0,-20), v200, fine, tool0;
MoveL p30, v200, fine, tool0;
Reset do6;
WaitTime 1;
home;
ENDPROC
```

```
PROC pick2()
MoveL Offs(p40,0,0,-20), v200, fine, tool0;
MoveL p40, v200, fine, tool0;
Set do6;
WaitTime 1;
MoveL Offs(p50,0,0,-20), v200, fine, tool0;
home;
MoveL Offs(p50,0,0,-20), v200, fine, tool0;
MoveL p30, v200, fine, tool0;
Reset do6;
WaitTime 1;
home;
ENDPROC
```

图 3-3-47　编辑程序</td></tr>
<tr><td>5）任务调试</td><td>当 PLC 程序和机器人程序编辑好之后，将 PLC 程序下载，并使机器人处于运行状态，将托盘放到读写器附近，则机器人根据 PLC 传输的信息搬运。</td></tr>
</table>

任务评价

序号	考核项目	考核内容	分值	评分标准	得分
1	任务完成质量（80 分）	RFID 的工作过程	10	掌握	
2		PLC 与 RFID 的通信设置过程	20	掌握	
3		PLC 编程	20	掌握	
4		工业机器人通信接口配置	10	掌握	
5		工业机器人编程	20	掌握	
6	职业素养与操作规范（10 分）	关闭总电源	3	掌握	
7		必须知道机器人控制器的紧急停止按钮的位置，随时准备在紧急情况下使用这些按钮	3	掌握	
8		与机器人保持足够安全距离	4		

（续）

序号	考核项目	考核内容	分值	评分标准	得分
9	学习纪律与学习态度（10 分）	有吃苦耐劳的精神、有团队协作	5		
10		有不断学习进步的心	5		
总　分					

任务小结

任务 3.4　视觉系统应用

任务描述

任务目标	1. 了解机器视觉及机器视觉系统概念 2. 掌握 FQ2 视觉相机的图像采集设置过程 3. 掌握 PLC 采集图像信息的编程过程
任务内容	1. 机器视觉系统概述 2. 会使用 FQ2 相机检测工件数量 3. 根据标签数据搬运

子任务 3.4.1　FQ2 相机检测工件数量

1. 机器视觉是什么

视觉与图像技术是 20 世纪人类最伟大技术之一。人们感知外界信息的 80% 是通过眼睛获得的，图像包含的信息量是最巨大的。信息时代，特别是工业信息时代，视觉图像技术注定将成为扛鼎。

视觉技术极大提高了工业自动化中信息的获取能力，信息将不再是单一维度的简单数据，而是广域立体的海量数据，同时在速度、尺寸、光谱等维度大大突破人眼极限。例如：视觉系统基本覆盖全光谱，分辨率可以达到 1μm，速度可以达到每秒上亿帧，这在速度和精度上都大大超出了当前的工业制造水平，甚至满足未来相当长时间更加精密、更加高速的制造要求，完全可保障在工业制造中信息获取的快和准。另一方面，图像技术飞速发展，让海量图像信息得以高速、实时、智能地被分析利用，大大提高了人的判决速度，越来越接近人的智慧程度，助推工业生产中信息处理的快和准。

机器视觉可以简单理解为给机器加装上视觉装置，或者是加装有视觉装置的机器，从而代替人眼来实现引导、检测、测量、识别等功能提高机器的自动化和智能化程度。机器视觉是一个系统的概念，它综合了光学、机械、电子、计算机软硬件方面等的技术，涉及到计算机图像处理、模式识别、人工智能、信号处理、光机电一体化等多个领域。图 3-4-1 所示为机器视觉相机。

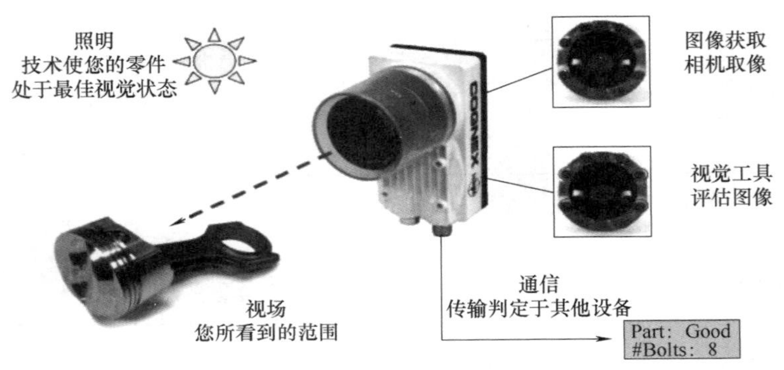

图 3-4-1　机器视觉相机

机器视觉就是用机器代替人眼来做外观检测、尺寸测量、字符或条码的读取、颜色判断、位置信息读取等。美国制造工程师协会（SME）机器视觉分会和美国机器人工业协会的自动化视觉分会（AIA）对机器视觉下的定义是：机器视觉就是使用光学非接触式感应设备自动接收并解释真实场景的图像，以获得所需信息或用于控制机器人运动的装置。机器视觉是计算机视觉在工厂自动化中的应用，提取并处理相对浅层的图像信息，偏重于计算机视觉技术工程化，能够自动获取和分析特定的图像，以控制相应的行为。计算机视觉为机器视觉提供图像和景物分析的理论及算法基础，机器视觉为计算机视觉的实现提供传感器模型、系统构造和实现手段。

2. 机器视觉系统

机器视觉系统由硬件设备和软件系统组成。前者实现“视”的功能，通过机器视觉的产品（相机、镜头、光源、图像采集卡）将场景图像进行图像转换，后者实现“觉”的功能，通过相应算法对信号处理得到目标特征，产生数字信号。目前主要硬件设备有相机或图像传感器，现在大多使用智能相机，实现光源、图像采集转换于一体，将图像信号，传送给专有的图像处理系统，根据像素分布和亮度、颜色等信息，转变成数字信号。图像系统对这些信号进行运算来抽取目标的特征，进而根据判别的结果来控制现场的设备动作。

一个典型的基于 PC 工业视觉系统包括工业相机、PC 平台、视觉处理软件、控制单元。各个部分之间相互配合，最终完成其检测要求。如图 3-4-2 工业视觉系统组成。图中工业相机采集目标图像，通过现场总线将图像数字信号传递给 PC 软件平台或产生控制信号控制 PLC 等控制设备。

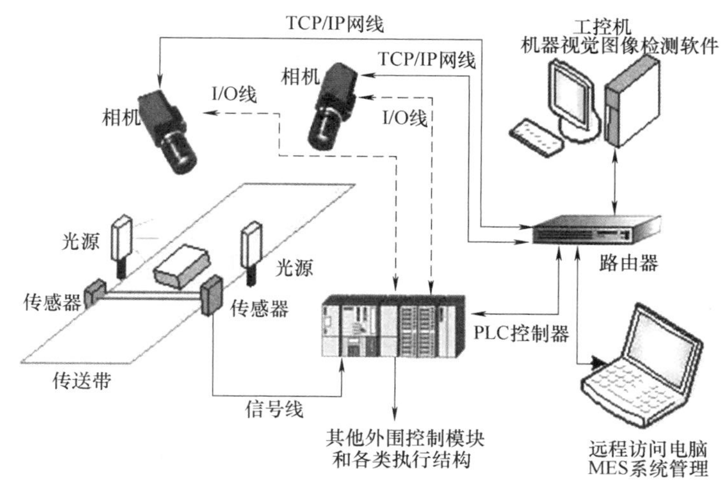

图 3-4-2　工业视觉系统组成

3. 机器视觉的发展过程

机器视觉技术是计算机学科的一个重要分支，自起步发展至今，机器视觉已经有 20 多年的历史，其功能以及应用范围随着工业自动化的发展逐渐完善和推广。

1）20 世纪 50 年代，欧美提出机器视觉概念。

20 世纪 50 年代开始研究二维图像的统计模式识别。早期研究主要是从统计模式识别开始。工作主要集中在二维图像分析与识别上。20 世纪 60 年代的研究前沿是以理解三维场景为目的的三维机器视觉。1965 年，Roberts 从数字图像中提取出诸如立方体、楔形体、棱柱体等多面体的三维结构，并对物体形状及物体的空间关系进行描述。他的研究工作开创了以理解三维场景为目的的三维机器视觉的研究。

2）20 世纪 70 年代，欧美日机器视觉开始真正发展。

MIT 人工智能实验室正式开设“机器视觉”的课程。大批著名学者进入麻省理工大学参与机器视觉理论、算法、系统设计的研究。

3）20 世纪 80 年代，欧美日韩机器视觉蓬勃发展。

20 世纪 80 年代到 20 世纪 90 年代中期，机器视觉获得蓬勃的发展，新概念、新方法、新理论不断涌现。

4）2000 年之后，中国境内逐步推广应用领域。

随着技术的引入，我国的机器视觉始于 20 世纪 80 年代。随着 1998 年半导体工厂的整线引入，同时还引入了机器视觉系统。自此，我国的机器视觉经历了启蒙阶段、发展阶段、快速发展阶段以及逐步走向成熟阶段。机器视觉企业、产品和应用在我国逐步兴起，视觉技术已经成为工业自动化领域的核心技术之一。在 2006 年之前，国内机器视觉产品主要集中在外资制造企业，其规模很小。2006 年开始，智能视觉检测机制造商和工业机器视觉应用程序客户开始扩展到印刷、食品和其他检测领域。该市场在 2011 年开始迅速增长。随着人工成本的增加和制造业的升级需求，再加上计算机视觉技术的飞速发展，越来越多的机器视觉解决方案已渗透到各个领域。

目前，机器视觉技术已经大规模地应用于多个领域。按照应用的领域与细分技术的特点，机器视觉进一步可以分为工业视觉、计算机视觉两类，相应地，其应用领域可以划分为智能制造和智能生活两类，比如工业探伤、自动焊接、医学诊断、跟踪报警、移动机器人、指纹识别、模拟战场、智能交通、医疗、无人机与无人驾驶、智能家居等。

机器视觉是人工智能正在快速发展的一个分支。目前，机器视觉技术正处于不断突破、走向成熟的阶段。它的发展不仅将大大推动智能系统的发展，也将拓宽计算机与各种智能机器的研究范围和应用领域。

4. 机器视觉的应用

机器视觉系统具有高效率、高柔性、高自动化等特点。

在现代自动化生产过程中，人们将机器视觉系统广泛地应用于工业机器人领域，主要具有 4 个显著功能：

1）引导和定位，视觉定位要求机器视觉系统能够快速准确地找到被测零件并确认其位置，上下料使用机器视觉来定位，引导机械手臂准确抓取。在半导体封装领域，设备需要根据机器视觉取得的芯片位置信息调整拾取头，准确拾取芯片并进行绑定，这就是视觉定位在机器视觉工业领域最基本的应用。

2）外观检测：视觉系统通过非接触检测生产线上产品有无质量问题，该环节也是取代人工最多的环节。说机器视觉涉及的医药领域，其主要检测包括尺寸检测、瓶身外观缺陷检测、瓶肩部缺陷检测、瓶口检测等。

3）高精度检测：有些产品的精密度较高，如高度集成的电子电路板，达到 0.01~0.02m 甚至到 μm 级，人眼无法检测必须使用机器完成。

4）识别，利用机器视觉通过对图像进行处理、分析和理解，以识别各种不同模式的目标和对象。可以达到数据的追溯和采集，在汽车零部件、食品、药品等应用较多。

而且，随着计算机科学和自动控制技术的发展，越来越多的不同种类的智能机器人出现在生产生活中，视觉系统作为智能机器人系统中一个重要的分支，也越来越受到人们的重视。

随着可视机器人的发展，未来新行业应用及功能的拓展会逐渐出现。工业生产方面量比较大的是 3C 电子产业，物流行业，特别是会涉及 3D 视觉。

5. 欧姆龙 FQ2 及其系统

欧姆龙 FQ2 视觉相机是新型一体化智能相机，最高达 130 万像素，而且通信接口多样。图像处理器已经内置于该相机中，有自带的视觉软件 Touch Finder，如图 3-4-3 所示。FQ2 视觉相机电源为 24V，通过以太网线和 PC、PLC 进行通信，与 PLC 及外部传感器的连接如图 3-4-4 所示，输入输出电缆包括 24V 电源线、连接外部按钮或传感器、PLC 的输出端子的线，以太网电缆可以连接集线器以便可以和计算机、PLC 进行通信。FQ2 的输入输出电缆各线功能及连

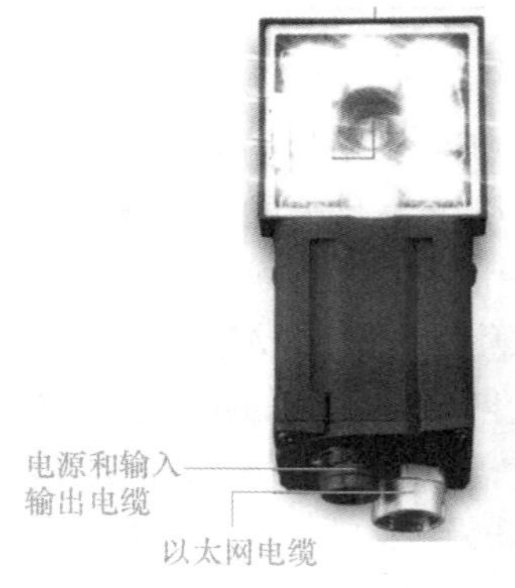

图 3-4-3　相机和软件

接如图 3-4-5 所示，TRIG 是启动相机拍摄的信号，可以连接 PLC 的输出端子，编程启动相机。

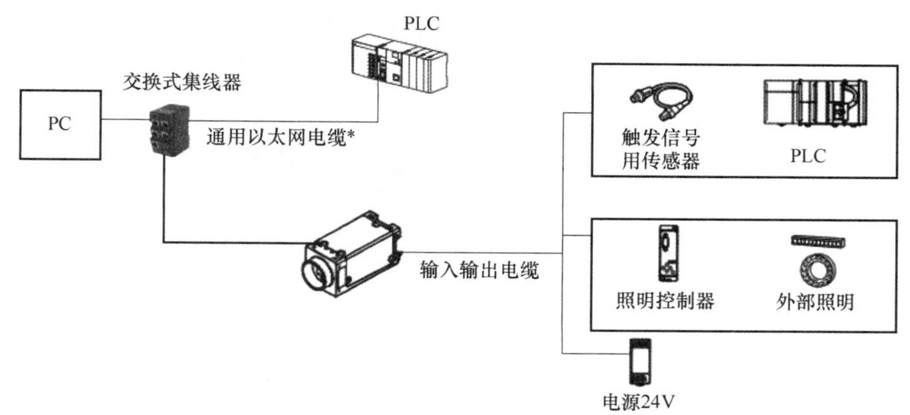

图 3-4-4　相机和 PLC 的通信

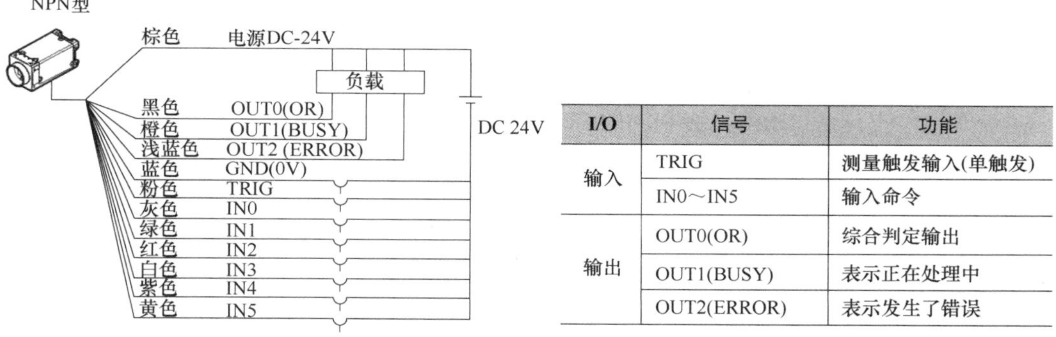

I/O	信号	功能
输入	TRIG	测量触发输入(单触发)
	IN0～IN5	输入命令
输出	OUT0(OR)	综合判定输出
	OUT1(BUSY)	表示正在处理中
	OUT2(ERROR)	表示发生了错误

图 3-4-5　相机输入输出电缆各线功能

在工业机器人视觉系统中，以 PLC 为核心，视觉相机采集目标的图像信息传输给 PLC，PLC 根据运行程序发出命令给工业机器人或 HMI，实现工业控制。

任务实施

实现 FQ2 相机和西门子 PLC 的通信连接，使用相机拍摄托盘上的工件，然后将拍摄工件的数量信息发送给 PLC，由 PLC 显示工件的数量信息。

使用欧姆龙 FQ2 相机，PLC 为 1214C，博图软件版本为 14.1。

FQ2 相机参数设置步骤如下：

1. 设置计算机 IP 地址

PLC 与相机之间是无协议通信且在 PLC 中要进行编程。

计算机和相机要在同一网段，设置计算机 IP 地址为 192.168.0.100，相机 IP 地址为 192.168.0.4。

任务托盘见图 3-4-6。	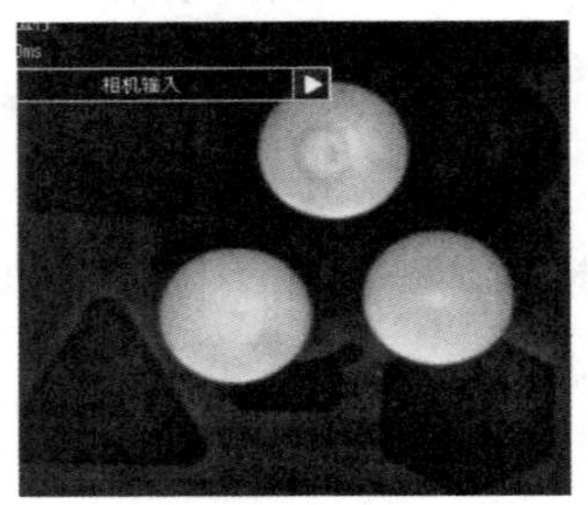 图 3-4-6　任务托盘
设置电脑 IP 地址为 192.168.0.100，见图 3-4-7。	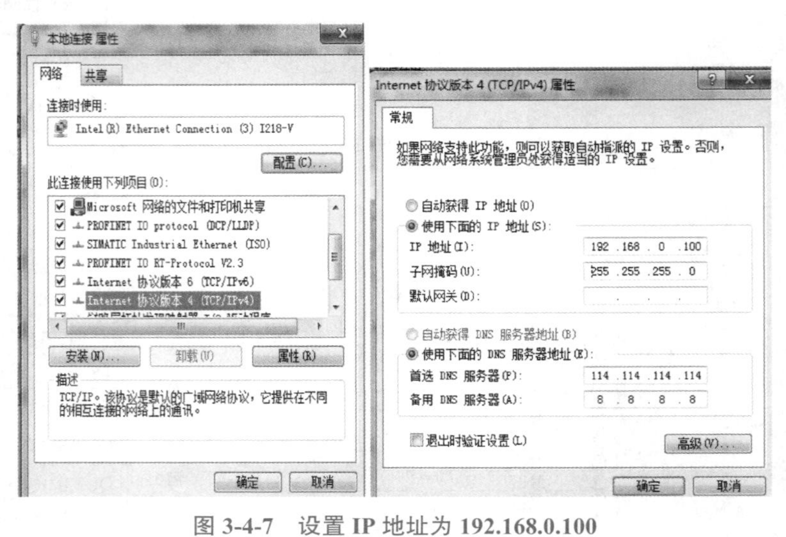 图 3-4-7　设置 IP 地址为 192.168.0.100

2. 相机地址设置

欧姆龙 FQ2 系列相机的调试软件为“PC tool for FQ”，一台相机若要与 PC 上的调试软件或外围的 PLC 通过以太网连接，则首先需要设置好合适的以太网参数，设置步骤如下：

“调整画面”→“传感器设定”→“传感器设定”→“网络”→“以太网”→“IP 设置方法”。

1）双击打开桌面上的软件，见图 3-4-8。	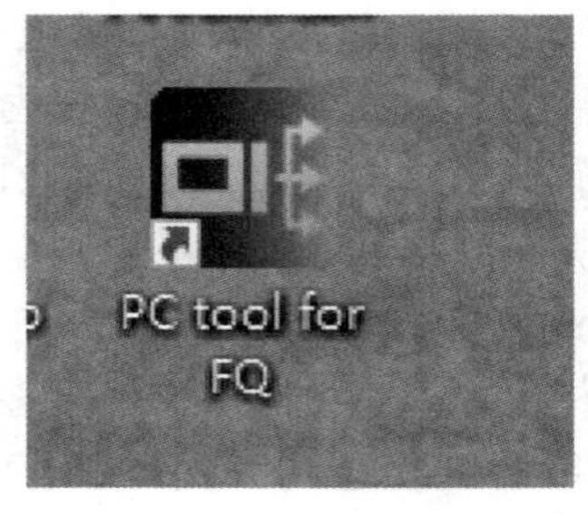 图 3-4-8　软件图标

（续）

<table>
<tr><td>2）单击图 3-4-9 右下角的调整画面图标后选择“传感器设定”。</td><td>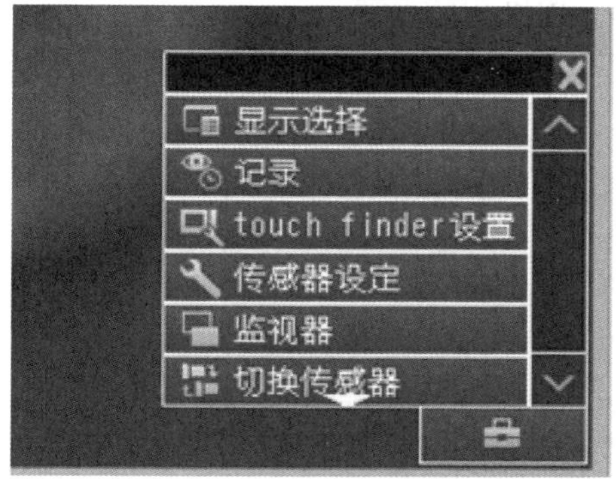图 3-4-9　选择“传感器设定”1</td></tr>
<tr><td>3）再次单击图 3-4-10 右下角的调整画面图标后选择传感器设定。</td><td>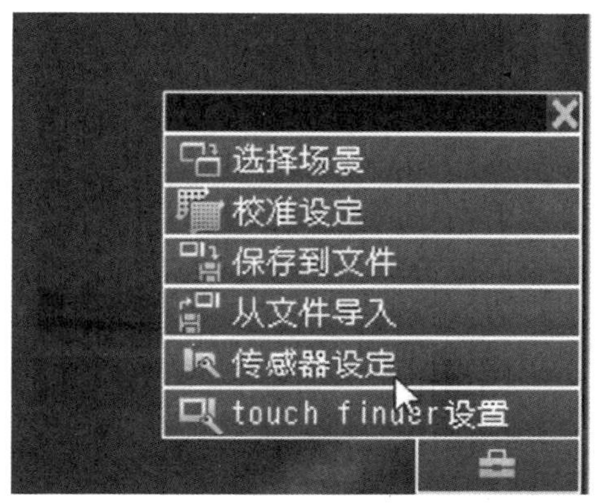图 3-4-10　选择“传感器设定”2</td></tr>
<tr><td>4）选择“网络”，见图 3-4-11。</td><td>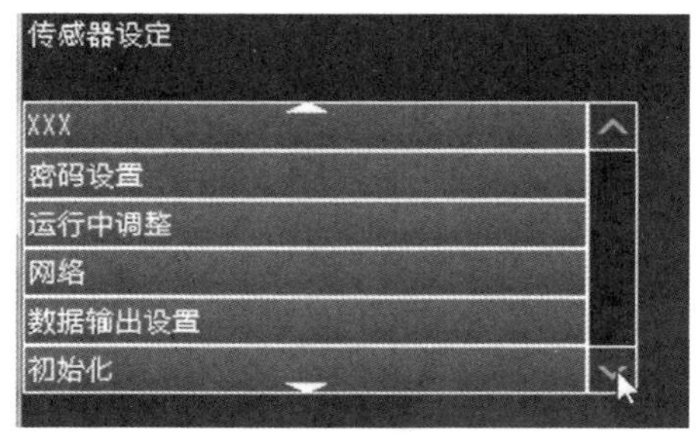图 3-4-11　选择“网络”</td></tr>
<tr><td>5）IP 地址设定为与 PC 和 PLC 同网段的地址，本项目中 IP 地址设置为 192.168.0.4
子网掩码、网关默认即可，见图 3-4-12。</td><td>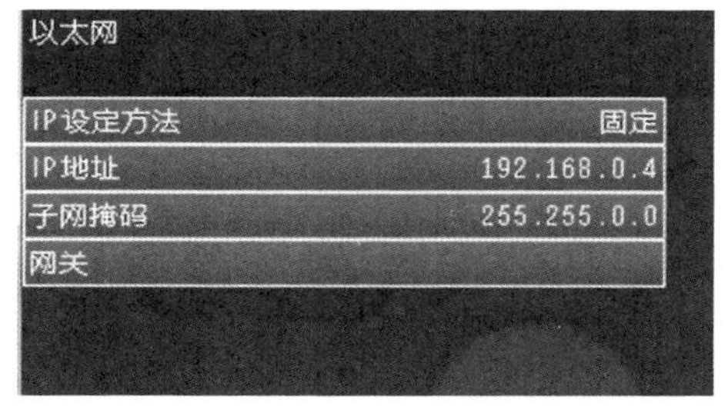图 3-4-12　IP 地址设置为 192.168.0.4</td></tr>
</table>

3. PLC 与相机通信

（1）相机侧的设置

1）双击打开桌面上的软件，见图 3-4-13。	图 3-4-13　打开桌面的软件
2）单击图 3-4-14 右下角的调整画面图标后选择“传感器设定”。	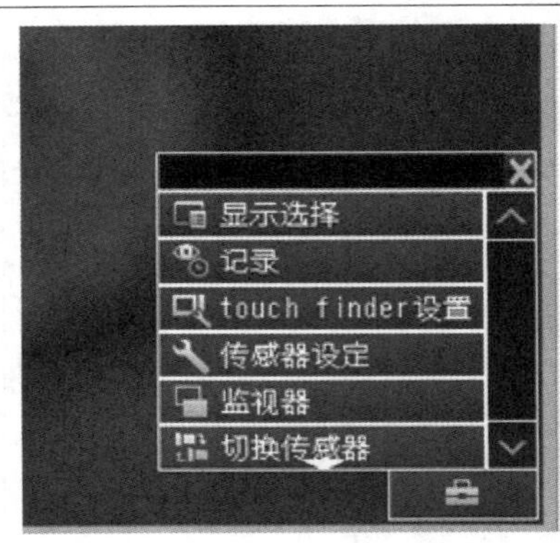图 3-4-14　选择“传感器设定”1
3）再次单击图 3-4-15 右下角的调整画面图标后选择传感器设定。	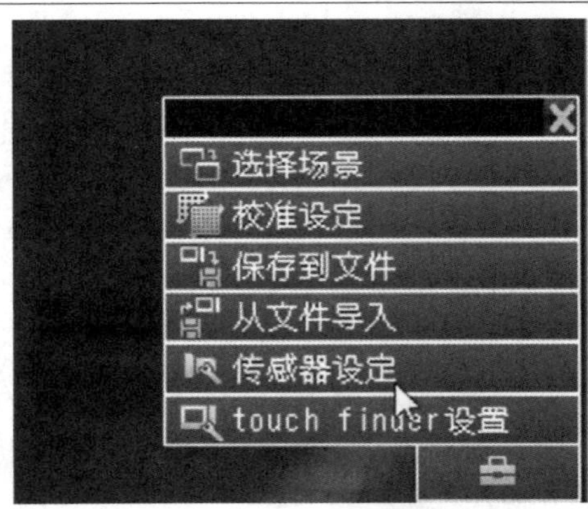图 3-4-15　选择“传感器设定”2
4）选择“数据输出设置”，见图 3-4-16。	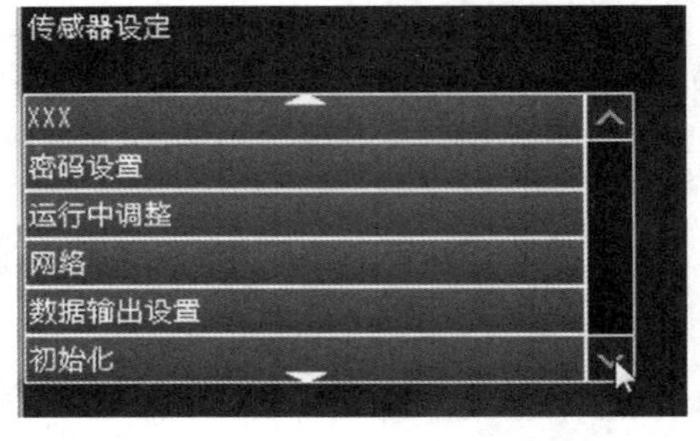图 3-4-16　选择“数据输出设置”

（续）

5）按照图 3-4-17 中所示，设置相关参数。	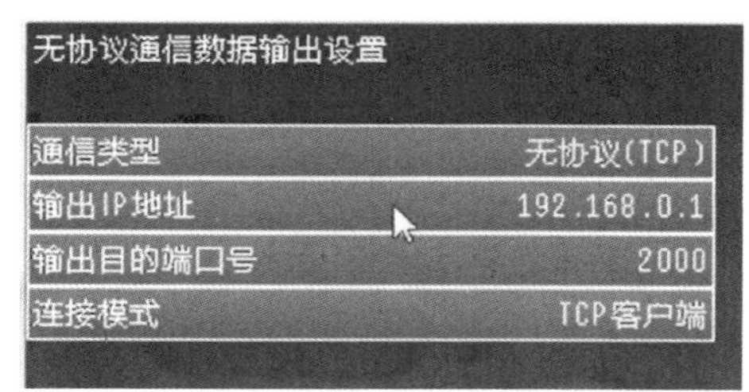 图 3-4-17　设置相关参数

上面设置完成后，视觉端的无协议通信所需要的参数便设置完成了。

（2）视觉传感器设定

1）打开软件后单击图 3-4-18 右下角的调整画面按钮并选择“传感器设定”。	 图 3-4-18　选择“传感器设定”
2）单击图像后选择“相机设定”，见图 3-4-19，可以进行连续拍照，在此过程中可以调整被拍摄物体的位置和角度，以达到最佳的效果。	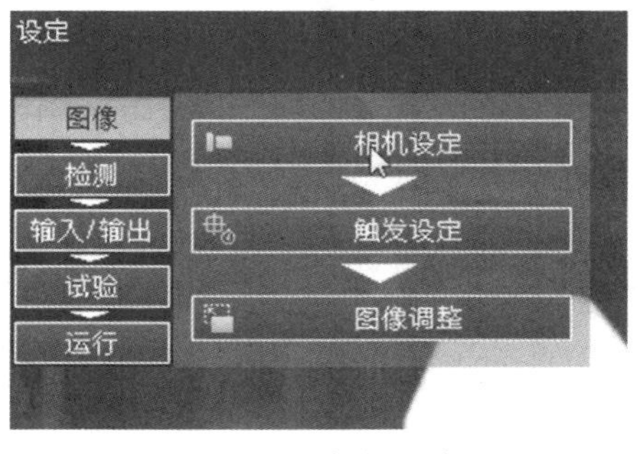 图 3-4-19　相机设定
3）2）完成后选择“检测”→“设定处理项目”，见图 3-4-20。	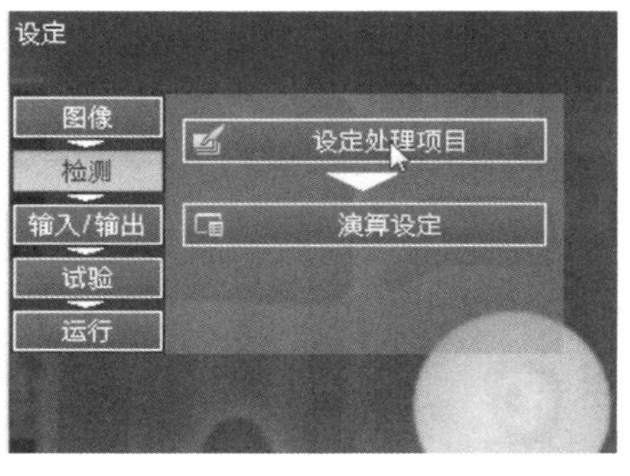 图 3-4-20　选择“检测”→“设定处理项目”

（续）

<table>
<tr>
<td>4）进入设定处理项目后，设定一个“搜索”的项目，见图 3-4-21。</td>
<td>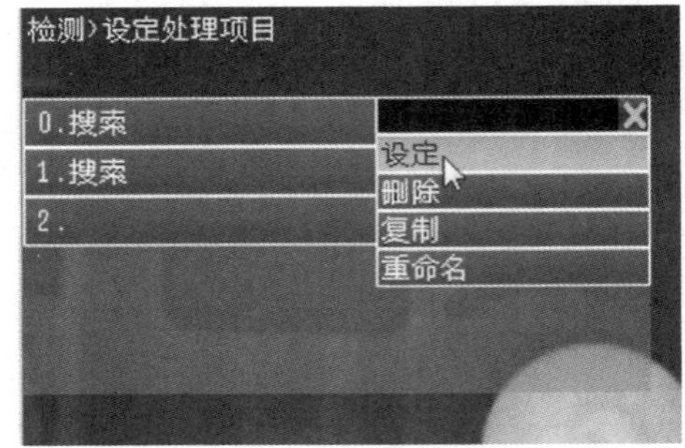

图 3-4-21　设定一个“搜索”项目</td>
</tr>
<tr>
<td>5）示教：建立圆形测量区域，见图 3-4-22 单击确定。</td>
<td>

图 3-4-22　建立圆形测量区域</td>
</tr>
<tr>
<td>6）设定判断条件，见图 3-4-23。</td>
<td>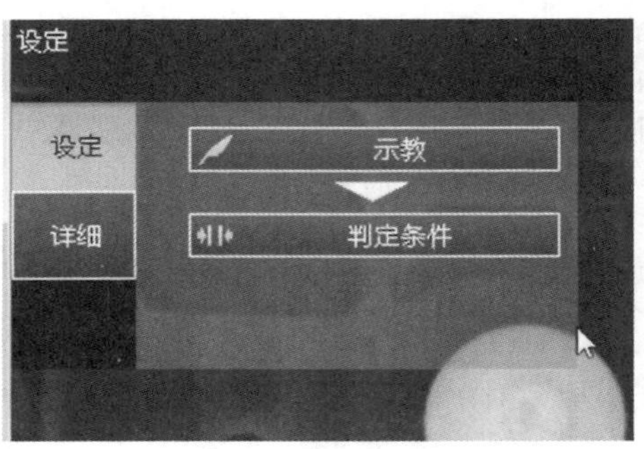

图 3-4-23　设定判断条件</td>
</tr>
<tr>
<td>7）单击确定，见图 3-4-24。</td>
<td>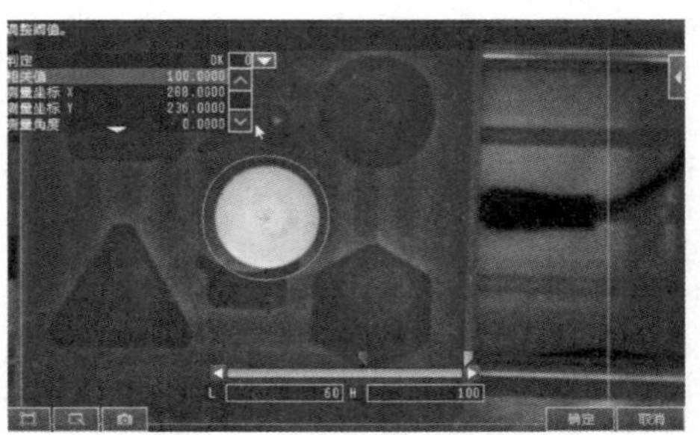

图 3-4-24　单击确定</td>
</tr>
</table>

（续）

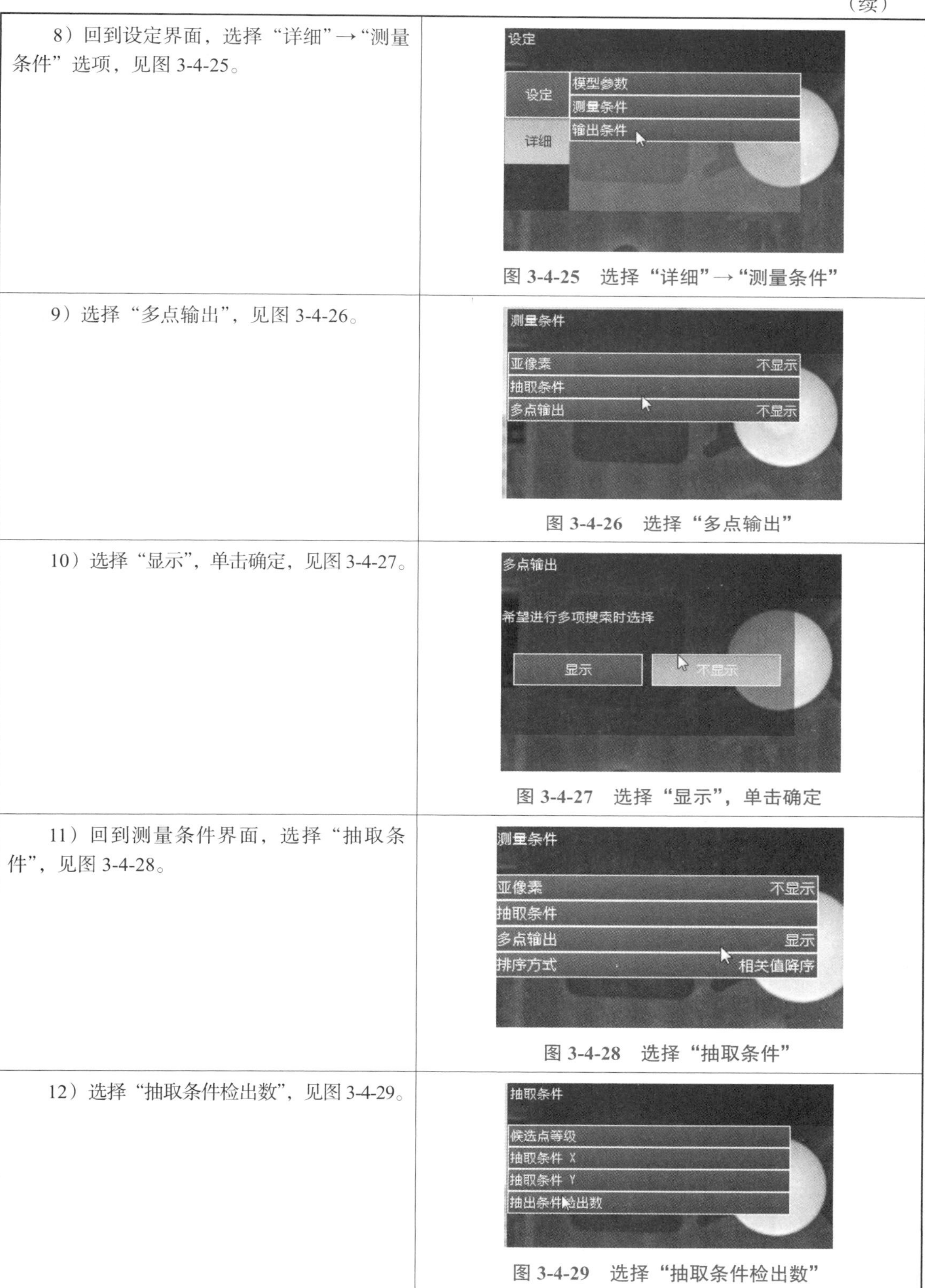

8）回到设定界面，选择“详细”→“测量条件”选项，见图 3-4-25。	图 3-4-25　选择“详细”→“测量条件”
9）选择“多点输出”，见图 3-4-26。	图 3-4-26　选择“多点输出”
10）选择“显示”，单击确定，见图 3-4-27。	图 3-4-27　选择“显示”，单击确定
11）回到测量条件界面，选择“抽取条件”，见图 3-4-28。	图 3-4-28　选择“抽取条件”
12）选择“抽取条件检出数”，见图 3-4-29。	图 3-4-29　选择“抽取条件检出数”

连续单击确定后，回到设定画面，进行输出数据的设定。

（3）输出数据的设定

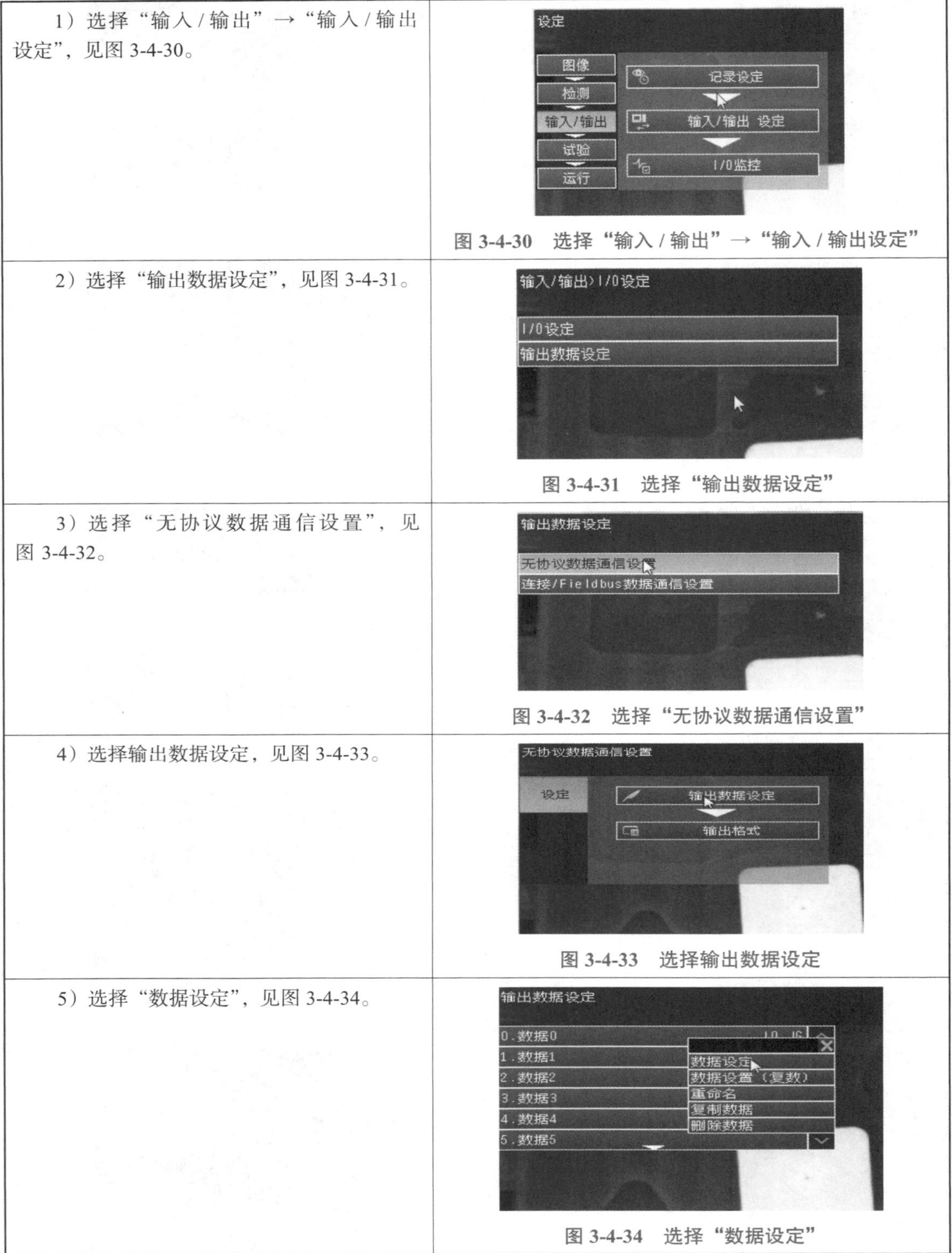

操作步骤	图示
1）选择“输入 / 输出”→“输入 / 输出设定”，见图 3-4-30。	图 3-4-30　选择“输入 / 输出”→“输入 / 输出设定”
2）选择“输出数据设定”，见图 3-4-31。	图 3-4-31　选择“输出数据设定”
3）选择“无协议数据通信设置”，见图 3-4-32。	图 3-4-32　选择“无协议数据通信设置”
4）选择输出数据设定，见图 3-4-33。	图 3-4-33　选择输出数据设定
5）选择“数据设定”，见图 3-4-34。	图 3-4-34　选择“数据设定”

（续）

6）选择“I0. 搜索”，见图 3-4-35。	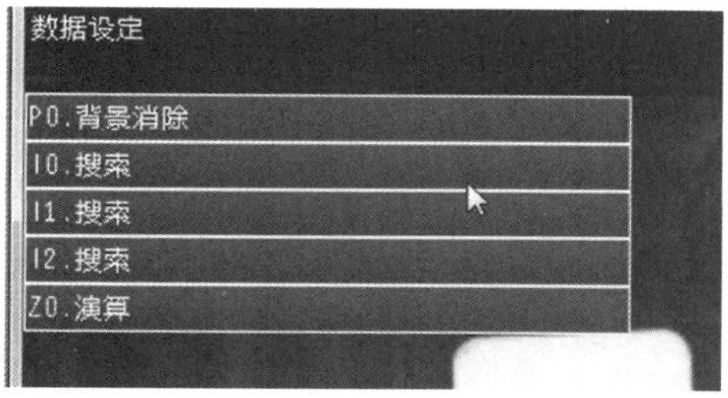 图 3-4-35　选择“I0. 搜索”
7）选择检测数量 C，见图 3-4-36。	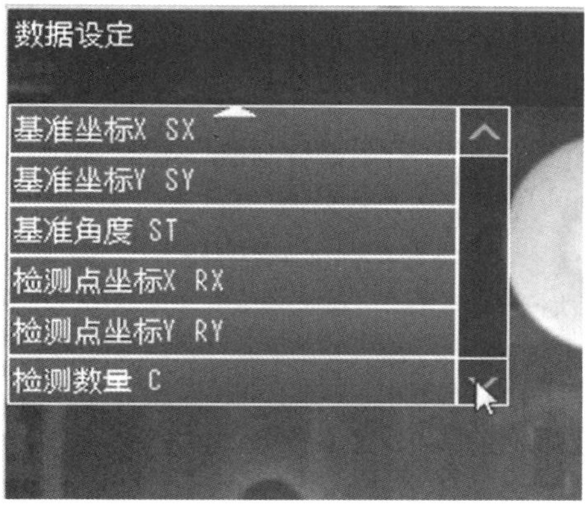 图 3-4-36　选择“检测数量 C”

按照上述步骤设置后，便可统计视野中圆形工件的数量了。

（4）PLC 侧的设置

在项目中使用的 PLC 的型号为西门子的 S7-1214C，所以在 TIA 软件中新建一个包含 S7-1214C 的项目，并将 PLC 的 IP 地址设置为 192.168.0.1，然后编写与视觉通信的程序。

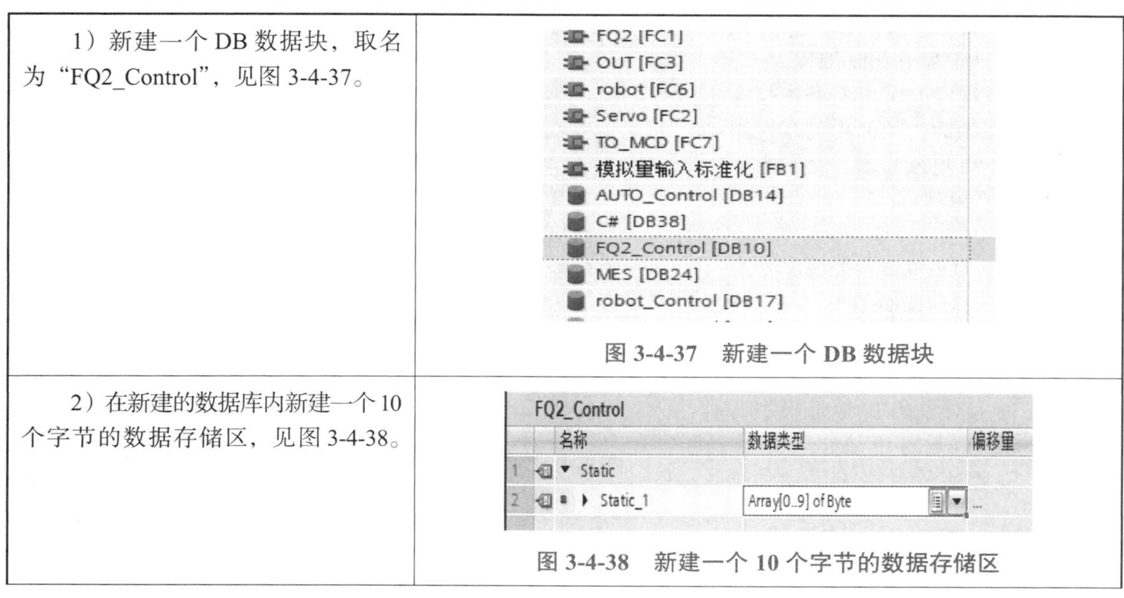

1）新建一个 DB 数据块，取名为“FQ2_Control”，见图 3-4-37。	图 3-4-37　新建一个 DB 数据块
2）在新建的数据库内新建一个 10 个字节的数据存储区，见图 3-4-38。	图 3-4-38　新建一个 10 个字节的数据存储区

（续）

<table>
<tr>
<td>3）取消块的优化访问，这样我们就可以以绝对地址寻址的方式对数据块进行绝对访问了
选中数据块，单击右键，即可打开数据块的属性，见图 3-4-39。</td>
<td>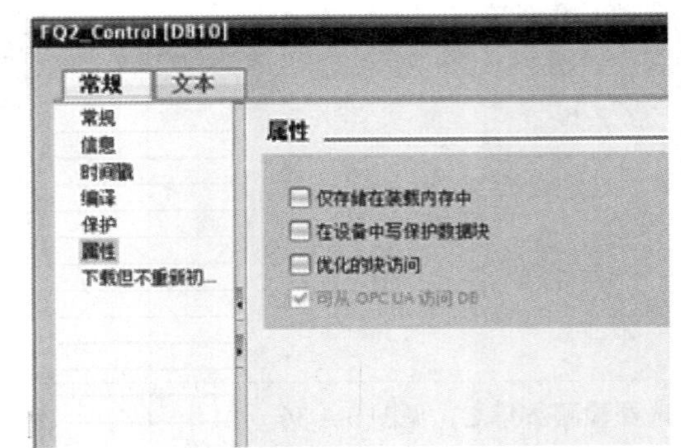

图 3-4-39　单击右键，可打开数据块的属性</td>
</tr>
<tr>
<td>4）我们在路径“指令”→“通信”→“开放式用户通信”下找到“TRCV_C”指令，见图 3-4-40，并将其添加至程序中。
“TRCV_C”指令具有建立连接并接收数据的功能。</td>
<td>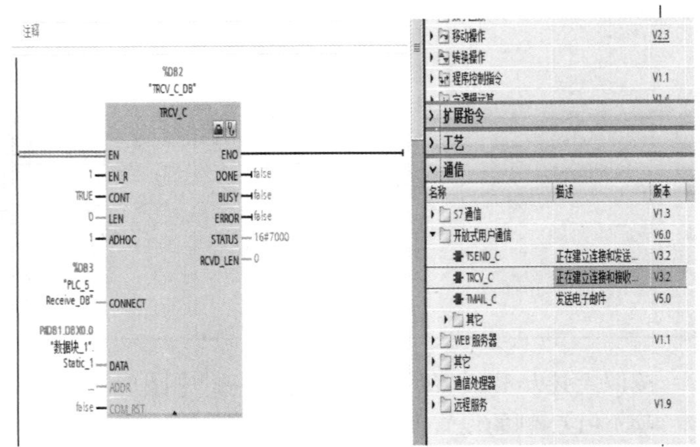

图 3-4-40　添加“TRCV_C”指令</td>
</tr>
<tr>
<td>5）在组态中设置“TRCV_C”指令的参数。选中程序中的“TRCV_C”指令，可在程序的下方看到本指令的属性组态画面，画面中的灰色参数部分是不可更改参数，白色参数部分则是需要我们自己设定的参数，见图 3-4-41。
① 通信对象选择“未指定”。
② 通信类型选择 TCP。
③ 连接 ID 设为 1。
④ 连接数据选择“新建”。
⑤ 通信对象的 IP 地址设置为 192.168.0.2（视觉的 IP 地址）。
⑥ 设置通信对象为主动建立连接。
⑦ 本地端口设置为 2000。</td>
<td>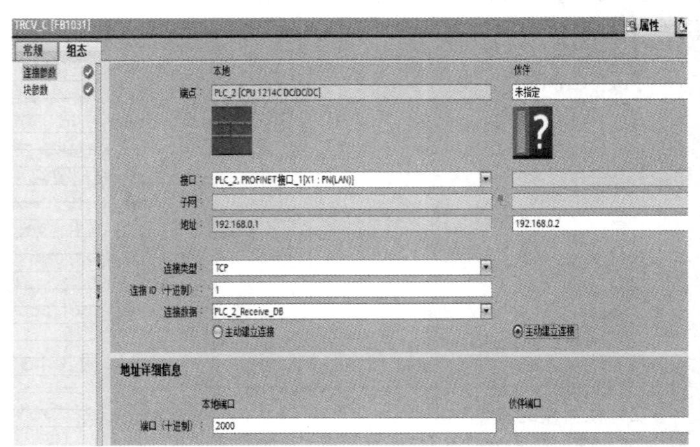

图 3-4-41　在组态中设置“TRCV_C”指令的参数</td>
</tr>
</table>

（续）

6）继续设置指令“TRCV_C”指令的其他参数，见图 3-4-42。 ①“EN_R”设为 1，即 PLC 启动后一直处于连接并接收数据的状态。 ②“LEN”设置为 0，“ADHOC”设置 1，即可接收数据长度变化的数据。 ③“DATA”为接收的数据的存储位置，在这里我们设置为新建的数据块“FQ2_Control”.Static_1。	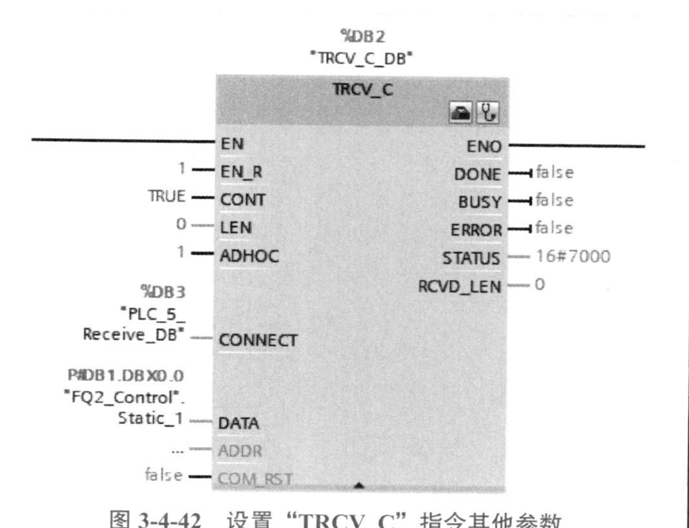 图 3-4-42　设置“TRCV_C”指令其他参数
7）在路径“指令”→“通信”→“开放式用户通信”下找到“TSEND”指令，并将其添加至程序中。“TSEND”指令为向视觉发送数据的指令，见图 3-4-43。 ①“REQ”为接收到上升沿信号时，发送一次指令，在程序中，我们为其分配一个 bool 型的寄存器“M0.0”，在需要发送数据时，将其置“1”即可。 ②“ID”需与“TRCV_C”指令中的“ID”一致。 ③“LEN”为发送数据的长度。 ④“DATA”为要发送的数据，数据需存储在一个寄存器内，这里设置的寄存器为“MD10”。 ⑤添加一个传送指令“MOVE”，将要发送的数据“16#4D0D”存储至 MD10 中。数据“16#4D0D”对应的字符是“M”，视觉相机接收到字符“M”后会执行一次测量任务。	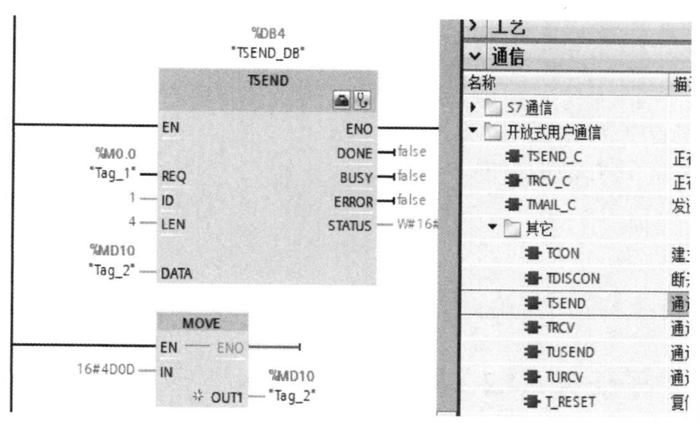 图 3-4-43　添加“TSEND”指令

（5）PLC 检测工件数量程序

按照无协议的通信方式，在 PLC 侧进行编程，检测结果将会存储在接收寄存器中，然后在主程序中编写如下程序：

<table>
<tr>
<td>1）在数据接收数据块中新建一个 20 个字节长度的变量组，见图 3-4-44，这样我们接收到的结果就存储在了 Static_1［1］、Static_1［3］、Static_1［5］和 Static_1［7］中了。</td>
<td>
FQ2_Control
<table>
<tr><th>名称</th><th>数据类型</th><th>起始值</th><th>保持</th></tr>
<tr><td>▼ Static</td><td></td><td></td><td></td></tr>
<tr><td>▼ Static_1</td><td>Array[0..19] ...</td><td></td><td></td></tr>
<tr><td>Static_1[0]</td><td>Byte</td><td>16#0</td><td></td></tr>
<tr><td>Static_1[1]</td><td>Byte</td><td>16#0</td><td></td></tr>
<tr><td>Static_1[2]</td><td>Byte</td><td>16#0</td><td></td></tr>
<tr><td>Static_1[3]</td><td>Byte</td><td>16#0</td><td></td></tr>
<tr><td>Static_1[4]</td><td>Byte</td><td>16#0</td><td></td></tr>
<tr><td>Static_1[5]</td><td>Byte</td><td>16#0</td><td></td></tr>
<tr><td>Static_1[6]</td><td>Byte</td><td>16#0</td><td></td></tr>
<tr><td>Static_1[7]</td><td>Byte</td><td>16#0</td><td></td></tr>
<tr><td>Static_1[8]</td><td>Byte</td><td>16#0</td><td></td></tr>
<tr><td>Static_1[9]</td><td>Byte</td><td>16#0</td><td></td></tr>
<tr><td>Static_1[10]</td><td>Byte</td><td>16#0</td><td></td></tr>
<tr><td>Static_1[11]</td><td>Byte</td><td>16#0</td><td></td></tr>
<tr><td>Static_1[12]</td><td>Byte</td><td>16#0</td><td></td></tr>
<tr><td>Static_1[13]</td><td>Byte</td><td>16#0</td><td></td></tr>
<tr><td>Static_1[14]</td><td>Byte</td><td>16#0</td><td></td></tr>
<tr><td>Static_1[15]</td><td>Byte</td><td>16#0</td><td></td></tr>
<tr><td>Static_1[16]</td><td>Byte</td><td>16#0</td><td></td></tr>
<tr><td>Static_1[17]</td><td>Byte</td><td>16#0</td><td></td></tr>
<tr><td>Static_1[18]</td><td>Byte</td><td>16#0</td><td></td></tr>
<tr><td>Static_1[19]</td><td>Byte</td><td>16#0</td><td></td></tr>
<tr><td><新增></td><td></td><td></td><td></td></tr>
</table>
图 3-4-44　新建一个 20 个字节的变量组
</td>
</tr>
<tr>
<td>2）编写如图 3-4-45 所示的程序，这样检测结果元件的数量存储在 MD20 中。</td>
<td>
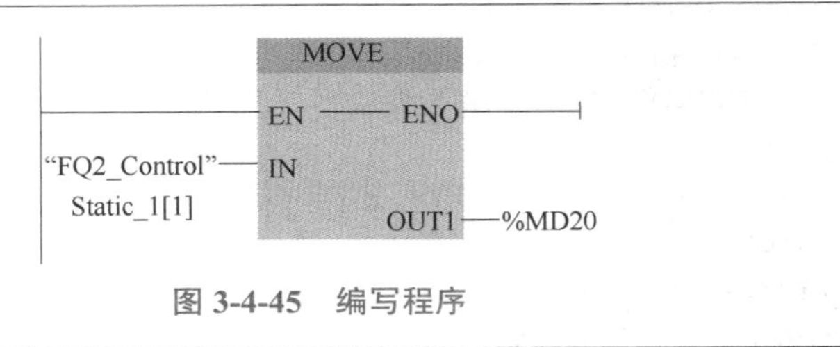

图 3-4-45　编写程序
</td>
</tr>
</table>

子任务 3.4.2　检测工件形状

相机进行工件形状检测，如正方体、六边形、圆柱体，并将产生的数据结果在 PLC 中显示，并在触摸屏上显示形状说明。图 3-4-46 所示为任务托盘和工件。

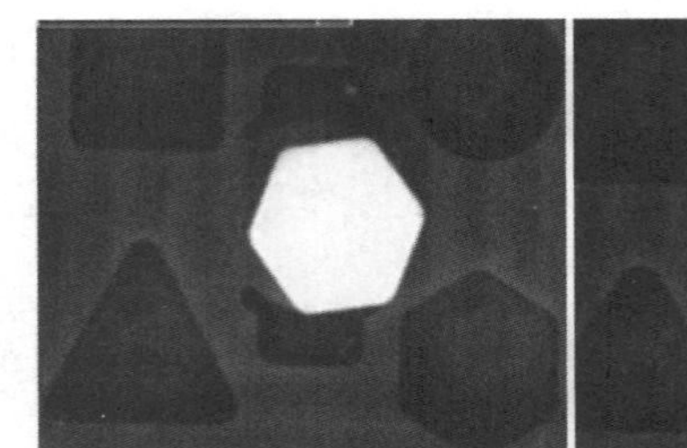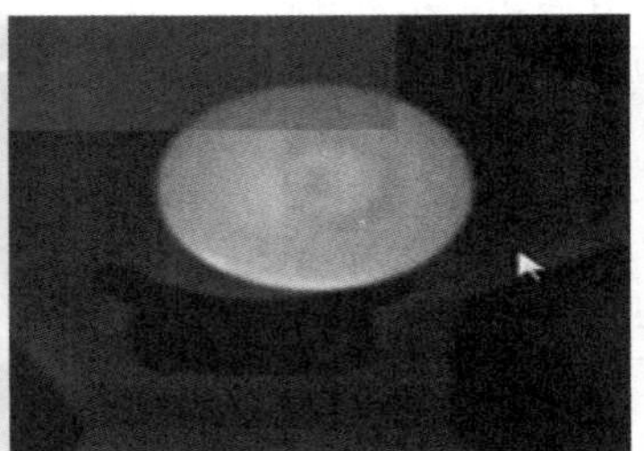

图 3-4-46　任务托盘和工件

要实现此功能，主要使用相机的搜索功能，相机的搜索测量可用于形状检查和是否存在检查，在判断之前，需要先注册好工件的模型，检查结果与模型的相似称之为“相关性”。

任务实施

1. 模型的注册

1）打开软件后，单击图 3-4-47 右下角的调整画面按钮并选择“传感器设定”。	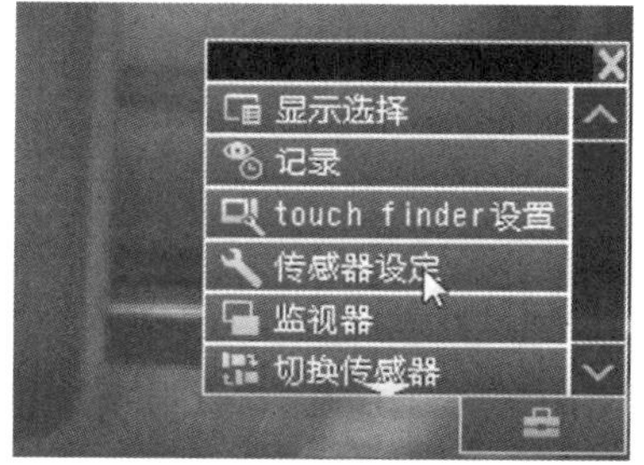 图 3-4-47　选择“传感器设定”
2）单击图像后选择“相机设定”，见图 3-4-48，可以进行连续拍照，在此过程中可以调整被拍摄物体的位置和角度，以达到最佳的效果。	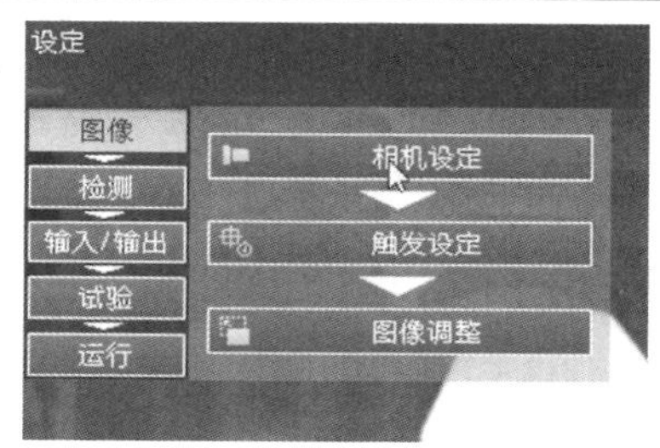 图 3-4-48　选择“相机设定”
3）2）完成后选择“检测”→“设定处理项目”，见图 3-4-49。	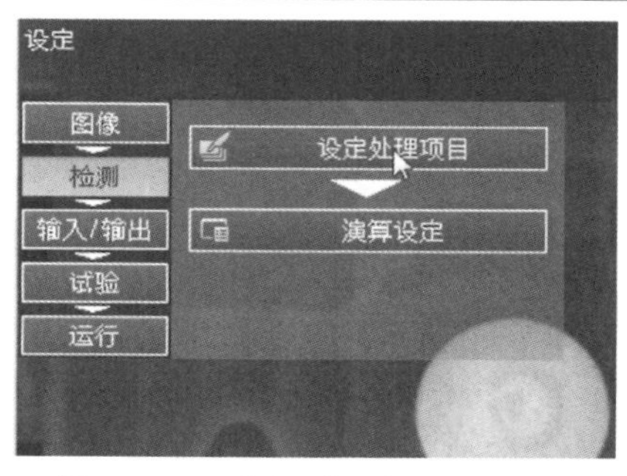 图 3-4-49　选择“设定处理项目”
4）进入设定处理项目后，设定一个“搜索”的项目，见图 3-4-50。	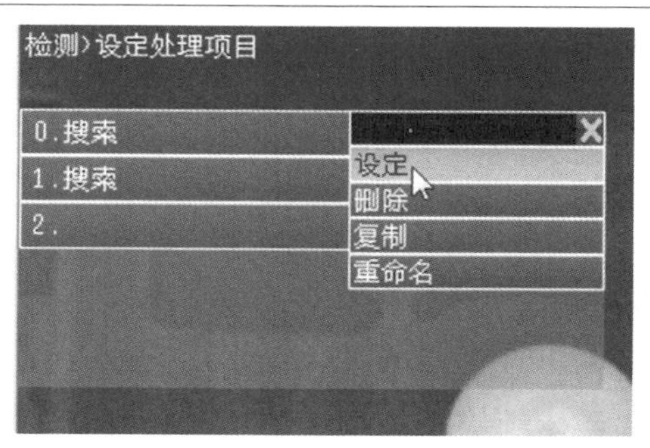 图 3-4-50　设定一个“搜索”项目

（续）

5）示教：建立圆形测量区域，单击“确定”，见图 3-4-51。	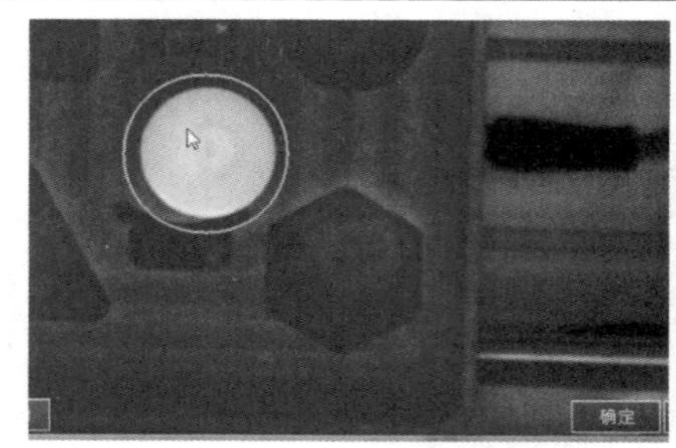图 3-4-51　示教：建立圆形测量区域，单击“确定”
6）设定判断条件，见图 3-4-52。	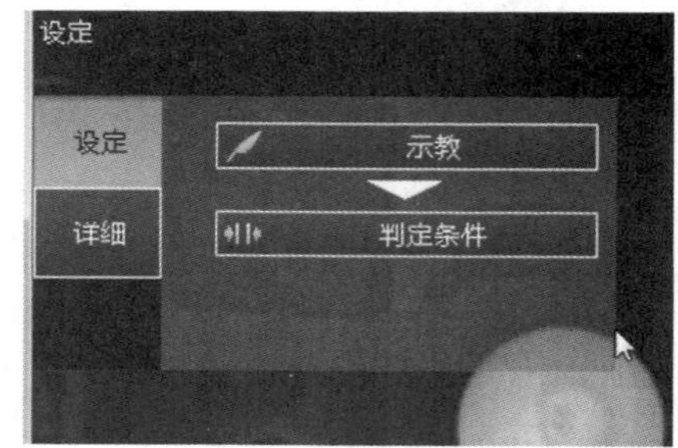图 3-4-52　设定判断条件
7）单击“确定”，见图 3-4-53。	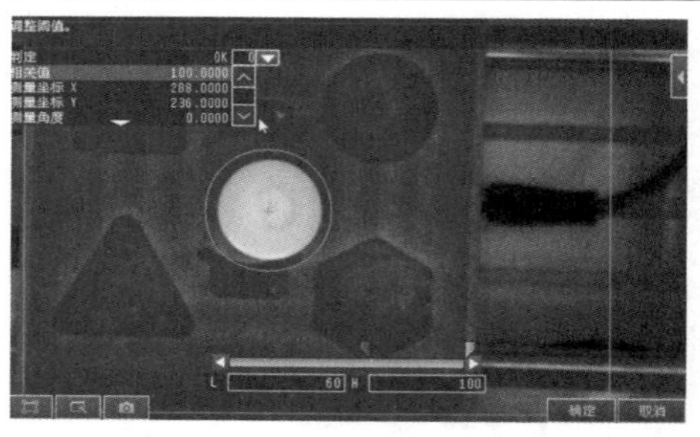图 3-4-53　单击“确定”

按照上面的路径分别注册出圆形、方形、六边形和三角形的模型，注册完成后设置要发送的数据及其格式。我们按照下面的步骤打开“输出数据设定”的页面进行参数的设定。

1）选择“输入 / 输出”→“输入 / 输出设定”，见图 3-4-54。	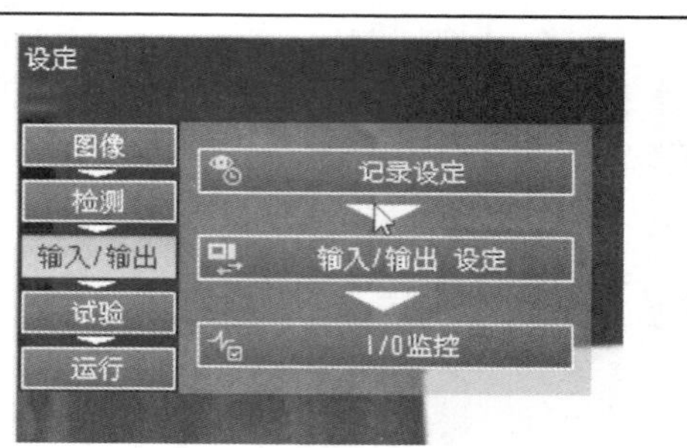图 3-4-54　选择“输入 / 输出”→“输入 / 输出设定”

（续）

2）选择“输出数据设定”，见图 3-4-55。	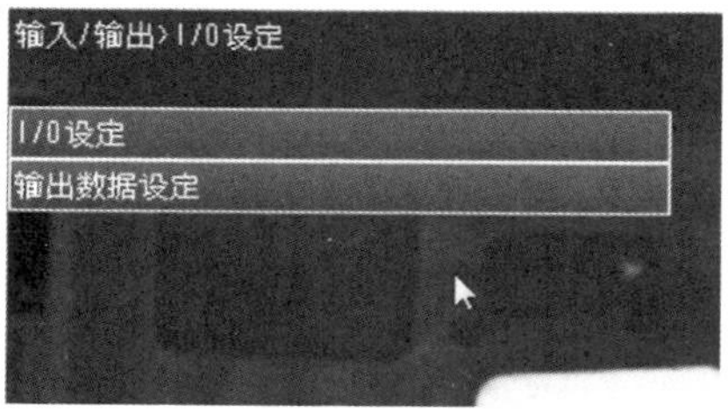 图 3-4-55　选择“输出数据设定”
3）选择“无协议数据通信设置”，见图 3-4-56。	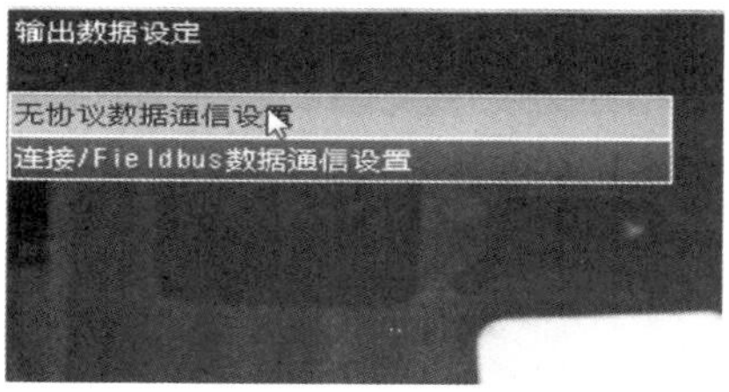 图 3-4-56　选择“无协议数据通信设置”
4）选择“输出数据设定”，见图 3-4-57。	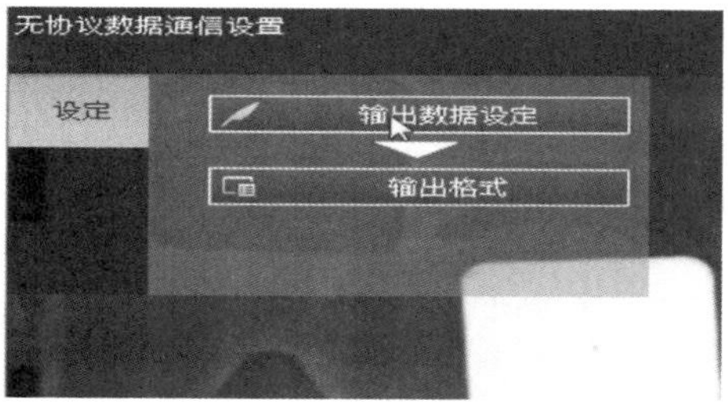 图 3-4-57　选择“输出数据设定”
5）选择“数据设定”，见图 3-4-58。	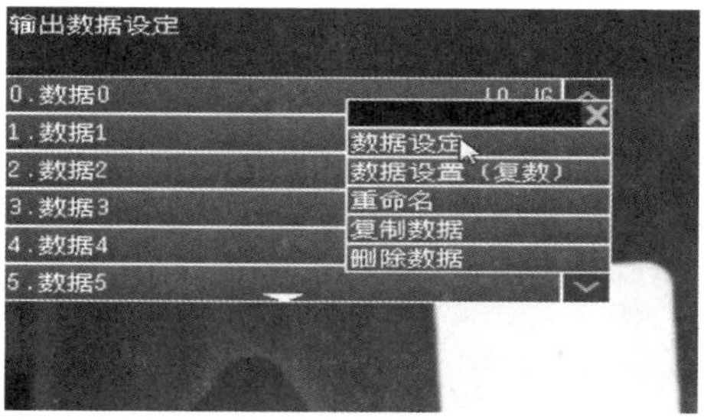 图 3-4-58　选择“数据设定”
6）选择“I0. 搜索”，见图 3-4-59，即圆形工件的判断结果。	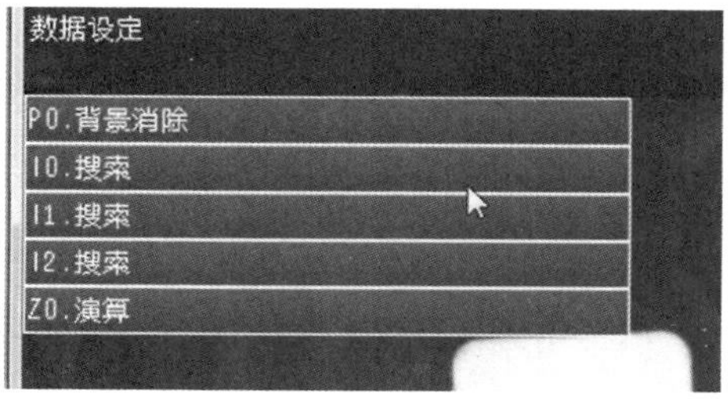 图 3-4-59　选择“I0. 搜索”

（续）

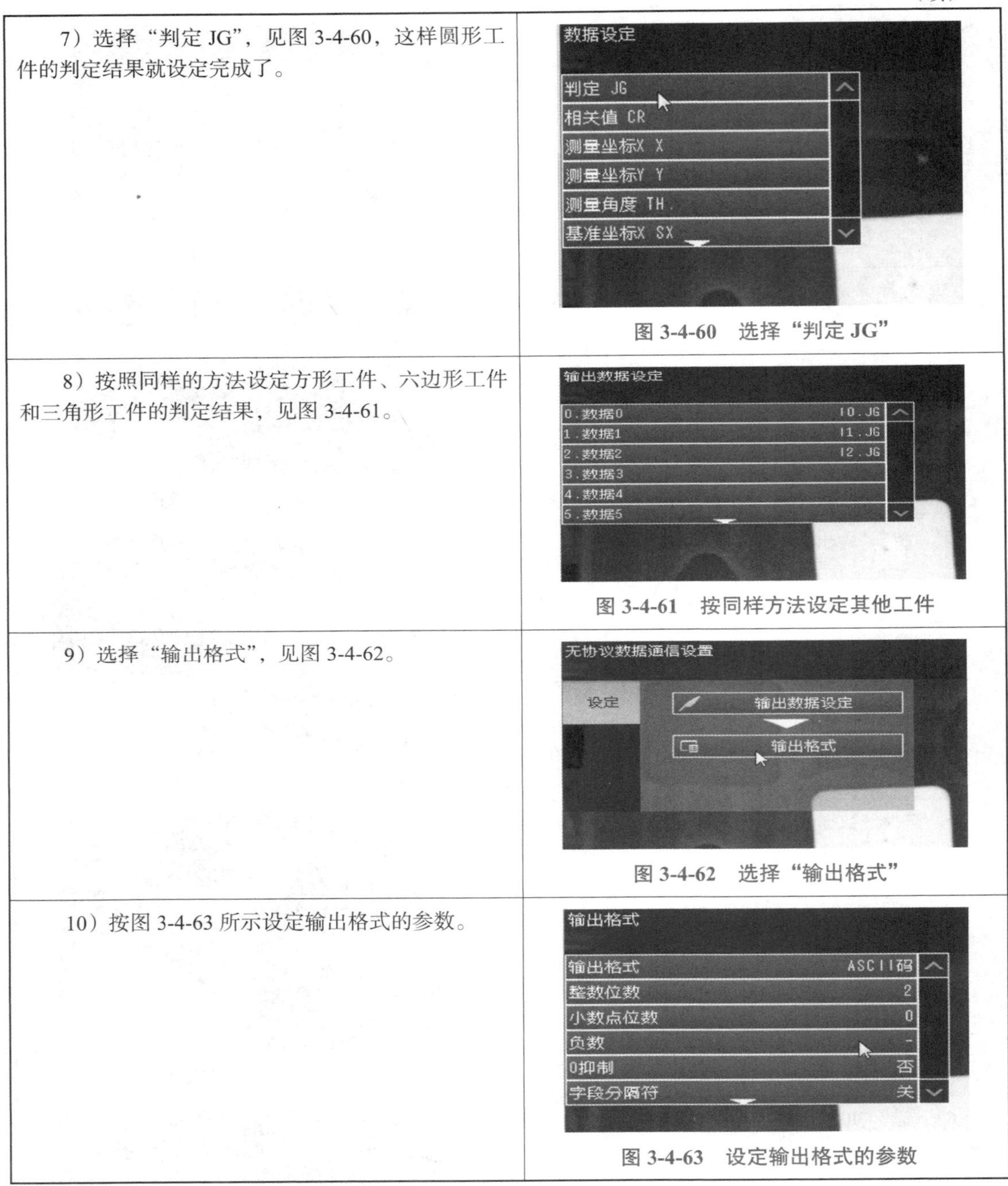

7）选择“判定 JG”，见图 3-4-60，这样圆形工件的判定结果就设定完成了。	图 3-4-60　选择“判定 JG”
8）按照同样的方法设定方形工件、六边形工件和三角形工件的判定结果，见图 3-4-61。	图 3-4-61　按同样方法设定其他工件
9）选择“输出格式”，见图 3-4-62。	图 3-4-62　选择“输出格式”
10）按图 3-4-63 所示设定输出格式的参数。	图 3-4-63　设定输出格式的参数

这样我们将各个模型的检测数据都在此输出后，PLC 侧根据无协议通信进行程序的编写进行数据接收。

2. PLC 的设置和程序编写

按照无协议的通信的方式，在 PLC 侧进行编程，检测结果将会存储在接收寄存器的前四个字节中，然后在主程序中编写如下程序：

1）在数据接收数据块中新建一个 20 个字节长度的变量组，这样接收到的圆形、方形、六边形和三角形的处理结果就存储在了 Static_1［1］、Static_1［3］、Static_1［5］和 Static_1［7］中了，见图 3-4-64。

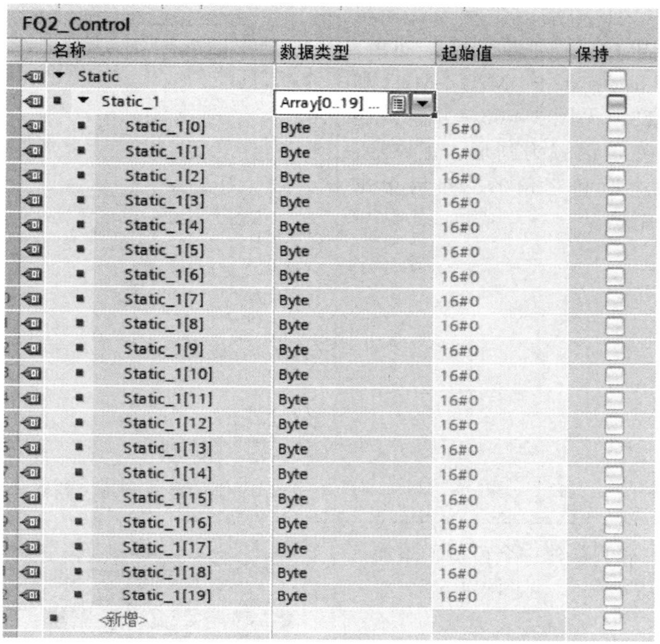

FQ2_Control

名称	数据类型	起始值	保持
Static			
Static_1	Array[0..19] ...		
Static_1[0]	Byte	16#0	
Static_1[1]	Byte	16#0	
Static_1[2]	Byte	16#0	
Static_1[3]	Byte	16#0	
Static_1[4]	Byte	16#0	
Static_1[5]	Byte	16#0	
Static_1[6]	Byte	16#0	
Static_1[7]	Byte	16#0	
Static_1[8]	Byte	16#0	
Static_1[9]	Byte	16#0	
Static_1[10]	Byte	16#0	
Static_1[11]	Byte	16#0	
Static_1[12]	Byte	16#0	
Static_1[13]	Byte	16#0	
Static_1[14]	Byte	16#0	
Static_1[15]	Byte	16#0	
Static_1[16]	Byte	16#0	
Static_1[17]	Byte	16#0	
Static_1[18]	Byte	16#0	
Static_1[19]	Byte	16#0	
<新增>			

图 3-4-64　新建一个 20 个字节长度的变量组

2）编写如图 3-4-65 中所示的程序，这样当检测结果是圆形工件时，M2.0 被置 1，当检测结果是方形工件时，M2.1 被置 1，当检测结果是六边形工件时，M2.2 被置 1，当检测结果是三角形工件时，M2.3 被置 1。

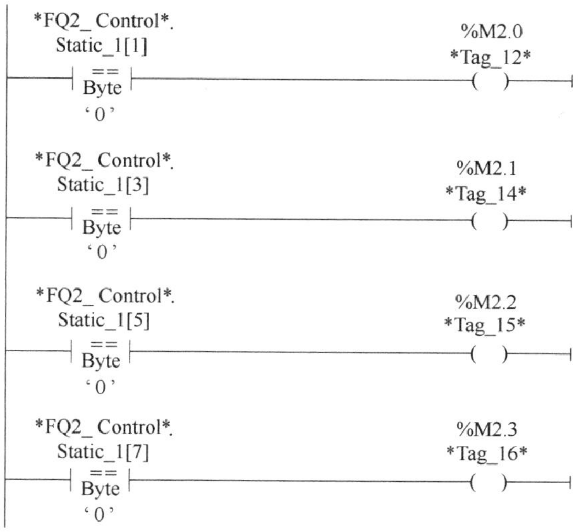

FQ2_ Control. Static_1[1]　==　Byte　'0'　%M2.0　*Tag_12*

FQ2_ Control. Static_1[3]　==　Byte　'0'　%M2.1　*Tag_14*

FQ2_ Control. Static_1[5]　==　Byte　'0'　%M2.2　*Tag_15*

FQ2_ Control. Static_1[7]　==　Byte　'0'　%M2.3　*Tag_16*

图 3-4-65　编写梯形图程序

3. 对 MCGS 触摸屏进行设置

1）新建一个项目，连接好 PLC，添加四个设备通道，分别为 M2.0、M2.1、M2.2 和 M2.3，见图 3-4-66。并将其连接变量设置为圆形、正方形、六边形和三角形。然后单击“确认”。

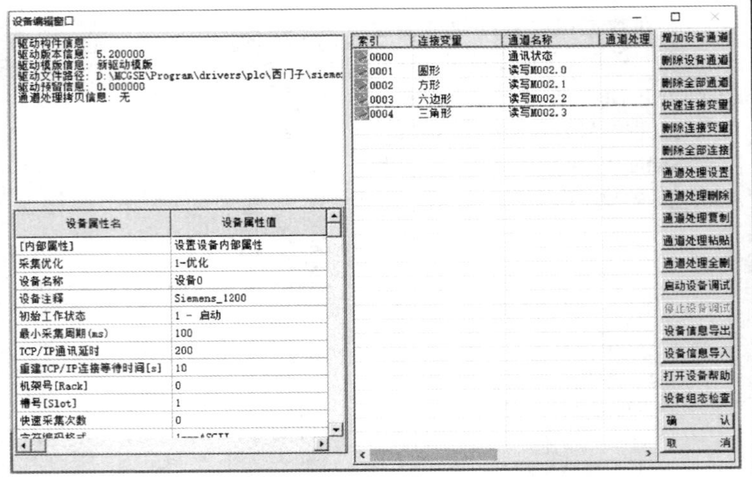

图 3-4-66　新建一个项目，添加四个设备通道

2）新建一个窗口，添加一个“标签”，见图 3-4-67。

图 3-4-67　新建一个窗口，添加一个“标签”

3）双击标签后对标签进行设置，选中“显示输出”，见图 3-4-68。

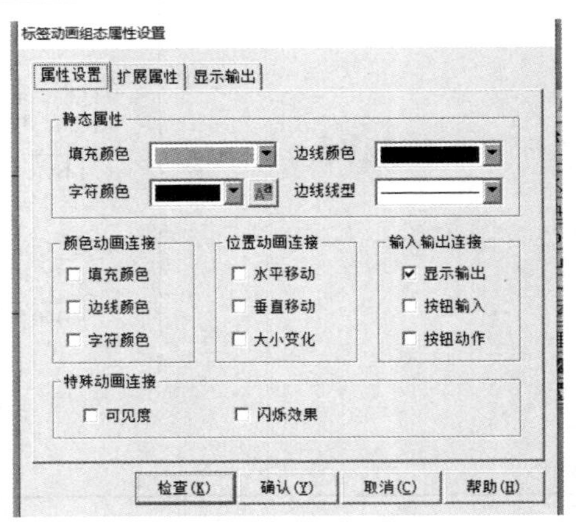

图 3-4-68　选中“显示输出”

（续）

4）将标签的表达式设置为 Data1，（若没有 Data1，连接其他字符串类型的变量也可以，若都没有，则在实时数据库中新建一个），输出值类型选择字符串输出，见图 3-4-69。	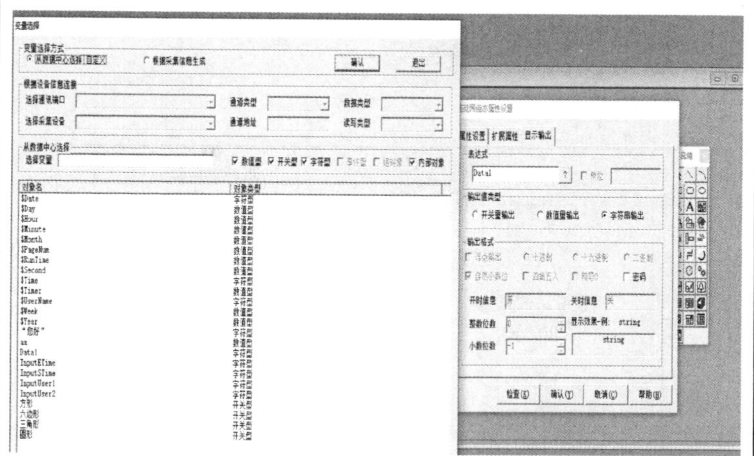 图 3-4-69　将标签的表达式设置为 Data1
5）标签设置完成后返回窗口，在空白处单击右键，选择属性，见图 3-4-70。	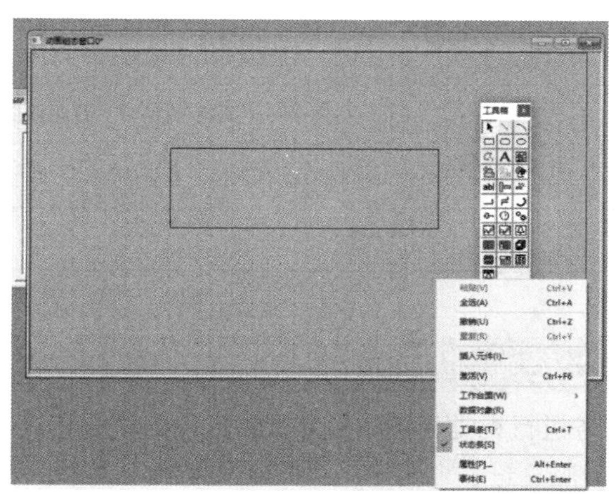 图 3-4-70　选择标签属性
6）在属性窗口中，选择循环脚本，并在脚本中写入如图 3-4-71 程序，单击确认。	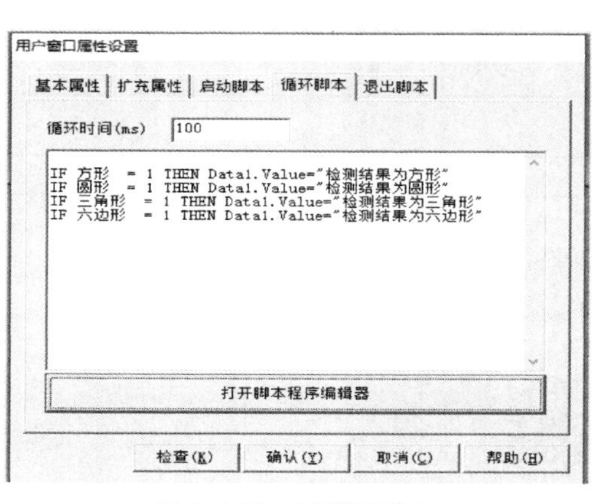 图 3-4-71　写循环脚本

上述设置完成后，将程序下载至触摸屏内，任意选择一个形状的工件放在视觉检测区域内，启动设备，驱动视觉进行拍照，检测的形状结果将显示在触摸屏内。

任务评价

序号	考核项目	考核内容	分值	评分标准	得分
1	任务完成质量（80 分）	视觉的参数设置过程	20	掌握	
2		PLC 与视觉相机的通信	20	掌握	
3		PLC 编程	20	掌握	
4		触摸屏界面设置	20	掌握	
5	职业素养与操作规范（10 分）	关闭总电源	3	掌握	
6		相机使用过程要谨慎	3	掌握	
7		与机器人保持足够安全距离	4		
8	学习纪律与学习态度（10 分）	有吃苦耐劳的精神、有团队协作	5		
9		有不断学习进步的心	5		
总　分					

任务小结

本任务进行视觉相机的信息采集过程，学会相机参数的配置，掌握 PLC 编程方法。

任务 3.5　系统综合运行与调试

任务描述

学习了工业机器人的操作，学习了 RFID 的设置，学习了视觉相机采集信息的过程，我们将各个部分综合在一起，以 PLC 为核心采集 RFID 和视觉相机信息，控制工业机器人实现工件分拣和搬运。

如图 3-5-1 所示，在 RFID 附近安放托盘，RFID 读取标签，当为 1 号托盘时，若相机检测工件为圆柱，则机器人将工件搬运到 1 号仓位，若工件是正方体则搬运到 2 号仓位；当为 2 号托盘时，若相机检测工件为圆柱，则机器人将工件搬运到 3 号仓位，若工件为六边形，就搬运到 4 号仓位。根据 RFID 和相机的输出结果置位 PLC 的 Q0.1、Q0.2、Q0.3 或 Q0.4，使机器人的 di1 和 di2、di3 和 di4 分别执行搬运程序。

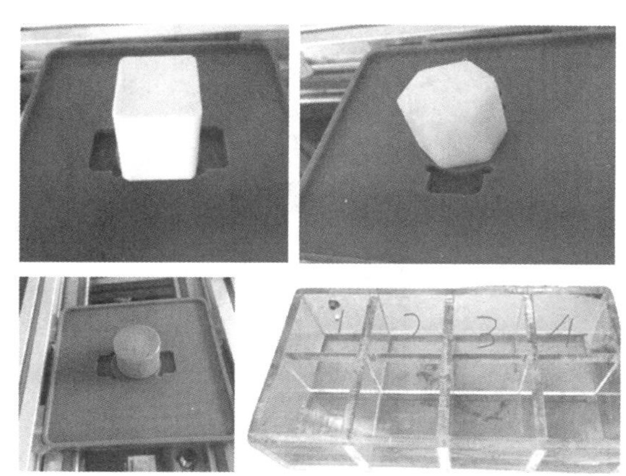

图 3-5-1　任务托盘和工件

任务目标	1. 掌握 RFID 参数设置过程 2. 掌握 FQ2 视觉相机设置过程 3. 熟悉 PLC 编程与机器人编程
任务内容	1. 能连接 RFID、PLC　FQ2 视觉相机、机器人 2. 能进行 PLC 编程控制 RFID 和 FQ2 视觉相机 3. 能进行机器人搬运程序设计

知识讲解

本次任务在前述内容基础上，将工业机器人、PLC、RFID 及视觉相机综合在一起完成系统任务。

任务实施

1. 任务分析

核心设备是 PLC，它采集 RFID 和视觉相机的信息，输出信号 Q0.1、Q0.2、Q0.3 和 Q0.4 给机器人的 di1、di2、di3 和 di4，在机器人程序中根据 4 个输入端子的值，执行不同搬运程序。PLC 的核心是编辑通信程序。

2. 设备连接

1）PLC、视觉相机与计算机之间皆为以太网通信。

2）PLC 与机器人以端子进行数据传递。

3）在计算机上，要在 TouchFinder 中对视觉相机进行参数配置，要在博途软件 TIA Portal 中对 PLC 进行与 RFID、视觉相机的通信设置。

PLC、视觉相机与计算机以网线接到集线器。

各个设备的连接如图 3-5-2 所示。

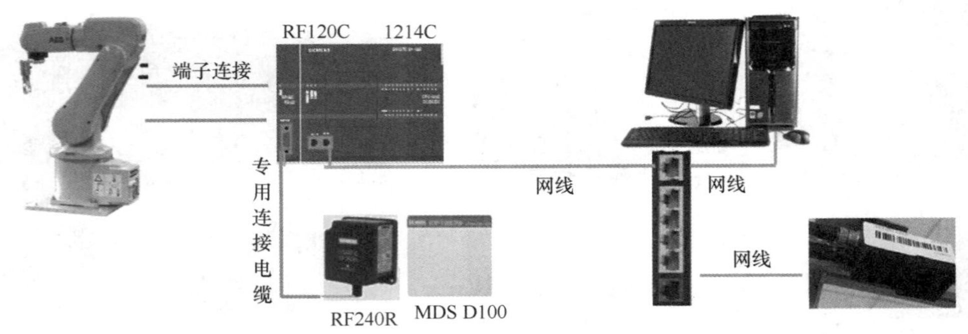

图 3-5-2　设备连接图

3. 工件准备

首先准备两个安装有 RFID 载码体的托盘，并根据前面章节的知识向托盘内分别写入信息“1”和信息“2”。

4. IP 地址

计算机的 IP 地址：192.168.0.100。

PLC 的 IP 地址：192.168.0.1。

相机的 IP 地址：192.168.0.4。

5. PLC 与工业机器人的线路连接

PLC 根据采集的 RFID 和视觉相机的信号驱动 Q0.0、Q0.1、Q0.2、Q0.3，通过继电器连接工业机器人的输入信号板 DSQ652 的输入端子 di1、di2、di3、di4，以驱动不同的搬运程序，将工件搬运到相应仓位。

在计算机上对 PLC 进行编程，包括对 RFID 的数据设置、读取 MD 卡信息；对视觉相机进行参数设置、读取相机采集的数据；向工业机器人传送信号。在工业示教器里进行搬运程序编辑。

6. PLC 的程序编辑

1）RFID 配置及工业机器人设置。

根据“子任务 3.3.2　RFID 数据读写”中任务实施“2. RF120C 及 RF240R 在博图中的配置”，进行参数配置，“3.PLC 编程进行标签读写”进行标签写入和读出。

仿照“子任务 3.3.3　根据标签数据实现工件搬运”的实施过程，进行编程将采集到的

MD 卡信号分别输出给 M20.0、M20.1。

实施步骤如下：

1）PLC 与 ABB 机器人的端子接线 当读写器读标签值时，PLC 置位 Q0.0、Q0.1、Q0.2、Q0.3，Q 端子连接 ABB 机器人的 DSQC652 输入端子 di1、di2、di3、di4，见图 3-5-3，机器人编程采集输入信号，分别执行搬运程序	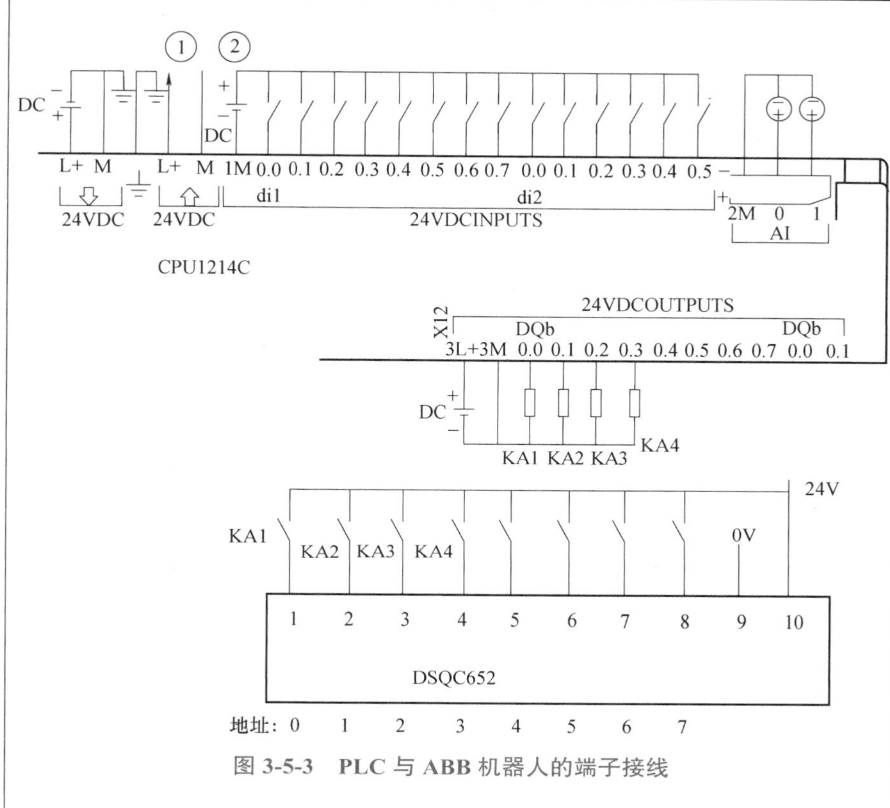 图 3-5-3　PLC 与 ABB 机器人的端子接线
DSQC652 的输出端子地址 do6 接电磁阀线圈，见图 3-5-4。	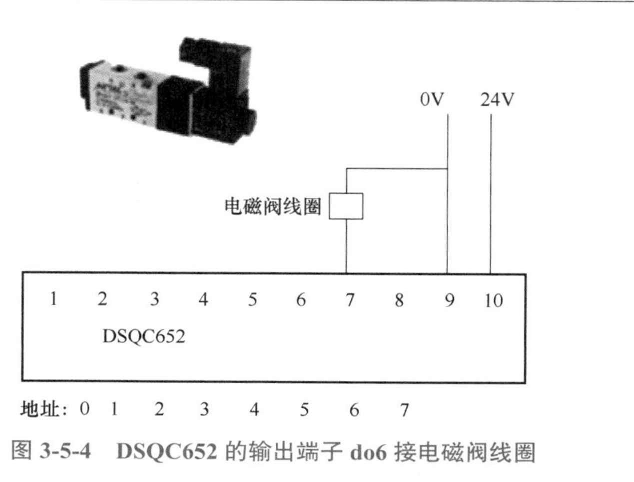 图 3-5-4　DSQC652 的输出端子 do6 接电磁阀线圈

（续）

2）查看RF120C的“I/O起始地址”和“硬件标识符”，见图3-5-5和图3-5-6。后续编程需要使用这两个参数。	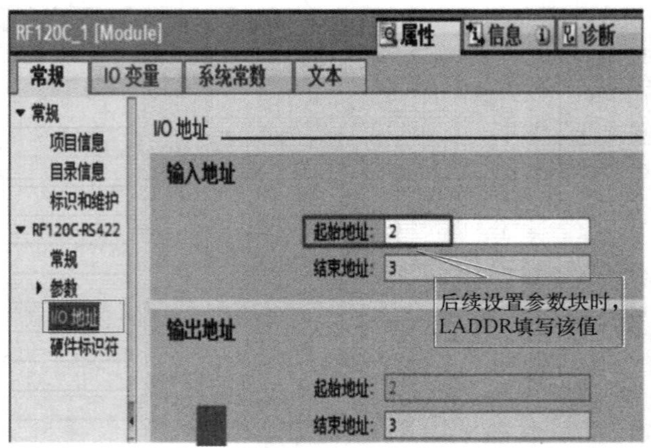 图 3-5-5　查看 RF120C 的“I/O 起始地址” 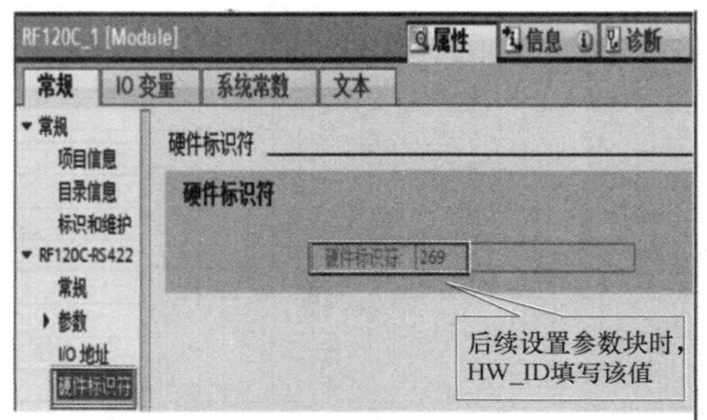 图 3-5-6　查看 RF120C 的“硬件标识符”
3）打开“Main”程序，在“选件包”下单击“Reset_Reader”，添加复位阅读器程序模块，见图 3-5-7。	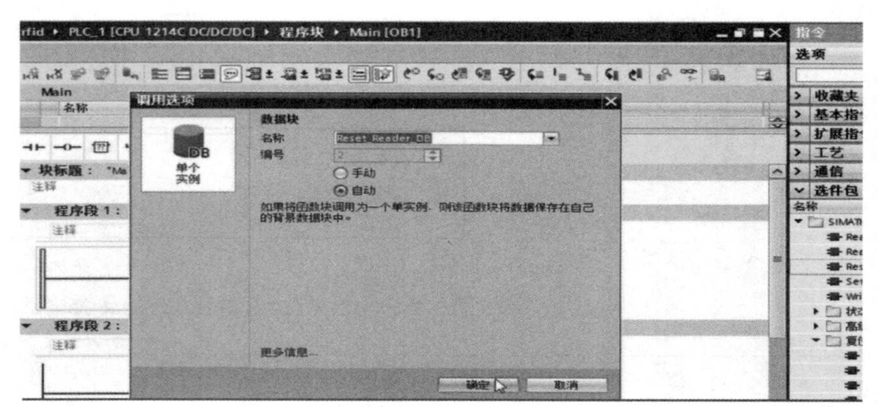 图 3-5-7　添加复位阅读器程序模块

（续）

本指令块为RFID的复位指令，当设备上电后，在RFID执行读写操作之前需要先对其进行一次复位操作。“EXECUTE”为块执行端口，当参数被“置1”时，指令块执行一次，见图3-5-8。

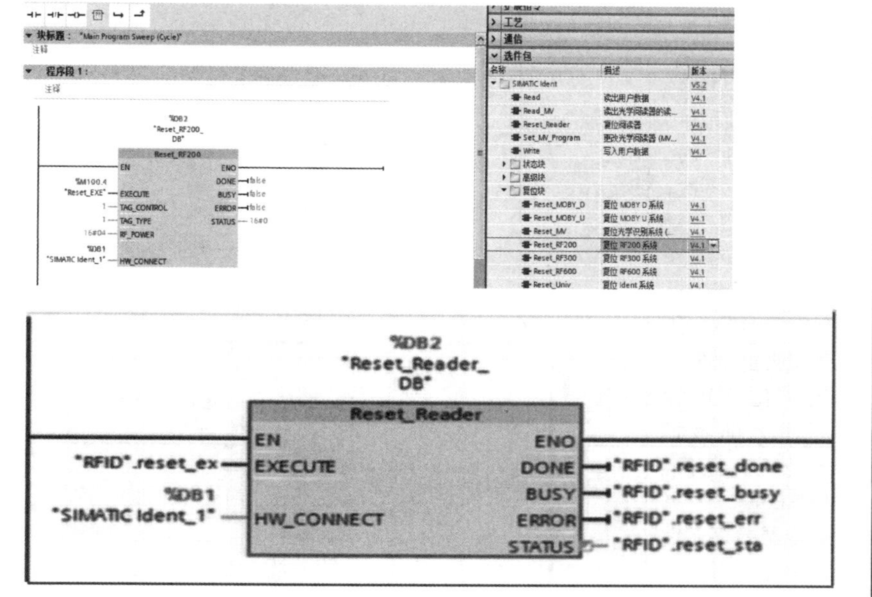

图 3-5-8　RFID 的复位指令

建立数据块DB5，用于指令数据区存储，见图3-5-9。

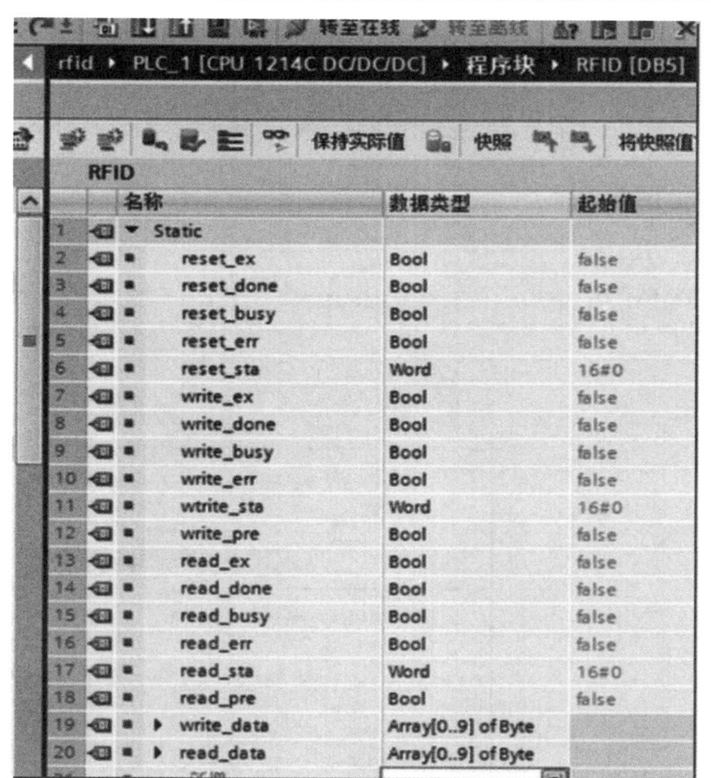

	名称	数据类型	起始值
1	▼ Static		
2	reset_ex	Bool	false
3	reset_done	Bool	false
4	reset_busy	Bool	false
5	reset_err	Bool	false
6	reset_sta	Word	16#0
7	write_ex	Bool	false
8	write_done	Bool	false
9	write_busy	Bool	false
10	write_err	Bool	false
11	wtrite_sta	Word	16#0
12	write_pre	Bool	false
13	read_ex	Bool	false
14	read_done	Bool	false
15	read_busy	Bool	false
16	read_err	Bool	false
17	read_sta	Word	16#0
18	read_pre	Bool	false
19	▸ write_data	Array[0..9] of Byte	
20	▸ read_data	Array[0..9] of Byte	

图 3-5-9　建立数据块 DB5

（续）

添加“Write”，写数据模块。 “EXECUTE”为块执行端口，当参数被“置1”时，指令块执行一次；“LEN_DATA”为要写入数据的长度，单位为字节；“IDENT_DATA”为要写入的数据缓存区，我们可以将要写入的数据存入此缓存区内；“PRESENCE”具有应答器的存在性检查功能，当读写器的工作范围内存在应答器时会被置1，否则为0，见图3-5-10。	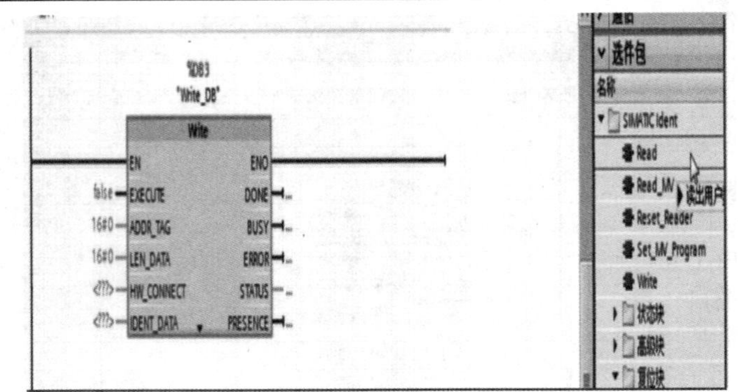 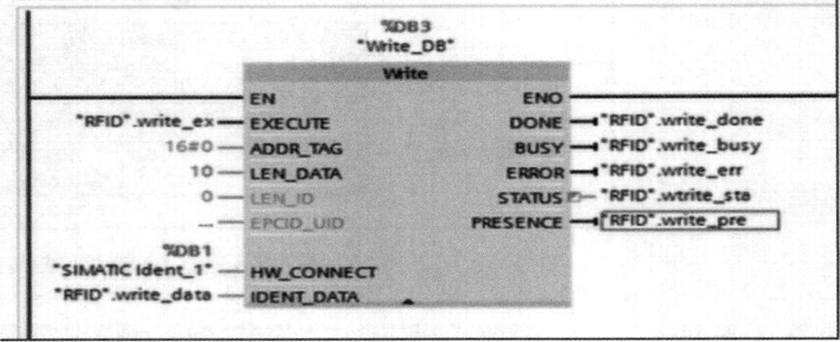 图 3-5-10　添加“Write”写数据模块
添加“Read”，读数据模块，读出的数据存储在“IDENT_DATA”缓存区内，见图3-5-11。	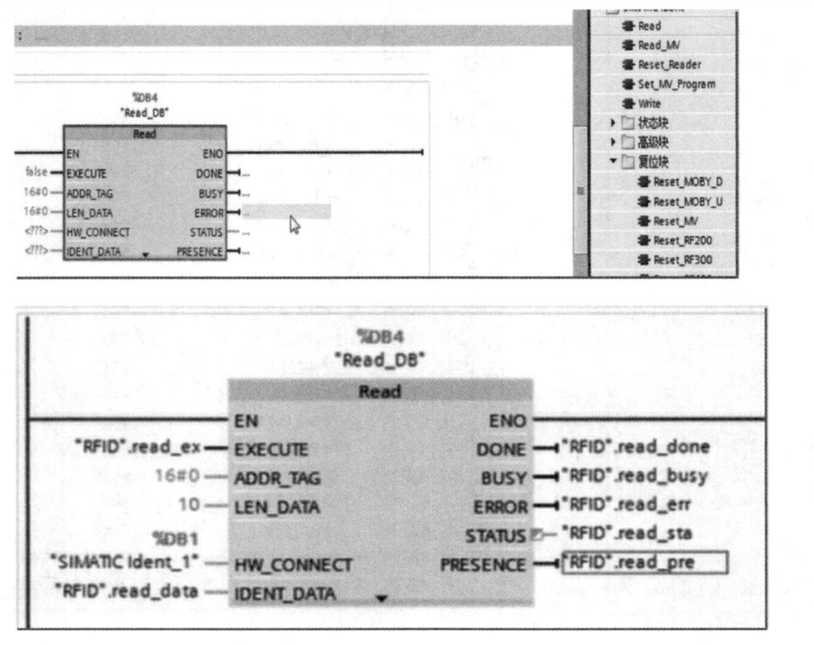 图 3-5-11　添加“Read”读数据模块

（续）

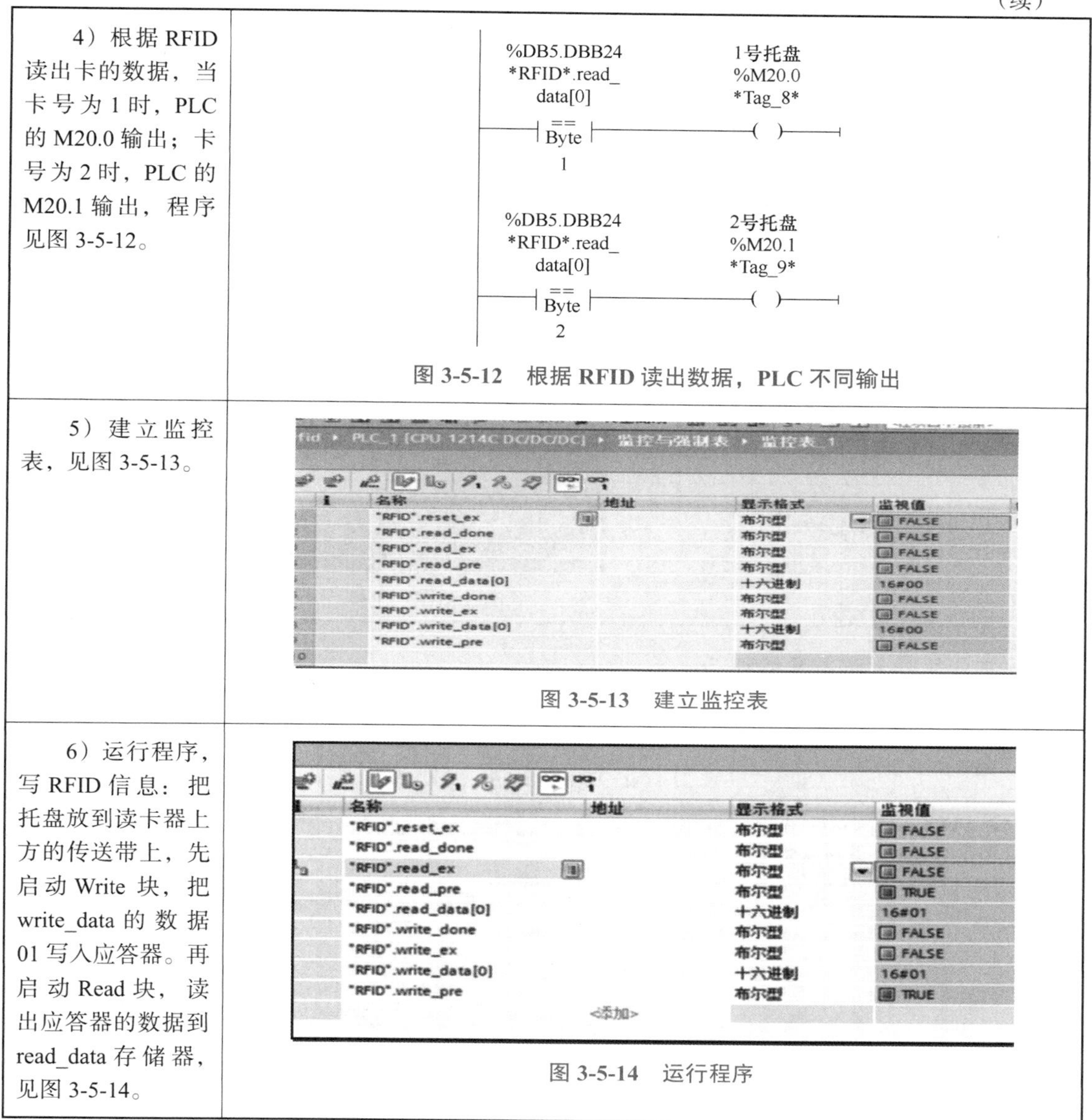

4）根据 RFID 读出卡的数据，当卡号为 1 时，PLC 的 M20.0 输出；卡号为 2 时，PLC 的 M20.1 输出，程序见图 3-5-12。	图 3-5-12　根据 RFID 读出数据，PLC 不同输出
5）建立监控表，见图 3-5-13。	图 3-5-13　建立监控表
6）运行程序，写 RFID 信息：把托盘放到读卡器上方的传送带上，先启动 Write 块，把 write_data 的数据 01 写入应答器。再启动 Read 块，读出应答器的数据到 read_data 存储器，见图 3-5-14。	图 3-5-14　运行程序

2）配置视觉相机。

进行相机配置，使得相机可以将工件的形状颜色反馈给 PLC。

根据“子任务 3.4.1　FQ2 相机检测工件数量”部分进行相机地址设置。根据“子任务 3.4.2　检测工件形状”的实施过程进行正方体、六边形、圆柱体和三角形工件的学习过程，并编辑 PLC 与相机的通信程序，当检测结果是圆柱体工件时，M2.0 被置 1，当检测结果是正方体工件时，M2.1 被置 1，当检测结果是六边形工件时，M2.2 被置 1，当检测结果是三角形工件时，M2.3 被置 1。

结合 RFID 的 M20.0、M20.1 控制 PLC 的 Q0.1、Q0.2、Q0.3、Q0.4 输出信号，以传输给工业机器人。RFID 与视觉相机产生的结果程序如下所示。

RFID 与视觉相机的采集结果一起产生输出信号，一传送给工业机器人梯形图程序见图 3-5-15。	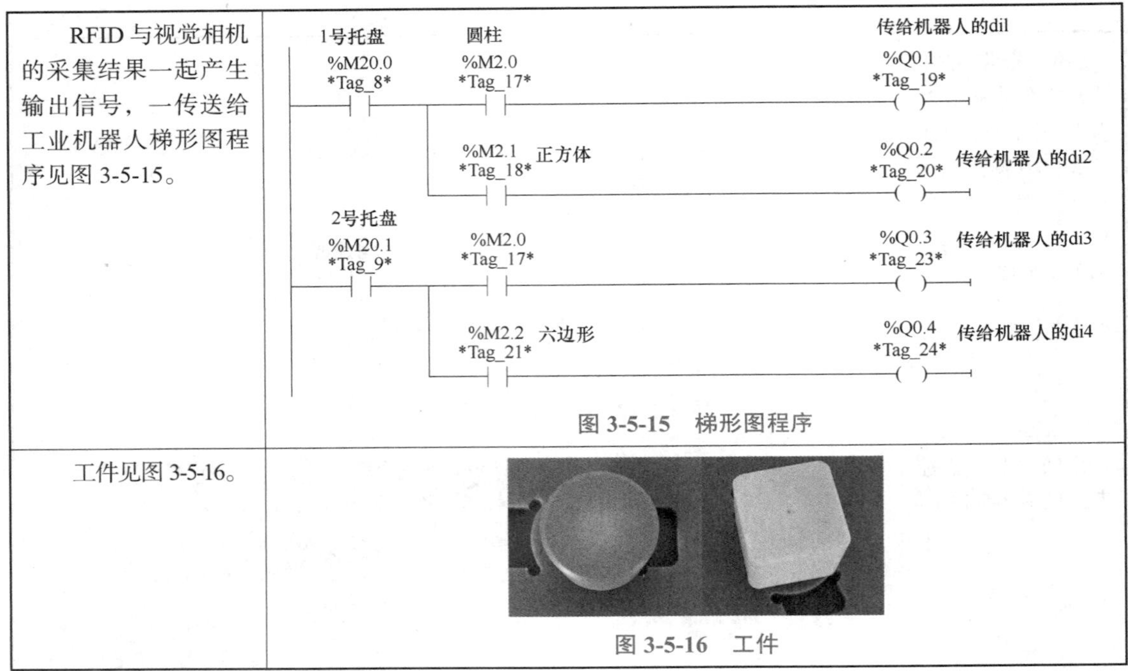 图 3-5-15　梯形图程序
工件见图 3-5-16。	图 3-5-16　工件

7. 工业机器人配置及编程

1）进行 DSQC652 输入输出板设置。	根据“子任务 3.2.4　工业机器人搬运程序设计”的内容进行 DSQ652 配置，并配置输入端子 di1、di2、di3、di4，用于接收来自 PLC 的 Q0.1、Q0.2、Q0.3、Q0.4，输出端子 do6，用于驱动吸盘电磁阀。
设置 DSQC652 及 di1、di2、di3、di4，输出信号 do6，见图 3-5-17。	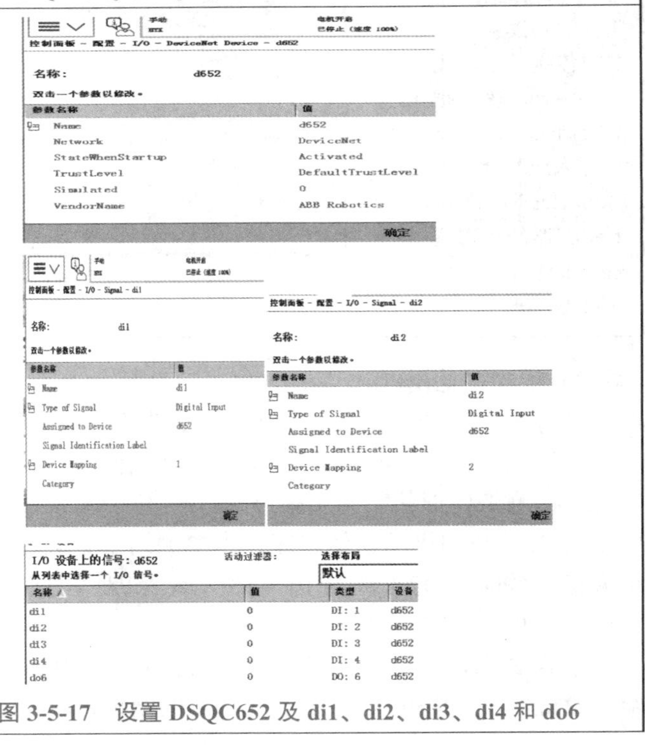 图 3-5-17　设置 DSQC652 及 di1、di2、di3、di4 和 do6

（续）

<table>
<tr>
<td>2）示教点。任务要求：1 号托盘时，为圆柱，则机器人将工件搬运到 1 号仓位，正方体则搬运到 2 号仓位；2 号托盘时，若相机检测工件为圆柱，则机器人将工件搬运到 3 号仓位，六边形，就搬运到 4 号仓位，见图 3-5-18。
需要的点包括机器人所在初始点 home，元件的抓取点 p10（工件在托盘的同一个位置），1 号元件放置点工位中心 p20；2 号元件的放置点工位中心 p30，3 号元件的放置点工位中心 p40，4 号元件的放置点工位中心 p50。手动操作机器人分别建立这些点的数据。</td>
<td>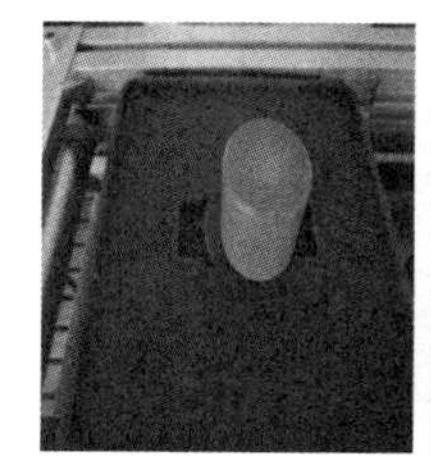 

图 3-5-18　工件及仓位</td>
</tr>
<tr>
<td>3）程序编辑。</td>
<td>程序设计以 main（ ）为主程序，设计 4 个例行程序
初始化程序 home（ ）：使机器人达到初始位置
1 号元件搬运程序 pick1（ ）：抓取 RFID 码 1 号托盘上的元件放到 1 号仓位
2 号元件搬运程序 pick2（ ）：抓取 RFID 码 1 号托盘上的元件放到 2 号仓位
3 号元件搬运程序 pick3（ ）：抓取 RFID 码 2 号托盘上的元件放到 3 号仓位
4 号元件搬运程序 pick4（ ）：抓取 RFID 码 2 号托盘上的元件放到 4 号仓位
机器人接收 PLC 的信号，在 main（ ）程序中根据 di1、di2、di3、di4 值分别调用 pick1（ ）、pick2（ ）、pick4（ ）、pick4（ ）</td>
</tr>
<tr>
<td>在示教器的程序编辑界面，建立子程序。
在程序数据里建立机器人目标点 phome，p10，p20，p30，p40，p50，移动机器人到相应位置，修改位置，见图 3-5-19。</td>
<td>T_ROB1/Module1
例行程序
名称 模块
home() Module1
main() Module1
pick1() Module1
pick2() Module1
pick3() Module1
pick4() Module1
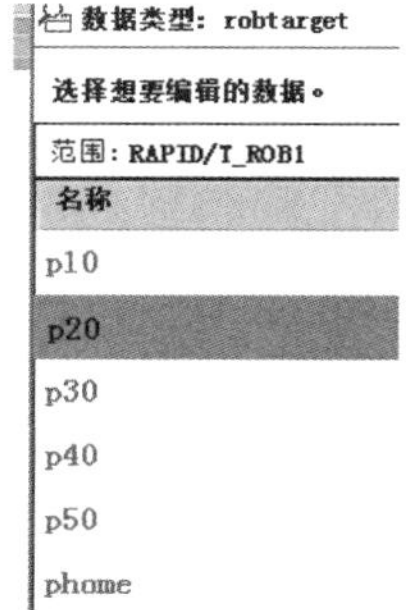

图 3-5-19　建立相应子程序</td>
</tr>
</table>

（续）

<table>
<tr><td>编辑程序见图 3-5-20。</td><td>

```
PROC main()
    home;
    IF di1 = 1 THEN
      pick1;
    ENDIF
    IF di2 = 1 THEN
      pick2;
    ENDIF
    IF di3 = 1 THEN
      pick3;
    ENDIF
    IF di4 = 1 THEN
      pick4;
    ENDIF
ENDPROC

PROC home()
  MoveL phome, v200, fine, tool0;
ENDPROC

PROC pick1()
  home;
  MoveL Offs(p10,0,0,200), v200, fine, tool0;
  MoveL p10, v200, fine, tool0;
  Set do6;
  WaitTime 1;
  MoveL Offs(p10,0,0,200), v200, fine, tool0;
  MoveL Offs(p20,0,0,200), v200, fine, tool0;
  MoveL p20, v200, fine, tool0;
  Reset do6;
  WaitTime 1;
  MoveL Offs(p20,0,0,200), v200, fine, tool0;
  home;
ENDPROC

PROC pick2()
  home;
  MoveL Offs(p10,0,0,200), v200, fine, tool0;
  MoveL p10, v200, fine, tool0;
  Set do6;
  WaitTime 1;
  MoveL Offs(p10,0,0,200), v200, fine, tool0;
  MoveL Offs(p30,0,0,200), v200, fine, tool0;
  MoveL p30, v200, fine, tool0;
  Reset do6;
  WaitTime 1;
  MoveL Offs(p30,0,0,200), v200, fine, tool0;
  home;
ENDPROC

PROC pick3()
  home;
  MoveL Offs(p10,0,0,200), v200, fine, tool0;
  MoveL p10, v200, fine, tool0;
  Set do6;
  WaitTime 1;
  MoveL Offs(p10,0,0,200), v200, fine, tool0;
  MoveL Offs(p40,0,0,200), v200, fine, tool0;
  MoveL p40, v200, fine, tool0;
  Reset do6;
  WaitTime 1;
  MoveL Offs(p40,0,0,200), v200, fine, tool0;
  home;
ENDPROC

PROC pick4()
  home;
  MoveL Offs(p10,0,0,200), v200, fine, tool0;
  MoveL p10, v200, fine, tool0;
  Set do6;
  WaitTime 1;
  MoveL Offs(p10,0,0,200), v200, fine, tool0;
  MoveL Offs(p50,0,0,200), v200, fine, tool0;
  MoveL p50, v200, fine, tool0;
  Reset do6;
  WaitTime 1;
  MoveL Offs(p50,0,0,200), v200, fine, tool0;
  home;
ENDPROC
```

图 3-5-20　编辑程序</td></tr>
<tr><td>任务调试</td><td>当 PLC 程序和机器人程序编辑好之后，将 PLC 程序下载，并使机器人处于运行状态，将托盘放到读写器附近，运行 PLC 中的程序，则机器人根据视觉拍照结果及 RFID 读取数据的结果，来进行工件抓取工分拣的工作了。</td></tr>
</table>

任务评价

序号	考核项目	考核内容	分值	评分标准	得分
1	任务完成质量（80 分）	PLC 与 RFID 的通信设置过程	20	掌握	
2		PLC 与视觉相机的通信	20	掌握	
3		PLC 编程	20	掌握	
4		工业机器人通信接口配置	10	掌握	
5		工业机器人编程	10	掌握	
6	职业素养与操作规范（10 分）	关闭总电源	3	掌握	
7		必须知道机器人控制器的紧急停止按钮的位置，随时准备在紧急情况下使用这些按钮	3	掌握	
8		与机器人保持足够安全距离	4		
9	学习纪律与学习态度（10 分）	有吃苦耐劳的精神、有团队协作	5		
10		有不断学习进步的心	5		
总　分					

任务小结

本任务进行 PLC、RFID、视觉相机与工业机器人的综合控制，实现各部分的通信设置。

项目 4 工业机器人系统维护与维修

模块导读

本项目通过工业机器人系统的日常维护及常见故障维修两个任务开展工业机器人系统维护与维修。通过本项目的学习，学会工业机器人、PLC 工程文件、触摸屏工程文件的备份与恢复方法、工作站紧急停止的触发与恢复方法；学会机器人本体的日常维护维修操作，工业机器人系统常见故障的处理方法，当我们在使用或操作工业机器人时遇到故障可以快速定位发生原因进行排查。

知识目标	1. 掌握工业机器人系统数据和程序模块备份和恢复的技能 2. 掌握 PLC 的工程文件、触摸屏工程文件的备份与恢复的技能 3. 掌握工作站紧急停止的触发与复位方法 4. 了解工业机器人系统常见故障 5. 掌握工业机器人系统常见故障的处理方法
能力目标	1. 学会工业机器人系统数据和程序模块备份和恢复 2. 学会 PLC 的工程文件、触摸屏工程文件的备份与恢复 3. 学会工作站紧急停止的触发与复位方法 4. 学会工业机器人系统常见故障的处理方法
素质目标	1. 具有发现问题、分析问题、解决问题的能力 2. 具有高度责任心和良好的团队合作能力 3. 具有良好的职业素养和一定的创新意识 4. 养成“认真负责、精检细修、文明生产、安全生产”的良好职业道德
思政元素	1. 工业机器人系统常见故障的处理方法中，培养学生敬业、精益、专注、创新等方面的“工匠”精神，以及认真负责、踏实敬业的工作态度和严谨求实、一丝不苟的工作作风 2. 在实际操作练习过程中，培养学生主观能动性和创新思维，并锻炼学生的团队合作意识

任务 4.1　工业机器人系统日常维护

任务描述

任务目标	1. 掌握工业机器人系统数据和程序模块的备份和恢复技能 2. 掌握 PLC 的工程文件、触摸屏工程文件的备份与恢复的技能 3. 掌握工作站紧急停止的触发与复位方法
任务内容	1. 学会工业机器人系统数据和程序模块的备份 2. 学会 PLC 的工程文件、触摸屏工程文件的备份与恢复 3. 学会工作站紧急停止的触发与复位

知识讲解

1. 机器人的项目文件的备份与恢复

为防止机器人系统出现故障或操作人员失误的误操作，造成机器人系统不能正常运行，需要及时对机器人系统进行备份，以便在需要的时候进行系统恢复。

2. PLC 的工程文件的备份与恢复

西门子 S7-1200 提供在线备份的功能，备份包含恢复 CPU 的特定组态版本所需的所有数据。如：存储卡的内容、保持性存储区的内容和其他保持性存储器内容（例如 IP 地址参数）。

随着项目调试的不断进行，用户会对工程文件不断进行更改和完善，如添加新设备、更换现有设备或调整用户程序等，这些更改可能会导致系统性能降低或运行不正常，出现这些情况时则可将自动化设备恢复为之前正常运行时的版本，所以在调试过程中可以在多个时间节点对程序进行多个备份。

3. MCGS 触摸屏备份与恢复

在使用 MCGS 组态软件时，有时候需要完成将整个环境备份到指定目录，以备日后修复系统。

4. 工作站紧急停止与恢复

设备配备了 4 个按钮，分别为启动按钮（绿色）、停止按钮（红色）、复位按钮（绿色）、急停按钮（红色蘑菇头），在设备运行过程中，可能回出现一些意外情况，为保证人身安全和减少设备的损失，应及时拍下急停按钮，终止设备运行，待设备故障消除后，再顺时针旋动急停按钮，释放按钮的触发的状态，然后再按下复位按钮，对设备进行复位，复位完成后，才可正常启动设备。

5. 机器人日常维护

ABB 机器人由机器人本体和控制柜组成，作为精密的机电自动化设备，需要定期对机器人进行清洁和维护，以确保机器人可以正常的工作并发挥其功能。

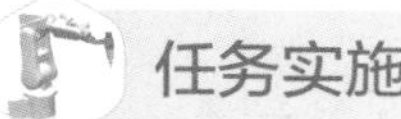

任务实施

操作步骤如下：

1. 机器人的项目文件的备份与恢复

<table>
<tr>
<td rowspan="3">（1）机器人系统备份</td>
<td>1）在机器人的操作界面中，单击“备份与恢复”选项，见图 4-1-1。
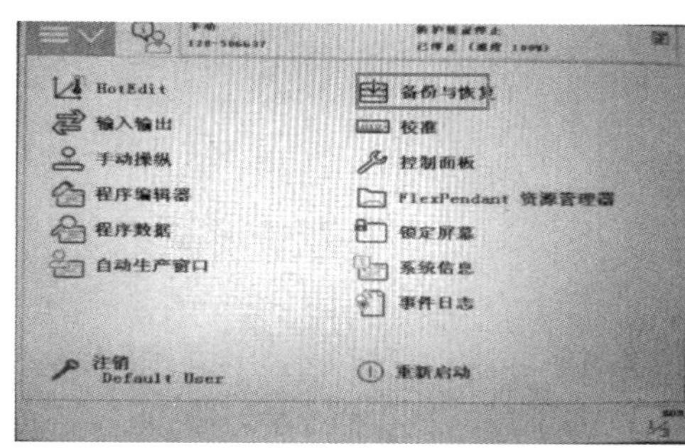

图 4-1-1　单击“备份与恢复”选项</td>
</tr>
<tr>
<td>2）进入备份与恢复界面，单击“备份当前系统”进行系统备份，见图 4-1-2。
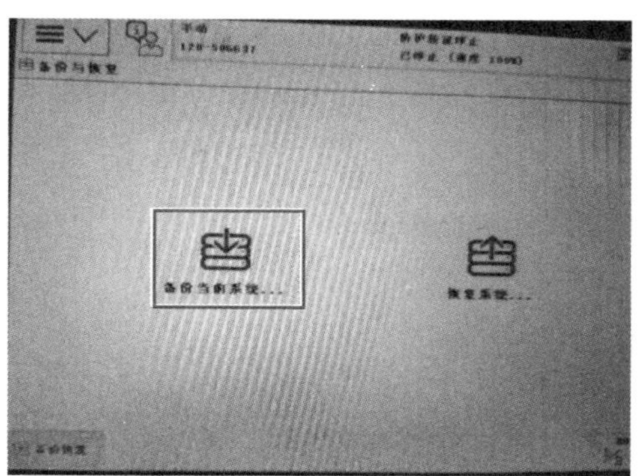

图 4-1-2　单击“备份当前系统”</td>
</tr>
<tr>
<td>3）进入备份当前系统界面，设定好存储路径后，单击“备份”选项，系统进入备份状态，稍等片刻后，系统备份完成，见图 4-1-3。
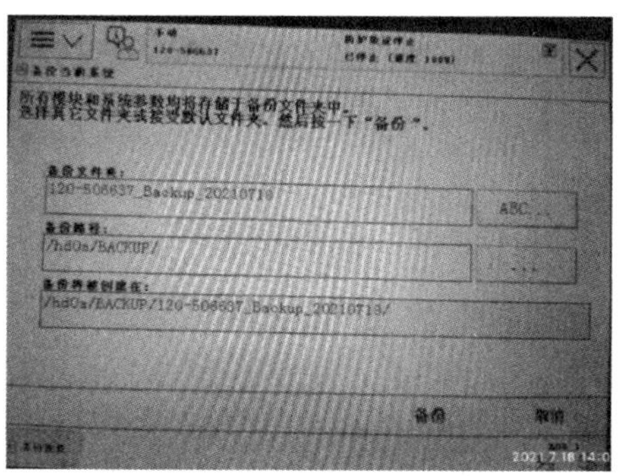

图 4-1-3　单击“备份”</td>
</tr>
</table>

（续）

<table>
<tr><td rowspan="3">（2）机器人系统恢复</td><td>1）在机器人的操作界面中，单击“备份与恢复”选项，见图 4-1-4。
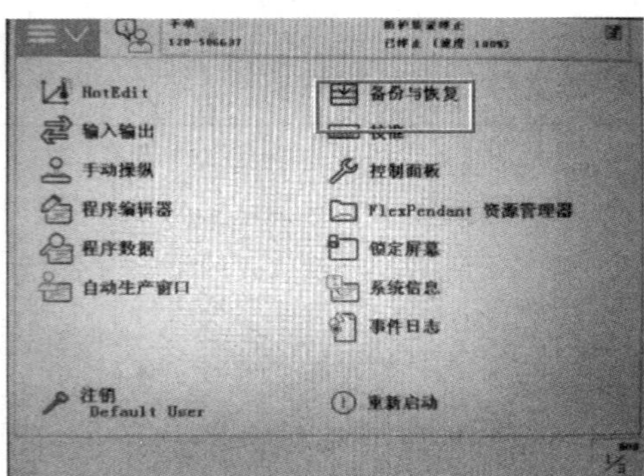
图 4-1-4　单击“备份与恢复”</td></tr>
<tr><td>2）进入备份与恢复界面，单击“恢复系统”选项，见图 4-1-5。
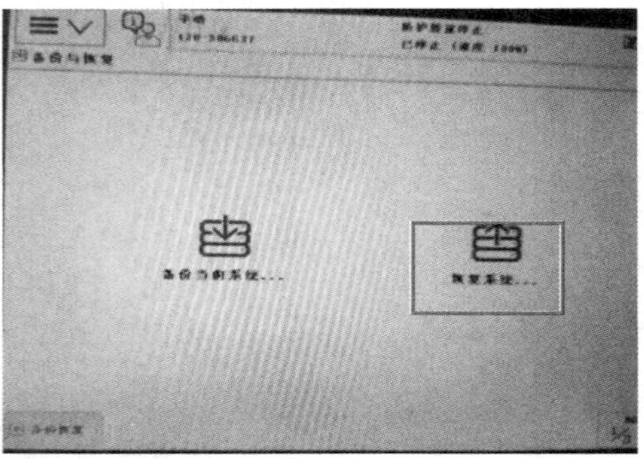
图 4-1-5　单击“恢复系统”</td></tr>
<tr><td>3）进入恢复系统界面，选择要恢复的系统的路径，单击“恢复”选项，见图 4-1-6。
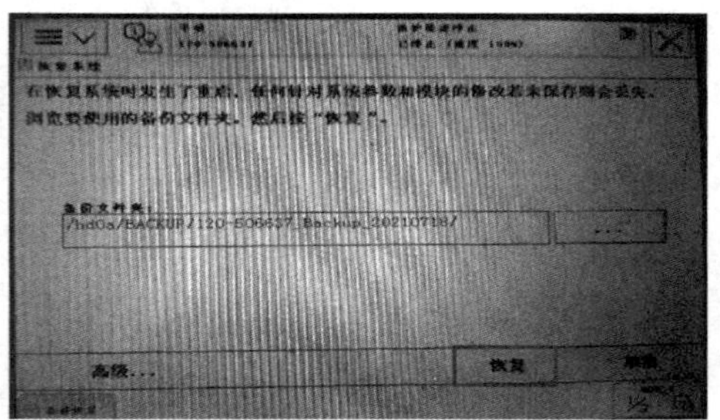
图 4-1-6　单击“恢复”</td></tr>
</table>

（续）

<table>
<tr><td rowspan="2">（2）机器人系统恢复</td><td>4）弹出提示对话框，单击“是”，见图 4-1-7。

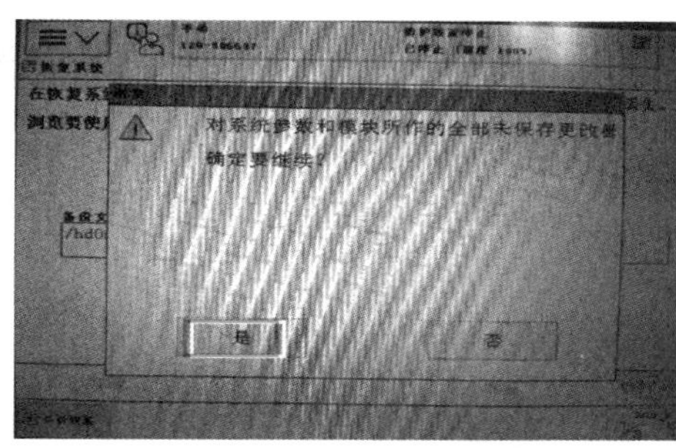

图 4-1-7　单击“是”</td></tr>
<tr><td>5）进入系统恢复状态，等系统恢复完成后，机器人系统将进行重启，重启完成后，系统恢复完成，见图 4-1-8。

图 4-1-8　正在恢复系统</td></tr>
</table>

2. PLC 的工程文件的备份与恢复

<table>
<tr><td>工程文件的备份与恢复</td><td>1）在工具栏的“在线”栏下找到“从在线设备备份”命令，如图 4-1-9 所示，或者在左侧菜单栏中选中要备份的工程，单击右键选择“从在线设备备份”命令。

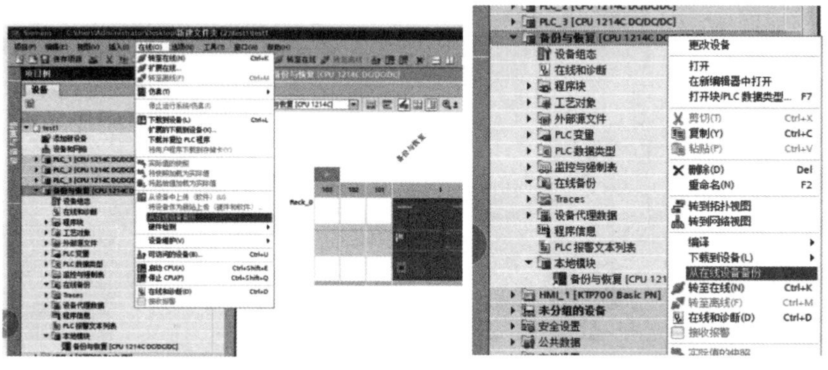

图 4-1-9　选择“从在线设备备份”</td></tr>
</table>

（续）

<table>
<tr><td rowspan="3">工程文件的备份与恢复</td><td>2）弹出上传预览对话框，选择“从设备中上传”命令，见图 4-1-10。
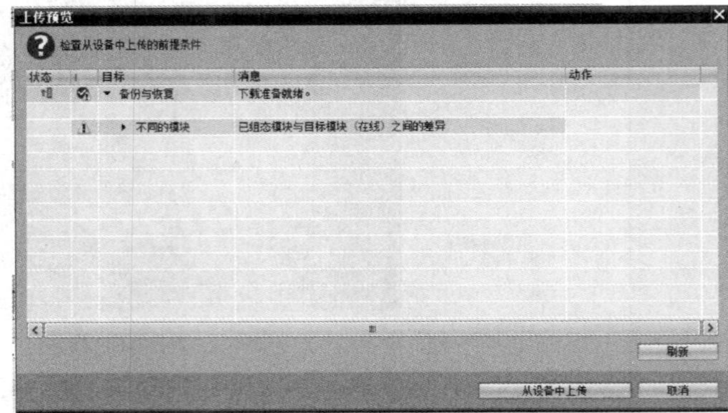

图 4-1-10　选择“从设备中上传”</td></tr>
<tr><td>3）项目备份完成，见图 4-1-11。
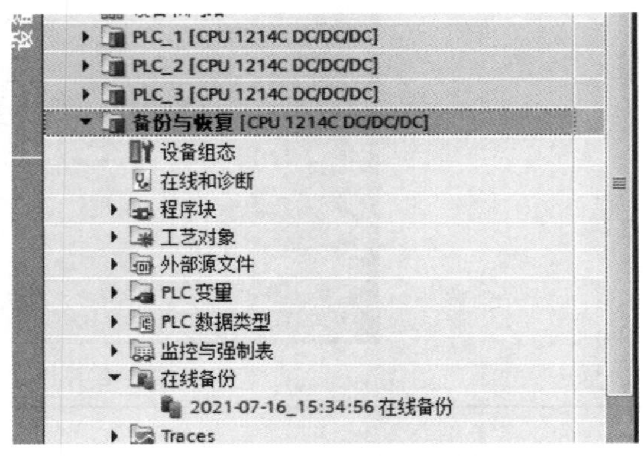

图 4-1-11　项目备份完成</td></tr>
<tr><td>4）将设备转至离线状态，见图 4-1-12。
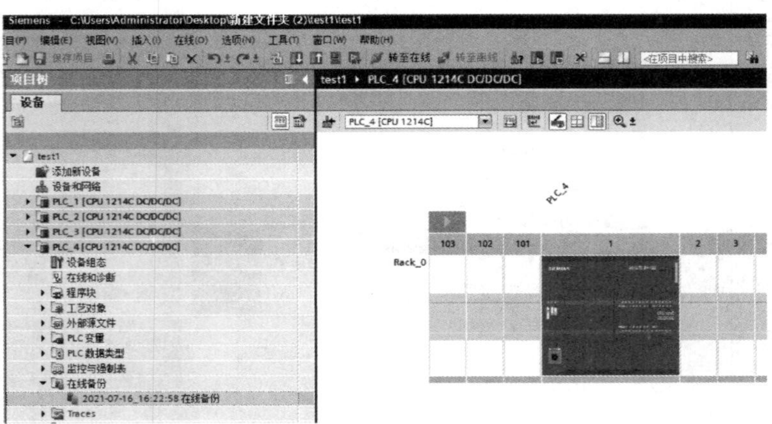

图 4-1-12　将设备转至离线状态</td></tr>
</table>

（续）

<table>
<tr>
<td rowspan="3">工程文件的备份与恢复</td>
<td>5）选中备份好的项目，在工具栏的“在线”栏下，选择“下载到设备”命令，如图 4-1-13 所示；或者选中备份好的项目，单击右键，选择“下载到设备”命令。
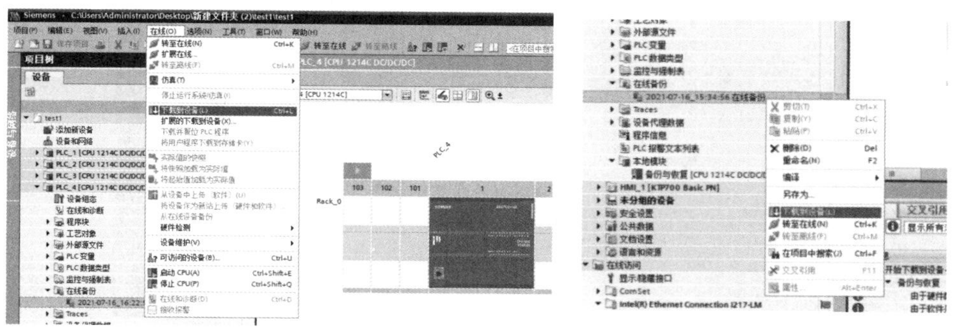
图 4-1-13　选择“下载到设备”命令</td>
</tr>
<tr>
<td>6）弹出下载预览对话框，选择“装载”命令，见图 4-1-14。
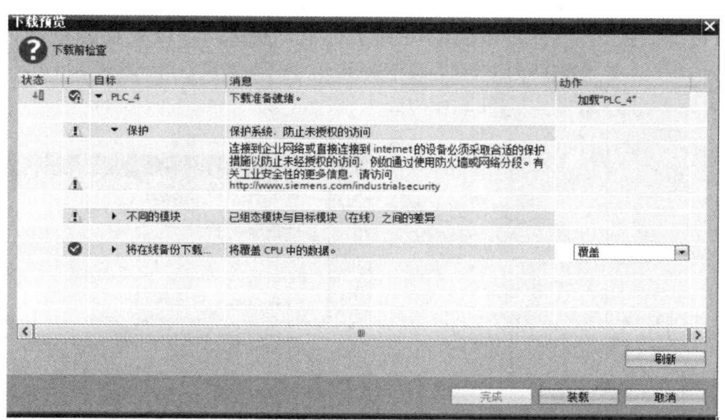

图 4-1-14　选择“装载”</td>
</tr>
<tr>
<td>7）项目恢复完成，单击“完成”命令，见图 4-1-15。
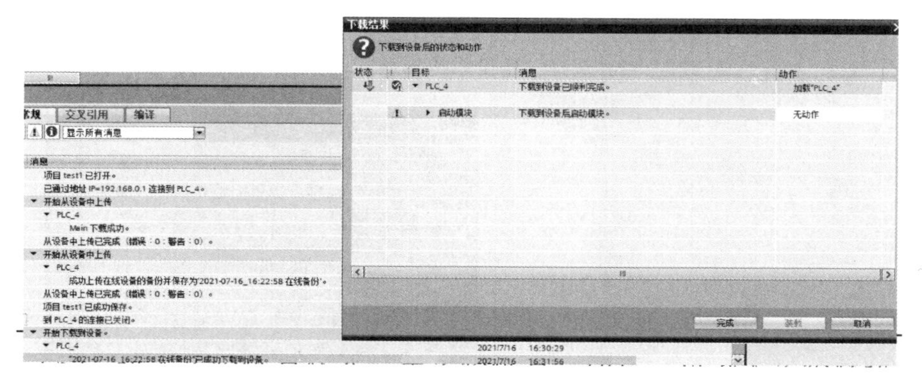

图 4-1-15　单击“完成”</td>
</tr>
</table>

（续）

<table>
<tr><td>工程文件的备份与恢复</td><td>8）进入系统恢复状态，等系统恢复完成后，机器人系统将进行重启，重启完成后，系统恢复完成，见图 4-1-16。

图 4-1-16　系统恢复</td></tr>
</table>

3. MCGS 触摸屏备份与恢复

<table>
<tr><td rowspan="2">（1）MCGS 触摸屏备份</td><td>1）触摸屏关机状态下，插入 8G 以下存储空间的 U 盘，然后启动触摸屏，触摸屏启动时手指不断单击触摸屏，触摸屏出现下面画面时，选择“系统维护”，见图 4-1-17。
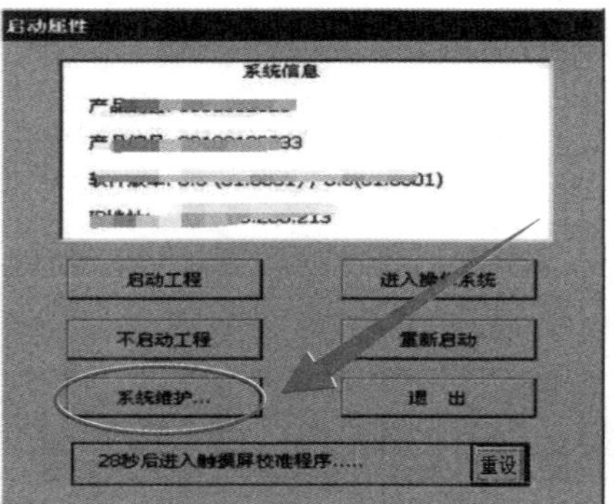

图 4-1-17　选择“系统维护”</td></tr>
<tr><td>2）选择“备份系统信息”，见图 4-1-18。
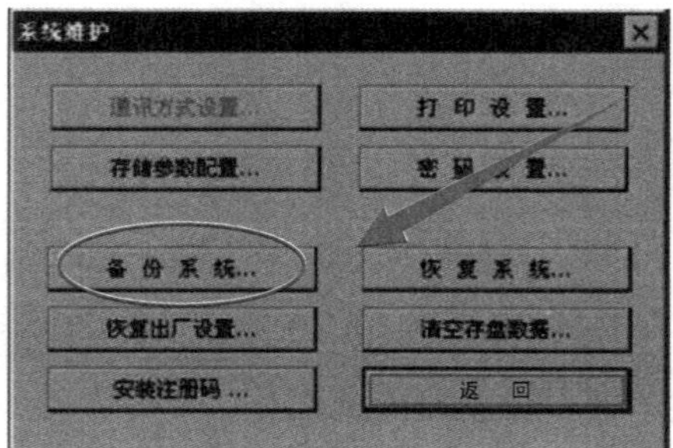

图 4-1-18　选择“备份系统信息”</td></tr>
</table>

（续）

（1）MCGS 触摸屏备份	3）触摸屏自动识别 U 盘，弹出以下画面，单击“下一步”，见图 4-1-19。 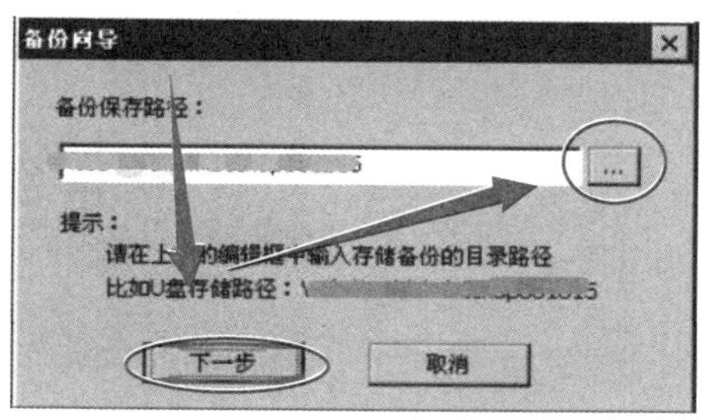 图 4-1-19 单击“下一步”
	4）单击“完成”，触摸屏程序备份完成，见图 4-1-20。 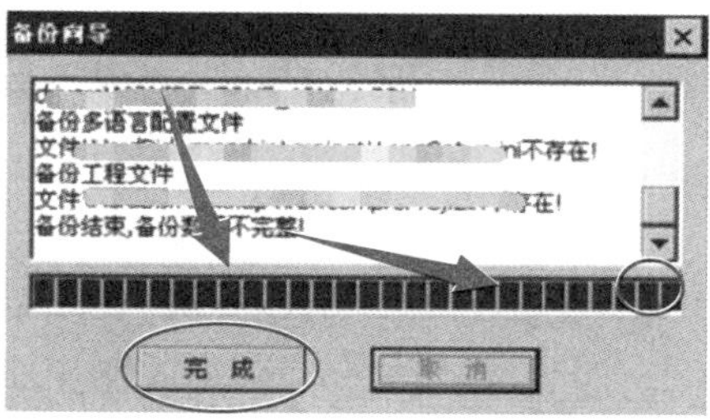 图 4-1-20 单击“完成”
（2）MCGS 触摸屏恢复	1）将备份好的 U 盘重新插入新的触摸屏中并重启触摸屏，同样方法单击启动进度条，弹出画面中选择“系统维护”——“恢复系统信息”出现如下画面，见图 4-1-21。 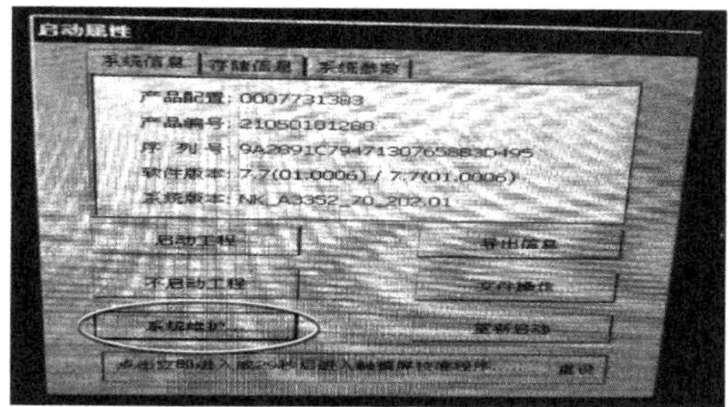 图 4-1-21 选择“系统维护”
	2）在弹出的画面中选择“恢复系统信息”，见图 4-1-22。 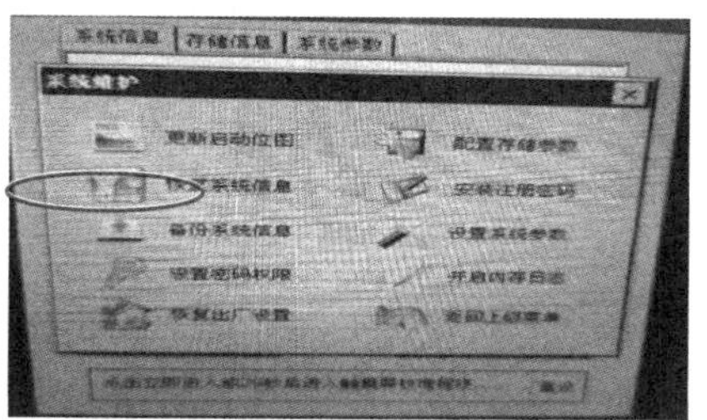 图 4-1-22 选择“恢复系统信息”

（续）

（2）MCGS 触摸屏恢复	3）触摸屏自动识别 U 盘，单击“下一步”，见图 4-1-23。 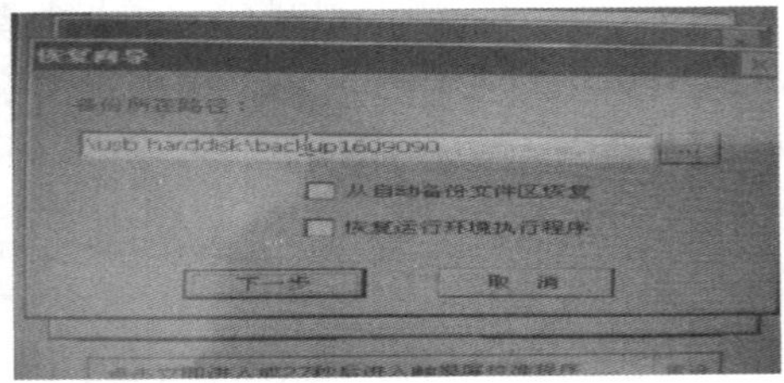 图 4-1-23　单击“下一步”
	4）单点“恢复”按钮，触摸屏可自动恢复备份的工程，见图 4-1-24。 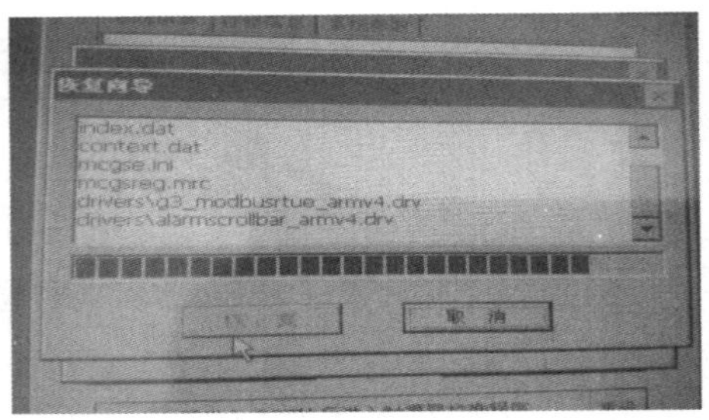 图 4-1-24　单击“恢复”

4. 工作站紧急停止与恢复

工作站紧急停止与恢复	设备配备了 4 个按钮，分别为启动按钮（绿色）、停止按钮（红色）、复位按钮（绿色）、急停按钮（红色蘑菇头），见图 4-1-25，在设备运行过程中，可能会出现一些意外情况，为保证人身安全和减少设备的损失，应及时拍下急停按钮，终止设备运行，待设备故障消除后，再顺时针旋动急停按钮，释放按钮的触发状态，然后再按下复位按钮，对设备进行复位，复位完成后，才可正常启动设备。 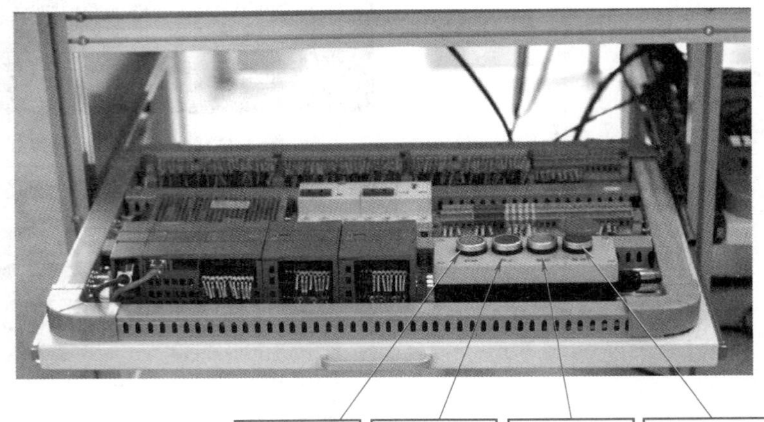 图 4-1-25　启动按钮、停止按钮、复位按钮和急停按钮

5. 机器人日常维护

（1）清洁工作	为保证较长的正常运行时间，请务必定期清洁 IRB 120。清洁的时间间隔取决于机器人工作的环境。清洁前，务必先检查是否所有保护盖都已安装到机器人上！ 切勿进行以下操作： 切勿使用压缩空气清洁机器人！ 切勿使用未获 ABB 批准的溶剂清洁机器人！ 清洁机器人之前，切勿卸下任何保护盖或其他保护设备！
	标准的清洁方法： 使用真空吸尘器清理灰尘，并使用沾取少量清洁剂的软布对机器人进行擦拭。如果沙、灰和碎屑等废弃物妨碍电缆移动，则将其清除。如果电缆有硬皮（例如干性脱模剂硬皮），则进行清洁。
（2）日常检查	1）检查机器人与控制机柜之间的控制布线是否有磨损、切割或挤压损坏的现象，如果发现此类现象，需立即进行更换。
	2）检查轴一、轴二、轴三的机械停止，见图 4-1-26~ 图 4-1-28，如遇到机械停止有弯曲、松动和损坏的现象，则需要及时进行更换。 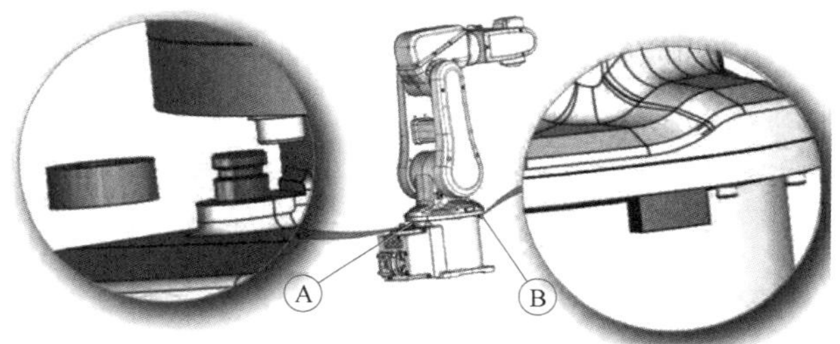 图 4-1-26　轴一机械停止 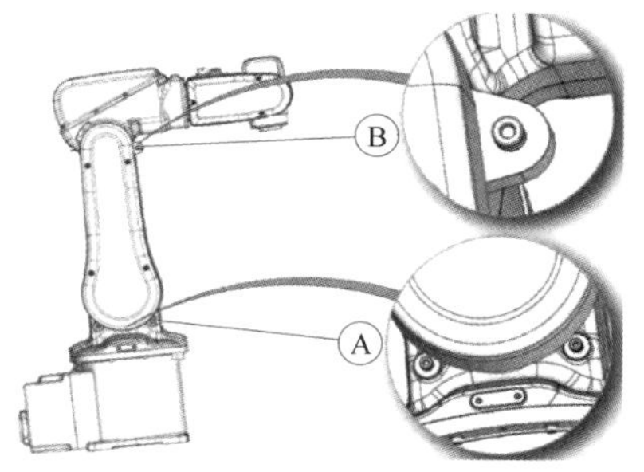 图 4-1-27　轴二机械停止 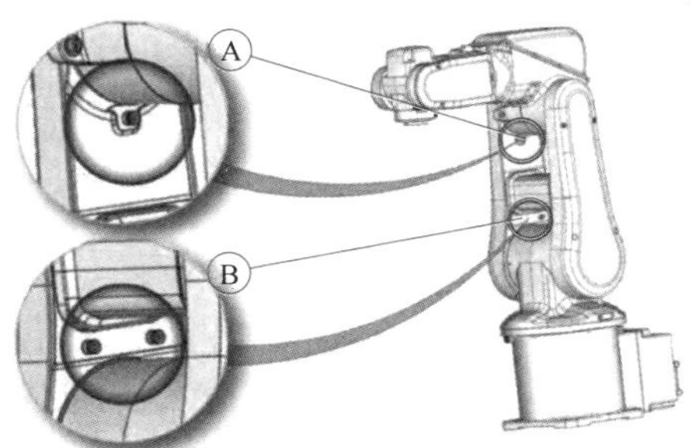 图 4-1-28　轴三机械停止

（续）

<table>
<tr><td rowspan="2">（2）日常检查</td><td>3）检查阻尼器，如发现阻尼器有裂纹、印痕超过 1mm 等现象时，需及时更换阻尼器，见图 4-1-29 和图 4-1-30。
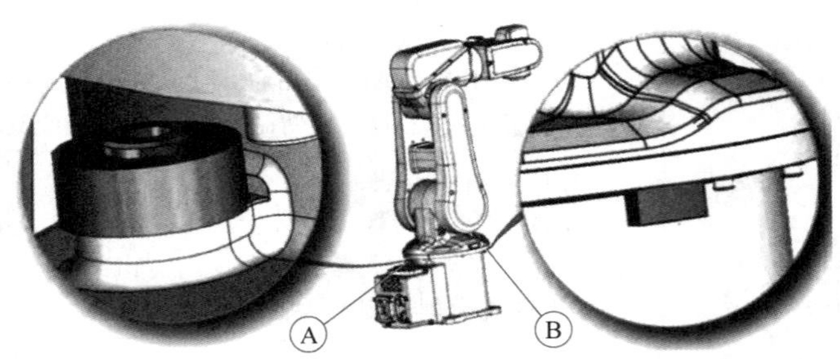

A—轴一阻尼器　B—机械停止轴一（摆动平板）
图 4-1-29　轴一阻尼器
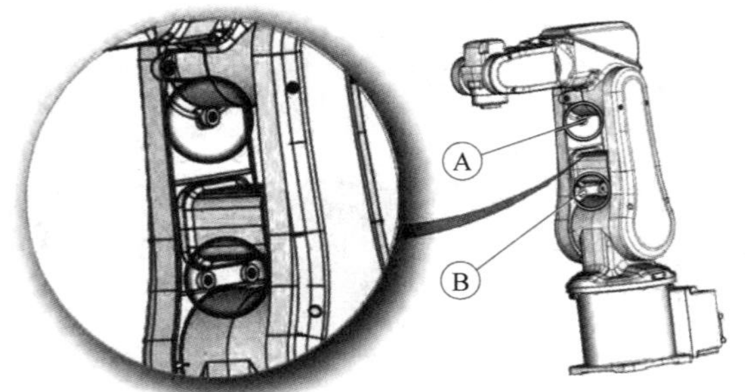

A—轴三阻尼器　B—轴二阻尼器
图 4-1-30　轴二和轴三阻尼器</td></tr>
<tr><td>4）检查塑料盖，见图 4-1-31，如果塑料盖有裂纹或损坏，需及时更换塑料盖。
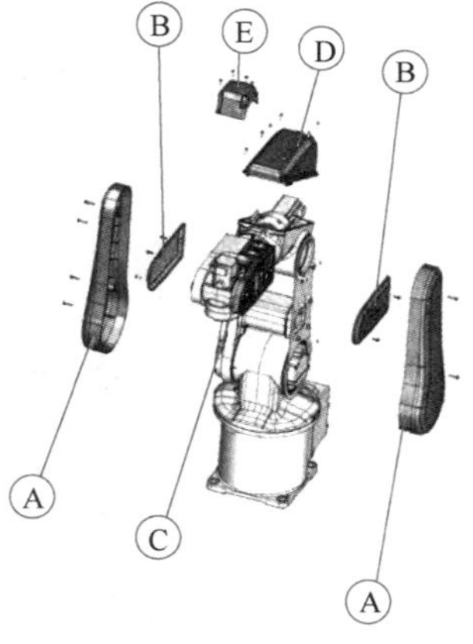

A—下臂盖　B—腕侧盖　C—护腕　D—壳盖　E—倾斜盖
图 4-1-31　塑料盖</td></tr>
</table>

（续）

（3）更换或更改活动	更换电池组，机器人的电池组电量耗尽后需及时进行更换，具体步骤如下： 1）关闭机器人的所有电力、液压和气压供给！ 2）在拆卸 Clean Room 机器人的零部件时，请始终使用小刀切割漆层并打磨漆层毛边。 3）通过卸下连接螺钉从机器人上卸下底座盖。 4）断开电池电缆与编码器接口电路板的连接。 5）切断电缆带。 6）卸下电池组。 7）用电缆带安装新电池组。 8）将电池电缆与编码器接口电路板相连。 9）用其连接螺钉将底座盖重新安装到机器人上。 10）Clean Room 机器人：密封和漆涂已张开的接缝，完成所有维修工作后，用蘸有酒精的无绒布擦掉机器人上的颗粒物。 11）更新转数计数器。

实施记录如下：

操作内容	操作结果	备注
1. 机器人的项目文件的备份与恢复		
2. PLC 的工程文件的备份与恢复		
3. MCGS 触摸屏备份与恢复		
4. 工作站紧急停止与恢复		
5. 机器人日常维护		

任务评价

序号	考核项目	考核内容	分值	评分标准	得分
1	任务完成质量（80 分）	机器人的项目文件的备份与恢复	15	理解流程 熟练操作	
2		PLC 的工程文件的备份与恢复	15	理解流程 熟练操作	
3		MCGS 触摸屏备份与恢复	15	理解流程 熟练操作	
4		工作站紧急停止与恢复	15	理解流程 熟练操作	
5		机器人日常维护	20	理解流程 熟练操作	
6	职业素养与操作规范（10 分）	团队精神	5		
7		操作规范	5		

（续）

序号	考核项目	考核内容	分值	评分标准	得分
8	学习纪律与学习态度（10分）	学习纪律	5		
9		学习态度	5		
总　　分					

任务小结

____

____

____

____

____

任务 4.2　工业机器人系统常见故障维修

任务描述

任务目标	1. 了解工业机器人系统常见故障 2. 掌握工业机器人系统常见故障的处理方法
任务内容	1. 学习工作站常见故障 2. 学会工业机器人系统常见故障的处理方法

知识讲解

1. 合上电压开关按下电动机上电按钮后系统没有反应

可能的原因：

（1）控制器没有接通电源

解决方法：检查控制器电源是否正确连接，电源插头是否有松动，插座或断路器是否正常供电，若有上述问题，及时进行解决。

（2）控制器供电电压不是交流 220V

解决方法：将控制器正确接入交流 220V 电源下。

（3）控制器内熔丝熔断

解决方法：更换熔丝。

2. 启动后示教器没有响应

可能的原因

（1）示教器电缆没有连接到位

解决方法：将示教器从控制柜上取下，查看插针是否有弯曲的现象，然后重新将插头插上。

（2）示教器连接电缆损坏

解决方法：仔细查看示教器连接电缆是否有破损、断裂的现象，若有就更换一个示教器。

（3）示教器故障

解决方法：更换一台示教器进行查看，若更换后示教器正常工作，则是示教器故障，可返厂维修或更新示教器。

（4）控制器故障

解决方法：将示教器连接至另外一台控制器上，若正常工作，则为控制故障，请修理控制器。

3. 启动后示教器可以正常启动并显示，但操作屏幕无反应

可能的原因

（1）示教器故障

解决方法：更换一台示教器进行查看，若更换后示教器正常工作，则是示教器故障，可返厂维修或更新示教器。

（2）系统卡死

解决方法：重新启动机器人。

4. 示教器上控制杆或按钮无法操作机器人工作

可能的原因：

（1）机器人处于自动运行状态下

解决方法：将机器人切换至手动状态。

（2）示教器后面的使能按钮未被正确按下

解决方法：正确按下示教器后面的使能按钮，用力过小或过大都是不正确的按下方式。

（3）示教器故障

解决方法：按下示教器背面的重置按钮，重置示教器。

5. 机器人急停报警

可能的原因：

（1）示教器上急停按钮被按下

解决方法：松开示教器上的急停按钮。

（2）控制器上的急停按钮被按下

解决方法：松开控制器上的急停按钮。

（3）控制器上的 ES1、ES2 急停回路被断开

解决方法：将 ES1、ES2 急停回路重新连接上。

6. 机器人的 I/O 板不能正常使用

可能的原因：

（1）未能正确接线

解决方法：按照接线原理图，正确进行配线。

（2）供电电源故障

解决方法：使用万用表查找电源故障原因，例如短路、断路、供电电压不正确、供电电源与机器人电源未能正确共零等，根据不同的的故障进行相应的维修。

（3）I/O 板未能正确组态

解决方法：按照使用手册，对 I/O 板进行正确的组态。

7. 机器人不一致的路径精确性

可能的原因：

（1）将错误的机器人的类型连接至控制器上

解决方法：将正确的机器人连接至控制器上。

（2）轴承损坏或破损

解决方法：根据噪声找到损坏的轴承，根据维修手册进行轴承更换。

（3）电机和齿轮之间的机械接头损坏

解决方法：根据噪声找到有故障的电机，根据维修手册进行电机或齿轮的更换。

（4）制动闸未打开

解决方法：将制动闸正确打开。

（5）没有正确定义机器人的 TCP

解决方法：按照使用手册正确定义机器人的 TCP。

（6）机器人没有正确校准

解决方法：按照使用手册对机器人重新进行校准。

（7）机器人转数计数器没有正确更新

（8）根据使用手册进行转数计数器更新

8. 电机或变速箱出现漏油现象

可能的原因：

（1）电机和齿轮之间的密封和垫圈损坏或型号不匹配

解决方法：根据使用手册更换型号匹配的新的密封和垫圈。

（2）变速箱油面过高

解决方法：根据手册检查变速箱油面高度并进行维修。

（3）变速箱油温过高

解决方法：排查油温过高的原因并进行整改，例如油的品质不合格时更换合格质量的油。

9. 机器人运行时有杂音

可能的原因：

（1）轴承磨损

解决方法：根据噪声确定有问题的轴，因为轴承无法单独更换，所以根据维修手册更换有故障的电机。

（2）轴承没有润滑油

解决方法：根据维修手册添加润滑油。

（3）污染物进入轴承圈

解决方法：去除污染物，若轴承已被损坏，则更改相应的电机。

10. 机器人提示转数计数器未跟新

可能原因：

（1）机器人编码器电池没电

解决方法：更换编码器电池，然后根据手册进行转数计数器更新。

（2）机器人在断电状态下关节被移动过

解决方法：根据使用手册进行转数计数器更新。

任务实施

实施记录如下：

操作内容	操作结果	备注
1. 合上电压开关按下电机上电按钮后系统没有反应的原因及排除办法		
2. 启动后示教器没有响应的原因及排除办法		
3. 启动后示教器可以正常启动并显示，但操作屏幕无反应的原因及排除办法		
4. 示教器上控制杆或按钮无法操作机器人工作的原因及排除办法		
5. 机器人急停报警的原因及排除办法		
6. 机器人的 I/O 板不能正常使用的原因及排除办法		
7. 机器人不一致的路径精确性的原因及排除办法		
8. 电机或变速箱出现漏油现象的原因及排除办法		
9. 机器人运行时有杂声的原因及排除办法		
10. 机器人提示转数计数器未更新的原因及排除办法		

任务评价

序号	考核项目	考核内容	分值	评分标准	得分
1	任务完成质量（80 分）	合上电压开关按下电机上电按钮后系统没有反应的原因及排除办法	8	理解流程 熟练操作	
2		启动后示教器没有响应的原因及排除办法	8	理解流程 熟练操作	
3		启动后示教器可以正常启动并显示，但操作屏幕无反应的原因及排除办法	8	理解流程 熟练操作	
4		示教器上控制杆或按钮无法操作机器人工作的原因及排除办法	8	理解流程 熟练操作	

（续）

序号	考核项目	考核内容	分值	评分标准	得分
5	任务完成质量（80分）	机器人急停报警的原因及排除办法	8	理解流程 熟练操作	
6		机器人的I/O板不能正常使用的原因及排除办法	8	理解流程 熟练操作	
7		机器人不一致的路径精确性的原因及排除办法	8	理解流程 熟练操作	
8		电机或变速箱出现漏油现象的原因及排除办法	8	理解流程 熟练操作	
9		机器人运行时有杂音的原因及排除办法	8	理解流程 熟练操作	
10		机器人提示转数计数器未更新的原因及排除办法	8	理解流程 熟练操作	
11	职业素养与操作规范（10分）	团队精神	5		
12		操作规范	5		
13	学习纪律与学习态度（10分）	学习纪律	5		
14		学习态度	5		
总　分					

任务小结

REFERENCE

参考文献

[1] 赵鹏举，田小静. 工业机器人虚拟仿真 [M]. 西安：西安电子科技大学出版社，2021.

[2] 谭勇，马宇丽，李文斌. 工业机器人应用技术（ABB）[M]. 西安：西安电子科技大学出版社，2019.

[3] 叶晖. 工业机器人工程应用虚拟仿真教程 [M]. 2 版. 北京：机械工业出版社，2021.

[4] 彭赛金，张红卫，林燕文. 工业机器人工作站系统集成设计 [M]. 北京：人民邮电出版社，2021.

[5] 北京华航唯实机器人科技股份有限公司. 工业机器人集成应用（ABB）. 中级 [M]. 北京：高等教育出版社，2021.

[6] 林燕文，魏志丽. 工业机器人系统集成与应用 [M]. 北京：机械工业出版社，2021.

[7] 汪励，陈小燕. 工业机器人工作站系统集成 [M]. 北京：机械工业出版社，2020.

[8] 方龙雄. RFID 技术与应用 [M]. 北京：机械工业出版社，2013.